教育部地质工程教学指导分委员会推荐教材

岩 体 力 学

刘佑荣 唐辉明 主编

化学工业出版社

·北京·

本书主要介绍了岩体地质与结构特征、岩块的物理力学性质、结构面变形与强度性质、岩体力学性质、岩体工程分类、岩体天然应力、岩体本构关系与强度理论、边坡岩体稳定性分析、地下洞室围岩稳定性分析、地基岩体稳定性分析等内容。通过本课程的学习，学生可以全面掌握岩块、结构面、岩体等基本概念、性质指标及其测试方法，掌握工程岩体重分布应力特征、计算方法及工程岩体稳定性分析方法，培养学生分析问题、解决问题的能力，初步具备解决岩体力学实际问题的能力。

　　本书可作为地质工程及土木工程、环境工程、水利水电工程等专业的本科教材，也可供地质、道路桥梁、隧道、矿山、水利水电等领域的技术人员参考。

图书在版编目（CIP）数据

岩体力学/刘佑荣，唐辉明主编．—北京：化学工业出版社，2008.12　（2024.7重印）

教育部地质工程教学指导分委员会推荐教材

ISBN 978-7-122-03820-3

Ⅰ．岩…　Ⅱ．①刘…②唐…　Ⅲ．岩石力学-高等学校-教材　Ⅳ．TU45

中国版本图书馆 CIP 数据核字（2008）第 153894 号

责任编辑：彭喜英　杨　菁　　　　　　　　装帧设计：韩　飞
责任校对：宋　夏

出版发行：化学工业出版社（北京市东城区青年湖南街 13 号　邮政编码 100011）
印　　装：河北延风印务有限公司
787mm×1092mm　1/16　印张 16½　字数 417 千字　2024 年 7 月北京第 1 版第 17 次印刷

购书咨询：010-64518888　　　　　　售后服务：010-64518899
网　　址：http://www.cip.com.cn

凡购买本书，如有缺损质量问题，本社销售中心负责调换。

定　　价：39.80 元

前　言

　　《岩体力学》作为地质工程及土木工程（岩土、地下建筑）专业的专业基础课，同时也是环境工程、水利水电工程等应用地质学专业的重要必修课。本教材按 50 学时授课内容编写，全书分 10 章。主要介绍岩块、结构面与岩体的基本地质特征及物理、力学性质和岩体天然应力等基本理论及其在地下工程、边坡工程及地基工程中的应用。

　　中国地质大学的岩体力学课程最早开设于 20 世纪 60 年代末，是我国最早开设该课程的高等院校。经过几代人的共同努力，我校岩体力学学科体系从无到有，不断发展、完善，探索出了一套适合地矿专业的本科生所需知识结构的教学经验，在全国同行业中一直占有重要地位。本教材是作者在 30 多年教学、科研积累的基础上，总结自己多年教学经验编写而成的，集中体现了我校岩体力学教学小组的集体智慧。

　　为适应本科生的知识结构及专业的特点，本教材编写遵循以下原则：①岩体作为力学介质或材料研究时，与其他力学介质的根本区别在于，岩体是一种多裂隙、非均质、各向异性、非连续的三相介质，并赋存于一定的地质环境（天然应力、地温及地下水等）中，因而，可将岩体视为岩块和结构面网络组成的地质体，因此，在本课程教学中，应力图使学生建立岩体的基本概念，并贯彻始终；②注重培养学生分析思维和解决岩体力学问题的能力，即按体现工程地质模型—物理、力学模型—计算模型—岩体力学问题求解和评价的基本思路组织教材内容；③跟踪岩体力学新动向，适当介绍岩体力学的最新研究成果，帮助学生了解本学科的发展前沿；④结合国家现行规范、规程和标准组织教材内容，同时努力结合工程实践，编入适量的经验数据和实用方法；⑤本课程以课堂讲授为主，辅以实验、实习等教学环节，因此，本课程还安排 5～6 次实验及 3～4 次课外习题，编有实验指导书，与之相配套，在各章节后还附有习题和思考题，供学生复习使用。通过本课程的学习，要求学生全面掌握岩块、结构面、岩体等基本概念、性质指标及其测试方法，掌握工程岩体重分布应力特征、计算方法及工程岩体稳定性分析方法，培养学生分析问题的能力，初步具备解决岩体力学实际问题的能力，为今后从事生产实际工作和科学研究打好基础。

　　本书由刘佑荣、唐辉明主编，各章节分工为：绪论、第 3、4 章，刘佑荣编写；第 1 章，刘佑荣、贾洪彪编写；第 2 章，胡修文编写；第 5 章，王亮清编写；第 6 章，胡斌编写；第 7 章，胡新丽编写；第 8、9 章，唐辉明编写；第 10 章，贾洪彪编写。

本书编写大纲曾几经讨论并征求了有关单位和专家的意见。初稿完成后，编者们进行了互审，提出了修改意见。之后编者们进行了认真修改。最后由刘佑荣、唐辉明统编定稿。

本书是湖北省精品课程《岩体力学》的配套教材，其相关的电子教案等教学资源可链接网页 http://jpkc.cug.edu.cn/09jpkc/ytlx。

本书编写过程中，得到中国地质大学（武汉）工程学院、岩土工程与工程地质系老师们的支持和帮助。谨向他们致以衷心的感谢！

由于编者学识所限，不当和错误之处在所难免，恳请读者批评指正。

编 者

2008 年 9 月于武昌

目　　录

绪　　论

0.1　岩体力学与工程实践

岩体力学（rock mass mechanics）是力学的一个分支学科，是研究岩体在各种力场作用下变形与破坏规律的理论及其实际应用的科学，是一门应用型基础学科。

岩体力学是近代发展起来的一门新兴学科和边缘学科，它的应用范围涉及诸如建筑工程、水利水电工程、采矿工程、道路交通工程、国防工程、海洋工程、重要工厂（如核电站、大型发电厂及大型钢铁厂等）以及地震地质学、地球物理学和构造地质学等众多与岩体有关的领域和学科。但不同的领域和学科对岩体力学的要求和研究重点是不同的。概括起来，可分为三个方面：①为各类建筑工程及采矿工程等服务的岩体力学，重点是研究工程活动引起的岩体重分布应力以及在这种应力场作用下工程岩体（如边坡岩体、地基岩体和地下洞室围岩等）的变形和稳定性；②为掘进、钻井及爆破工程服务的岩体力学，主要是研究岩石的切割和破碎理论以及岩体动力学特性；③为构造地质学、找矿及地震预报等服务的岩体力学，重点是探索地壳深部岩体的变形与断裂机理，为此需研究高温高压下岩石的变形与破坏规律以及与时间效应有关的流变特征。以上三方面的研究虽各有侧重点，但对岩石及岩体基本物理力学性质的研究却是共同的。本书主要是以各类建筑工程和采矿工程为服务对象编写的，因此，也可称为工程岩体力学，其主要任务是研究工程活动作用下岩体的变形、破坏规律及工程岩体的稳定性。

在岩体表面或其内部进行任何工程活动，都必须符合安全、经济和正常运营的原则。以露天采矿边坡坡度确定为例，坡度过陡，会使边坡不稳定，无法正常采矿作业；坡度过缓，又会加大其剥采量，增加采矿成本。然而，要使岩体工程既安全稳定、又经济合理，必须通过准确地预测工程岩体的变形与稳定性、正确的工程设计和良好的施工质量等来保证。其中，准确地预测岩体在各种应力场作用下的变形与稳定性，进而从岩体力学观点出发，选择相对优良的工程场址，防止重大事故，为合理的工程设计提供岩体力学依据，是岩体力学研究的根本目的和任务。

岩体力学的发展和人类工程实践是分不开的。起初，由于岩体工程数量少，规模也小，人们多凭经验来解决工程中遇到的岩体力学问题。因此，岩体力学的形成和发展要比土力学晚得多。随着生产力水平及工程建筑的迅速发展，提出了大量的岩体力学问题。诸如高坝坝基岩体及拱坝拱座岩体的变形和稳定性问题；大型露天采坑边坡、库岸边坡及船闸、溢洪道等边坡的稳定性问题；地下洞室围岩变形及地表塌陷；高层建筑、重型厂房和核电站等地基岩体的变形和稳定性问题；以及岩体性质的改善与加固技术等。对这些问题能否作出正确的分析和评价，将会对工程建设和运行的安全产生显著的影响，甚至带来严重的后果。

在人类工程活动的历史中，由于岩体变形和失稳酿成事故的例子是很多的。例如，1928

年美国圣·弗朗西斯重力坝失事，是由于坝基岩体软弱，岩层崩解，遭受冲刷和滑动引起的；1959 年法国马尔帕塞薄拱坝溃决，则是由于过高的水压力使坝基岩体沿软弱结构面滑动所致；1963 年意大利瓦依昂水库左岸的大滑坡更是举世震惊，有 $2.5 \times 10^8 \mathrm{m}^3$ 的岩体以 28m/s 的速度下滑，激起 250m 高的巨大涌浪，溢过坝顶冲向下游，造成 2500 多人丧生。类似的例子在国内也不少，例如，1961 年湖南柘溪水电站近坝库岸发生的塘岩光滑坡；1980 年湖北远安盐池河磷矿的山崩，是由于采矿引起岩体变形，使上部岩体中的顺坡向节理被拉开，约 $1 \times 10^6 \mathrm{m}^3$ 的岩体急速崩落，摧毁了坡下矿务局和坑口全部建筑物，死亡 280 人；又如盘古山钨矿一次大规模的地压活动引起的塌方就埋掉价值约 200 万元的生产设备，并造成停产三年；再如，解放前湖南锡矿山北区洪记矿井大陷落，一次就使 200 多名矿工丧失了生命……以上重大事故的出现，多是由于对工程地区岩体的力学特性研究不够，对岩体的变形和稳定性估计不足引起的。与此相反，如对工程岩体的变形和稳定问题估计得过分严重，或者由于研究人员心中无数，不得不从"安全"角度出发，在工程设计中采用过大的安全系数，将使工程投资大大增加，工期延长，造成不应有的浪费。

今天，由于矿产资源勘探开采、能源开发及地球动力学研究等的需要，工程规模越来越大，所涉及的岩体力学问题也越来越复杂，这对岩体力学提出了更高的要求。例如，在水电建设中，大坝高度达 335m（前苏联的 Rogan 坝）；地下厂房边墙高达 60～70m，跨度已超过 30m；露天采矿边坡高度可达 500～700m，最高可达 1000m（新西兰）；地下采矿深度已超过 4000m 以上。中国的三峡水电站，坝高 185m，装机容量 1820MW，名列世界第一……这些巨型工程的建设使岩体力学面临许多前所未有的问题和挑战，急需发展和提高岩体力学理论和方法的研究水平，以适应工程实践的需要。

0.2　岩体力学的研究内容和研究方法

0.2.1　研究内容

岩体力学服务对象的广泛性和研究对象的复杂性，决定了岩体力学研究的内容也必然是广泛而复杂的。从工程观点出发，大致可归纳为如下几方面的内容。

1. 岩块、岩体地质特征的研究。岩块与岩体的许多性质，都是在其地质历史过程中形成的。因此，岩块与岩体地质特征的研究是岩体力学分析的基础。主要包括：①岩石的物质组成和结构特征；②结构面特征及其对岩体力学性质的影响；③岩体结构及其力学特征。

2. 岩石的物理、水理与热学性质的研究。

3. 岩块的基本力学性质的研究。为了全面了解岩体的力学性质，对岩块的基本力学性质的研究十分必要。在岩体力学性质接近于岩块力学性质的条件下，也可通过岩块力学性质的研究，减少或替代原位岩体力学试验研究。内容包括：①岩块在各种外力作用下的变形和强度特征以及力学参数的室内测试技术；②载荷条件、时间等对岩块变形和强度的影响。

4. 结构面力学性质的研究。结构面力学性质是岩体力学最重要的研究内容之一。内容包括：①结构面在法向压应力及剪应力作用下的变形特征及其参数确定；②结构面剪切强度特征及其测试技术与方法。

5. 岩体力学性质的研究。岩体力学性质是岩体力学最基本的研究内容。包括：①岩体的变形与强度特征及其原位测试技术与方法；②岩体力学参数的弱化处理与经验估算；③载荷条件、时间等因素对岩体变形与强度的影响；④岩体在动载荷作用下的特性；⑤岩体中地下水的赋存、运移规律及岩体的水力学特征。

6. 岩体中天然应力分布规律及其量测的理论与方法的研究。

7. 工程岩体分类及分类方法的研究。

8. 岩体变形破坏机理及其本构关系与破坏判据的研究。

9. 边坡岩体、地基岩体及地下洞室围岩等工程岩体的稳定性研究。这是岩体力学实际应用方面的研究，内容包括：①各类工程岩体中重分布应力的大小与分布特征；②各类工程岩体在重分布应力作用下的变形破坏特征；③各类工程岩体的稳定性分析与评价等。

10. 岩体性质的改善与加固技术的研究，包括岩体性质、结构的改善与加固，地质环境（地下水、地应力等）的改良等。

11. 各种新技术、新方法与新理论在岩体力学中的应用研究。

12. 工程岩体的模型、模拟试验及原位监测技术的研究。模型模拟试验包括数值模型模拟试验、物理模型模拟试验和离心模型模拟试验等，这是解决岩体力学理论和实际问题的一种重要手段。而原位监测既可以对岩体变形和稳定性进行监测和评价，又可以检验岩体变形与稳定性分析成果的正确与否，同时也可及时地发现问题。

以上 12 个方面是岩体力学所要研究的基本内容。由于课时限制，本课程仅讨论前 9 个方面内容的基本原理与方法，其余方面的内容可参考有关文献。

0.2.2　研究方法

岩体力学的研究内容决定了在岩体力学研究中必须采用如下几种研究方法。

① 工程地质研究法。目的是研究岩块和岩体的地质与结构特征，为岩体力学的进一步研究提供地质模型和地质资料。如用岩矿鉴定方法了解岩体的岩石类型、矿物组成及结构构造特征；用地层学方法、构造地质学方法及工程勘察方法等了解岩体的成因、空间分布及岩体中各种结构面的发育情况等；用水文地质学方法了解赋存于岩体中地下水的形成与运移规律等。

② 试验法。科学试验是岩体力学研究中一种非常重要的方法，是岩体力学发展的基础。包括岩块物理力学性质的室内试验、岩体力学性质的原位试验、天然应力测量、模型模拟试验及原位岩体监测等方法。其目的主要是为岩体变形和稳定性分析计算提供必要的物理力学参数。同时，还可以用某些试验成果（如模拟试验及原位监测成果等）直接评价岩体的变形和稳定性，以及探讨某些岩体力学理论问题。因此应当高度重视并大力开展岩体力学试验研究。

③ 数学力学分析法。数学力学分析是岩体力学研究中的一个重要环节。它是通过建立岩体力学模型和利用适当的分析方法，预测岩体在各种力场作用下的变形与稳定性，为工程设计和施工提供定量依据。其中建立符合实际的力学模型以及选择适当的分析方法和符合实际的岩体力学参数是数学力学分析中的关键。目前常用的力学模型有：刚体力学模型、弹性及弹塑性力学模型、断裂力学模型和损伤力学模型及流变模型等。常用的分析方法有：块体极限平衡法，有限元、边界元和离散元法，模糊聚类和概率分析法等。近年来，随着科学技术的发展，还出现了用系统论、信息论、人工智能专家系统、灰色系统等新方法来解决岩体力学问题。岩体力学性质参数的选取是岩体力学定量分析的重点和难点，目前常用试验数据、反分析数据和经验数据等结合具体工程地质条件分析综合选取。

④ 综合分析法。这是岩体力学研究中极其重要的一套工作方法。由于岩体力学工作中每一环节都是多因素的，且信息量大，因此，必须采用多种方法，考虑各种因素（包括工程的、地质的及施工的等）进行综合分析和综合评价，才能得出符合实际情况的正确结论，而

综合分析判断是该阶段常用的方法。

0.3 岩体力学发展的概况与动态

岩体力学是在岩石力学的基础上发展起来的一门新兴学科，因此，目前国际上仍沿用岩石力学（rock mechanics）这一名词。如岩体力学的国际学术组织叫国际岩石力学学会（The International Society for Rock Mechanics，ISRM），我国的学术组织相应地叫中国岩石力学与工程学会（Chinese Society for Rock Mechanics and Engineering，CSRME）。但是从所研究的内容上讲，它实际上已属于岩体力学的范畴了，因此，通常意义上的岩石力学就是岩体力学。

岩体力学的形成与发展历史是从岩石力学的兴起开始的，一般认为，岩体力学形成于20世纪50年代末，其主要标志是：1957年法国的塔罗勃（J. Talobre）所著《岩石力学》的出版，以及1962年国际岩石力学学会（ISRM）的成立。岩体力学作为一门独立的学科至今才几十年的历史，这是很短暂的，但其形成的历史是漫长的，这与当时的生产力水平低，工程建设数量少、规模小有关。对于岩体力学的形成历史，在此不拟详细介绍，这里仅就其形成前后的发展与特点作一简要介绍。以使读者了解岩体力学的发展动态。

为了考察岩体力学的发展，先列举一些对岩体力学形成与发展有重要影响的事件如下。

1951年，在奥地利的萨茨堡（Salzburg）创建了第一个岩石力学学术组织，叫地质力学研究组（Study Group for Geomechanics），并形成了独具一格的奥地利学派，其基本观点是岩体的力学作用主要取决于岩体内不连续面及其对岩体的切割特征。同年，国际大坝会议设立了岩石力学分会。

1956年，美国召开了第一次岩石力学讨论会。

1957年，第一本《岩石力学》（J. Talobre著）专著出版。

1959年，法国马尔帕塞坝因左坝肩岩体沿软弱结构面滑移而溃决，这一事件引起了许多岩体力学工作者的关注和研究。

1962年，在国际地质力学研究组的基础上成立了国际岩石力学学会（ISRM），由奥地利岩石力学家缪勒（L. Müller）担任主席。

1963年，意大利瓦依昂水库左岸岩体大滑坡，吸引了许多岩石力学工作者的关注。

1966年，第一届国际岩石力学大会在葡萄牙的里斯本召开，由葡萄牙岩石力学家罗哈（M. Rocha）担任主席。以后每4年召开一次大会，至今已召开了11次。这11次国际岩石力学学术会议涉及内容广泛，当代岩石力学的主要热点问题都得到了交流和讨论，无疑代表了当时国际岩石力学的水平。

受国际岩体（石）力学发展影响，并在我国工程建设需要的推动下，我国的岩体（石）力学研究也得到了长足的发展。陆续建立了中国科学院武汉岩土力学研究所、地质研究所工程地质研究室、长江科学院岩基室等科研机构。并在许多高等院校的相关专业，建立了岩石力学实验室，开设了岩体（石）力学课程。围绕一些重点工程建设开展了一系列岩体力学科研、生产工作，获得了一系列重大成果。其中，陈宗基教授把流变学引入岩体力学，提出了岩体流变、扩容与长期强度等概念，进一步发展了岩石流变扩容理论。谷德振教授等根据岩体受结构面切割而具有的多裂隙性，提出了岩体工程地质力学理论，将岩体划分为整体块状、块状、碎裂状、层状及散体状几种结构类型。另外，我国于1985年正式成立了中国岩石力学与工程学会，至今已召开了 9 次全国性的学术大会，并派团参加了第 4～11 届国际岩石力学大会，参与了国际学术交流。

这一时期的岩体力学研究工作有如下特点。

(1) 对岩体及其力学属性的认识不断深入　在岩体力学形成的初期，人们把岩体视为一种地质材料。其研究方法是取小块试件，在室内进行物理力学性质测试，并用以评价其对工程建筑的适宜性。这种研究实质上还是材料力学方法，可称为岩块力学或岩石力学。大量的工程实践表明：用岩块性质来表征作为建筑地基的大范围岩体特征是不合适的。

自 20 世纪 60 年代起，国内外岩体力学工作者都逐步认识到了被结构面切割的岩体性质与完整的小岩块性质有本质的区别。即如果相对而言可将岩块视为均质、连续和各向同性的弹性介质。而岩体则是非均质、非连续和各向异性的非弹性介质。只有在某些情况下，如裂隙不发育的完整块状岩体等，其力学属性才能近似地看成与岩块相同。在这种认识的前提下，人们开展了对岩体的研究，并重视原位试验在确定岩体力学参数中的作用。这一时期内，奥地利学派起了很大的推动作用，缪勒 (1974) 主编的《岩石力学》代表了这一时期的研究方向和水平。但这一时期人们还是多把岩体视为岩块的砌体来研究，而对结构面在岩体变形、破坏机理中的影响及其重要性还认识不足，在岩体力学分析计算中未作全面考虑。

到 20 世纪 70 年代中后期，岩体力学工作者越来越认识到岩体结构的实质及其在岩体力学作用中的重要性，开展了大量的研究（如奥地利、中国、美国等国家的学者）。如我国从 70 年代开始，以谷德振为首的科研群体就开展了对岩体结构与结构面力学效应等理论问题的研究，并应用于解决工程问题，提出了岩体工程地质力学的学说，出版了《岩体工程地质力学基础》(1979 年) 等一系列专著。进而又提出了岩体结构控制论的观点（《岩体结构力学》，孙广忠，1988），认为岩体的变形和稳定性主要受控于岩体结构及结构面的力学性质，因此必须重视对岩体结构和结构面力学性质及其力学效应的研究。

从上述岩体力学的发展过程，我们不难看出，人们对岩体及其力学属性的认识是不断深化的。

(2) 研究领域愈益扩大，并强调在工程中的应用　在岩体力学形成初期，主要是针对矿山建设中的围岩压力问题进行工作。现在岩体力学已被广泛应用于采矿、能源开发、国防工程、水利水电工程、交通及海洋开发工程、环境保护及减灾防灾工程、古文物保护工程、地震、地球动力学等许多领域。而且随着工程建设的增多和规模的不断加大，特别是一些复杂的重大工程（如三峡工程）的实施，将给岩体力学带来许多新的复杂的课题，这对于岩体力学来说既是发展的机遇，也是一种挑战。

(3) 重视岩体结构与结构面的研究　在大量的岩体工程实践中，人们认识到由于岩体中存在大量的断层、节理和各种裂隙等结构面及由此形成的特殊的结构，使岩体性质异常复杂，不仅取决于结构面的组合特征，而且还与结构面的地质特征、几何特征及其自身的力学性质等密切相关。基于此，开展了大量的有关结构面及其对岩体性质控制作用的研究。在结构面统计、网络模拟及其力学性质试验等方面取得了重要进展，提出了各种结构面测量统计方法和三维网络模拟理论等。在力学性质试验方面，Goodman、Barton 等人做了大量工作，提出了反映结构面变形性质的 Goodman 方程和反映结构面剪切强度的 Barton 方程等。与此同时，在我国也开展了大量的研究工作，结合大型岩体工程进行了大量的原位岩体力学试验研究，提出了岩体工程地质力学及岩体结构控制论等理论。

现代岩体力学理论认为：由于岩体结构及其赋存状态、赋存条件的复杂性和多变性，岩体力学既不能套用传统的连续介质理论，也不能完全依靠节理、裂隙等结构面分析为特征的传统地质力学理论，而必须把岩体工程看成为"人地系统"用系统方法来进行岩体力学的研究。用系统概念来表征岩体，可使岩体的复杂性得到全面科学的表达。

（4）重视岩体中天然应力的研究　过去人们提到天然应力主要是指自重应力，现在人们已经认识到在很多情况下只考虑自重应力是不行的，必须考虑除自重应力以外，如构造应力等的影响。从 20 世纪 60 年代开始，逐渐重视和加强了岩体中天然应力及其测量技术的研究，积累了丰富的实测资料，并获得了一些非常有意义的结论。同时天然应力的确定方法和量测手段也有了长足的发展。

（5）岩体的测试技术和监测技术大力发展　在开始的室内常规岩块力学参数测试的基础上，逐渐发展了岩石三轴试验、高温高压试验、刚性试验、伺服技术、结构面力学试验、原位岩体力学试验及原位监测技术和模型模拟试验等。另外，岩石微观结构研究等也逐渐应用于岩体力学研究中。

（6）注意岩体动力学、水力学性质及流变性质的研究　随着地下爆炸试验、地震研究、国防工程和水利水电工程的发展，岩体在振动、冲击等动载荷作用下的变形和强度特性、破坏规律、应力波传播与衰减规律及结构防护等以及岩体在长期载荷作用下的流变性能和长期强度；水岩耦合及水岩与应力耦合所表现出来的水力学性质等，都日益受到广泛的重视，并取得了一些成果。

（7）新理论、新技术及新方法的应用　首先，计算机技术的应用与普及，为岩体力学解决许多复杂的岩体力学问题提供了有力的手段，提高了岩体力学解决生产实际问题的能力和效率。另外，从 20 世纪 70 年代末开始，块体理论、概率论、模糊数学、断裂力学、损伤力学、分形几何等理论相继引入岩体力学的基础理论与工程稳定性研究中，取得了一系列重大成果。近年来，还有不少学者将系统论、信息论、控制论、人工智能专家系统、灰色系统、突变理论、耗散结构理论及协同论等软科学引入岩体力学研究中，取得了一系列研究成果。最近又提出了利用神经网络（sach，Dheores 等，1994；冯夏庭，王泳嘉等，1995）来预测岩体边坡稳定性等。这些新理论、新方法的引入，大大地促进了岩体力学的发展。

总之，到目前为止，岩体力学工作者从各个方面对岩体力学与工程进行了全面的研究，并取得了可喜的进展，为国民经济建设与学科发展作出了杰出的贡献。但是，岩体力学还不成熟，还有许多重大问题仍在探索之中，还不能满足工程实际的需要。因此，大力加强岩体力学理论和实际应用的研究，既是岩体力学发展的需要，更是工程实践的客观要求。

在今后一段时期内，岩体力学的前沿研究课题有：①岩体结构与结构面的仿真模拟、力学表述及其力学机理问题；②裂隙化岩体的强度、破坏机理及破坏判据问题；③岩体与工程结构的相互作用与稳定性评价问题；④软岩（包括松散岩体、软弱岩体、强烈应力破碎及风化蚀变岩体、膨胀性和流变性岩体等）的力学特性及其岩体力学问题；⑤水岩耦合及水岩与应力耦合作用及岩体工程稳定性问题；⑥高地应力岩体力学问题；⑦岩体结构整体综合仿真反馈系统与优化技术；⑧岩体动力学、水力学与热力学问题；⑨岩体流变与长期强度问题；等等。以上课题，虽然有些已有一些研究成果，某些问题甚至已达到一定的深度，但多数仅限于科学探讨性的和定性或半定量的研究，离实际应用还有一定的距离，不能满足工程实际的需求，需要进一步探索与研究。

在岩体力学基本理论上，20 世纪 80 年代末随着思维方法的变革提出了"不确定系统分析方法"，为大型岩体工程分析与设计提供了较正确可靠的方法，这种方法也可称为综合智能分析方法，它是在快速发展的系统科学、计算机科学、非线性理论、人工智能和信息技术等基础上建立起来的。不确定系统分析方法首先将工程岩体视为"人地系统"，用系统概念来表征岩体，可使岩体的复杂性得到全面科学的表达。工程岩体系统不仅因为多因素、多层次组合而具有复杂性，而且还在于它们大多具有很强的不确定性，即模糊性与随机性；同时，各因素之间和层次之间还通过相互耦合作用而表现出很强的非线性特征，只有将整个系统的非线性过程把握住，才能作出正确的理解与描述。

对岩体工程分析与设计的重点是对岩体工程地质条件正确的评价及其变形、破坏的预测和相应工程措施的决策。与其他土木工程结构相比，岩体工程的重要区别在于岩体是天然地质体，具有复杂的结构并赋存于一定的天然应力等地质环境中，加上岩体工程还受到工程施工因素的影响等。所以，事前把它认识得非常清楚是不可能的，必然存在大量认识不清或不准的不确定性因素，即所谓"黑箱"、"灰箱"问题（所谓"黑箱"为完全未知，"灰箱"则为部分已知，部分未知）。对这类问题的研究必须采用"黑箱—灰箱—白箱"的研究方法，也就是通过工程勘察试验得到有关岩体分布、岩体结构及其物理力学性质与天然应力、地下水等资料，然后根据所得信息来研究岩体工程系统特性，探索其力学行为与演化规律，最后在预测基础上进行工程措施决策及优化设计与施工。这一过程基本上反映了复杂岩体力学问题由认识到解决的全过程，即从"黑箱"逐步变为"灰箱"，再逐步变为"白箱"的辩证思维过程。采用"黑箱—灰箱—白箱"的方法就可以在整个岩体力学设计、施工过程中不断减少黑度，增加白度，达到工程设计与施工的逐步优化。人工智能、神经网络和灰色理论等是这一研究方法的理论基础。

为促进不确定性系统分析方法的不断发展与完善，使之更实用，在岩体工程系统研究中还必须强调如下两方面的工作：一是岩体工程地质条件及其资料采集工作，只有基础资料采集工作扎实了，才能有效减少岩体工程"黑箱"系统的黑度，提高研究的可靠性，为了使基础资料采集更全面、深入，除采用传统的工程地质、岩体力学方法外，还必须采用高新技术手段，发展和采用新的探测技术和实验技术，如遥感技术、切层扫描技术、三维地震 CT 成像技术、高精度地应力测量技术、高温高压刚性伺服岩石试验系统和多功能高效率原位岩体试验系统等；二是信息化施工工作，在岩体工程施工与运行过程中除采用多点位移计、倾斜仪、收敛计和水准测量等常规应力、位移监测手段外，还须大力发展和完善 GPS、GIS 监测技术、声发射和微震监测技术及岩体损伤探测技术等。丰富的监测资料可为"黑箱—灰箱—白箱"系统分析提供必要的信息。随着信息技术的发展和应用，完全可以对工程过程监测信息进行高效的理论分析和经验判断，将各种信息综合集成，并及时向工程施工和运行主管部门反馈，进行工程决策，逐步优化设计和施工工艺。

当前，随着科学技术的飞速发展，各门学科都将以更快的速度向前发展，岩体力学也不例外。而各门学科协同合作，相互渗透，不断引入相关学科的新思想、新理论和新方法是加速岩体力学发展的必要途径。

0.4　本书的主要内容与学习方法

本教材是为地质工程和土木工程（岩土工程和地下建筑工程方向）专业及其相关专业本科生编写的专业基础课教材，教材分 10 章。在主要章节后附有思考题和练习题，以供课后复习巩固有关知识之用。

绪论，主要介绍岩体力学的研究任务、内容与方法，以及岩体力学的发展历史与研究动态。

第1章岩体的地质与结构特征，介绍岩块、结构面及岩体的基本概念、物质组成、结构特征及结构面网络模拟理论。重点讨论结构面特征及其对岩体物理力学性质的影响和结构面统计测量及网络模拟方法。使读者弄清影响岩块及岩体物理力学性质的各种地质因素的类型、特征及网络模拟原理、方法。

第2章岩块的物理力学性质，主要介绍各种性质指标的定义、测定方法、相互关系、影响因素及其经验值。

第3章结构面力学性质，介绍结构面的变形与强度特征，指标定义及其测定方法。

第4章岩体的力学性质，主要讨论岩体的变形、强度及动力学与水力学特性；岩体原位力学试验的原理方法及裂隙化岩体变形与强度参数的经验估算方法。

第5章岩体工程分类，主要介绍国内外通用并在工程中常用的岩块、岩体工程分类的基本原则与分类方法。

第6章岩体中天然应力，主要介绍地壳浅部岩体中的天然应力分布特征、研究意义及其测量技术的原理与方法。

第7章岩体本构模型与强度理论，主要介绍目前工程中常用的几种本构模型和强度判据，它们的含义、方程及其适用条件。

第8～10章分别讨论边坡岩体、地基岩体及地下洞室围岩中的重分布应力特征、计算方法和岩体的变形与破坏特征及其稳定性分析方法等。

本教材的编写旨在使学生掌握岩体力学的基本原理与方法，并力求实用。学生在学习过程中应在深刻理解基本概念的基础上，切实掌握分析研究问题的思路和方法，培养解决岩体力学问题的能力。因此，对于书中的基本概念、原理和方法，要加强理解，举一反三，把它弄懂弄通，切忌死记硬背。对于书中的公式，重点要求理解其推导思路、应用条件和使用方法。而真正要记的公式不是太多。对少数必须记住的公式，也应在理解的基础上去记，这样才能记得牢，用得活。

此外，岩体力学是工程地质与工程力学交叉发展起来的边缘学科，它的理论基础相当广泛，涉及工程地质学、水文地质学、固体力学、流体力学、计算数学、弹塑性力学、构造地质学、地球物理学及建筑结构等学科。因此，要学好岩体力学，必须具备以上基础知识。特别是固体力学和弹塑性力学等力学基础更应牢固掌握。

思考题与习题

1. 何谓岩体力学？它的研究对象是什么？
2. 岩体力学的研究内容和研究方法是什么？

第1章　岩体地质与结构特征

1.1　概　述

岩体（rockmass）是指在地质历史过程中形成的，由岩块和结构面网络组成的，具有一定的结构并赋存于一定的天然应力状态和地下水等地质环境中的地质体，是岩体力学研究的对象。岩体由结构面网络及其所围限的岩石块体所组成，其物理力学性质和力学属性在很大程度上受形成和改造岩体的各种地质作用过程所控制，往往表现出非均匀、非连续、各向异性和多相性的特征，尤其是与人类工程活动密切相关的地壳表层岩体更是如此，因此，在岩体力学研究中，应将岩体地质与结构特征的研究置于相当重要的地位。

岩块和岩体均为岩石物质或岩石材料。传统的工程地质方法往往是按岩石成因，取小块试件在室内进行矿物成分、结构构造及物理力学性质的测定，以评价其对工程建筑的适宜性。大量的工程实践表明，用岩块性质来代表原位工程岩体的性质是不合适的。因此，自20世纪60年代起，国内外工程地质和岩体力学工作者都注意到岩体与岩块在性质上有本质的区别，其根本原因之一是岩体中存在各种各样的结构面及不同于自重应力的天然应力场和地下水。因而，从岩体力学观点出发提出了岩块、结构面和岩体等基本概念。本章将重点讨论岩块、结构面和岩体的地质特征以及岩体结构及其对岩体力学性质与工程岩体稳定性的控制作用等问题。

1.2　岩块及其特征

1.2.1　岩块的物质组成

岩块（rock 或 rock block）是指不含显著结构面的岩石块体，是构成岩体的最小岩石单元体。这一定义里的显著一词是个比较模糊的说法，一般来说，能明显地将岩石切割开来的分界面叫显著结构面，而包含在岩石块体内结合比较牢固的面如微层面、微裂隙等都属于不显著的结构面或微结构面。在国内外，有些学者把岩块称为结构体（structural element）、岩石材料（rock material）或完整岩石（intact rock）等。

岩石是由具有一定结构构造的矿物（含结晶和非结晶的）集合体组成的。因此，新鲜岩块的力学性质主要取决于组成岩块的矿物成分及其相对含量。一般来说。含硬度大的粒柱状矿物（如石英、长石、角闪石、辉石等）愈多时，岩块强度愈高；含硬度小的片状矿物（如云母、绿泥石、蒙脱石和高岭石等）愈多时，则岩块强度愈低。但应当注意，矿物的力学性质并不等同于由该种矿物所组成的岩石的力学性质，即使是由单一矿物组成的岩石，也是如此。如石英和由石英组成的石英岩及方解石和由方解石组成的大理岩，两者的性质就大不相同。这表明：一方面，由矿物组成的集合体的结构与构造，在力学上起着非常重要的作用，因此，研究岩石的组成和结构的力学效应是十分必要的；另一方面，这并不等于说岩石的力学性质与其组成的矿物的性质没有关系。事实上，岩石中的矿物成分，也会对岩石的力学性质产生十分重要的影响，有时甚至是决定性的影响。

自然界中的造岩矿物有：含氧盐、氧化物及氢氧化物、卤化物、硫化物和自然元素五大类。其中以含氧盐中的硅酸盐、碳酸盐及氧化物类矿物最常见，构成了几乎 99.9% 的地壳岩石。而其他矿物的工程地质意义不大。

常见的硅酸盐类矿物有长石、辉石、角闪石、橄榄石、云母和黏土矿物等。这类矿物除云母和黏土矿物外，硬度大，呈粒、柱状晶形。因此，含这类矿物多的岩石，如花岗岩、闪长岩及玄武岩等，强度高，抗变形性能好。但该类矿物多生成于高温环境，与地表自然环境相差较大，在各种风化营力的作用下，易风化成高岭石、依利石等。尤以橄榄石、基性斜长石等抗风化能力最差，长石、角闪石次之。

黏土矿物属于层状硅酸盐类矿物，主要有高岭石、伊利石及蒙脱石三类，具薄片状或鳞片状构造，硬度小。因此含这类矿物多的岩石，如黏土岩、黏土质岩，物理力学性质差，并具有不同程度的胀缩性，特别是含蒙脱石多的膨胀岩，其物理力学性质更差。

碳酸盐类矿物是灰岩和白云岩类的主要造岩矿物。岩石的物理力学性质取决于岩石中 $CaCO_3$、$MgCO_3$ 及酸不溶物的含量。$CaCO_3$、$MgCO_3$ 含量越高，如纯灰岩、白云岩等，强度高、抗变形和抗风化性能都比较好。泥质含量高的，如泥质灰岩、泥灰岩等，力学性质较差。但随岩石中硅质含量的增高，岩石性质将不断变好。另外，在碳酸盐类岩体中，常发育各种岩溶现象，使岩体性质趋于复杂化。

氧化物类矿物以石英最常见，是地壳岩石的主要造岩矿物。呈等轴晶系、硬度大、化学性质稳定。因此，一般随石英含量增加，岩块的强度和抗变形性能都明显增强。

岩块的矿物组成与岩石的成因及类型密切相关。岩浆岩多以硬度大的粒柱状硅酸盐、石英等矿物为主，所以其岩块物理力学性质一般都很好。沉积岩中的粗碎屑岩如沙砾岩等，其碎屑多为硬度大的粒柱状矿物，岩块的力学性质除与碎屑成分有关外，在很大程度上取决于胶结物成分及其类型。细碎屑岩如页岩、泥岩等，矿物成分多以片状的黏土矿物为主，其岩块力学性质很差。变质岩的矿物组成与母岩类型及变质程度有关。浅变质中的副变质岩如千枚岩、板岩等多含片状矿物（如绢云母、绿泥石及黏土矿物等），岩块力学性质较差。深变质岩如片麻岩、混合岩、石英岩等，多以粒柱状矿物（如长石、石英、角闪石等）为主，因而，其岩块力学性质好。

1.2.2 岩块的结构与构造

岩块的结构是指岩石内矿物颗粒的大小、形状、排列方式和颗粒间连结方式以及微结构面发育情况等反映在岩块构成上的特征。岩块的结构特征，尤其是矿物颗粒间的联结及微结构面的发育特征对岩块的力学性质影响很大。

矿物颗粒间具有牢固的联结是岩石区别于土并赋予岩石以优良工程地质性质的主要原因。岩石颗粒间的联结分结晶联结与胶结联结两类。

结晶联结是矿物颗粒通过结晶相互嵌合在一起，如岩浆岩、大部分变质岩及部分沉积岩均具这种联结。它是通过共用原子或离子使不同晶粒紧密接触，故一般强度较高。但是不同的结晶结构对岩块性质的影响不同。一般来说，等粒结构的岩块强度比非等粒结构的高，且抗风化能力强。在等粒结构中，细粒结构岩块强度比粗粒结构的高。在斑状结构中，具有细粒基质的岩块强度比玻璃质基质的高。总之，结晶愈细、愈均匀，非晶质成分愈少，岩块强度愈高，如某粗粒花岗岩的抗压强度 σ_c 为 120MPa，而其成分相同的细粒花岗岩 σ_c 可达 250MPa。

胶结联结是矿物颗粒通过胶结物联结在一起，如碎屑岩等具这种联结方式。胶结联结的岩块强度取决于胶结物成分及胶结类型。一般来说，硅质胶结的岩块强度最高；铁质、钙质胶结的次之；泥质胶结的岩块强度最低，且抗水性差。如某地具有不同胶结物的砂岩抗压强度为：硅质胶结的 $\sigma_c=207.5$MPa；铁质胶结的 $\sigma_c=105.9$MPa；钙质胶结的 $\sigma_c=84.2$MPa；泥质胶结的 $\sigma_c=55.6$MPa。从胶结类型来看，常以基底式胶结的岩块强度最高，孔隙式胶结的次之，接触式胶结的最低。

微结构面是指存在于矿物颗粒内部或颗粒间的软弱面或缺陷，包括矿物解理、晶格缺陷、粒间空隙、微裂隙、微层面及片理面、片麻理面等。它们的存在不仅降低了岩块的强度，还往往导致岩块力学性质具有明显的各向异性。

岩块的构造是指矿物集合体之间及其与其他组分之间的排列组合方式。如岩浆岩中的流线、流面构造，沉积岩中的微层状构造，变质岩中的片状构造及其定向构造等。这些都可使岩块物理力学性质复杂化。

由上述可知，岩块的结构构造不同，其力学性质及其各向异性和不连续性程度也不同。因此，在研究岩块的力学性质时要注意其各向异性和不连续性。但是相对岩块而言，岩体的各向异性和不连续性更为显著，因此，在岩体力学研究中，通常又把岩块近似地视为均质、各向同性的连续介质。

1.2.3　岩块的风化程度

众所周知，风化作用可以改变岩石的矿物组成和结构构造，进而改变岩块的物理力学性质。一般来说，随风化程度的加深，岩块的空隙率和变形随之增大，强度降低，渗透性加大。不同的岩石对风化作用的反应是不同的。如花岗岩类岩石，常先发生破裂，而后被渗入的雨水形成的碳酸所分解。碳酸与长石、云母、角闪石等矿物作用，析出 Fe、Mg、K、Na 等可溶盐以及游离 SiO_2，并被地下水带走，而岩屑、黏土物质和石英颗粒等残留在原地。基性岩浆岩的风化过程，与中酸性岩浆岩类似，只是其风化残留物多为黏土；石灰岩的风化残留物为富含杂质的黏土；沙砾岩的风化，常仅发生解体破碎等。因此，研究岩体风化时，应考虑到岩石的风化程度及风化产物的类型。

岩块的风化程度可通过定性指标和某些定量指标来表述。定性指标主要有：颜色、矿物蚀变程度、破碎程度及开挖锤击技术特征等。定量指标主要有风化空隙率指标和波速指标等。

风化空隙率指标 I_w 是汉罗尔（Hamral，1961）提出的。I_w 是快速浸水后风化岩块吸入水的质量与干燥岩块质量之比。借此可近似地反映风化岩块空隙率的大小。

国家标准《岩土工程勘察规范》提出用风化岩块的纵波速度 v_{cp}、波速比 k_v 和风化系数 k_f 等指标来评价岩块的风化程度，其中 k_v、k_f 的定义为：

$$k_v = \frac{v_{cp}}{v_{rp}} \tag{1-1}$$

$$k_f = \frac{\sigma'_{cw}}{\sigma_{cw}} \tag{1-2}$$

式中，v_{cp}，v_{rp} 分别为风化岩块和新鲜岩块的纵波速度，m/s；σ'_{cw}，σ_{cw} 分别为风化岩块和新鲜岩块的饱和单轴抗压强度，MPa。

按岩块的 v_{cp}，k_v 和 k_f 将硬质岩石的风化分级划分如表 1-1 所示。

表 1-1 硬质岩石按波速指标的风化分级表（据岩土工程勘察规范，1995）

风化程度	$v_{cp}/(m/s)$	k_v	k_f
全风化	500～1000	0.2～0.4	—
强风化	1000～2000	0.4～0.6	<0.4
中等风化	2000～4000	0.6～0.8	0.4～0.8
微风化	4000～5000	0.8～0.9	0.8～0.9
未风化	>5000	0.9～1.0	0.9～1.0

1.3 结构面特征

结构面（structural plane）是指地质历史发展过程中，在岩体内形成的具有一定的延伸方向和长度，厚度相对较小的地质界面或带。它包括物质分异面和不连续面，如层面、不整合面、节理面、断层、片理面等。国内外一些文献中又称为不连续面（discontinuities）或节理（joint）等。在结构面中，那些规模较大、强度低、易变形的结构面又称为软弱结构面。

结构面对工程岩体的完整性、渗透性、物理力学性质及应力传递等都有显著的影响，是造成岩体非均质、非连续、各向异性和非线弹性的本质原因之一。因此，全面深入细致地研究结构面的特征是岩体力学中的一个重要课题。

1.3.1 结构面的成因类型

1.3.1.1 地质成因类型

根据地质成因的不同，可将结构面划分为原生结构面、构造结构面和次生结构面三类，各类结构面的主要特征如表 1-2 所示。

表 1-2 岩体结构面的类型及其特征（据张咸恭，1979）

成因类型		地质类型	主要特征			工程地质评价
			产状	分布	性质	
原生结构面	沉积结构面	1. 层理层面 2. 软弱夹层 3. 不整合面、假整合面 4. 沉积间断面	一般与岩层产状一致，为层间结构面	海相岩层中此类结构面分布稳定，陆相岩层中呈交错状，易尖灭	层面、软弱夹层等结构面较为平整；不整合面及沉积间断面多由碎屑泥质物构成，且不平整	国内外较大的坝基滑动及滑坡很多是由此类结构面所造成的，如奥斯汀、圣·弗朗西斯、马尔帕塞坝的破坏，瓦依昂水库附近的巨大滑坡
	岩浆结构面	1. 侵入体与围岩接触面 2. 岩浆岩墙接触面 3. 原生冷凝节理	岩脉受构造结构面控制，而原生节理受岩体接触面控制	接触面延伸较远，比较稳定，而原生节理往往短小密集	与围岩接触面可具有熔合及破碎两种不同的特征，原生节理一般为张裂面，较粗糙不平	一般不造成大规模的岩体破坏，但有时与构造断裂配合，也可以造成岩体的滑移，如有的坝肩局部滑移
	变质结构面	1. 片理 2. 片岩软弱夹层 3. 片麻理 4. 板理及千枚理	产状与岩层或构造方向一致	片理短小，分布极密，片岩软弱夹层延展较远，具有固定层次	结构面光滑平直，片理在岩层深部往往闭合成隐蔽结构面，片岩软弱夹层具片状矿物，呈鳞片状	在变质较浅的沉积岩，如千枚岩等路堑边坡常见塌方。片岩夹层有时对工程及地下洞体稳定也有影响

续表

成因类型	地质类型	主要特征			工程地质评价
		产状	分布	性质	
构造结构面	1. 节理（X 型节理、张节理） 2. 断层（正断层、逆断层等） 3. 层间错动 4. 羽状裂隙、劈理	产状与构造线呈一定关系，层间错动与岩层一致	张性断裂较短小，剪性断裂延展较远，压性断裂规模巨大，但有时为横断层切割成不连续状	张性断裂不平整，常具次生填充，呈锯齿状，剪切断裂较平直，具羽状裂隙，压性断层具多种构造岩，成带状分布，往往含断层泥、糜棱岩	对岩体稳定影响很大，在上述多岩体破坏过程中，大都有构造结构面的配合作用。此外常造成边坡及地下工程的塌方、冒顶等
次生结构面	1. 卸荷裂隙 2. 风化裂隙 3. 风化夹层 4. 泥化夹层 5. 次生夹泥层	受地形及原始结构面和临空面产状控制	分布上往往呈不连续状，透镜状，延展性差，且主要在地表风化带内发育	一般为泥质物填充，水理性质很差	在天然斜坡及人工边坡上造成危害，有时对坝基、坝肩及浅埋隧洞等工程亦有影响，但一般在施工中予以清基处理

（1）原生结构面　这类结构面是岩体在成岩过程中形成的结构面，其特征与岩体成因密切相关，因此又可分为沉积结构面、岩浆结构面和变质结构面三类。

沉积结构面是沉积岩在沉积和成岩过程中形成的，包括层理面、软弱夹层、沉积间断面和不整合面等。沉积结构面的特征与沉积岩的成层性有关，一般延伸性较强，常贯穿整个岩体，产状随岩层产状而变化。如在海相沉积岩中分布稳定而清晰；在陆相岩层中常呈透镜状。

岩浆结构面是在岩浆侵入及冷凝过程中形成的结构面，包括岩浆岩体与围岩的接触面、各期岩浆岩之间的接触面和原生冷凝节理等。

变质结构面可分为残留结构面和重结晶结构面。残留结构面主要是沉积岩经变质后，在层面上绢云母、绿泥石等鳞片状矿物富集并呈定向排列而形成的结构面，如千枚岩的千枚理面和板岩的板理面等。重结晶结构面主要有片理面和片麻理面等，它是岩石发生深度变质和重结晶作用下，片状矿物和柱状矿物富集并呈定向排列形成的结构面，它改变了原岩的面貌，对岩体的物理力学性质常起控制性作用。

原生结构面中，除部分经风化卸载作用裂开者外，多具有不同程度的联结力和较高的强度。

（2）构造结构面　这类结构面是岩体形成后在构造应力作用下形成的各种破裂面，包括断层、节理、劈理和层间错动面等。构造结构面除被胶结者外，绝大部分都是脱开的。规模大者如断层、层间错动等，多数有厚度不等、性质各异的填充物，并发育有由构造岩组成的构造破碎带，具多期活动特征。在地下水的作用下，有的已泥化或者已变成软弱夹层。因此这部分构造结构面（带）的工程地质性质很差，其强度接近于岩体的残余强度，常导致工程岩体的滑动破坏。规模小者如节理、劈理等，多数短小而密集，一般无填充或只具有薄层填充，主要影响岩体的完整性和力学性质。

（3）次生结构面　这类结构面是岩体形成后在外营力作用下产生的结构，包括卸荷裂隙、风化裂隙、次生夹泥层和泥化夹层等。卸荷裂隙面是因表部被剥蚀卸荷造成应力释放和调整而产生的，产状与临空面近于平行，并具张性特征。如河谷岸坡内的顺坡向裂隙及谷底的近水平裂隙等，其发育深度一般达基岩面以下 5～10m，局部可达数十米，甚至更大。谷底的卸荷裂隙对水工建筑物危害很大，应特别注意。

风化裂隙一般仅限于地表风化带内，常沿原生结构面和构造结构面叠加发育，使其性质进一步恶化。新生成的风化裂隙，延伸短，方向紊乱，连续性差。

泥化夹层是原生软弱夹层在构造及地下水共同作用下形成的；次生夹泥层则是地下水携带的细颗粒物质及溶解物沉淀在裂隙中形成的。它们的性质一般都很差，属于软弱结构面。

1.3.1.2 力学成因类型

从大量的野外观察、试验资料及莫尔强度理论分析可知，在较低围限应力（相对岩体强度而言）下，岩体的破坏方式有剪切破坏和拉张破坏两种基本类型。因此，相应地按破裂面的力学成因可将其分为剪性结构面和张性结构面两类。

张性结构面是由拉应力形成的，如羽毛状张裂面、纵张破裂面及横张破裂面、岩浆岩中的冷凝节理等。羽毛状张裂面是剪性断裂在形成过程中派生力偶所形成的，它的张开度在邻近主干断裂一端较大，且沿延伸方向迅速变窄，乃至尖灭。纵张破裂面常发生在背斜轴部，走向与背斜轴近于平行，呈上宽下窄。横张破裂面走向与褶皱轴近于垂直，它的形成机理与单向压缩条件下沿轴向发展的劈裂相似。一般来说，张性结构面具有张开度大、连续性差、形态不规则、面粗糙、起伏度大及破碎带较宽等特征。其构造岩多为角砾岩，易被填充。因此，张性结构面常含水丰富，导水性强等。

剪性结构面是剪应力形成的，破裂面两侧岩体产生相对滑移，如逆断层、平移断层以及多数正断层等。剪性结构面的特点是连续性好，面较平直，延伸较长并有擦痕、镜面等现象发育。

1.3.2 结构面的规模与分级

结构面的规模大小不仅影响岩体的力学性质，而且影响工程岩体力学作用及其稳定性。按结构面延伸长度、切割深度、破碎带宽度及其力学效应，可将结构面分为如下 5 级。

（1）Ⅰ级　指大断层或区域性断层，一般延伸约数公里至数十公里以上，破碎带宽约数米至数十米乃至几百米以上。有些区域性大断层往往具有现代活动性，给工程建设带来很大的危害，直接关系着建设地区的地壳稳定性，影响山体稳定性及岩体稳定性。所以，一般的工程应尽量避开，如不能避开时，也应认真进行研究，采取适当的处理措施。

（2）Ⅱ级　指延伸长而宽度不大的区域性地质界面，如较大的断层、层间错动、不整合面及原生软弱夹层等。其规模贯穿整个工程岩体，长度一般数百米至数千米，破碎带宽数十厘米至数米。常控制工程区的山体稳定性或岩体稳定性，影响工程布局，具体建筑物应避开或采取必要的处理措施。

（3）Ⅲ级　指长度数十米至数百米的断层、区域性节理、延伸较好的层面及层间错动等。宽度一般数厘米至 1m 左右。它主要影响或控制工程岩体，如地下洞室围岩及边坡岩体的稳定性等。

（4）Ⅳ级　指延伸较差的节理、层面、次生裂隙、小断层及较发育的片理、劈理面等。长度一般为数十厘米至 20~30m，小者仅数厘米至十几厘米，宽度为零至数厘米不等。是构成岩块的边界面，破坏岩体的完整性，影响岩体的物理力学性质及应力分布状态。该级结构面数量多，分布具随机性，主要影响岩体的完整性和力学性质，是岩体分类及岩体结构研究的基础，也是结构面统计分析和模拟的对象。

（5）Ⅴ级　又称微结构面。指隐节理、微层面、微裂隙及不发育的片理、劈理等，其规模小，连续性差，常包含在岩块内，主要影响岩块的物理力学性质。

上述 5 级结构面中，Ⅰ、Ⅱ级结构面又称为软弱结构面，Ⅲ级结构面多数也为软弱结构面，Ⅳ、Ⅴ级结构面为硬性结构面。不同级别的结构面，对岩体力学性质的影响及在工程岩体稳定性中所起的作用不同。如Ⅰ级结构面控制工程建设地区的地壳稳定性，直接影响工程岩体稳定性；Ⅱ、Ⅲ级结构面控制着工程岩体力学作用的边界条件和破坏方式，它们的组合往往构成可能滑移岩体（如滑坡、崩塌等）的边界面，直接威胁工程的安全稳定性；Ⅳ级结构面主要控制着岩体的结构、完整性和物理力学性质，是岩体结构研究的重点，也是难点，因为相对于工程岩体来说，Ⅲ级以上结构面分布数量少，甚至没有，且规律性强，容易搞清楚，而Ⅳ级结构面数量多且具随机性，其分布规律不太容易搞清楚，需用统计方法进行研究；Ⅴ级结构面控制岩块的力学性质等。但各级结构面是互相制约、互相影响，并非孤立的。这些特点在实际工作中应予以注意。

1.3.3　结构面特征及其对岩体性质的影响

结构面对岩体力学性质的影响是不言而喻的，但其影响程度则主要取决于结构面的发育特征。如岩性完全相同的两种岩体，由于结构面的空间方位、连续性、密度、形态、张开度及其组合关系等的不同，在外力作用下，这两种岩体将呈现出完全不同的力学反应。因此研究结构面特征及其力学效应是十分必要的。下面主要就Ⅳ级结构面进行讨论。

1.3.3.1　产状

结构面的产状常用走向、倾向和倾角表示。结构面与最大主应力间的关系控制着岩体的破坏机理与强度。如图 1-1 所示，当结构面与最大主平面的夹角 β 为锐角时，岩体将沿结构面滑移破坏［图 1-1(a)］；当 $\beta=0°$ 时，表现为横切结构面产生剪断岩体破坏［图 1-1(b)］；当 $\beta=90°$ 时，则表现为平行结构面的劈裂拉张破坏［图 1-1(c)］。随破坏方式不同，岩体强度也发生变化。根据单结构面理论，岩体中存在一组结构面时，岩体的极限强度 σ_{1m} 与结构面倾角 β 间的关系为：

$$\sigma_{1m}-\sigma_3=\frac{2(C_j+\sigma_3\tan\phi_j)}{(1-\tan\phi_j\cot\beta)\sin2\beta} \tag{1-3}$$

式中，C_j，ϕ_j 分别为结构面的黏聚力和摩擦角。

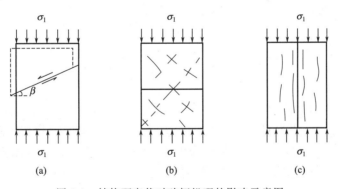

图 1-1　结构面产状对破坏机理的影响示意图

由式(1-3)可知：当围压 σ_3 不变时，岩体强度（$\sigma_{1m}-\sigma_3$）随结构面倾角 β 变化而变化。

1.3.3.2　连续性

结构面的连续性反映结构面的贯通程度，常用线连续性系数、迹长和面连续性系数等表示。线连续性系数 K_1 是指沿结构面延伸方向上，结构面各段长度之和（$\sum a$）与测线长度的比值（图 1-2），即

$$K_1=\frac{\sum a}{\sum a+\sum b} \tag{1-4}$$

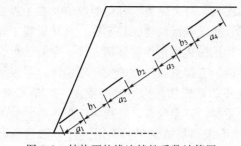

图 1-2　结构面的线连续性系数计算图

式中，Σa，Σb 分别为结构面及完整岩石长度之和。

K_1 变化在 $0 \sim 1$ 之间，K_1 值愈大，说明结构面的连续性愈好，当 $K = 1$ 时，结构面完全贯通。

另外，国际岩石力学学会（1978）主张用结构面的迹长来描述和评价结构面的连续性，并制订了相应的分级标准（表 1-3）。结构面迹长是指结构面与露头面交线的长度，由于它易于测量，所以应用较广。

表 1-3　结构面连续性分级

描　述	迹长/m	描　述	迹长/m
很低连续性	<1	高连续性	$10 \sim 20$
低的连续性	$1 \sim 3$	很高连续性	>20
中等连续性	$3 \sim 10$		

结构面的连续性对岩体的变形、破坏机理、强度及渗透性都有很大的影响。

1.3.3.3　密度

结构面的密度反映结构面发育的密集程度，常用线密度、间距等指标表示。

线密度 K_d 是指结构面法线方向单位测线长度上交切结构面的条数，条/m；间距 d 则是指同一组结构面法线方向上两相邻结构面的平均距离；两者互为倒数关系，即

$$K_d = \frac{1}{d} \tag{1-5}$$

按以上定义，则要求测线沿结构面法线方向布置，但在实际结构面测量中，由于露头条件的限制，往往达不到这一要求。如果测线是水平布置的，且与结构面法线的夹角为 α，结构面的倾角为 β 时，则 K_d 可用下式计算：

$$K_d = \frac{n}{L \sin\beta\cos\alpha} = \frac{K_d'}{\sin\beta\cos\alpha} \tag{1-6}$$

式中，L 为测线长度，一般应为 $20 \sim 50$m；K_d' 为测线方向某组结构面的线密度，n 为结构面条数。

当岩体中包含多组结构面时，可用叠加方法求得水平测线方向上的结构面线密度。

结构面的密度控制着岩体的完整性和岩块的块度。一般来说，结构面发育愈密集，岩体的完整性愈差，岩块的块度愈小，进而导致岩体的力学性质变差，渗透性增强。普里斯特等人（Priest 等，1976）提出用线密度 K_d 来估算岩体质量指标 RQD（rock quality designation）为：

$$RQD = 100 e^{-0.1 K_d} (0.1 K_d + 1) \tag{1-7}$$

为了统一描述结构面密度的术语，ISRM 规定了分级标准如表 1-4 所示。

表 1-4　结构面间距分级表

描　述	间距/mm	描　述	间距/mm
极密集的间距	<20	宽的间距	$600 \sim 2000$
很密的间距	$20 \sim 60$	很宽的间距	$2000 \sim 6000$
密集的间距	$60 \sim 200$	极宽的间距	>6000
中等的间距	$200 \sim 600$		

1.3.3.4　张开度

结构面的张开度是指结构面两壁面间的垂直距离。结构面两壁面一般不是紧密接触的，而是呈点接触或局部接触，接触点大部分位于起伏或锯齿状的凸起点。在这种情况下，由于结构面实际接触面积减少，必然导致其黏聚力降低，当结构面张开且被外来物质填充时，则其强度将主要由填充物决定。另外，结构面的张开度对岩体的渗透性有很大的影响。如在层流条件下，平直而两壁平行的单个结构面的渗透系数（K_f）可表达为：

$$K_f = \frac{ge^2}{12\nu} \tag{1-8}$$

式中，e 为结构面张开度，mm，它的描述术语和分级标准如表 1-5 所示；ν 为水的运动黏滞系数，cm^2/s；g 为重力加速度。

表 1-5　结构面张开度分级表

描　述	结构面张开度/mm	备　注
很紧密	<0.1	
紧密	0.1~0.25	闭合结构面
部分张开	0.25~0.5	
张开	0.5~2.5	
中等宽的	2.5~10	裂开结构面
宽的	>10	
很宽的	10~100	
极宽的	100~1000	张开结构面
似洞穴的	>1000	

根据大量的野外实测统计表明，Ⅳ级及部分Ⅲ级结构面的产状、迹长、间距及张开度等几何要素，服从于某种随机分布规律，而非定值。表 1-6 列出了结构面几何要素常见的概率分布规律，同时还给出了这些分布函数的表达式，供使用时参考。这些分布规律对结构面网络及连通网络模拟、研究结构面的空间分布、岩体质量评价及岩体力学性质参数确定等都是很有用的。

表 1-6　结构面几何要素经验概率分布形式表

要　素	常见分布形式	提　出　人	几种常见分布的表达式
倾向	正态,均匀	Call、Fisher 等	均匀:$f(x)=\dfrac{1}{b-a}$
倾角	正态,对数正态	Herget、潘别桐等	正态:$f(x)=\dfrac{1}{s\sqrt{2\pi}}e^{-\frac{1}{2}\left(\frac{x-\mu}{s}\right)^2}$
迹长	负指数,正态,对数正态	Robertson、潘别桐等	对数正态:$f(x)=\dfrac{1}{sx\sqrt{2\pi}}e^{-\frac{1}{2}\left(\frac{lnx-\mu}{s}\right)^2}$
间距	负指数,对数正态	Barton、潘别桐等	负指数:$f(x)=\lambda e^{-\lambda x}$
张开度	负指数,对数正态	Snow、潘别桐等	注:μ 为均值,$\lambda=\dfrac{1}{\mu}$;s^2 为方差

1.3.3.5　形态

结构面的形态对岩体的力学性质及水力学性质存在明显的影响，结构面的形态可以从侧壁的起伏形态及粗糙度两方面进行研究。

据统计，结构面侧壁的起伏形态可分为：平直的、波状的、锯齿状的、台阶状的和不规则状的几种（图 1-3）。而侧壁的起伏程度可用起伏角 i 表示如下（图 1-4）：

$$i = \arctan\left(\frac{2h}{L}\right) \tag{1-9}$$

式中，h 为平均起伏差；L 为平均基线长度。

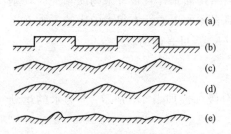

图 1-3 结构面的起伏形态示意图
（a）平直的；（b）台阶状的；（c）锯齿状的；
（d）波状的；（e）不规则状的

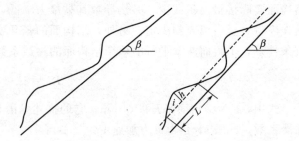

图 1-4 结构面的起伏角计算图

结构面的粗糙度可用粗糙度系数 JRC(joint roughness coefficient) 表示，随粗糙度的增大，结构面的摩擦角也增大。据巴顿（Barton，1977）的研究可将结构面的粗糙度系数划分为如图 1-5 所示的 10 级。在实际工作中，可用结构面纵剖面仪测出所研究结构面的粗糙剖面，然后与图 1-5 所示的标准剖面进行对比，即可求得结构面的粗糙度系数 JRC。

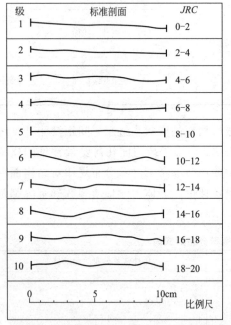

图 1-5 标准粗糙程度剖面及其 JRC 值
（据 Barton，1977）

1.3.3.6 填充胶结特征

总的来说，结构面经胶结后，力学性质有所改善。改善的程度因胶结物成分不同而异。以铁质硅质胶结的强度最高，往往与岩石强度差别不大，甚至超过岩石强度，这类结构面一般不予研究。而泥质与易溶盐类胶结的结构面强度最低，且抗水性差。

未胶结具有一定张开度的结构面往往被外来物质所填充，其力学性质取决于填充物成分、厚度、含水性及壁岩的性质等。就填充物成分来说，以砂质、砾质等粗粒填充的结构面性质最好，黏土质（如高岭石、绿泥石、水云母、蒙脱石等）和易溶盐类填充的结构面性质最差。

按填充物厚度和连续性，结构面的填充可分为：薄膜填充、断续填充、连续填充及厚层填充 4 类。薄膜填充是结构面两壁附着一层极薄的矿物膜，厚度多小于 1mm，多为应力矿物和蚀变矿物等。这种填充厚度虽薄，但因多是性质不良矿物，因而明显地降低了结构面的强度。断续填充的填充物不连续且厚度小于结构面的起伏差，结构面的力学性质与填充物性质、壁岩性质及结构面的形态有关。连续填充的填充物分布连续，结构面的力学性质主要取决于填充物性质。厚层填充的填充物厚度远大于结构面的起伏差，大者可达数十厘米以上，结构面的力学性质很差，岩体往往易于沿这种结构面滑移而失稳。

1.3.3.7　结构面的组合关系

结构面的组合关系控制着可能滑移岩体的几何边界条件、形态、规模、滑动方向及滑移破坏类型，它是工程岩体稳定性预测与评价的基础。

任何坚硬岩体的块体滑移破坏都必须具备一定的几何边界条件。因此，在研究岩体稳定性时，必须研究结构面之间及其与临空面之间的组合关系，确定可能失稳块体的形态、规模和可能滑移方向等。结构面组合关系的分析可用赤平投影、立体投影和三角几何计算法等进行。

1.3.4　软弱结构面

以上讨论的主要是Ⅳ级及部分Ⅲ级结构面（硬性结构面）的特征及其力学影响。这里再简要地讨论一下软弱结构面的特征及其力学影响。

软弱结构面就其物质组成及微观结构而言，主要包括原生软弱夹层、构造及挤压破碎带、泥化夹层及其他夹泥层等。它们实际上是岩体中具有一定厚度的软弱带（层），与两盘岩体相比具有高压缩和低强度等特征，在产状上多属缓倾角结构面。因此，软弱结构面在工程岩体稳定性中具有很重要的意义，往往控制着岩体的变形破坏机理及稳定性，如我国葛洲坝电站坝基及小浪底水库坝肩岩体中都存在着泥化夹层问题，极大地影响着水库大坝的安全，需特殊处理。其中最常见危害较大的是泥化夹层，故作重点讨论。

泥化夹层是含泥质的软弱夹层经一系列地质作用演化而成的。它多分布在上、下相对坚硬而中间相对软弱刚柔相间的岩层组合条件下。在构造运动作用下产生层间错动、岩层破碎、结构改组，并为地下水渗流提供了良好的通道。水的作用使破碎岩石中的颗粒分散、含水量增大，进而使岩石处于塑性状态（泥化），强度大为降低，水还使夹层中的可溶盐类溶解，引起离子交换，改变了泥化夹层的物理化学性质。

泥化夹层具有以下特性：①由原岩的超固结胶结式结构变成了泥质散状结构或泥质定向结构；②黏粒含量很高；③含水量接近或超过塑限，密度比原岩小；④常具有一定的胀缩性；⑤力学性质比原岩差，强度低，压缩性高；⑥由于其结构疏松，抗冲刷能力差，因而在渗透水流的作用下，易产生渗透变形。以上这些特性对工程建设，特别是对水工建筑物的危害很大。

对泥化夹层的研究，应着重于研究其成因类型、存在形态、分布、所夹物质的成分和物理力学性质以及这些性质在条件改变时的演化趋势等。

1.4　岩体结构特征及结构控制论

1.4.1　岩体组成与特征

岩体是由结构面网络及其所围限的岩石块体所组成。这种岩石块体（或称岩石单元体）被称为结构体，它的大小、形态及其活动性取决于结构面的密度、连续性及其组合关系。岩体的组成对岩体的力学性质以及稳定性具有重要的影响。

具有一定的结构是岩体的显著特征之一。岩体在其形成与存在过程中，长期经受着复杂的建造和改造两大地质作用，生成了各种不同类型和规模的结构面，如断层、节理、层理、片理、裂隙等。受这些结构面交切，岩体形成一种独特的割裂结构。因此，岩体的力学性质及其力学作用不仅受岩体的岩石类型控制，更主要的是受岩体中结构面以及由此形成的岩体结构所控制。

岩体中存在着复杂的天然应力状态和地下水，这是岩体与其他材料的根本区别之一。因此研究岩体在外力作用下的力学习性及其稳定性时，必须充分考虑天然应力，特别是构造应力和水的影响。

1.4.2 岩体的结构特征

岩体结构（rockmass structure）是指岩体中结构面与结构体的排列组合特征，因此，岩体结构应包括两个要素或称结构单元，即结构面和结构体。也就是说不同的结构面与结构体之间，以不同方式排列组合形成了不同的岩体结构。大量的工程失稳实例表明：工程岩体的失稳破坏，往往主要不是岩石材料本身的破坏，而是由于岩体结构失稳引起的。所以，不同结构类型的岩体，其物理力学性质、力学效应及其稳定性都是不同的。在1.3节中我们对结构面的特征作了详细讨论，不予重复。这里仅就结构体特征及岩体结构类型作一简单的讨论。

1.4.2.1 结构体特征

结构体（structural element）是指被结构面切割围限的岩石块体。有的文献上把结构体称为岩块，但岩块和结构体应是两个不同的概念。因为不同级别的结构面所切割围限的岩石块体（结构体）的规模是不同的。如Ⅰ级结构面所切割的Ⅰ级结构体，其规模可达数平方公里，甚至更大，称为地块或断块；Ⅱ、Ⅲ级结构面切割的Ⅱ、Ⅲ级结构体规模又相应减小；只有Ⅳ级结构面切割的Ⅳ级结构体，才被称为岩块，它是组成岩体最基本的单元体。所以，结构体和结构面一样也是有级序的，一般将结构体划分为4级。其中以Ⅳ级结构体规模最小，其内部还包含有微裂隙、隐节理等Ⅴ级结构面。较大级别的结构体是由许许多多较小级别的结构体所组成的，并存在于更大级别的结构体之中。结构体的特征常用其规模、形态及产状等进行描述。

结构体的规模取决于结构面的密度，密度愈小，结构体的规模愈大。常用单位体积内的Ⅳ级结构体数（块度模数）来表示，也可用结构体的体积表示。结构体的规模不同，在工程岩体稳定性中所起的作用也不同。

结构体形态极为复杂，常见的形状有：柱状、板状、楔形及菱形等（图1-6）。在强烈破碎的部位，还有片状、鳞片状、碎块状及碎屑状等形状。结构体的形状不同，其稳定性也不同。一般来说，板状结构体比柱状、菱形状的更容易滑动，而楔形结构体比锥形结构体稳

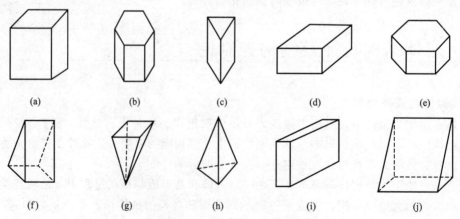

图 1-6 结构体形状典型类型示意图（据孙广忠，1983）

(a)，(b) 柱状结构体；(d)，(e) 菱形或板状结构体；

(c)，(f)，(g)，(h)，(j) 楔、锥形结构体；(i) 板状结构体

定性差。但是，结构体的稳定性往往还需结合其产状及其与工程作用力方向和临空面间的关系作具体分析。

结构体的产状一般用结构体的长轴方向表示。它对工程岩体稳定性的影响需结合临空面及工程作用力方向来分析。比如，一般来说，平卧的板状结构体与竖直的板状结构体的稳定性不同，前者容易产生滑动，后者容易产生折断或倾倒破坏；又如，在地下洞室中，楔形结构体尖端指向临空方向时，稳定性好于其他指向；其他形状的结构体也可作类似的分析。

1.4.2.2　岩体的结构类型划分

组成岩体的岩性、遭受的构造变动及次生变化的不均一性，导致了岩体结构的复杂性。为了概括地反映岩体中结构面和结构体的成因、特征及其排列组合关系，将岩体结构划分为 5 大类。各类结构岩体的基本特征列于表 1-7。由表可知：不同结构类型的岩体，其岩石类型、结构体和结构面的特征不同，岩体的工程地质性质与变形破坏机理也都不同。但其根本的区别还在于结构面的性质及发育程度，如层状结构岩体中发育的结构面主要是层面、层间错动；整体状结构岩体中的结构面呈断续分布，规模小且稀疏；碎裂结构岩体中的结构面常为贯通的且发育密集，组数多；而散体状结构岩体中发育有大量的随机分布的裂隙，结构体呈碎块状或碎屑状等。因此，我们在进行岩体力学研究之前，首先，要弄清岩体中结构面的情况与岩体结构类型及其力学属性，建立符合实际的地质力学模型，使岩体稳定性分析建立在可靠的基础上。

表 1-7　岩体结构类型划分表（引自《岩土工程勘察规范》，1995）

岩体结构类型	岩体地质类型	主要结构体形状	结构面发育情况	岩土工程特征	可能发生的岩土工程问题
整体状结构	均质、巨块状岩浆岩、变质岩、巨厚层沉积岩、正变质岩	巨块状	以原生构造节理为主，多呈闭合型，裂隙结构面间距大于 1.5m，一般不超过 1～2 组，无危险结构面组成的落石掉块	整体性强度高，岩体稳定，可视为均质弹性各向同性体	不稳定结构体的局部滑动或坍塌，深埋洞室的岩爆
块状结构	厚层状沉积岩、正变质岩、块状岩浆岩、变质岩	块状柱状	只具有少量贯穿性较好的节理裂隙，裂隙结构面间距 0.7～1.5m。一般为 2～3 组，有少量分离体	整体强度较高，结构面互相牵制，岩体基本稳定，接近弹性各向同性体	
层状结构	多韵律的薄层及中厚层状沉积岩、副变质岩	层状板状透镜状	有层理、片理、节理，常有层间错动面	接近均一的各向异性体，其变形及强度特征受层面及岩层组合控制，可视为弹塑性体，稳定性较差	不稳定结构体可能产生滑塌，特别是岩层的弯张破坏及软弱岩层的塑性变形
碎裂状结构	构造影响严重的破碎岩层	碎块状	断层，断层破碎带、片理、层理及层间结构面较发育，裂隙结构面间距 0.25～0.5m，一般在 3 组以上，由许多分离体形成	完整性破坏较大，整体强度很低，并受断裂及软弱结构面控制，多呈弹塑性介质，稳定性很差	易引起规模较大的岩体失稳，地下水加剧岩体失稳
散体状结构	构造影响剧烈的断层破碎带，强风化带，全风化带	碎屑状颗粒状	断层破碎带交叉，构造及风化裂隙密集，结构面及组合错综复杂，并多填充黏性土，形成许多大小不一的分离岩块	完整性遭到极大破坏，稳定性极差，岩体属性接近松散体介质	易引起规模较大的岩体失稳，地下水加剧岩体失稳

1.4.3 岩体结构控制论

大量实践与试验研究表明，岩体的应力传播、变形破坏以及岩体力学介质属性无不受控于岩体结构。岩体结构对工程岩体的控制作用主要表现在三方面，即岩体的应力传播特征、岩体的变形与破坏特征及工程岩体的稳定性。

具有一定结构的岩体，往往具有与之相对应的力学属性。发育于岩体中的结构面，是抵抗外力的薄弱环节。软弱结构面是岩体变形破坏的重要控制因素或边界；硬性结构面是划分岩体结构、鉴别岩体力学介质类型的重要依据。

岩体变形与连续介质变形明显不同，它由结构体变形与结构面变形两部分构成，并且结构面变形起到控制作用。因此，岩体的变形主要决定于结构面发育状况，它不仅控制岩体变形量的大小，而且控制岩体变形性质及变形过程。块状结构岩体变形主要沿贯通性结构面滑移形成；碎裂状结构岩体变形则由Ⅲ、Ⅳ级结构面滑移及部分岩块变形构成；只有完整岩体的变形才受控于组成岩体的岩石变形特征，见表1-8。

表 1-8 岩体变形机制

岩体结构		整体状结构	碎裂状结构	块状结构
变形成分	主要的	岩块压缩变形	结构面滑移变形	结构体滑移及压缩变形
	次要的	微结构面错动	结构体及结构面压缩及结构体性状改变	结构体压缩及形状改变
侧胀系数		小于0.5	常大于0.5	极微小
变形系数		结构体压缩及形状改变	压密	沿结构面滑移
控制岩体变形的主要因素		岩石、岩相特征及Ⅴ级结构面特征	开裂的不连续的Ⅲ、Ⅳ级结构面	贯通的Ⅰ、Ⅱ级结构面，主要为软弱结构面

岩体的破坏机制也受控于岩体结构。结构控制的主要方面有：岩体破坏难易程度、岩体破坏的规模、岩体破坏的过程及岩体破坏的主要方式等。岩体破坏的力学过程是岩体破坏机制。岩体破坏机制类型归纳如下（表1-9）。

表 1-9 岩体破坏机制类型

整块体结构岩体	块状结构岩体	碎裂状结构岩体		散体状结构岩体
①张破裂； ②剪破坏； ③流动变形	④结构体沿结构面滑动	①结构体张破坏； ③流动变形； ⑤结构体转动； ⑦结构体组合体溃屈	②结构体剪破坏； ④结构体沿结构面滑动； ⑥结构体组合体倾倒；	①剪破坏； ②流动变形

块状结构岩体主要为结构体沿结构面滑动破坏。而碎裂状结构岩体破坏机制较为复杂，当它赋存于高地应力环境时，则呈现为连续介质；如赋存于低地应力环境时，则属于碎裂介质，其破坏机制中，张、剪、滑、转、倾倒、弯曲、溃屈等机制均可见。而在工程岩体破坏中，常是几种破坏机制联合出现。

岩体结构对岩石工程稳定性的控制作用也十分显著。整体状结构的岩体，坚硬完整，受力后强度起控制作用，一般呈稳定状态，对于深埋或高应力区的地下开挖可能出现岩爆。块状结构岩体较为完整坚硬，结构面抗剪强度高，在一般工程条件下亦稳定。但应注意Ⅱ、Ⅲ级结构面与临空面共同组合，可能造成块体失稳，此时软弱面的抗剪强度起控制作用。层状结构岩体的变形为层岩组合和结构面力学特性所决定，尤其是层面和软弱夹层。在一般工程条件下较稳定。由于层间结合力差，软弱岩层或夹层多而使岩体的整体强度低，塑性变形、弯折破坏易于产生，顺层滑动由软弱面特性所决定。碎裂状结构岩体有一定强度，不易剪坏，但不抗拉，在风化和振动条件下易于松动，但一旦岩体失稳，往往呈连锁反应。这类岩体的变形方式视所处的工程部位而异，但其中骨架岩层对岩体稳定有利。

散体状结构岩体强度低，易于变形破坏，时间效应显著，在工程载荷作用下表现极不稳定。

图 1-7 示出了不同结构岩体常见的破坏方式。

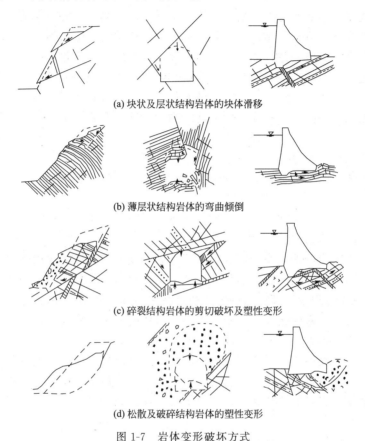

(a) 块状及层状结构岩体的块体滑移

(b) 薄层状结构岩体的弯曲倾倒

(c) 碎裂结构岩体的剪切破坏及塑性变形

(d) 松散及破碎结构岩体的塑性变形

图 1-7　岩体变形破坏方式

分析岩体结构对岩体稳定性的控制作用，应注意如下几方面。

① 在工程地质模型基础上，经初步岩体结构分析，对岩体稳定性可作出宏观与定性的判断。

② 依据岩体结构，尤其是结构面（特别是控制性结构面与软弱结构面）与工程岩体的依存关系，可准确确定岩体稳定性的边界条件。

③ 结构面的组合关系，尤其是在软弱结构面共同作用下，控制着岩体变形破坏方式与失稳机制。

④ 岩体结构同样控制工程岩体的环境因素。环境因素主要包括地应力与地下水。就地应力而言，虽主要受区域地质构造背景的控制，但就具体工程而言，地应力的作用方式与强度仍受到岩体结构的制约。地下水完全受控于岩体结构。

⑤ 在岩体结构力学效应中，通过起伏角、尺寸效应和结构面产状，可充分反映岩体结构对岩体稳定性的控制作用。

将工程岩体的地质模型转化为力学模型，最终作出岩体稳定分析与评价，这是岩体稳定性分析的基本过程。充分认识结构控制作用，将大大提高岩体稳定性分析的准确性。

1.4.4 岩体类型与岩体特征

按成因岩体可分为岩浆岩、沉积岩和变质岩三大类。各类岩体的工程地质特征简述如下。

1.4.4.1 岩浆岩体

岩浆岩在我国分布较广，其中以花岗岩类和玄武岩类最为常见。特点是无层理，产状复杂，其岩相则表现在结晶程度上。根据岩浆活动方式，岩浆岩可分为深成岩、浅成岩和喷出岩三类。由于生成条件不同，因而其矿物组成、工程地质特征也各不相同。

深成岩多为巨大的侵入体，如岩基、岩株等，岩性均一，变化较小。岩体呈整体状或块状结构，只在边缘相岩体中常存在流线、流面和各种原生节理。岩石结构相对较简单，多为中粗粒结构，颗粒均匀，且致密坚硬，空隙率低，力学性质好，强度高。因此，深成岩体的工程地质性质是比较好的，常可作为大型建筑物的地基。但是，由于深成岩特有的生成环境和结构，也常显示出许多不足之处。主要表现在：①抗风化能力弱，其风化带厚度较大，如华南花岗岩分布区风化带厚度一般可达 50～100m 以上；②深成岩中常有同期或后期岩脉穿插，岩体时代越老，岩脉穿插愈多且复杂，使岩体的完整性遭到破坏，恶化了岩体的力学性质。

浅成岩多呈岩床、岩墙和岩脉等小型侵入体。岩石多为斑状结构，均一性较差。岩石力学性质较好，抗风化能力强。

喷出岩为火山喷出的熔岩凝固而成，由于火山喷发的多期性，火山熔岩往往与火山碎屑岩相间分布，呈似层状产出。岩石多呈玻璃质，结构致密。气孔构造、杏仁构造或流动构造（流线流面）及原生节理较发育。这些构造的存在使得喷出岩岩体的结构较为复杂，均一性差，各向异性显著，并有软弱夹层（带）发育，岩体的力学性质变差。

在研究岩浆岩岩体力学性质时，除岩体本身外，还必须研究它与围岩的接触关系。岩浆岩与围岩的接触关系有冷接触和热接触两种。冷接触带没有变质和蚀变现象，除少数为沉积接触外，常呈断层接触，具有一定厚度的接触破碎带。热接触的主要特点是有接触变质和蚀变现象，使接触部位岩石性质恶化，构成软弱结构面。

1.4.4.2 沉积岩体

沉积岩由于其物质来源、搬运营力及沉积环境不同，形成的岩石类型、岩相及物理力学性质差异很大。其共同特点是具有层理构造，岩体呈层状结构。沉积岩包括他生沉积岩和自生沉积岩两大类。

（1）他生沉积岩 按物质来源可分为陆源碎屑岩和火山碎屑岩两种。陆源碎屑岩包括各种砾岩、砂岩、粉砂岩和泥质岩。这类岩石的性质主要决定于胶结物成分、胶结方式及碎屑成分。胶结物成分主要有硅、铁、钙质和泥质几种，其力学强度与抗水性依次降低。对于碎屑成分，一般砾岩、砂岩均以石英等硬矿物为主，因此其力学强度一般较高。角砾岩碎屑有时为灰岩、砂岩类等碎块，其力学性质较好，但易受溶蚀和风化。时代较新、胶结较差的岩石，如第三纪及中生代砂砾岩类，常为钙、泥质胶结，固结程度低，并夹有泥质岩类夹层，因而岩体力学性质差，强度低，抗水性差。泥质岩主要包括页岩、泥岩等，常与其他碎屑岩或石灰岩互层或夹于其中，构成原生软弱夹层。这类岩石结构疏松，抗变形性差，强度低，易软化和泥化，隔水性好。

火山碎屑岩的物质源于火山喷发作用。按其颗粒粗细可分为集块岩、火山角砾岩和凝灰岩等。火山碎屑岩的结构变化复杂、性质差异很大。其中凝灰岩和凝灰质页岩，结构疏松强度低，抗风化与抗水性能差，工程地质性质最差，其他岩类则相对较好。

（2）自生沉积岩　主要包括化学和生物化学沉积岩，其中以石灰岩和白云岩类最为常见。岩石多致密坚硬，强度较高，是良好的建筑石材。但这类岩体易被水溶蚀形成各种岩溶现象，大大降低了岩体的完整性和力学强度。

1.4.4.3　变质岩体

变质岩的成因比较复杂，其物理力学性质变化大。多数岩石变质后都经历了不同程度的重结晶作用，结构较致密，抗水性增强，孔隙率较低，透水性弱，抗变形性能好，强度高。因此与沉积岩相比，变质岩的性质一般要好些。特别是泥质岩变质后性质大为改善。但是，变质岩中常发育有片理及片麻理等结构面，使岩石的连结力减弱并呈现明显的各向异性。变质岩按其成因不同可分为接触变质岩、动力变质岩及区域变质岩三类。

接触变质岩出现在岩浆岩与围岩的接触部位，其范围和性质取决于岩浆侵入体的大小、类型和围岩性质。岩石强度由于重结晶作用而有所提高。但由于侵入体的挤压作用，在接触带附近形成挤压破碎带，降低了岩体的完整性，岩体的抗风化能力和强度都将降低。

动力变质岩是构造地质作用形成的，又称构造岩，主要沿较大的断层分布。其特点是构造破碎、胶结不良，裂隙很发育，岩体呈碎裂结构或散体结构。岩体的力学性质很差常构成软弱结构面（带）。构造岩又可分为碎块岩、压碎岩、断层角砾岩、糜棱岩和断层泥几种。

区域变质岩分布范围较广，厚度大，变质程度在一定范围内较为均一。区域变质岩按其变质程度可分为深变质岩、中变质岩和浅变质岩三种。深变质岩是在高温高压条件下形成的，包括各类片麻岩、麻粒岩和混合岩。岩石重结晶程度高，矿物结晶较粗，因而岩体较完整坚硬，呈块状或整体状结构，总的来说，岩体强度高，抗水性较好。但岩体中发育的片麻理等结构面往往使岩体性质具有各向异性，并降低了岩体的强度。中变质岩主要由各类片岩构成，其突出的特点是具有发育完善的片理构造。片岩的种类很多，由于原岩性质、矿物组成及片理构造的差异，岩体的物理力学性质相差很大。如石英片岩、角闪石片岩等的性质较好，强度相对较高，而云母片岩、绿泥石片岩及滑石片岩则性质差，强度低，且各向异性强烈。浅变质岩主要包括板岩和千枚岩类。特点是具有不完整的片理构造，鳞片状矿物（如绢云母、绿泥石等）富集。岩体力学性质虽比原岩有所提高，但从整体上讲，其力学性质较差，强度低，且抗水性差。

1.5　结构面统计分析

1.5.1　结构面的采样

结构面在岩体内的分布常具有随机性，特别是Ⅳ级和部分Ⅲ级结构面。这些结构面的各几何参数可以看作随机变量进行统计分析。

对结构面进行统计分析，首先应对结构面进行系统统计，即采样。结构面采样是按照一定规则对结构面进行系统量测。结构面采样方法较多，目前以测线法应用最为广泛。

测线法由 Robertson 和 Piteau（1970）提出。它是在岩石露头表面布置一条测线，逐一测量与测线相交切的各条结构面的几何参数。

由于露头面的局限，准确测量结构面迹长非常困难，一般只能测量到结构面的半迹长或删节半迹长。结构面半迹长是指结构面迹线与测线的交点到迹线端点的距离（注意：它并非真正是结构面迹长的一半）。在测线一侧适当距离布置一条与测线平行的删节线，测线到删节线之间的距离称为删节长度（图1-8），结构面迹线处于测线与删节线之间的长度便称为删节半迹长。

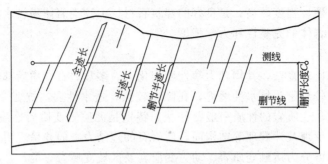

图1-8　测线与迹长的关系

半迹长是针对与测线相交且端点在删节线内侧的结构面；删节半迹长是针对同时与测线和删节线相交的结构面。在一次采样中，结构面半迹长应统计布置有删节线一侧的长度，另一侧则不在采样之列。

为了保证采样的系统、客观、科学，应在采样前对研究区工程岩体进行结构区的划分，把岩性相同、地质年代相同、构造部位相同、岩体结构类型相同的结构区作为采样同一结构区。结构面采样和统计分析应在同一结构区内进行。

在采样中应尽量选择条件好的露头面，这样不仅采样方便，更能保证采样精度。一般应尽量选择平坦的、新鲜的、未扰动的、出露面积较大的铅直露头面进行采样，并尽可能在三个正交的露头面上采样。

在露头面上确定出采样区域，布置测线和删节线，删节线应与测线平行，删节长度应根据露头面的具体情况和结构面规模来确定。记录测线的方位、删节长度。从测线一端开始逐条统计与测线相交的每条结构面，包括结构面位置、产状、半迹长（删节半迹长）、端点类型、张开度和类型，观察结构面的胶结和填充情况以及结构面的含水性等。

结构面端点划分为三种类型：①结构面端点中止于删节线与测线之间（图1-9中A）；②结构面端点中止在另一条结构面上，即被另一条结构面所切（图1-9中B）；③结构面延伸到删节线以外（图1-9中C）。结构面的成因类型，可用不同的符号表示。

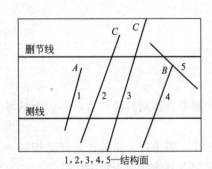

1, 2, 3, 4, 5—结构面

图1-9　结构面端点类型

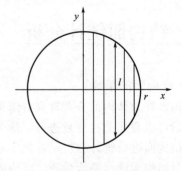

图1-10　迹长与结构面规模的关系

进行结构面统计分析，应有一定数量的结构面样本。ISRM(1978)建议统计样本数目应介于80～300之间，一般情况下可取150。

1.5.2　结构面分布的概率分析

研究表明，结构面倾向等产状要素多服从正态分布和对数正态分布，倾角一般多服从正态分布；结构面张开度多服从负指数分布，少数服从对数正态分布；而结构面的迹长、间距和密度以负指数分布形式为主。现简要讨论如下。

结构面规模是指结构面平面大小。若结构面为圆形，可用其半径（或直径）来反映其规模大小，它们往往无法直接量测，可根据结构面迹长（半迹长）来确定。

结构面迹长的分布形式以负指数为主，假设结构面为圆盘形，则露头面与结构面交切的迹线即为结构面圆盘的弦（图 1-10），平均迹长（$\bar{l}$）则为：

$$\bar{l} = \frac{2}{r} \int_0^r \sqrt{r^2 - x^2}\, dx = \frac{\pi}{2} r = \frac{\pi}{4} a \tag{1-10}$$

式中，r 和 a 分别为结构面的半径和直径。

假设结构面半径 r 服从分布 $f_r(r)$，直径 a 服从分布 $f_a(a)$，迹长 l 服从分布 $f(l)$，由式(1-10)，有：

$$\begin{cases} f_r(r) = \dfrac{\pi}{2} f\left(\dfrac{\pi}{2} r\right) \\[3mm] f_a(a) = \dfrac{\pi}{4} f\left(\dfrac{\pi}{4} a\right) \end{cases} \tag{1-11}$$

如果结构面迹长 l 服从负指数分布，即 $f(l) = \mu e^{-\mu l}$（其中，$\mu = \dfrac{1}{\bar{l}}$），将其代入式(1-11)，则有：

$$\begin{cases} f_r(r) = \dfrac{\pi}{2} \mu e^{-\frac{\pi}{2}\mu r} \\[3mm] f_a(a) = \dfrac{\pi}{4} \mu e^{-\frac{\pi}{4}\mu a} \end{cases} \tag{1-12}$$

因此，结构面半径和直径的均值 $\bar{r}$ 和 $\bar{a}$ 为：

$$\begin{cases} \bar{r} = \displaystyle\int_0^\infty r f_r(r)\, \mathrm{d}r = \dfrac{2}{\pi}\bar{l} \\[3mm] \bar{a} = \displaystyle\int_0^\infty a f_a(a)\, \mathrm{d}t = \dfrac{4}{\pi}\bar{l} \end{cases} \tag{1-13}$$

对于一组结构面，若把相邻两条结构面的垂直距离作为间距观测值 d，大量实测资料和理论分析都证实，d 多服从负指数分布，其分布密度函数为：

$$f(d) = \mu e^{-\mu d} \tag{1-14}$$

式中，$\mu = \dfrac{1}{\bar{d}} = \bar{\lambda}_d$，其中 $\bar{d}$ 和 $\bar{\lambda}_d$ 分别为结构面平均间距和平均线密度。

由于结构面间距与线密度成倒数关系，所以有：

$$f\left(\frac{1}{\lambda_d}\right) = \mu e^{-\mu \frac{1}{\lambda_d}} \tag{1-15}$$

若结构面迹长服从负指数分布 $f(l) = \mu e^{-\mu l}$，可以得到结构面面密度 λ_s 为：

$$\lambda_s = \mu \lambda_d = \frac{\lambda_d}{\bar{l}} \tag{1-16}$$

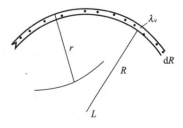

图 1-11　λ_v 求取示意图

根据结构面呈薄圆盘状的假设条件，对于如图 1-11 所示的模型，假设测线 L 与结构面法线平行，即 L 垂直于结构面。取圆心在 L 上，半径为 R，厚为 $\mathrm{d}R$ 的空心圆筒，其体积为 $\mathrm{d}V = 2\pi R L \mathrm{d}R$，若结构面体密度为 λ_v，则中心点位于体积 $\mathrm{d}V$ 内的结构面数 $\mathrm{d}N$ 为：

$$dN = \lambda_V dV = 2\pi RL\lambda_V dR \tag{1-17}$$

但是，对于中心点位于 dV 内的结构面，只有其半径 $r \geqslant R$ 时才能与测线相交。若结构面半径 r 的密度为 $f(r)$，则中心点在 dV 内且与测线 L 相交的结构面数目 dn 为：

$$dn = dN \int_R^\infty f(r)dr = 2\pi L\lambda_V R \int_R^\infty f(r)drdR \tag{1-18}$$

对 R 从 $0 \to \infty$ 积分，可得全空间内结构面在测线 L 上的交点数 n 为：

$$n = \int_0^\infty dn = 2\pi L\lambda_V \int_0^\infty R \int_R^\infty f(r)drdR \tag{1-19}$$

所以，结构面线密度 λ_d 为：

$$\lambda_d = 2\pi\lambda_V \int_0^\infty R \int_R^\infty f(r)drdR \tag{1-20}$$

将式(1-12)代入式(1-20)，可得结构面体密度 λ_V 为：

$$\lambda_V = \frac{\lambda_d}{2\pi \bar{r}^2} \tag{1-21}$$

式中，$\bar{r}$ 为结构面半径均值。

如果岩体中存在 m 组结构面，则结构面总体密度 $\lambda_{V总}$ 为：

$$\lambda_{V总} = \frac{1}{2\pi}\sum_{k=1}^m \frac{\lambda_{dk}}{\bar{r}_k^2} \tag{1-22}$$

式中，λ_{dk} 和 $\bar{r}_k$ 分别为第 k 组结构面的线密度和半径均值。

1.6　结构面网络模拟

结构面网络模拟是利用统计学原理，采用 Monte Carlo 随机模拟方法在计算机上模拟岩体内的结构面网络。它是建立在对结构面系统测量基础上的，其模拟结果不仅与结构面的实际分布在统计规律上一致，而且还可以由局部到全体、由表及里，得到岩体整体的结构特征，有助于人们直观了解岩体内结构面的分布规律，掌握人们一般情况下难以观察、测量的岩体内部的结构特征。它实质上是结构面的分布在二维平面或三维空间内的一种扩展性预测，可以更全面、更有效地展现岩体的结构特征。

早期的结构面网络模拟主要是二维平面网络模拟，目前已发展到三维空间结构面网络模拟。

1.6.1　Monte Carlo 随机模拟方法

Monte Carlo 随机模拟是利用一定的随机数生成方法，生成服从一定概率分布形式的随机数序列。目前多运用数学的方法通过计算机编程计算来产生随机数。在模拟中要首先生成 $[0,1]$ 区间上的标准均匀分布随机数，再根据相应的抽样公式进一步获得其他分布形式的随机数。

1.6.1.1　标准均匀分布随机数的产生

用数学方法产生标准均匀分布随机数，曾用的方法有取中法、常数乘子法、位移指令加法与同余法等。目前多采用混合线性同余法。

混合线性同余法是 Greenberger（1961）提出的，用来产生随机数的递推公式为：

$$\begin{cases} x_i = ax_{i-1} + c & (\mathrm{mod}\ M) \\ u_i = x_i/M \end{cases} \tag{1-23}$$

式中，c 为增量（常数），但要求满足下列条件：c 与 M 互为质数；如 q 为质数，若 M 能被 q 整除，则 $a-1$ 也应能够被 q 整除；若 M 能被 4 整除，则 $a-1$ 也应能够被 4 整除。

产生的随机数序列能否被认定为是在 $[0,1]$ 上均匀分布的随机数，还必须要对它们进行统计检验，只有通过检验的随机数序列才能用于抽样。具体的检验方法可参考有关资料。

1.6.1.2　随机变量抽样

要获得服从给定的分布形式的随机数，可在标准均匀分布随机数的基础上，通过一定的变换处理得到。这一过程称为对随机变量进行模拟，或称为对随机变量进行抽样。

随机变量的抽样有许多方法，最常用、最有效的是直接抽样法（也称反函数法），其原理是：设随机变量 t 服从分布 $p(t)$，累积分布函数为 $P(t)$，则 $P(t)$ 的值域为 $[0,1]$，因此可以把均匀分布随机数 u_i 作为 $P(t_i)$ 的函数值。根据分布与累积分布的关系，则有

$$u = P(t) = \int_0^t p(t)dt \tag{1-24}$$

这样就可以在 u_i 与 $P(t_i)$ 之间建立 u 与 t 的一一对应，通过对上式求反函数，得：

$$t = p^{-1}(u) \tag{1-25}$$

把具体的 $p(t)$ 代入式(1-25)，通过求反函数就可以得到式(1-24)的具体表达式。例如，对于 $[a,b]$ 上的均匀分布，密度函数为：

$$f(x) = \begin{cases} \dfrac{1}{b-a}, & x \in [a,b] \\ 0, & \text{其他} \end{cases} \tag{1-26}$$

其抽样公式为：

$$t = (b-a)u + a \tag{1-27}$$

负指数分布的密度函数为：

$$f(x) = \lambda e^{-\lambda x} \tag{1-28}$$

其抽样公式为：

$$t = -\frac{1}{\lambda}\ln(1-u) \tag{1-29}$$

正态分布的密度函数为：

$$p(t) = \frac{1}{\sqrt{2\pi}\sigma} e^{-\frac{1}{2\sigma^2}(t-\mu)^2} \tag{1-30}$$

上式难以用式(1-25)给出具体的抽样表达式，可采用二维变换抽样法产生标准正态随机数，再通过线性变换进一步得到一般正态分布的随机数。若 u_1 与 u_2 是一对独立的均匀分布随机数，按下式计算得到的 t_1^s 与 t_2^s 则为一对独立的服从标准正态分布的随机数。

$$\begin{cases} t_1^s = \sqrt{-2\ln u_1}\cos 2\pi u_2 \\ t_2^s = \sqrt{-2\ln u_1}\sin 2\pi u_2 \end{cases} \tag{1-31}$$

求出 t_1^s、t_2^s 后，根据下式进行线性变换，可得到一般正态分布的随机数 t_i。

$$t_i = \mu + \sigma t_i^s \tag{1-32}$$

根据下式进行变换就可以得到服从对数正态分布的随机数 t_i^*。

$$t_i^* = e^{t_i} \tag{1-33}$$

按照结构面各几何参数的分布形式和数字特征，利用上述抽样方法，可以得到服从对应于各自分布的随机数序列 $(t_1, t_2, \cdots, t_i, \cdots)$，用于结构面网络的模拟。

1.6.2 结构面三维网络模拟

由于结构面自身发育的差异、采样条件的局限和计算机运算所受到的限制，在进行结构面网络模拟时有些方面的因素要简化处理，为此假设以下：

① 假设结构面形状为薄圆盘状。根据这一假设，结构面的大小和位置，可以用结构面中心点坐标和结构面半径来反映；

② 假设结构面为平直薄板，也就是说每条结构面只有一个统一的产状；

③ 假设在整个模拟区域内，每组结构面的分布均遵循同一的概率模型。

岩体结构面三维网络模拟步骤如下：

① 选择适宜的岩体露头，对结构面进行系统采样；

② 对所有结构面进行合理分组；

③ 对每组结构面分别建立概率模型；

④ 依次读入每组结构面概率模型的基本数据，对每组结构面进行步骤⑤～⑪；

⑤ 初步确定正在模拟的当前组结构面的体密度及模拟区内结构面数目，进行步聚⑥～⑪，生成该数目的结构面；

⑥ 生成每条结构面中心点坐标；

⑦ 生成每条结构面产状（倾向、倾角）；

⑧ 生成每条结构面半径；

⑨ 生成每条结构面张开度；

⑩ 对结构面规模和数量进行动态校核；

⑪ 在条件允许的情况下，进行实测结构面和模拟结构面的耦合；

⑫ 对模拟结果进行检验，若不符合给定概率模型，重新模拟；

⑬ 形成结构面三维网络图；

⑭ 输出图形及结果。

在上述步骤中，①～③是模拟的准备工作，首先进行结构面采样，按照宏观调查分析以及结构面样本数据对结构面进行分组，利用概率统计学的相关方法对每组结构面构建概率模型，用以后续的网络模拟；④～⑭为模拟的主体，要在计算机上完成，其中⑥～⑨要利用 Monte Carlo 随机模拟方法实现。

通过结构面三维网络模拟，即可由计算机输出模拟结果，一种是以数据方式输出，把每条结构面的基本数据（包括结构面中心点坐标、产状、半径、张开度等）输出，以便在此基础上进行工程应用研究；另一种是以网络图方式输出，可以输出三维网络图、切面图、展示图等。图 1-12 为岩体结构面三维网络图示例；图 1-13 中的（a）～（d）为图 1-12 所示三维网络图不同方位的切面图。

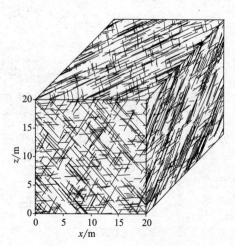

图 1-12　结构面三维网络图

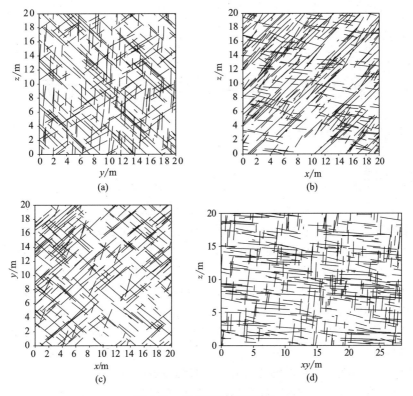

图 1-13　结构面网络切面图

思考题与习题

1. 何谓岩块、岩体？试比较岩块与岩体，岩体与土有何异同点？
2. 岩石的矿物组成是怎样影响岩块的力学性质的？
3. 为什么说基性岩和超基性岩最容易风化？
4. 何谓岩块的结构？它是怎样影响岩块的力学性质的？
5. 常见岩石的结构连结有哪几种类型？
6. 何谓结构面？从地质成因和力学成因上各自分为哪几类？各自有什么特点？
7. 何谓岩体结构？岩体结构类型划分的主要依据是什么？
8. 岩体结构一般分为几类，各类岩体结构的主要区别是什么？
9. 自然界岩石按成因分为几大类，各自有何特征？
10. 剪性结构面有何特征？为什么岩体中以剪性结构面数量最多？
11. 结构面特征包括哪几个方面？各自用什么指标表示？定义如何？它是怎样影响岩体力学性质的？

第 2 章　岩块的物理力学性质

2.1　概　述

岩体是由岩块和结构面组成的。一般来说，岩块的力学性能比岩体力学性能要好得多。大多数岩块的力学性能均可满足一般建筑的要求，而岩体则不能。因此岩体力学研究的主要对象是岩体，而不是岩块。那么，研究岩块的意义何在呢? 我们说岩体力学研究岩块性质的意义在于:

① 在岩体性质接近岩块性质时，如裂隙不发育的厚层、巨厚层岩体和块状岩体，则可通过岩块力学性质的研究外推岩体的力学性质，并解决有关的岩体力学问题;

② 岩块是岩体的组成部分，当研究岩体在不同加载条件下的强度和变形性质时，不能忽视岩块性质的研究;

③ 在评价石材性能时，必须研究相关岩块的物理力学性质;

④ 在评价岩石的可钻性和可破碎性时，也要研究岩块的物理力学性质;

⑤ 在工程岩体分类中，岩块强度和变形模量作为重要分类指标，这时也要研究岩块的物理力学性质。

因此，我们研究岩体的物理力学性质，首先要研究岩块的物理力学性质。本章将首先讨论岩块的物理性质、水理性质和热学性质，然后再讨论岩块的变形与强度性质。

岩块的物理力学性质研究，主要通过室内岩石实验方法进行，因此，岩石室内实验是岩块物理力学性质研究的重要手段。

2.2　岩石的物理性质

岩石和土一样，是由固体、液体和气体三相组成的。岩石的物理性质是指岩石的三相组成相对比例不同所表现的物理状态，其由岩石的物质组成和结构决定。与岩体工程密切相关的岩石物理性质有密度、容重和孔隙率等。

2.2.1　岩石的密度

岩石密度 (rock density) 是指单位体积内岩石的质量，单位为 g/cm^3。它是选择建筑材料、研究岩石风化和岩体稳定性、预测围岩压力等的基本参数。岩石的密度分为颗粒密度和块体密度，各类常见岩石的密度值如表 2-1 所示。

2.2.1.1　颗粒密度

岩石的颗粒密度 ρ_s 是指岩石中固体相部分的质量与其体积的比值。其体积不包括岩石中的空隙，因此岩石颗粒密度的大小仅取决于组成岩石的矿物密度及其含量。如基性、超基性岩浆岩，密度大的矿物含量较多，岩石颗粒密度大，一般为 $2.7\sim3.2g/cm^3$;酸性岩浆岩，密度小的矿物含量较多，岩石颗粒密度小，多为 $2.5\sim2.85\text{g/cm}^3$；而中性岩浆岩则介于以上两者之间。又如硅质胶结的石英砂岩，其颗粒密度接近于石英密度；石灰岩和大理岩的颗粒密度多接近于方解石密度等。

岩石的颗粒密度属实测指标，常用比重瓶法进行测定。

表 2-1　常见岩石的物理性质指标值

岩石类型	颗粒密度 $\rho_s/(\text{g/cm}^3)$	块体密度 $\rho/(\text{g/cm}^3)$	空隙率 $n/\%$	吸水率/%	软化系数 K_R
花岗岩	2.50～2.84	2.30～2.80	0.4～0.5	0.1～4.0	0.72～0.97
闪长岩	2.60～3.10	2.52～2.96	0.2～0.5	0.3～5.0	0.60～0.80
辉绿岩	2.60～3.10	2.53～2.97	0.3～0.5	0.8～5.0	0.33～0.90
辉长岩	2.70～3.20	2.55～2.98	0.3～4.0	0.5～4.0	
安山岩	2.40～2.80	2.30～2.70	1.1～4.5	0.3～4.5	0.81～0.91
玢岩	2.60～2.84	2.40～2.80	2.1～5.0	0.4～1.7	0.78～0.81
玄武岩	2.60～3.30	2.50～3.10	0.5～7.2	0.3～2.8	0.30～0.95
凝灰岩	2.56～2.78	2.29～2.50	1.5～7.5	0.5～7.5	0.52～0.86
砾岩	2.67～2.71	2.40～2.66	0.8～10.0	0.3～2.4	0.50～0.96
砂岩	2.60～2.75	2.20～2.71	1.6～28.0	0.2～9.0	0.65～0.97
页岩	2.57～2.77	2.30～2.62	0.4～10.0	0.5～3.2	0.24～0.74
石灰岩	2.48～2.85	2.30～2.77	0.5～27.0	0.1～4.5	0.70～0.94
泥灰岩	2.70～2.80	2.10～2.70	1.0～10.0	0.5～3.0	0.44～0.54
白云岩	2.60～2.90	2.10～2.70	0.3～25.0	0.1～3.0	
片麻岩	2.63～3.01	2.30～3.00	0.7～2.2	0.1～0.7	0.75～0.97
石英片岩	2.60～2.80	2.10～2.70	0.7～3.0	0.1～0.3	0.44～0.84
绿泥石片岩	2.80～2.90	2.10～2.85	0.8～2.1	0.1～0.6	0.53～0.69
千枚岩	2.81～2.96	2.71～2.86	0.4～3.6	0.5～1.8	0.67～0.96
泥质板岩	2.70～2.85	2.30～2.80	0.1～0.5	0.1～0.3	0.39～0.52
大理岩	2.80～2.85	2.60～2.70	0.1～6.0	0.1～1.0	
石英岩	2.53～2.84	2.40～2.80	0.1～8.7	0.1～1.5	0.94～0.96

2.2.1.2　块体密度

块体密度（或岩石密度）是指岩石单位体积内的质量，按岩石试件的含水状态，又分为干密度 ρ_d、饱和密度 ρ_{sat} 和天然密度 ρ。在未指明岩块的含水状态时，一般是指岩石的天然密度。岩块的干密度、饱和密度和天然密度的表达式分别为：

$$\rho_d=\frac{m_s}{V} \tag{2-1}$$

$$\rho_{sat}=\frac{m_{sat}}{V} \tag{2-2}$$

$$\rho=\frac{m}{V} \tag{2-3}$$

式中，m_s、m_{sat} 和 m 分别为岩石试件的干质量、饱和质量和天然质量；V 为岩块试件的体积。

岩石的块体密度除与矿物组成有关外，还与岩石的空隙性及含水状态密切相关。致密而裂隙不发育的岩石，块体密度与颗粒密度很接近；随着孔隙、裂隙的增加，块体密度相应减小。在有的书上，岩石的块体密度又称为岩石容重 γ，是指岩石单位体积（包括岩石内孔隙体积）的重量。

测定岩石块体密度的方法主要有两种：对于规则试件，采用量积法；对于不规则试件，采用蜡封法。具体采用何种方法，应根据岩石的性质和岩样形态来确定。

2.2.2 岩石的空隙性

岩石属于有较多缺陷的多晶材料，具有相对较多的孔隙。同时，由于岩石经受过多种地质作用，发育有各种成因的裂隙，如原生裂隙、风化裂隙及构造裂隙等。所以，岩石的空隙性比土复杂得多，即除了孔隙外，还有裂隙存在。另外，岩石中的有些空隙往往互不连通，而且与大气也不相通。因此，岩石中的空隙有开型空隙和闭空隙之分，开型空隙按其开启程度又有大、小开型空隙之分。与此相对应，可把岩石的空隙率分为总空隙率 n、总开空隙率 n_o、大开空隙率 n_b、小开空隙率 n_a 和闭空隙率 n_c 几种，各自的含义如下：

$$n = \frac{V_v}{V} \times 100\% = (1 - \frac{\rho_d}{\rho_s}) \times 100\% \tag{2-4}$$

$$n_o = \frac{V_{vo}}{V} \times 100\% \tag{2-5}$$

$$n_b = \frac{V_{vb}}{V} \times 100\% \tag{2-6}$$

$$n_a = \frac{V_{va}}{V} \times 100\% = n_o - n_b \tag{2-7}$$

$$n_c = \frac{V_{vc}}{V} \times 100\% = n - n_o \tag{2-8}$$

式中，V_v、V_{vo}、V_{vb}、V_{va}、V_{vc} 分别为岩石中空隙的总体积、总开空隙体积、大开空隙体积、小开空隙体积及闭空隙体积；其他符号意义同前。

一般提到的岩石空隙率系指总空隙率，其大小受岩石的成因、时代、后期改造及其埋深的影响变化范围很大。常见岩石的空隙率见表 2-1，由表可知，新鲜结晶岩类的空隙率 n 一般小于 3%，沉积岩的空隙率 n 较高，为 1%～10%，而一些胶结不良的砂砾岩的空隙率 n 可达 10%～20%，甚至更大。

岩石的空隙性对岩块及岩体的水理性质、热学性质及力学性质影响很大。一般来说，空隙率愈大，岩块的强度愈小，塑性变形和渗透性愈大；反之，空隙率愈小，岩块的强度愈大，塑性变形和渗透性愈小。同时岩石由于空隙的存在，更易遭受各种风化营力作用，导致岩石的工程地质性质进一步恶化。对可溶性岩石来说，空隙率大，可以增强岩体中地下水的循环与联系，使岩溶更加发育，从而降低了岩石的力学强度并增强其透水性。当岩体中的空隙被黏土等物质填充时，则又会给工程建设带来诸如泥化夹层或夹泥层等岩体力学问题。因此，对岩石空隙性的全面研究，是岩体力学研究的基本内容之一。

岩石的空隙性指标一般不能实测，只能通过密度与吸水性等指标换算求得，其计算方法将在水理性质一节中讨论。

2.3 岩石的水理性质

所谓岩石的水理性质，是指岩石在水溶液作用下表现出来的性质，主要有吸水性、软化性、渗透性和抗冻性等。

2.3.1 岩石的吸水性

岩石的吸水性是指岩石在一定条件下吸收水分的能力，常用吸水率、饱和吸水率与饱水系数等指标表示。

2.3.1.1　吸水率

岩石的吸水率 W_a 是指岩石试件在大气压力和室温条件下自由吸入水的质量 m_{w1} 与岩样干质量 m_s 之比，用百分数表示，即

$$W_a = \frac{m_{w1}}{m_s} \times 100\% \tag{2-9}$$

测定时先将岩样烘干并称干质量，然后浸水饱和。由于试验是在常温常压下进行的，岩石浸水时，水只能进入大开空隙，而小开空隙和闭空隙水不能进入。因此可用吸水率来计算岩石的大开空隙率 n_b，即

$$n_b = \frac{V_{vb}}{V} \times 100\% = \frac{\rho_d W_a}{\rho_w} = \rho_d W_a \tag{2-10}$$

式中，ρ_w 为水的密度，取 $\rho_w = 1 \text{g/cm}^3$。

岩石的吸水率大小主要取决于岩石中孔隙和裂隙的数量、大小及其开启程度，同时还受到岩石成因、时代及岩性的影响。大部分岩浆岩和变质岩的吸水率多为 $0.1\% \sim 2.0\%$，沉积岩的吸水性较强，其吸水率多变化在 $0.2\% \sim 7.0\%$ 之间。常见岩石的吸水率列于表 2-1 及表 2-2 中。

2.3.1.2　饱和吸水率

岩石的饱和吸水率 W_p 是指岩石试件在高压（一般压力为 15MPa）或真空条件下吸入水的质量 m_{w2} 与岩样干质量 m_s 之比，用百分数表示，即

$$W_p = \frac{m_{w2}}{m_s} \times 100\% \tag{2-11}$$

在高压（或真空）条件下，一般认为水能进入所有开空隙中，因此岩石的总开空隙率可表示为：

$$n_o = \frac{V_w}{V} \times 100\% = \frac{\rho_d W_p}{\rho_w} \times 100\% \tag{2-12}$$

岩石的饱和吸水率是表示岩石物理性质的一个重要指标，它反映岩石总开空隙的发育程度，可间接地用来判定岩石的抗风化能力和抗冻性。常见岩石的饱和吸水率见表 2-2。

2.3.1.3　饱水系数

岩石的吸水率 W_a 与饱和吸水率 W_p 之比，称为饱水系数。它反映了岩石中大、小开空隙的相对比例关系。一般来说，饱水系数愈大，岩石中的大开空隙相对愈多，而小开空隙相对愈少。另外，饱水系数大，说明常压下吸水后余留的空隙就愈少，岩石愈易被冻胀破坏，因而其抗冻性差。常见岩石的饱水系数列于表 2-2。

表 2-2　几种岩石的吸水性指标值

岩　石　名　称	吸水率/%	饱和吸水率/%	饱水系数
花岗岩	0.46	0.84	0.55
石英闪长岩	0.32	0.54	0.59
玄武岩	0.27	0.39	0.69
基性斑岩	0.35	0.42	0.83
云母片岩	0.13	1.31	0.10
砂岩	7.01	11.99	0.60
石灰岩	0.09	0.25	0.36
白云质灰岩	0.74	0.92	0.80

2.3.2 岩石的软化性

岩石的软化性是指岩石浸水饱和后强度降低的性质，其用软化系数 K_R 表示。K_R 定义为岩石试件的饱和抗压强度 σ_{cw} 与干抗压强度 σ_c 的比值，即

$$K_R = \frac{\sigma_{cw}}{\sigma_c} \tag{2-13}$$

显然，K_R 愈小，则岩石软化性愈强。研究表明：岩石的软化性取决于岩石的矿物组成与空隙性。当岩石中含有较多的亲水性和可溶性矿物，且含大开空隙较多时，岩石的软化性较强，软化系数较小。如黏土岩、泥质胶结的砂岩、砾岩和泥灰岩等岩石，软化性较强，软化系数一般为 0.4～0.6，甚至更低。常见岩石的软化系数如表 2-1 所示，岩石的软化系数都小于 1.0，说明岩石均具有不同程度的软化性。一般认为，当软化系数 $K_R > 0.75$ 时，岩石的软化性弱，同时也说明岩石的抗冻性和抗风化能力强。而软化系数 $K_R < 0.75$ 的岩石则是软化性较强和工程地质性质较差的岩石。

软化系数是评价岩石力学性质的重要指标，特别是在水工建设中，对评价坝基岩体稳定性时具有重要意义。

2.3.3 岩石的抗冻性

岩石的抗冻性是指岩石抵抗冻融破坏的能力，常用抗冻系数和质量损失率来表示。抗冻系数 R_d 是指岩石试件经反复冻融后的干抗压强度 σ_{c2} 与冻融前干抗压强度 σ_{c1} 之比，用百分数表示，即

$$R_d = \frac{\sigma_{c2}}{\sigma_{c1}} \times 100\% \tag{2-14}$$

质量损失率 K_m 是指冻融试验前、后干质量之差 $(m_{s_2} - m_{s_1})$ 与试验前干质量 m_{s_1} 之比，以百分数表示，即

$$K_m = \frac{m_{s1} - m_{s2}}{m_{s1}} \times 100\% \tag{2-15}$$

试验时，要求先将岩石试件浸水饱和，然后在 $-20 \sim 20$℃温度下反复冻融 25 次以上。冻融次数和温度可根据工程地区的气候条件选定。

岩石在冻融作用下强度降低和破坏的原因为：一是岩石中各组成矿物的体积膨胀系数不同，以及在岩石变冷时不同层中温度的强烈不均匀性，因而产生内部应力；二是由于岩石空隙中冻结水的冻胀作用所致。水冻结成冰时，体积增大达 9% 并产生膨胀压力，使岩石的结构和联结遭受破坏。冻结时，岩石中产生的破坏应力取决于冰的形成速度及其与局部压力消散的难易程度间的关系，自由生长的冰晶体向四周的伸展压力是其下限（约 0.05MPa），而完全封闭体系中的冻结压力，在 -22℃温度下可达 200MPa，使岩石遭受破坏。

岩石的抗冻性取决于造岩矿物的热物理性质和强度、粒间连结、开空隙的发育情况以及含水率等因素。由坚硬矿物组成，且具强的结晶连结的致密状岩石，其抗冻性较高；反之，则抗冻性低。一般认为当 $R_d > 75\%$、$K_m < 2\%$ 时，为抗冻性高的岩石；另外，$K_R > 0.75$、$W_a < 5\%$ 和饱水系数小于 0.8 的岩石，其抗冻性也相当高。

2.3.4 岩石的透水性

在一定的水力梯度或压力差作用下，岩石能被水透过的性质，称为透水性。一般认为，水在岩石中的流动，如同水在土中流动一样，也服从于线性渗流规律——达西定律，即

$$U = KJ \tag{2-16}$$

式中，U 为渗透流速；J 为水力梯度；K 为渗透系数，其数值上等于水力梯度为 1 时的

渗透流速，单位为 cm/s 或 m/d。

渗透系数（permeability coefficient）是表征岩石透水性的重要指标，其大小取决于岩石中空隙的数量、规模及连通情况等，并可在室内根据达西定律测定。某些岩石的渗透系数如表 2-3 所示，由表可知：岩石的渗透性一般都很小，远小于相应岩体的透水性，新鲜致密岩石的渗透系数一般均小于 10^{-7} cm/s 量级。同一种岩石，有裂隙发育时，渗透系数急剧增大，一般比新鲜岩石大 4～6 个数量级，甚至更大，说明空隙性对岩石透水性的影响是很大的。

表 2-3　几种岩石的渗透系数值

岩 石 名 称	空 隙 情 况	渗透系数 K/(cm/s)
花岗岩	较致密、微裂隙	$1.1\times10^{-12}\sim9.5\times10^{-11}$
	含微裂隙	$1.1\times10^{-11}\sim2.5\times10^{-11}$
	微裂隙及部分粗裂隙	$2.8\times10^{-9}\sim7\times10^{-8}$
石灰岩	致密	$3\times10^{-12}\sim6\times10^{-10}$
	微裂隙、孔隙	$2\times10^{-9}\sim3\times10^{-6}$
	空隙较发育	$9\times10^{-5}\sim3\times10^{-4}$
片麻岩	致密	$<10^{-13}$
	微裂隙	$9\times10^{-8}\sim4\times10^{-7}$
	微裂隙发育	$2\times10^{-6}\sim3\times10^{-5}$
辉绿岩、玄武岩	致密	$<10^{-13}$
砂岩	较致密	$10^{-13}\sim2.5\times10^{-10}$
	空隙发育	5.5×10^{-6}
页岩	微裂隙发育	$2\times10^{-10}\sim8\times10^{-9}$
片岩	微裂隙发育	$10^{-9}\sim5\times10^{-5}$
石英岩	微裂隙	$1.2\times10^{-10}\sim1.8\times10^{-10}$

应当指出，对裂隙岩体来说，不仅其透水性远比岩块大，而且水在岩体中的渗流规律也比达西定律所表达的线性渗流规律要复杂得多。因此，达西定律在多数情况下不适用于裂隙岩体，必须用裂隙岩体渗流理论来解决其水力学问题。

2.3.5　岩石的膨胀性

岩石的膨胀性是指岩石浸水后体积增大的性质。某些含黏土矿物（如蒙脱石、水云母及高岭石等）成分的岩石，经水化作用后在黏土矿物的晶格内部或细分散颗粒的周围生成结合水溶剂腔（水化膜），并且在相邻近的颗粒间产生楔劈效应，当楔劈作用力大于结构联结力，岩石显示膨胀性。

岩石的膨胀特性通常以岩石的自由膨胀率、侧向约束膨胀率、膨胀压力等来表述。

2.3.5.1　岩石的自由膨胀率

岩石的自由膨胀率是指岩石试件在无任何约束的条件下浸水后所产生膨胀变形与试件原尺寸的比值。常用的有岩石的径向自由膨胀率和轴向自由膨胀率。这一参数适用于不易崩解的岩石：

$$V_H = \Delta H/H \qquad (2\text{-}17)$$
$$V_D = \Delta D/D \qquad (2\text{-}18)$$

式中，V_H，V_D 分别为轴向和径向膨胀率，%；ΔH 和 ΔD 分别是浸水后岩石试件轴向、径向膨胀变形量；H 和 D 分别是岩石试件试验前的高度和直径。

自由膨胀率的试验通常是将加工完成的试件浸入水中，按一定的时间间隔测量其变形量，最终按公式计算而得。

2.3.5.2 岩石的侧向约束膨胀率

岩石侧向约束膨胀率 V_{HP}（％）是将具有侧向约束的试件浸入水中，使岩石试件仅产生轴向膨胀变形而求得的膨胀率。其计算式如下：

$$V_{HP} = \Delta H_1 / H \tag{2-19}$$

式中，ΔH_1 为有侧向约束条件下所得的轴向膨胀变形量。

2.3.5.3 岩石的膨胀压力

膨胀压力是指岩石试件浸水后，使试件保持原有体积所施加的最大压力。其试验方法类似于膨胀率试验。只是要求限制试件不出现变形而测量其相应的最大压力。

2.3.6 岩石的崩解性

岩石的崩解性是指岩石与水相互作用时失去黏结性，并变成完全丧失强度的松散物质的性能。这种现象是由于水化过程中削弱了岩石内部的结构联结引起的，常见于由可溶盐和黏土质胶结的沉积岩地层中。岩石崩解性一般用岩石的耐崩解性指数表示，这个指标可以在实验室内通过对岩石试件进行烘干、浸水循环试验确定。对于极软的岩石及耐崩解性低的岩石，还应根据其崩解物的塑性指数、颗粒成分与用耐崩性指数划分的岩石质量等级等进行综合考虑。

耐崩解性指数直接反映了岩石在浸水和温度变化的环境下抵抗风化作用的能力。耐崩解性试验是将经过烘干的试块（约重 500g，且分成 10 块左右），放入一个带有筛孔的圆筒内，使该圆筒在水槽中以 20r/min 的速度，连续旋转 10min，然后将留在圆筒内的岩块取出再次烘干称量。如此反复进行两次后，按下式求得耐崩解性指数：

$$I_{d_2} = m_r / m_s \tag{2-20}$$

式中，I_{d_2} 为表示经两次循环试验而求得的耐崩解性指数，％，该指数在 0～100％内变化；m_s 为试验前试块的烘干质量；m_r 为残留在圆筒内试块的烘干质量。

甘布尔（Gamble）认为：耐崩解性指数与岩石的成岩地质年代无明显关系。而与岩石的密度成正比，与岩石的含水量成反比。并列出了表 2-4 的分类，对岩石的耐崩解性进行评价。

表 2-4　甘布尔的崩解耐久性分类

组　名	一次 10min 旋转后留下的百分数（按干重计）/％	两次 10min 旋转后留下的百分数（按干重计）/％
极高的耐久性	＞99	＞98
高耐久性	98～99	95～98
中等高的耐久性	95～98	85～95
中等的耐久性	85～95	60～85
低耐久性	60～85	30～60
极低的耐久性	＜60	＜30

2.4　岩石的热学性质

岩石内或岩石与外界的热交换方式主要有传导传热、对流传热及辐射传热等几种。其交换过程中的能量转换与守恒等服从热力学原理。在以上热交换方式中，传导传热最为普遍，其控制着几乎整个地壳岩石的传热状态；对流传热主要在地下水渗流带内进行；辐射传热仅发生在地表面。热交换的发生导致了岩石力学性质的变化，产生独特的岩石力学问题。

岩石的热学性质，在诸如深埋隧洞、高寒地区及地温异常地区的工程建设、地热开发以及核废料处理和石质文物保护中都具有重要的实际意义。在岩体力学中，常用的热学性质指标有：比热容、热导率、热扩散率和热膨胀系数等。

2.4.1　岩石的比热容

在岩石内部及其与外界进行热交换时，岩石吸收热能的能力，称为岩石的热容性。根据热力学第一定律，外界传导给岩石的热量 ΔQ，消耗在内部热能改变（温度上升）ΔE 和引起岩石膨胀所做的功 A 上，在传导过程中热量的传入与消耗总是平衡的，即 $\Delta Q = \Delta E + A$。对岩石来说，消耗在岩石膨胀上的热能与消耗在内能改变上的热能相比是微小的，这时传导给岩石的热量主要用于岩石升温上。因此，如果设岩石由温度 T_1 升高至 T_2 所需要的热量为 ΔQ，则

$$\Delta Q = Cm(T_2 - T_1) \tag{2-21}$$

式中，m 为岩石的质量；C 为岩石的比热容，$J/(kg \cdot K)$，其含义为使单位质量岩石的温度升高 1K（开尔文）时所需要的热量。

岩石的比热容是表征岩石热容性的重要指标，其大小取决于岩石的矿物组成、有机质含量以及含水状态。如常见矿物的比热容多为 $(0.7 \sim 1.2) \times 10^3 J/(kg \cdot K)$，与此相应，干燥且不含有机质的岩石，其比热容也在该范围内变化，并随岩石密度增加而减小。又如有机质的比热容较大约为 $(0.8 \sim 2.1) \times 10^3 J/(kg \cdot K)$，因此，富含有机质的岩石（如泥炭等），其比热容也较大。常见岩石的比热容见表 2-5。

表 2-5　0～50℃下常见岩石的热学性质指标

岩　　石	密度	比热容		热导率		热扩散率	
		温度/℃	J/(kg·K)	温度/℃	W/(m·K)	温度/℃	$10^{-3}cm^2/s$
玄武岩	2.84～2.89	50	883.4～887.6	50	1.61～1.73	50	6.38～6.83
辉绿岩	3.01	50	787.1	25	2.32	20	9.46
闪长岩	2.92			25	2.04	20	9.47
花岗岩	2.50～2.72	50	787.1～975.5	50	2.17～3.08	50	10.29～14.31
花岗闪长岩	2.62～2.76	20	837.4～1256.0	20	1.64～2.33	20	5.03～9.06
正长岩	2.80			50	2.2		
蛇纹岩				20	1.42～2.18		
片麻岩	2.70～2.73	50	766.2～870.9	50	2.58～2.94	50	11.34～14.07
片麻岩(平行片理)	2.64			50	2.93		
片麻岩(垂直片理)	2.64			50	2.09		
大理岩	2.69			25	2.89		
石英岩	2.68	50	787.1	50	6.18	50	29.52
硬石膏	2.65～2.91			50	4.10～6.07	50	17.00～25.7
黏土泥灰岩	2.43～2.64	50	778.7～979.7	50	1.73～2.57	50	8.01～11.66
白云岩	2.53～2.72	50	921.1～1000.6	50	2.52～3.79	50	10.75～14.97
灰岩	2.41～2.67	50	824.8～950.4	50	1.7～2.68	50	8.24～12.15
钙质泥灰岩	2.43～2.62	50	837.4～950.4	50	1.84～2.40	50	9.04～9.64
致密灰岩	2.58～2.66	50	824.8～921.1	50	2.34～3.51	50	10.78～15.21
泥灰岩	2.59～2.67	50	908.5～925.3	50	2.32～3.23	50	9.89～13.82

续表

岩 石	密度	比热容		热导率		热扩散率	
		温度/℃	J/(kg·K)	温度/℃	W/(m·K)	温度/℃	$10^{-3}\text{cm}^2/\text{s}$
泥质板岩	2.62~2.83	50	858.3	50	1.44~3.68	50	6.42~15.15
盐岩	2.08~2.28			50	4.48~5.74	50	25.20~33.80
砂岩	2.35~2.97	50	762~1071.8	50	2.18~5.1	50	10.9~423.6
板岩	2.70			25	2.60		
板岩(垂直层理)	2.76			25	1.89		

多孔且含水的岩石常具有较大的比热容，因为水的比热容较岩石大得多〔为 $4.19 \times 10^3 \text{J}/(\text{kg·K})$〕。因此，设干重为 $x_1\text{g}$ 的岩石中含有 $x_2\text{g}$ 的水，则比热容 $C_湿$ 为：

$$C_湿 = \frac{C_d x_1 + C_w x_2}{x_1 + x_2} \tag{2-22}$$

式中，C_d，C_w 分别为干燥岩石和水的比热容。

岩石的比热容常在实验室采用差示扫描量热法（DSC 法）测定。

2.4.2 岩石的热导率

岩石传导热量的能力称为热传导性，常用导热系数表示。根据热力学第二定律，物体内的热量通过热传导作用不断地从高温点向低温点流动，使物体内温度逐步均一化。设面积为 A 的平面上，温度仅沿 x 方向变化，这时通过 A 的热流量（Q）与温度梯度 $\dfrac{\mathrm{d}T}{\mathrm{d}x}$ 及时间 dt 成正比，即

$$Q = -kA\frac{\mathrm{d}T}{\mathrm{d}x}dt \tag{2-23}$$

式中，k 为热导率，$W/(m·K)$，含义为当 $\dfrac{\mathrm{d}T}{\mathrm{d}x}$ 等于 1 时，单位时间内通过单位面积岩石的热量。

热导率是岩石重要的热学性质指标，其大小取决于岩石的矿物组成、结构及含水状态。常见岩石的热导率见表 2-5 和表 2-6。由表可知，常温下岩石的 $k = 1.61 \sim 6.07 \text{W}/(\text{m·K})$，另外，多数沉积岩和变质岩的热传导性具有各向异性，即沿层理方向的热导率比垂直层理方向的热导率平均高约 $10\% \sim 30\%$。

岩石的热导率常在实验室用非稳定法测定。

据研究表明，岩石的比热容 C 与热导率 k 间存在如下关系：

$$k = \lambda \rho C \tag{2-24}$$

式中，ρ 为岩石密度，g/cm^3；λ 为岩石的热扩散率，cm^2/s。

热扩散率反映岩石对温度变化的敏感程度，λ 愈大，岩石对温度变化的反应愈快，且受温度的影响也愈大。常见岩石的热扩散率见表 2-5。

表 2-6 几种岩石的热学特性参数

岩石	比热容 c /[J/(kg·K)]	热导率 k /[W/(m·K)]	线膨胀系数 α /10^{-3}/K	弹性模量 E /10^4MPa	热应力系数 σ_e /(MPa/K)
辉长岩	720.1	2.01	0.5~1	9~6	0.4~0.5
辉绿岩	699.2	3.35	1~2	4~3	0.4~0.5

续表

岩石	比热容 c /[J/(kg·K)]	热导率 k /[W/(m·K)]	线膨胀系数 α /10^{-3}/K	弹性模量 E /10^4 MPa	热应力系数 σ_e /(MPa/K)
花岗岩	782.9	2.68	0.6~6	1~8	0.4~0.6
片麻岩	879.2	2.55	0.8~3	3~6	0.4~0.9
石英岩	799.7	5.53	1~2	2~4	0.4
页岩	774.6	1.72	0.9~1.5	4	0.4~0.6
石灰岩	908.5	2.09	0.3~3	4	0.2~1.0
白云岩	749.4	3.55	1~2	4~2	0.4

2.4.3 岩石的热膨胀系数

岩石在温度升高时体积膨胀，温度降低时体积收缩的性质，称为岩石的热膨胀性，用线膨胀（收缩）系数或体膨胀（收缩）系数表示。

当岩石试件的温度从 T_1 升高至 T_2 时，由于膨胀使试件伸长 Δl，伸长量 Δl 用下式表示：

$$\Delta l = \alpha l(T_2 - T_1) \tag{2-25}$$

式中，α 为线膨胀系数，1/K；l 为岩石试件的初始长度，由式(2-25)可得：

$$\alpha = \frac{\Delta l}{l(T_2 - T_1)} \tag{2-26}$$

岩石的体膨胀系数大致为线膨胀系数的 3 倍。某些岩石的线膨胀系数见表 2-6，可知多数岩石的线膨胀系数为 $(0.3~3) \times 10^{-3} \mathrm{K}^{-1}$。另外，层状岩石具有热膨胀各向异性，同时岩石的线膨胀系数和体膨胀系数都随压力的增大而降低。

2.4.4 温度对岩石特性的影响

人类在开发地下资源及工程建设的过程中，都要遇到高温或低温（0℃以下）条件下的岩体力学问题。这时有必要研究岩石的热学性质及温度对岩石特性的影响。

温度对岩石特性的影响主要包括两方面：一是温度对岩体力学性质的影响；二是由于温度变化引起的热应力的影响。在国内，由于液化天然气的储存、复杂地质条件下的冻结施工及核废料处理等工程的需要，温度的影响问题已逐渐为人们所重视。

岩石在低温条件下，总的来说，其力学性质都有不同程度的改善，如图 2-1、图 2-2 所

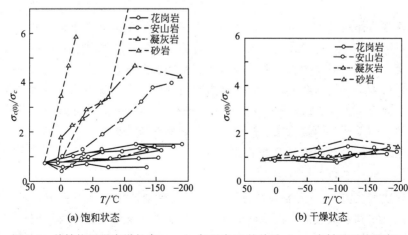

(a) 饱和状态 (b) 干燥状态

图 2-1 单轴抗压强度增长率 $\sigma_{c(0)}/\sigma_c$ 与温度 T 的关系（$\sigma_{c(0)}$ 为低温下的强度）

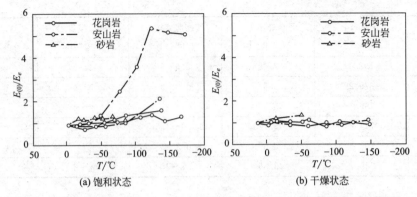

图 2-2　弹性模量增长率 $E_{(0)}/E_e$ 与温度 T 的关系（$E_{(0)}$ 为低温度下的模量）

示，各种岩石的抗压强度与变形模量随温度降低而逐渐提高。但其改善的程度则取决于冻结温度、岩石的空隙性及其力学性质。

在高温条件下，岩石特性甚至有某些化学上的变化，目前这方面的研究还很少。就已有的资料来看，岩石的抗压强度 σ_c 和变形模量 E 均随温度升高而逐渐降低（表 2-7）。

表 2-7　围压 16MPa 下，不同温度对大理岩特性的影响

试件编号	温度 T /℃	围压 $\sigma_2 = \sigma_3$ /MPa	屈服强度 σ_c /MPa	峰值强度 σ_{1m} /MPa	$\sigma_c(t)/\sigma_c(20°)$	$\sigma_{1m}(t)/\sigma_{1m}(20°)$	f^*/σ_{1m}	E/GPa
1	20	16	34.5	71.5	1.00	1.00	0.48	43.2
2	100	16	29.5	66.5	0.86	0.93	0.44	32.5
3	100	16	27.5	57.0	0.78	0.80	0.48	
4	150	16	25.0	51.0	0.72	0.71	0.49	22.2

另外，温度的变化在岩石中产生热应力效应，使岩石遭受破坏。某些研究资料表明：在较高的温度作用下，温度改变 1℃，可在岩石内产生 0.4～0.5MPa 的热应力变化（表 2-6）。

2.5　岩块的变形性质

岩块在外载荷作用下，产生变形，并随着载荷的不断增加，变形也不断增加，当载荷达到或超过某一定限度时，将导致岩块破坏。与普通材料一样，岩块变形也有弹性变形、塑性变形和流变变形之分，但由于岩块的矿物组成和结构构造的复杂性，致使岩块变形性质比普通材料要复杂得多。岩块的变形性质是岩体力学研究的一个重要方面，且常可通过岩块变形试验所得到的应力-应变-时间关系及变形模量、泊松比等参数来进行研究。本节主要介绍单轴压缩与三轴压缩条件下的岩块变形性质及岩石蠕变性质等内容。

2.5.1　单轴压缩条件下的岩块变形性质

2.5.1.1　连续加载下的变形性质

（1）岩块典型全应力-应变曲线及变形特征　在单轴连续加载条件下，对岩块试件进行变形试验时，可得到各级载荷下的轴向应变 ε_L 和横向应变 ε_d，且其体积应变 ε_v 为：

$$\varepsilon_V = \varepsilon_L - \varepsilon_d \tag{2-27}$$

将试验所测得的数据绘制成反映岩块变形特征的应力-应变曲线。

用含微裂隙且不太坚硬的岩块制成试件，在刚性压力机上进行试验时，可得到如图 2-3 所示的应力-应变全过程曲线。据此可将岩块变形过程划分成不同的阶段。

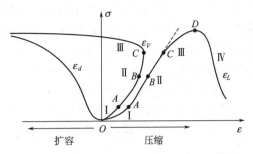

图 2-3　岩块的应力-应变（σ-ε）全过程曲线

① 孔隙裂隙压密阶段（图 2-3，OA 段）　在该阶段，随着载荷的增加，试件中原有张开性结构面或微裂隙逐渐闭合，岩石被压密，形成早期的非线性变形。应力-应变（σ-ε）曲线呈上凹型，曲线斜率随应力增加而逐渐增大，表明微裂隙的闭合开始较快，随后逐渐减慢。本阶段变形对裂隙化岩石来说较明显，而对坚硬少裂隙的岩石则不明显，甚至不显现。

② 弹性变形至微破裂稳定发展阶段（图 2-3，AC 段）　该阶段的 σ-ε_L 曲线呈近似直线关系，而 σ-ε_v 曲线开始（AB 段）为直线关系，随 σ 增加逐渐变为曲线关系。据其变形机理又可细分为弹性变形阶段（AB 段）和微破裂稳定发展阶段（BC 段）。弹性变形阶段不仅变形随应力成比例增加，而且在很大程度上表现为可恢复的弹性变形，B 点的应力可称为弹性极限。微破裂稳定发展阶段的变形主要表现为塑性变形，试件内开始出现新的微破裂，并随应力增加而逐渐发展，当载荷保持不变时，微破裂也停止发展。由于微破裂的出现，试件体积压缩速率减缓，σ-ε_v 曲线偏离直线向纵轴方向弯曲。这一阶段的上界应力（C 点应力）称为屈服极限。

③ 非稳定破裂发展阶段（或称累进性破裂阶段）（图 2-3，CD 段）　进入本阶段后，微破裂的发展发生了质的变化。由于破裂过程中所造成的应力集中效应显著，即使外载荷保持不变，破裂仍会不断发展，并在某些薄弱部位首先破坏，应力重新分布，其结果又引起次薄弱部位的破坏。依次进行下去直至试件完全破坏。试件由体积压缩转为扩容。轴向应变和体积应变速率迅速增大。试件承载能力达到最大，本阶段的上界应力称为峰值强度或单轴抗压强度。

④ 破坏后阶段（图 2-3，D 点以后阶段）　岩块承载力达到峰值后，其内部结构完全破坏，但试件仍基本保持整体状。到本阶段，裂隙快速发展、交叉且相互联合形成宏观断裂面。此后，岩块变形主要表现为沿宏观断裂面的块体滑移，试件承载力随变形增大迅速下降，但并不降到零，说明破裂的岩石仍有一定的承载能力。

以上岩块典型的变形全过程曲线反映了岩块变形的一般规律。但自然界中的岩石，因其矿物组成及结构构造各不相同，就岩石本身而言，每一种矿物都有各自的应力-应变关系，不同的矿物其弹性极限也各不相同，同一种矿物不同受力方向上的弹性极限也不同。空隙愈发育，岩块变形愈容易，空隙的分布、形态等也都将导致岩块应力-应变关系的复杂化。有的岩石其应力-应变关系与上述典型曲线相同或类似，有的则不同。如当岩石微裂隙不发育或轻微发育时，则压密阶段可能表现不明显或不存在。另外，如图 2-3 所示的变形全过程曲线只有在刚性压力机或伺服控制的刚性试验机上才能测得。而普通压力机由于机器本身刚度小，试验时机架内储存了很大的弹性变形能。这种变形能在岩块试件濒临破坏时突然释放出来，作用于试件上，使之遭受崩溃性破坏。所以峰值以后的曲线测不出来，这时只能得到峰值前的应力-应变曲线。

显然，岩块试件在外载荷作用下由变形发展到破坏的全过程，是一个渐进性逐步发展的过程，具有明显的阶段性。总体而言，岩块的变形可分为两个阶段：一是峰值前阶段（或称前区），以反映岩块破坏前的变形特征，其又可分为若干个小的阶段；二是峰值后阶段（或称后区）。目前，对峰值前阶段（前区）曲线的分类及其变形特征研究较多，资料也比较多。而对峰值后阶段（后区）的变形特征则研究不够。

（2）峰值前岩块的变形特征

① 应力-应变曲线类型及其特征　根据米勒（Miller，1965）对 28 种岩石的试验成果，可将岩块峰值前应力-轴向应变曲线划分为 6 类（图 2-4）。

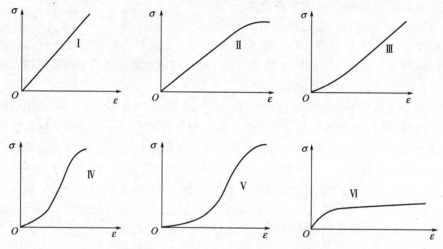

图 2-4　峰值前岩块的典型应力-应变曲线（据 Miller，1965）

类型 I：变形特征近似为直线，直到发生突发性破坏，以弹性变形为主。如玄武岩、石英岩、辉绿岩等坚硬、极坚硬岩石表现出该类变形特征。类型 II：开始为直线，至末端则出现非线性屈服段。如石灰岩、砂砾岩和凝灰岩等较坚硬且少裂隙的岩石常表现出该变形特征。类型 III：开始为上凹型曲线，随后变为直线，直到破坏，没有明显的屈服段。如花岗岩、砂岩及平行片理加载的片岩等坚硬而有裂隙发育的岩石常具这种变形特征。类型 IV：中部很陡的"S"形曲线，如大理岩和片麻岩等某些坚硬变质岩常表现出该变形特征。类型 V：中部较缓的"S"形曲线，是某些压缩性较高的岩石如垂直片理加载的片岩常见的曲线类型。类型 VI：开始为一很小的直线段，随后就出现不断增长的塑性变形和蠕变变形，如盐岩等蒸发岩和极软岩表现出该变形特征。以上曲线中类型 III、IV、V 具有某些共性，如开始部分由于空隙压密均为一上凹形曲线；当岩块微裂隙、片理、微层理等压密闭合后，即出现一直线段；当试件临近破坏时，则逐渐呈现出不同程度的屈服段。

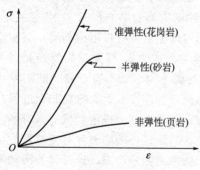

图 2-5　峰值前岩块应力-应变
曲线（Farmer，1968）

法默（Farmer，1968）根据岩块峰值前的应力-应变曲线，把岩石划分为准弹性、半弹性与非弹性的三类（图 2-5）。准弹性岩石多为细粒致密块状岩石，如无气孔构造的喷出岩、浅成岩浆岩和变质岩等，这些岩石的应力-应变曲线近似呈线性关系，具有弹脆性性质。半弹性岩石多为空隙率低且具有较大内聚力的粗粒岩浆岩和细粒致密的沉积岩，这些岩石的变形曲线斜率随应力增大而减小。非弹性岩石多为内聚力低、空隙率大的软弱岩石，如泥岩、页岩、千枚岩等，其应力-应变曲线为缓"S"形。

此外，还有人将岩块应力-应变曲线划分为"S"形、直线形和下凹形三类。

② 变形参数的确定　根据各类应力-应变曲线，可以确定岩块的变形模量和泊松比等变形参数。

变形模量（modulus of deformation）是指在单轴压缩条件下，轴向应力与轴向应变之比。

当岩块应力-应变为直线关系时，岩块的变形模量为：

$$E = \frac{\sigma_i}{\varepsilon_i} \tag{2-28}$$

式中，E 为岩块的变形模量，MPa；σ_i 为应力-应变曲线上任一点的轴向应力，MPa；ε_i 为对应的轴向应变。

在这种情况下，岩块的变形模量为一常量，数值上等于直线的斜率 [图 2-6(a)]，由于其变形多为弹性变形，所以又称为弹性模量（modulus of elasticity）。

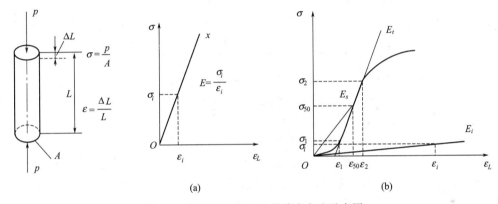

图 2-6　岩石变形模量 E 的确定方法示意图

当应力-应变为非直线关系时，岩块的变形模量为一变量，即不同应力段上的模量不同，常用的有如下几种 [图 2-6(b)]。

初始模量 E_i：指曲线原点处的切线斜率，即

$$E_i = \frac{\sigma_i}{\varepsilon_i} \tag{2-29}$$

切线模量（E_t）：定义上是指曲线上任一点处切线的斜率，在此特指中部直线段的斜率，即

$$E_t = \frac{\sigma_2 - \sigma_1}{\varepsilon_2 - \varepsilon_1} \tag{2-30}$$

割线模量（E_s）：指曲线上某特定点与原点连线的斜率，通常取 $\sigma_c/2$ 处的点与原点连线的斜率，即

$$E_s = \frac{\sigma_{50}}{\varepsilon_{50}} \tag{2-31}$$

式(2-29)～式(2-31) 中的符号，意义如图 2-6(b) 所示。

泊松比 μ（poisson's ratio）是指在单轴压缩条件下，横向应变 ε_d 与轴向应变 ε_L 之比，即

$$\mu = \left| \frac{\varepsilon_d}{\varepsilon_L} \right| \tag{2-32}$$

在实际工作中，常采用 $\sigma_c/2$ 处的 ε_d 与 ε_L 来计算岩块的泊松比。

岩块的变形模量和泊松比受岩石矿物组成、结构构造、风化程度、空隙性、含水率、微结构面及其与载荷方向的关系等多种因素的影响，变化较大。表 2-8 列出了常见岩石的变形模量和泊松比的经验值。

表 2-8　常见岩石的变形模量和泊松比值

岩石名称	变形模量/$\times 10^4$MPa		泊松比	岩石名称	变形模量/$\times 10^4$MPa		泊松比
	初始	弹性			初始	弹性	
花岗岩	2～6	5～10	0.2～0.3	片麻岩	1～8	1～10	0.22～0.35
流纹岩	2～8	5～10	0.1～0.25	千枚岩，片岩	0.2～5	1～8	0.2～0.4
闪长岩	7～10	7～15	0.1～0.3	板岩	2～5	2～8	0.2～0.3
安山岩	5～10	5～12	0.2～0.3	页岩	1～3.5	2～8	0.2～0.4
辉长岩	7～11	7～15	0.12～0.2	砂岩	0.5～8	1～10	0.2～0.3
辉绿岩	8～11	8～15	0.1～0.3	砾岩	0.5～8	2～8	0.2～0.3
玄武岩	6～10	6～12	0.1～0.35	石灰岩	1～8	5～10	0.2～0.35
石英岩	6～20	6～20	0.1～0.25	白云岩	4～8	4～8	0.2～0.35
				大理岩	1～9	1～9	0.2～0.35

试验研究表明，岩块的变形模量与泊松比常具有各向异性。当垂直于层理、片理等微结构面方向加载时，变形模量最小，而平行微结构面加载时，其变形模量最大。两者的比值，沉积岩一般为 1.08～2.05；变质岩为 2.0 左右。

除变形模量和泊松比两个最基本的参数外，还有一些从不同角度反映岩块变形性质的参数。如剪切模量 G、弹性抗力系数 K、拉梅常数 λ 及体积模量 K_V 等。根据弹性力学，这些参数与变形模量 E 及泊松比 μ 之间有如下关系：

$$G = \frac{E}{2(1+\mu)} \tag{2-33}$$

$$\lambda = \frac{E\mu}{(1+\mu)(1-2\mu)} \tag{2-34}$$

$$K_V = \frac{E}{3(1-2\mu)} \tag{2-35}$$

$$K = \frac{E}{(1+\mu)R_0} \tag{2-36}$$

式(2-36) 中，R_0 为地下洞室半径。

（3）峰值后岩块的变形特征　岩块峰值后阶段（后区）的变形特征的研究，是随着刚性压力机和伺服机的研制成功才逐渐开展起来的。在此之前，常用前区变形特征来表征岩块的变形性质，以峰值应力代表岩块的强度，超过峰值就认为岩块已经破坏，无承载能力。现在看来这是不符合实际的。因为岩体在漫长的地质年代中受各种力的作用，遭受过多次破坏，已不是完整的岩体了，其内部存在各种结构面。这样一种经受过破坏的裂隙岩体，其变形特性与岩块后区变形特征非常相似。试验研究和工程实践都表明，岩块即使在破裂且变形很大的情况下，也还具有一定的承载能力，即应力-应变曲线不与水平轴相交（图 2-3），在有侧向压力的情况下更是如此。因此，研究岩块变形的全过程曲线，特别是后区变形特征是近年来岩体力学界十分关注的热点问题。

Wawersik 和 Fairhust（1970）根据后区曲线特征将岩块全过程曲线分为如图 2-7 所示

Ⅰ型和Ⅱ型。Ⅰ型又称为稳定破裂传播型，后区曲线呈负坡向，说明岩块在压力达到峰值后，试件内所储存的变形能不能使破裂继续扩展，只有外力继续对试件做功，才能使它进一步变形破坏。Ⅱ型又称为非稳定破裂传播型，后区曲线呈正坡向，说明在峰值压力后，尽管试验机不对岩块试件做功，试件本身所储存的能量也能使破裂继续扩展，出现非可控变形破坏。

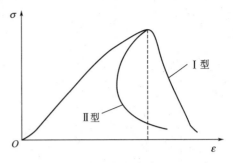

图 2-7　岩块应力-应变（σ-ε）
全过程曲线基本模式
（据 Wawersik 和 Fairhust，1970）

葛修润等人（1994）对此提出了不同的看法，他们根据在自己研制的电液伺服自适应控制式岩石试验机上进行的试验资料（图 2-8），认为所谓的Ⅱ型曲线只不过是人为控制造成的，实际上并不存在。据此提出了如图 2-9 所示的全应力-应变曲线模型，即在保持轴向应变率不变（即轴向应变控制）的情况下，绝大部分岩石的后区曲线位于过峰值点 P 的垂直线右侧。只不过随岩石脆性程度不同，曲线的陡度不同而已。越是脆性的岩石（如新鲜花岗岩、玄武岩、辉绿岩、石英岩等），其后区曲线越陡，即越靠近 P 点，垂直线且曲线上有明显的台阶状。越是塑性大的岩石（如页岩、泥岩、泥灰岩、红砂岩等），后区曲线越缓。

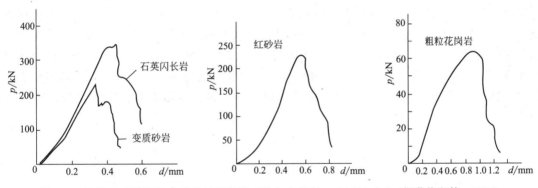

图 2-8　几种岩石的载荷-变形全过程曲线（轴向应变率 $\varepsilon=5\times10^{-5}$ s）（据葛修润等，1994）

2.5.1.2　循环荷载条件下的变形特征

岩块在循环载荷作用下的应力-应变关系，随加、卸载方法及卸载应力大小的不同而异。当在同一载荷下对岩块加、卸载时，如果卸载点 P 的应力低于岩石的弹性极限 A，则卸载曲线将基本上沿加载曲线回到原点，表现为弹性恢复（图 2-10）。但应当注意，多数岩石的大部分弹性变形在卸载后能很快恢复，而小部分（10%～20%）须经一段时间才能恢复，这种现象称为弹性后效。如果卸载点 P 的应力高于弹性极限 A，则卸载曲线偏离原加载曲线，也不再回到原点，变形除弹性变形 ε_e 外，还出现了塑性变形 ε_p（图 2-11）。这时岩块的弹性模量 E_e 和变形模量 E 可用下式确定：

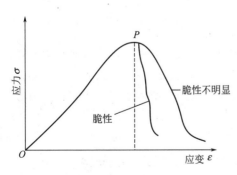

图 2-9　岩块应力-应变过程曲线
的新模型（据葛修润等，1994）

$$E_e=\frac{\sigma}{\varepsilon_e} \qquad (2\text{-}37)$$

$$E=\frac{\sigma}{\varepsilon_e+\varepsilon_p}=\frac{\sigma}{\varepsilon} \qquad (2\text{-}38)$$

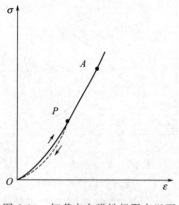

图 2-10　卸载点在弹性极限点以下
的应力-应变曲线

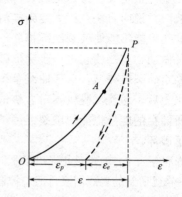

图 2-11　卸载点在弹性极限点以上
的应力-应变曲线

在反复加载、卸载条件下，可得到如图 2-12 所示的应力-应变曲线。由图可以得到如下认识：①逐级一次循环加载条件下，其应力-应变曲线的外包线与连续加载条件下的曲线基本一致［图 2-12(a)］，说明加、卸载过程并未改变岩块变形的基本习性，这种现象也称为岩石记忆；②每次加载、卸载曲线都不重合，且围成一环形面积，称为回滞环；③当应力在弹性极限以上某一较高值下反复加载、卸载时，由图 2-12(b) 可见，卸载后的再加载曲线随反复加、卸载次数的增加而逐渐变陡，回滞环的面积变小，残余变形逐次增加，岩块的总变形等于各次循环产生的残余变形之和，即累积变形；④由图 2-12(b) 可知，岩块的破坏产生在反复加、卸载曲线与应力-应变全过程曲线交点处。这时的循环加、卸载试验所给定的应力，称为疲劳强度。它是一个比岩块单轴抗压强度低，且与循环持续时间等因素有关的值。

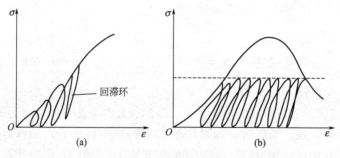

图 2-12　反复加荷卸荷时的应力-应变曲线

2.5.2　三轴压缩条件下的岩块变形性质

作为建筑物地基或环境的工程岩体，一般处于三向应力状态之中。显然，研究岩石在三轴压缩条件下的变形与强度性质具有更重要的实际意义。三轴压缩条件下的岩块变形与强度性质主要通过三轴试验进行研究。本节主要以三轴试验为基础介绍岩块三轴压缩变形与破坏特性，其强度特征将在岩块强度一节中介绍。

2.5.2.1　三轴试验

根据应力状态可将岩石三轴试验分为：真三轴试验（应力状态为 $\sigma_1 > \sigma_2 > \sigma_3 > 0$，又称为不等压三轴试验）和常规三轴试验（应力状态为 $\sigma_1 > \sigma_2 = \sigma_3 > 0$，又称为普通三轴试验）两种，其中，常规三轴试验在国内外应用广泛，而真三轴试验应用较少，且仅在一些科研院所及巨型工程中采用。

　　常规三轴试验设备主要由轴向加载设备（主机）、侧
向加载设备及三轴压力室三部分组成，如图 2-13 所示。
试验时，将包有隔油薄膜（橡胶套）的试件置于三轴压力
室内，先施加预定的围压 σ_3，并保持不变，然后以一定的
速率施加轴向载荷 P 直至试件破坏。在加轴压的过程中，
同时测定试件的变形值。通过对一组试件（4 个以上试
件）的试验可得到如下成果：①不同围压 σ_3 下的三轴压
缩强度 σ_{1m}；②强度包络线及剪切强度参数（C、ϕ）值；
③应力差（$\sigma_1-\sigma_3$)-轴向应变 ε 曲线和变形模量。根据这
些成果即可分析岩块在三轴压缩条件下的变形与强度
性质。

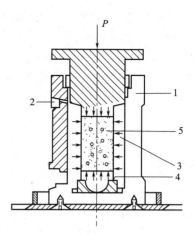

图 2-13　三轴压力室结构示意图
1—压力室套筒；2—进油口；3—压
液；4—底座；5—试样

2.5.2.2　围压对岩块变形破坏的影响

　　试验研究表明：有围压作用时，岩石的变形性质与单
轴压缩时不尽相同。图 2-14 和图 2-15 为大理岩和花岗岩在不同围压下的（$\sigma_1-\sigma_3$)-ε 曲线。由
图可知：首先，破坏前岩块的应变随围压增大而增加；其次，随围压增大，岩块的塑性也不断
增大，且由脆性逐渐转化为延性。如图 2-14 所示的大理岩，在围压为零或较低的情况下，岩
石呈脆性状态；当围压增大至 50MPa 时，岩石显示出由脆性向延性转化的过渡状态；围压增
加到 68.5MPa 时，呈现出延性流动状态；当围压增至 165MPa 时，试件承载力（$\sigma_1-\sigma_3$）则随
围压稳定增长，出现所谓应变硬化现象。这说明围压是影响岩石力学属性的主要因素之一，通
常把岩石由脆性转化为延性的临界围压称为转化压力。图 2-15 所示的花岗岩也有类似特征，
所不同的是其转化压力比大理岩大得多，且破坏前的应变随围压增加更为明显。某些岩石的转
化压力如表 2-9 所示，由表可知：岩石越坚硬，转化压力越大，反之亦然。

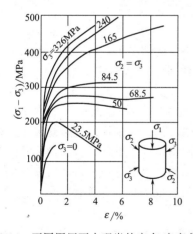

图 2-14　不同围压下大理岩的应力-应变曲线

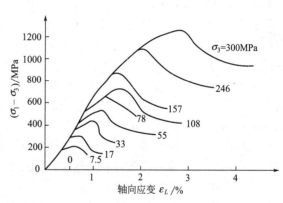

图 2-15　不同围压下花岗岩的应力-应变曲线

表 2-9　几种岩石的转化压力（室温）

岩 石 类 型	转化压力/MPa	岩 石 类 型	转化压力/MPa
盐岩	0	石灰岩	20～100
白垩	＜10	砂岩	＞100
密实页岩	0～20	花岗岩	≫100

围压对岩块变形模量的影响常因岩性不同而异，通常对坚硬、少裂隙的岩石影响较小，而对软弱、多裂隙的岩石影响较大。试验研究表明：有围压时，某些砂岩的变形模量在屈服前可提高 20%，近破坏时则下降 20%～40%。但总的来说，随围压增大，岩块的变形模量和泊松比都有不同程度的提高。这时的变形模量 E 可用下式确定。

$$E = \frac{1}{\varepsilon_L}(\sigma_1 - 2\mu\sigma_3) \tag{2-39}$$

式中，ε_L，σ_1 分别为轴向应变与应力；σ_3 为围压。

岩块在三轴压缩条件下的破坏型式大致可分为脆性劈裂、剪切及塑性流动三类，如图 2-16 所示。但具体岩块的破坏方式，除了受岩石本身性质影响外，很大程度上还受围压的控制。如图 2-16 所示，随着围压的增大，岩块从脆性劈裂破坏逐渐向塑性流动过渡，破坏前的应变也逐渐增大。

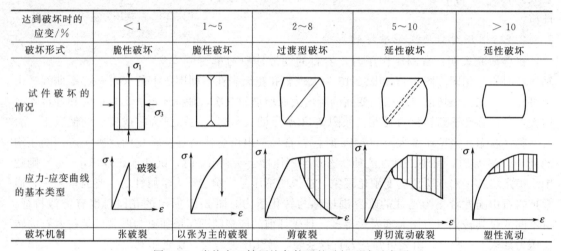

达到破坏时的应变/%	< 1	1～5	2～8	5～10	> 10
破坏形式	脆性破坏	脆性破坏	过渡型破坏	延性破坏	延性破坏
试件破坏的情况					
应力-应变曲线的基本类型					
破坏机制	张破裂	以张为主的破裂	剪破裂	剪切流动破裂	塑性流动

图 2-16　岩块在三轴压缩条件下的破坏型式示意图

2.5.3　岩块的蠕变性质

岩石的变形和应力受时间因素的影响。在外部条件不变的情况下，岩石的变形或应力随时间而变化的现象叫流变，主要包括蠕变、松弛和弹性后效。这里主要讨论岩石的蠕变性质。

蠕变（creep）是指岩石在恒定的载荷作用下，其变形随时间而逐渐增大的性质。岩石蠕变是一种十分普遍的现象，在天然斜坡、人工边坡及地下洞室中都可以直接观测到。由于蠕变的影响，在岩体内及建筑物内产生应力集中而影响其稳定性。另外，岩石因加载速率不同所表现的不同变形性状、岩体的累进性破坏机制和剪切黏滑机制等都与岩石流变有关。地质构造中的褶皱、地壳隆起等长期地质作用过程，也都与岩石的蠕变性质有关。

2.5.3.1　岩石蠕变曲线的特征

在岩块试件上施加恒定载荷时，可得到如图 2-17 所示的典型蠕变曲线。在加载的瞬间，岩块产生如 OA 段的瞬时应变，其应变值为 $\varepsilon_0 = \sigma_0/E$；随后便产生连续不断的蠕变变形。根据蠕变曲线的特征，可将岩石蠕变划分为以下三个阶段。

（1）初始蠕变阶段（或称减速蠕变阶段）　如图 2-17 中的 AB 段，曲线呈下凹型，应变最初随时间增大较快，但其应变率随时间迅速递减，到 B 点达到最小值。若在本阶段中某一点 P 卸载，则应变沿 PQR 下降至零。其中，PQ 段为瞬时应变的恢复曲线，而 QR 段表示应变随时间逐渐恢复至零。由于卸载后应力立即消失，而应变则随时间逐渐恢复，二者恢

复不同步。应变恢复总是落后于应力，这种现象称为弹
性后效。

（2）等速蠕变阶段（或称稳定蠕变阶段）　如图 2-17
中的 BC 段，曲线近似呈直线，应变随时间近似等速增
加，直到 C 点。若在本阶段内某点 T 卸载，则应变将沿
TUV 线恢复，最后保留一永久应变 ε_p。

（3）加速蠕变阶段　如图 2-17 中的 CD 段，曲线呈
上凹型，应变率随时间迅速增加，应变随时间增长越来
越大，其蠕变加速发展直至岩块破坏（D 点）。

以上岩石典型蠕变曲线的形状及某个蠕变阶段所持

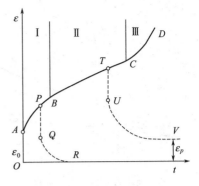

图 2-17　岩石典型的蠕变曲线

续的时间，受岩石类型、载荷大小及温度等因素的影响
而不同。如同一种岩石，载荷越大，第Ⅱ阶段蠕变的持续时间越短，试件越容易蠕变破坏。
而载荷较小时，则可能仅出现Ⅰ阶段或Ⅰ、Ⅱ阶段蠕变等。

2.5.3.2　影响岩石蠕变性质的因素

（1）岩性　岩性是影响岩石蠕变性质的内在因素。图 2-18 为花岗岩等三种性质不同的
岩石在室温和 10MPa 压应力下的蠕变曲线，
由图可知：花岗岩等坚硬岩石，其蠕变变形
相对很小，加载后在很短的时间内变形就趋
于稳定，这种蠕变常可忽略不计；而页岩等
软弱岩石，其蠕变很明显，变形以等速率持
续增长直至破坏，这类岩石的蠕变，在工程
实践中必须引起重视，以便更切实际地评价
岩体变形及其稳定性。此外，岩石的结构构
造、孔隙率及含水性等对岩石蠕变性质也有
明显的影响。

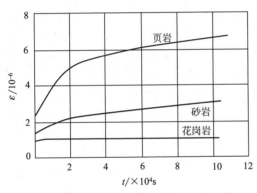

图 2-18　10MPa 的常应力及室温下，页
岩、砂岩和花岗岩的典型蠕变曲线

（2）应力　对同一种岩石来说，应力大
小不同，蠕变曲线的形状及各阶段的持续时
间也不同。图 2-19 为雪花石膏在不同应力下的蠕变曲线，由图可知：在低应力（小于
12.5MPa）下，曲线不出现加速蠕变阶段；在高应力（大于 25MPa）下，则几乎不出现等
速蠕变阶段，由瞬时变形很快过渡到加速蠕变阶段，直至破坏；而在中等应力条件下，曲线
呈反"S"型，蠕变可明显分为三个阶段，但其等速阶段所持续的时间随应力增大而缩短。

Chugh（1974）对三种岩石进行单轴压缩和拉伸蠕变试验后，提出用如下的经验方程

$$\varepsilon(t) = A + B\lg t + Ct \tag{2-40}$$

来模拟岩石的瞬时应变 A、初始蠕变（$B\lg t$）及等速蠕变（Ct）；式中不同应力下的系数 A，
B，C 值由表 2-10 给出。可见随应力增大，初始及等速蠕变的速率也随之增大。

（3）温度、湿度　温度和湿度对岩石蠕变也有较大的影响。图 2-20 为人造盐岩在围压
$\sigma_s = 102\text{MPa}$ 和不同温度下的蠕变曲线。由图可见，随着温度的提高，岩石的总应变与等速
阶段的应变速率都明显增加了。另外，试验研究表明岩性不同，岩石的总应变及蠕变速率随
温度增加的幅度也不相同。

湿度对岩块蠕变也有类似的影响，如 Griggs（1940）将雪花石膏浸到不同溶液中进行
单轴蠕变试验，发现其总应变及蠕变速率比干燥的大，且随溶液性质不同而不同。

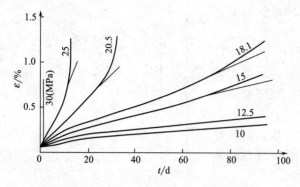

图 2-19　雪花石膏在不同压力下的蠕变曲线

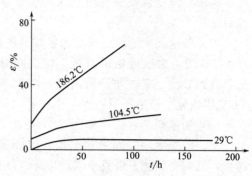

图 2-20　人造盐岩在围压 $\sigma_s = 102\text{MPa}$
及不同温度下的蠕变曲线

表 2-10　几种岩石的 A，B，C 值（据 Chugh，1974）

岩石种类	单 轴 拉 伸				单 轴 压 缩			
	应力/MPa	$A/10^{-6}$	$B/10^{-6}$	$C/10^{-6}$	应力/MPa	$A/10^{-6}$	$B/10^{-6}$	$C/10^{-6}$
砂岩	1.42	0.670	8.91	—	64.7	0.212	20.37	—
	2.15	1.080	14.02	—	87.7	0.182	17.45	—
	2.88	1.330	22.44	—	122.1	0.161	19.37	—
					131.1	0.189	32.04	3.6
					142.5	0.161	30.09	5.3
花岗岩	6.07	0.163	1.33	—	79.7	0.103	1.81	—
	6.84	0.161	1.40	—	92.4	0.095	3.39	—
	7.61	0.157	1.68	0.9	149.3	0.090	3.41	—
	8.37	0.142	2.39	3.3	183.9	0.082	4.42	0.6
					194.4	0.076	4.42	1.3
石灰岩	1.4	0.228	—	—	44.1	0.185	4.31	—
	2.12	0.225	0.73	—	49.5	0.192	6.51	—
	2.84	0.227	—	—	54.8	0.188	8.15	—
	3.56	0.215	1.05	—	60.2	0.182	14.15	—
	4.28	0.215	0.66	—				
	5.00	0.230	1.54	—				
	5.72	0.204		—				

2.5.3.3　蠕变模型及其本构方程

　　研究岩石时效现象，是为了建立岩石的蠕变本构规律。研究岩石蠕变本构规律的方法通常有两种，即经验法和蠕变模型法。经验法是指通过对岩石蠕变试验资料的分析整理，利用曲线拟合法求得蠕变的经验本构方程，如式(2-40)就是一个经验方程。蠕变模型法是把岩石材料抽象成一系列简单的元件（如弹簧、阻尼器等）及其组合模型来模拟岩石的蠕变特性，建立其本构方程。这里主要介绍几种简单的模型及其本构关系。当然，自然界中的岩石是十分复杂的，这些模型不可能反映所有岩石的性状，也不可能与试验结果完全满意地吻合，但它却可以反映大部分岩石及其性状的若干主要方面。

　　(1) 理想物体的基本模型

　　① 弹性元件　弹性元件由一个弹簧组成，如图 2-21 所示。其用来模拟理想的弹性体，其本构规律服从虎克定律，即

$$\varepsilon = \frac{\sigma}{E}$$

(2-41)

图 2-21　弹性元件示意图

式中，E 为弹性模量，σ 为应力，ε 为应变。

从式(2-41)可知：弹性元件的应变是瞬时完成的，与时间无关。因此，理想的弹性物体无蠕变性。

② 黏性元件　黏性元件由一个带孔活塞和充满黏性液体的圆筒组成，又称为阻尼器，如图 2-22(a) 所示。其用来模拟理想的黏性体（牛顿体），其本构规律服从牛顿定律，即

$$\frac{d\varepsilon}{dt} = \frac{\sigma}{\eta} \tag{2-42}$$

分离变量后积分得：

$$\varepsilon = \frac{\sigma_0}{\eta}t \tag{2-43}$$

式中，η 为动力黏滞系数，$0.1 Pa \cdot s$；t 为时间，s；σ_0 为初始应力，MPa。

由式(2-43)可知：黏性体受力后变形随时间不断增长，如图 2-22(b) 所示。因此，黏性物体具有蠕变性。

③ 塑性元件　塑性元件由摩擦片组成，如图 2-23(a) 所示。其用来模拟完全塑性体（圣文南体），其本构规律服从库仑摩擦定律。塑性体受力后，当应力小于其屈服极限时，物体不产生变形；当应力一旦达到或超过屈服极限 σ_s 时，便开始持续不断地流动变形，如图 2-23(b)所示。

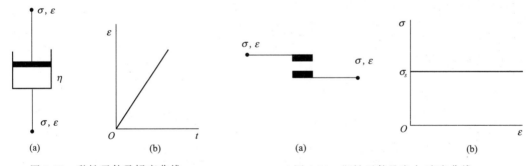

图 2-22　黏性元件及蠕变曲线　　　　图 2-23　塑性元件及应力-应变曲线

（2）组合模型　弹性元件、黏性元件和塑性元件等三种基本模型只能用来模拟某种理想物体（线弹性体、牛顿体和圣文南体）的变形性质。而岩石的变形性质是非常复杂的，要准确地描述岩石的变形性状，须利用以上三种基本模型的组合模型。下面介绍几种常见的组合模型。

① Maxwall 模型　Maxwall 模型由弹性元件和黏性元件串联而成，如图 2-24 所示。其

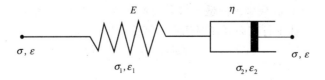

图 2-24　Maxwall 模型示意图

常用来模拟软硬相间的岩体在垂直层面加载条件下的本构规律。模型的总应力 σ 和总应变 ε 分别为：

$$\sigma = \sigma_1 = \sigma_2 \tag{2-44}$$

$$\varepsilon = \varepsilon_1 + \varepsilon_2 \tag{2-45}$$

对于弹性元件，有 $\varepsilon_1 = \dfrac{\sigma}{E}$。微分后，得：

$$\frac{d\varepsilon_1}{dt} = \frac{1}{E}\frac{d\sigma}{dt} \tag{2-46}$$

对于黏性元件，由式(2-42)得：

$$\frac{d\varepsilon_2}{dt} = \frac{\sigma}{\eta} \tag{2-47}$$

将式(2-46)和式(2-47)代入式(2-45)得

$$\frac{d\varepsilon}{dt} = \frac{1}{E}\frac{d\sigma}{dt} + \frac{\sigma}{\eta} \tag{2-48}$$

研究 Maxwall 模型的蠕变特性。若应力 σ 为常量，即 $\sigma = \sigma_0$ 时，有 $d\sigma_0/dt = 0$，此时式(2-48)可变为：

$$\frac{d\varepsilon}{dt} = \frac{\sigma_0}{\eta} \tag{2-49}$$

积分，得：

$$\varepsilon = \frac{\sigma_0}{\eta}t + C \tag{2-50}$$

由初始条件：$t = 0$ 时，瞬时应变 $\varepsilon = \varepsilon_0 = \sigma_0/E$，得 $C = \sigma_0/E$。将其代入式(2-50)，得到 Maxwall 模型的蠕变本构方程式：

$$\varepsilon = \frac{\sigma_0}{\eta}t + \frac{\sigma_0}{E} \tag{2-51}$$

Maxwall 模型的蠕变曲线如图 2-25 所示。

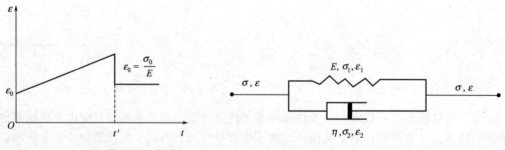

图 2-25　Maxwall 体的蠕变曲图　　　　图 2-26　Kelvin 模型示意图

从式(2-51)及图 2-25 可知：应力保持一定时，Maxwall 体的变形由瞬时变形 σ_0/E 和蠕变变形组成。如果在某一时刻 t 卸去载荷，变形 σ_0/E 将立即恢复，且残留蠕变变形。

② Kelvin 模型　Kelvin 模型由弹性元件和黏性元件并联而成，如图 2-26 所示。其常用来模拟软硬相间的层状岩体平行层面加荷时的本构规律。模型的总应力 σ 和总应变 ε 分别为：

$$\varepsilon = \varepsilon_1 = \varepsilon_2 \tag{2-52}$$

$$\sigma = \sigma_1 + \sigma_2 \tag{2-53}$$

而 σ_1 和 σ_2 分别为：

$$\sigma_1 = E\varepsilon_1 = E\varepsilon \qquad (2\text{-}54)$$

$$\sigma_2 = \eta \frac{d\varepsilon_2}{dt} = \eta \frac{d\varepsilon}{dt} \qquad (2\text{-}55)$$

将式(2-54)和式(2-55)代入式(2-53)，得：

$$\sigma = E\varepsilon + \eta \frac{d\varepsilon}{dt} \qquad (2\text{-}56)$$

研究 Kelvin 模型的蠕变特性。若应力 σ 为常量，即 $\sigma = \sigma_0$ 时，由式(2-56)得：

$$E\varepsilon + \eta \frac{d\varepsilon}{dt} = \sigma_0 \qquad (2\text{-}57)$$

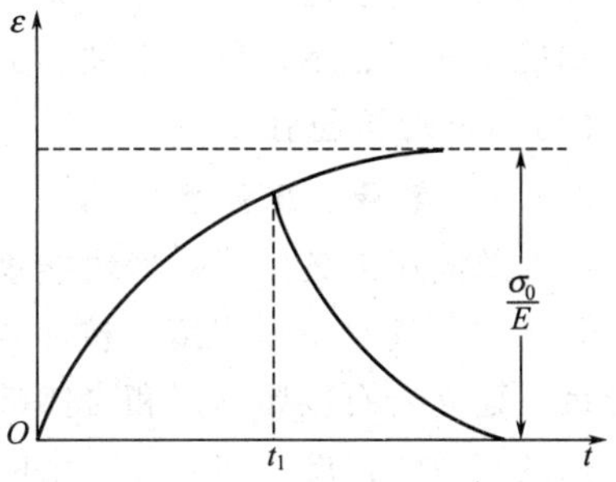

图 2-27　Kelvin 体的蠕变曲线

解微分方程式(2-57)，得到 Kelvin 模型的蠕变本构方程为：

$$\varepsilon = \frac{\sigma_0}{E}\left(1 - e^{-\frac{E}{\eta}t}\right) \qquad (2\text{-}58)$$

Kelvin 模型的蠕变曲线如图 2-27 所示，可知 Kelvin 模型不具瞬时变形。

除以上两种组合模型外，许多学者还提出了其他模型，常用的模型及其蠕变本构方程和蠕变曲线如图 2-28 所示。

模型名称	模　型	应用条件	蠕变本构方程	蠕变曲线	蠕变类型
Burgers 模型	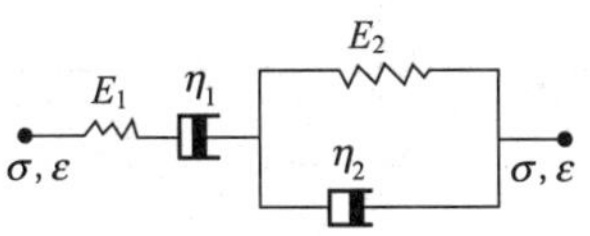	软黏土板岩、页岩、黏土岩、煤系岩石	$\varepsilon = \dfrac{\sigma_0}{E_1} + \dfrac{\sigma_0}{\eta_1}t + \dfrac{\sigma_0}{E_2}\left(1 - e^{\frac{-E_2}{\eta_2}t}\right)$	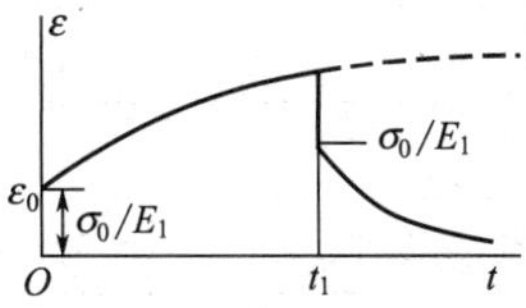	黏-弹
Bingham 模型	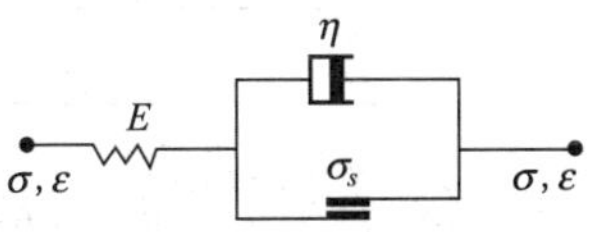	黏土、半坚硬岩石	$\varepsilon = \varepsilon_0 + \dfrac{\sigma_0 - \sigma_s}{\eta}t$	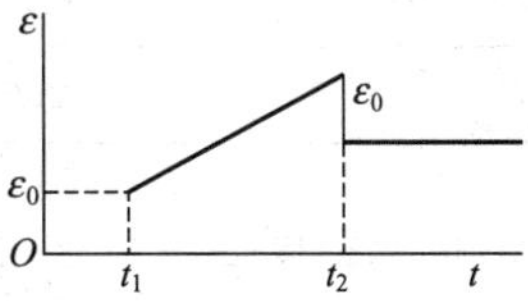	弹-黏-塑
鲍埃丁模型	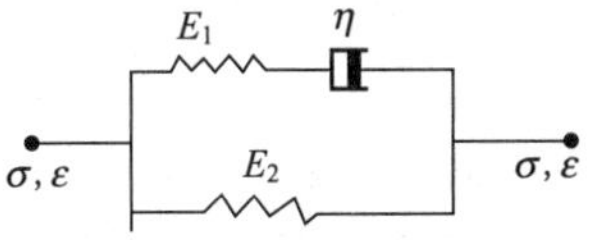	砂岩、页岩、喷出岩、石灰岩、黏土质板岩、砂质页岩	$\varepsilon = \dfrac{\sigma_0}{E_2}\left[1 - \dfrac{E_1}{E_1 + E_2} \cdot e^{-\frac{E_1 E_2}{(E_1 + E_2)\eta}t}\right]$	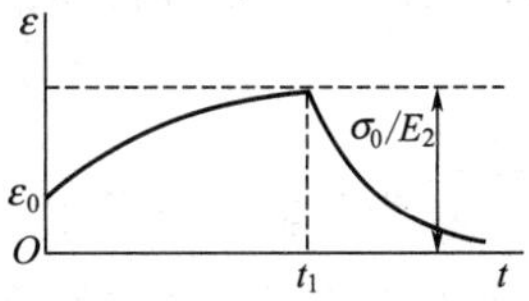	黏-弹
廖国华模型	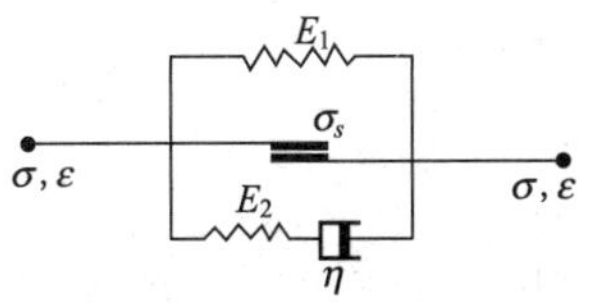	完整岩体		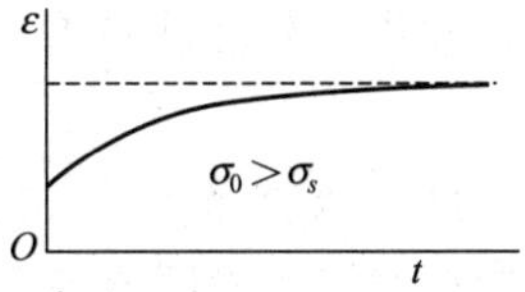	黏-弹

图 2-28　岩石的常用模型及其蠕变本构方程和蠕变曲线

2.6　岩块的强度性质

在外载荷作用下，当载荷达到或超过某一极限时，岩块发生破坏。根据破坏时的应力类型，岩块的破坏有拉破坏、剪切破坏和流动三种基本类型。同时，把岩块抵抗外力破坏的能力称为岩块的强度（strength of rock）。由于受力状态的不同，岩块的强度也不同，可分为单轴抗压强度、单轴抗拉强度、剪切强度、三轴压缩强度等。

2.6.1 单轴抗压强度

2.6.1.1 单轴抗压强度的确定

在单向压缩条件下，岩块能承受的最大压应力称为单轴抗压强度（uniaxial compressive strength），简称抗压强度。抗压强度是反映岩块基本力学性质的重要参数，它在工程岩体分级、建立岩石破坏判据和岩体破坏判据中是必不可少的。抗压强度测试方法简单，且与抗拉强度和剪切强度之间有着一定的比例关系，如抗拉强度为它的 3%～30%，抗弯强度为它的 7%～15%，从而可借助它大致估算其他强度参数。表 2-11 列出了常见岩石几种强度与抗压强度的比值。

表 2-11　岩块的几种强度与抗压强度比值

岩 石 名 称	与抗压强度的比值		
	抗拉强度	抗剪强度	抗弯强度
煤	0.009～0.06	0.25～0.5	
页岩	0.06～0.325	0.25～0.48	0.22～0.51
砂质页岩	0.09～0.18	0.33～0.545	0.1～0.24
砂岩	0.02～0.17	0.06～0.44	0.06～0.19
石灰岩	0.01～0.067	0.08～0.10	0.15
大理岩	0.08～0.226	0.272	
花岗岩	0.02～0.08	0.08	0.09
石英岩	0.06～0.11	0.176	

岩块的抗压强度通常是采用标准试件在压力机上加轴向荷载，直至试件破坏获取。如设试件破坏，则岩块的单轴抗压强度为：

$$\sigma_c = \frac{p_c}{A} \tag{2-59}$$

式中，σ_c 为单轴抗压强度，MPa；p_c 为载荷，N；A 为横截面面积，mm^2。

除抗压试验外，目前还可用点载荷试验和不规则试件的抗压试验间接地求岩块的单轴抗压强度 σ_c。如用点载荷试验求 σ_c 时，常用如下的经验公式换算：

$$\sigma_c = 22.82 I_{s(50)}^{0.75} \tag{2-60}$$

式中，$I_{s(50)}^{0.75}$ 为直径为 50mm 的标准试件的点载荷强度。

常见岩石的抗压强度值列于表 2-12 中。由表可知，岩块的抗压强度离散性较大，这不单纯是由试验误差引起的，而更主要的是由于岩块本身的非均匀性和各向异性造成的。因此，在实际选值时，应根据具体情况对试验数据进行统计分析。

2.6.1.2 影响单轴抗压强度的因素

试验研究表明，岩块的抗压强度受一系列因素影响和控制。这些因素主要包括两个方面：一是岩石本身性质方面的因素，如矿物组成、结构构造（颗粒大小、连结及微结构发育特征等）、密度及风化程度等；二是试验条件方面的因素。第一方面因素的影响，在第 1 章中已有详细讨论。这里仅就试验条件对岩块抗压强度的影响进行讨论。

表 2-12　常见岩石的强度指标值

岩石名称	抗压强度 σ_c/MPa	抗拉强度 σ_t/MPa	摩擦角 ϕ/(°)	内聚力 C/MPa	岩石名称	抗压强度 σ_c/MPa	抗拉强度 σ_t/MPa	摩擦角 ϕ/(°)	内聚力 C/MPa
花岗岩	100～250	7～25	45～60	14～50	片麻岩	50～200	5～20	30～50	3～5
流纹岩	180～300	15～30	45～60	10～50	千枚岩、片岩	10～100	1～10	26～65	1～20
闪长岩	100～250	10～25	53～55	10～50	板岩	60～200	7～15	45～60	2～20
安山岩	100～250	10～20	45～50	10～40	页岩	10～100	2～10	15～30	3～20
辉长岩	180～300	15～36	50～55	10～50	砂岩	20～200	4～25	35～50	8～40
辉绿岩	200～350	15～35	55～60	25～60	砾岩	10～150	2～15	35～50	8～50
玄武岩	150～300	10～30	48～55	10～50	石灰岩	50～200	5～20	35～50	10～50
石英岩	150～350	10～30	50～60	20～60	白云岩	80～250	15～25	35～50	20～50
					大理岩	100～250	7～20	35～50	15～30

　　(1) 试件的几何形状及加工精度　试件形状的影响表现在当试件截面积和高径比相同的情况下，截面为圆形的试件强度大于多边形试件强度。在多边形试件中，边数增多，试件强度增大。其原因是由于多边形试件的棱角处易产生应力集中，棱角越尖，应力集中越强烈，试件越易破坏，岩块抗压强度也就越低。

　　试件尺寸越大，岩块强度越低，这被称为尺寸效应。尺寸效应的核心是结构效应。因为大尺寸试件包含的细微结构面比小尺寸试件多，结构也复杂一些，因此，试件的破坏概率也大。

　　试件的高径比，即试件高度 h 与直径或边长 D 的比值，它对岩块强度也有明显的影响。一般来说，随 h/D 增大，岩块强度降低，其原因是随 h/D 增大，试件内应力分布及其弹性稳定状态不同所致。当 h/D 很小时，试件内部的应力分布趋于三向应力状态，因而试件具有很高的抗压强度；相反，当 h/D 很大时，试件由于弹性不稳定而易于破坏，降低了岩块的强度；而 $h/D=2\sim3$ 时，试件内应力分布较均匀，且容易处于弹性稳定状态。因此，为了减少试件的尺寸影响及统一试验方法，国内有关试验规程规定：抗压试验应采用直径或边长为 5cm，高径比为 2 的标准规则试件。

　　在试件尺寸不标准时，有人提出了许多经验公式来修正，如美国材料与实验学会提出用下式修正：

$$\sigma_{c1} = \frac{\sigma_c}{0.778+\dfrac{0.222}{(h/D)}} \tag{2-61}$$

　　式中，σ_{c1} 和 σ_c 分别为 $h/D=1$ 和任意值试件的抗压强度。

　　试件加工精度的影响主要表现在试件端面平整度和平行度的影响上。端面粗糙和不平行的试件，容易产生局部应力集中，降低了岩块强度。因此试验对试件加工精度要求较高。

　　(2) 加载速率　岩块的强度常随加载速率增大而增高。这是因为随加载速率增大，若超过了岩石的变形速率，即岩石变形未达稳定就继续增加载荷，则在试件内将出现变形滞后于应力的现象，使塑性变形来不及发生和发展，增大了岩块强度。因此，为了规范试验方法，现行的试验规程都规定了加载速率，一般为 0.5～0.8MPa/s。

　　(3) 端面条件　端面条件对岩块强度的影响，称为端面效应。其产生原因一般认为是由于试件端面与压力机压板间的摩擦作用，改变了试件内部的应力分布和破坏方式，进而影响岩块的强度。

　　试件受压时，轴向趋于缩短，横向趋于扩张，而试件和压板间的摩擦约束作用则阻止其扩张。其结果使试件内的应力分布趋于复杂化，图 2-29 为存在端面效应下试件内的应力分布（Bordia，1971）。可见在试件两端各有一个锥形的三向应力状态分布区，其余部分除轴向仍为压应力外，径向和环向均处于受拉状态。由于三向压应力引起强度硬化，拉应力产生强度软化效应，致使试件产生对顶锥破坏［图 2-30（c）］。这种破坏实质上是端面效应的反应，并不是岩块在单轴压缩条件下所固有的破坏型式。如果改变其接触条件，消除端面间的摩擦作用，则岩块的破坏将变为受拉应力控制的劈裂破坏和剪切破坏型式［图 2-30（a）、（b）］。消除或减少端面摩擦的常用方法，是在试件与压板间插入刚度与试件相匹配、断面尺寸与试件相同的垫块。

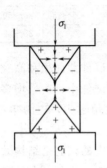

图 2-29　单向压缩时试件中的应力

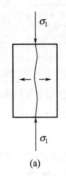 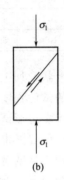 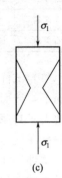

(a)　　　　　　　(b)　　　　　　　(c)

图 2-30　岩块在单向压缩条件下的破坏型式

　　（4）湿度和温度　水对岩块强度有显著的影响。当水侵入岩石时，将顺着裂隙进入并润湿全部自由面上的每个矿物颗粒。由于水分子的加入改变了岩石的物理状态，削弱了颗粒间的联结力，降低了岩块强度。其降低程度取决于岩石的空隙性、矿物的亲水性、吸水性和水的物理化学特征等因素。水对岩块强度的影响常用软化系数表示。

　　温度对岩块强度也有明显的影响。一般来说，随温度升高，岩石的脆性降低，黏性增强，岩块强度也随之降低。

　　（5）层理结构　岩块强度因受力方向不同而有差异，具有显著层理的沉积岩，这种差异更明显。表 2-13 为几种沉积岩垂直和平行层理方向的抗压强度。

表 2-13　几种沉积岩垂直层理和平行层理的抗压强度

岩　石　名　称	抗压强度 σ_c/MPa		$\sigma_{c\perp}/\sigma_{c//}$
	垂直层理（$\sigma_{c\perp}$）	平行层理（$\sigma_{c//}$）	
石灰岩	180	151	1.19
粗粒砂岩	142.3	118.5	1.20
细粒砂岩	156.8	159.7	0.98
砂质页岩	78.9	51.8	1.52
页岩	51.7	36.7	1.41

2.6.2　三轴压缩强度

　　试件在三向压应力作用下能抵抗的最大轴向应力，称为岩块的三轴压缩强度（triaxial compressive strength）。在一定的围压 σ_3 下，对试件进行三轴试验时，岩块的三轴压缩强度 σ_{1m}（MPa）为：

$$\sigma_{1m}=\frac{p_m}{A} \tag{2-62}$$

式中，p_m 为试件破坏时的轴向载荷，N；A 为试件的初始横截面面积，mm^2。

根据一组试件（4 个以上试件）试验得到的三轴压缩强度 σ_{1m} 和相应的 σ_3 以及单轴抗拉强度 σ_t。在 σ-τ 坐标系中可绘制出一组破坏应力圆及其公切线，即得岩块的强度包络线（图 2-31）。包络线与 σ 轴的交点，称为包络线的顶点，除顶点外，包络线上所有点的切线与 σ 轴的夹角及其在 τ 轴上的截距分别代表相应破坏面的内摩擦角 ϕ 和内聚力 C。

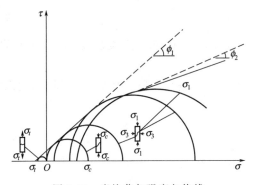

图 2-31　岩块莫尔强度包络线

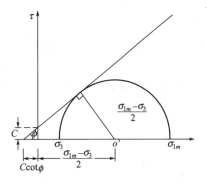

图 2-32　直线型莫尔强度包络线

试验研究表明，在围压变化很大的情况下，岩块的强度包络线常为一曲线。这时岩块的 C、ϕ 值均随可能破坏面上所承受的正应力大小而变化，并非常量。一般来说，当应力低时，ϕ 值大，C 值小；应力高时，与之相反。当围压不大时，岩块的强度包络线常可近似地视为一直线（图 2-32），据此，可求得岩块强度参数 σ_{1m}、C、ϕ 与围压 σ_3 间的关系为：

$$\sin\phi=\frac{(\sigma_{1m}-\sigma_3)/2}{(\sigma_{1m}+\sigma_3)/2+C\cot\phi} \tag{2-63}$$

简化后可得：

$$\left.\begin{aligned}\sigma_{1m}&=\frac{1+\sin\phi}{1-\sin\phi}\sigma_3+2C\sqrt{\frac{1+\sin\phi}{1-\sin\phi}}\\\sigma_{1m}&=\sigma_3\tan^2(45°+\phi/2)+2C\tan(45°+\phi/2)\end{aligned}\right\} \tag{2-64}$$

利用式(2-64)，可进一步推得如下公式：

$$\sigma_c=2C\sqrt{\frac{1+\sin\phi}{1-\sin\phi}}=2C\tan(45°+\phi/2) \tag{2-65}$$

$$\sigma_t=\sigma_c\tan^2(45°-\phi/2) \tag{2-66}$$

$$C=\frac{\sqrt{\sigma_c\sigma_t}}{2} \tag{2-67}$$

$$\phi=\arctan\left(\frac{\sigma_c-\sigma_t}{2\sqrt{\sigma_c\sigma_t}}\right) \tag{2-68}$$

根据式(2-64)～式(2-68)，如果已知任意两个参数，就可求得岩块强度另外的一些参数。当强度包络线为曲线时，有人提出了一些有关计算 σ_{1m} 的经验关系式。

比尼卫斯基（Bieniawski，1963）提出了两种方程，其一为：

$$\sigma_{1m}=F\sigma_3^a+\sigma_c \tag{2-69}$$

改写后为：

$$\sigma_{1m}/\sigma_c=n\left(\frac{\sigma_3}{\sigma_c}\right)^a+1 \tag{2-70}$$

式中，F、a 和 n 为常数，且 $n=F\sigma_c^{1-a}$。用苏长岩、石英岩、砂岩及泥岩进行试验后，Bieniawski 建议：$a=0.75$，对苏长岩 $n=5.0$，石英岩 $n=4.5$，砂岩 $n=4.0$，泥岩 $n=3.0$。

其二为：

$$\frac{\tau_m-\tau_0}{\sigma_c}=b\left(\frac{\sigma_m}{\sigma_c}\right)^c \qquad (2-71)$$

式中，$\tau_m=(\sigma_1-\sigma_3)/2$ 为最大剪应力；$\sigma_m=(\sigma_1+\sigma_3)/2$ 为平均法向应力；b、c 和 τ_0 为常数。在实践中，可近似取 $\tau_0=\sigma_t$（抗拉强度），如取 $\sigma_t=\sigma_c/10$，则式（2-71）可改写为：

$$\frac{\tau_m}{\sigma_c}=b\left(\frac{\sigma_m}{\sigma_c}\right)^c+0.1 \qquad (2-72)$$

用上述 4 种岩石试验后，他建议 $c=0.90$；对苏长岩 $b=0.80$，石英岩 $b=0.78$，砂岩 $b=0.75$，泥岩 $b=0.70$。

Brook 用 6 种函数形式对泥岩、石灰岩、砂岩及花岗岩进行回归分析后，得到如下的最佳方程：

$$\frac{\tau_m}{\sigma_c}=A\left(\frac{\sigma_m}{\sigma_c}\right)^n \qquad (2-73)$$

式中，τ_m 和 σ_m 意义同式（2-71）；A、n 为常数，建议按表 2-14 取值。

表 2-14　岩石的 A，n 常数取值表

岩 石 种 类	$A=(0.5)^{1-n}$	n
泥　岩	0.821	0.715
石灰岩	0.831	0.733
砂　岩	0.865	0.790
花岗岩	0.895	0.840
全部岩石	0.858	0.779

试验研究表明，岩块的三轴压缩强度与岩块本身性质、围压、温度、湿度、空隙压力及试件高径比等因素有关。特别是矿物成分、结构、微结构面发育情况及其相对于最大主应力的方向和围压的影响尤为显著。

理论和实践都证实，各种岩石的三轴压缩强度 σ_{1m} 均随围压 σ_3 的增加而增大。但 σ_{1m} 的增加率小于 σ_3 的增加率，即 σ_{1m} 与 σ_3 呈非线性关系（图 2-33）。在三向不等压条件下，若保持 σ_3 不变，则随 σ_2 增加，σ_{1m} 也略有增加（图 2-34），说明中间主应力 σ_2 对岩块强度也有一定的影响。此外，围压还影响岩块的残余强度。如图 2-14、图 2-15 所示，当围压为零或很低时，应力达到峰值后曲线迅速下降至接近于零，岩块残余强度很低，而随围压增大，其残余强度也逐渐增大，直到产生应变硬化。当然围压对强度的影响还受到岩性的制约，通常岩性愈脆，围压对强度的强化效应愈明显。

空隙压力对三轴压缩强度的影响可通过有效应力原理加以说明。根据有效应力原理，空隙压力的存在相当于降低了围压，进而降低了岩块的三轴压缩强度。

端面效应的影响与单轴压缩时不同，在三轴压缩时，随着围压的增大，端面效应逐渐变小，直至消失。为了消除低围压下端面摩擦力的影响，通常采用高径比为 2～2.5 的试件进行试验。

2.6.3　单轴抗拉强度

岩块试件在单向拉伸时能承受的最大拉应力，称为单轴抗拉强度（uniaxial tensile strength），简称抗拉强度。虽然在工程实践中，一般不允许拉应力出现，但拉破坏仍是工

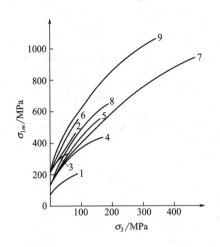

图 2-33　各种岩石的 σ_{1m}-σ_3 曲线

1—硬煤；2—硬石膏；3—砂页岩；4—砂岩；

5—大理岩；6—白云质石灰岩；7—蛇纹岩；

8—灰绿色块状铝土矿；9—花岗岩

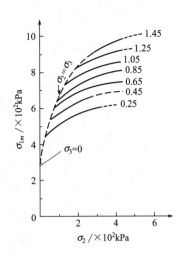

图 2-34　白云岩的 σ_{1m} 与 σ_2，σ_3 的关系

（据茂木，1970）

程岩体及自然界岩体的主要破坏形式之一，而且岩石抵抗拉应力的能力最低。因此，抗拉强度是一个重要的岩体力学指标。它还是建立岩石强度判据、确定强度包络线以及建筑石材选择中不可缺少的参数。

岩块的抗拉强度是通过室内试验测定的，其方法包括直接拉伸法和间接法两种。在间接法中，又有劈裂法、抗弯法及点载荷法等。其中以劈裂法和点载荷法最常用。

直接拉伸法是将圆柱状试件两端固定在材料试验机的拉伸夹具内，然后对试件施加轴向拉载荷至破坏，则试件抗拉强度 σ_t（MPa）为：

$$\sigma_t = \frac{p_t}{A} \tag{2-74}$$

式中，p_t 为试件破坏的轴向拉载荷，N；A 为试件横截面面积，mm^2。

劈裂试验是用圆柱体或立方体试件，横置于压力机的承压板上，且在试件上、下承压面上各放一根垫条。然后以一定的加荷速率加压，直至试件破坏［图 2-35(a)、(b)］。加垫条的目的是把所加的面布载荷转变为线布载荷，以使试件内产生垂直于轴线方向的拉应力。

岩块的抗拉强度 σ_t，可由弹性理论推导确定。根据弹性力学，在线布载荷 p 作用下，沿试件竖直向直径平面内产生的近于均布的水平拉应力 σ_x 为：

$$\sigma_x = \frac{2p}{\pi DL} \tag{2-75}$$

而在水平向直径平面内产生的压应力 σ_y 为：

$$\sigma_y = \frac{6p}{\pi DL} \tag{2-76}$$

式中，p 为载荷，N；D 和 L 分别为圆柱体试件的直径和高，mm。

由式（2-75）和式（2-76）可知，试件在轴向线布载荷作用下，内部的压应力只有拉应力的三倍［即 $\sigma_y = 3\sigma_x$，图 2-35(c)］。但岩石的抗压强度往往是抗拉强度的 10 倍以上。说明这时试件是受拉破坏而不是受压破坏的。因此可用劈裂法来求岩块的抗拉强度，这时只需要将（2-75）式中的 p 换成破坏荷载 p_t 即可求得岩块的抗拉强度 σ_t（MPa）：

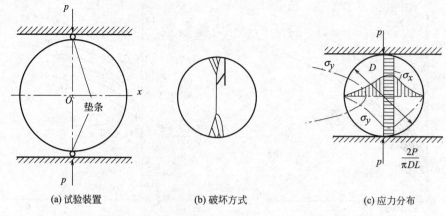

(a) 试验装置　　　　　(b) 破坏方式　　　　　(c) 应力分布

图 2-35　劈裂试验方法及试件中的应力分布示意图

$$\sigma_t = \frac{2p_t}{\pi DL} \tag{2-77}$$

对于边长为 a 的立方体试件，则 σ_t 为：

$$\sigma_t = \frac{2p_t}{\pi a^2} \tag{2-78}$$

在劈裂试验中，试件破坏面的位置，严格受线布载荷的方位控制，很少受试件中结构面的影响。这一点与其他拉伸试验不同。

点载荷试验是将试件放在点载荷仪（图 2-36）中的球面压头间，然后通过油泵加压至试件破坏，利用破坏载荷 p_t 可求得岩块的点载荷强度（point load strength）I_s（MPa）为：

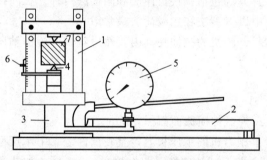

图 2-36　携带式点荷载仪示意图

1—框架；2—手摇卧式油泵；3—千斤顶；
4—球面压头（简称加荷锥）；5—油压表；
6—游标标尺；7—试样

$$I_s = \frac{p_t}{D^2} \tag{2-79}$$

式中，D 为破坏时两加载点间的距离，mm。

测得岩块的点载荷强度后，用下式可确定岩块的抗拉强度 σ_t（MPa）：

$$\sigma_t = KI_s \tag{2-80}$$

式中，K 为系数，一般取 $0.86 \sim 0.96$。

典型的点载荷试验如图 2-37 所示。点载荷试验的优点是仪器轻便，试件可以用不规则岩块，钻孔岩芯及从基岩上采取的岩块用锤头略加修整后即可用于试验，因此在野外进行试验很方便。

常见岩石的抗拉强度见表 2-11 和表 2-12。从表 2-11 和表 2-12 可知，岩块的抗拉强度远低于它的抗压强度，通常把两者的比值称为脆性度 n_b，用以表征岩石的脆性程度。n_b 值多在 $10 \sim 20$ 之间，最大可达 50。岩块的 σ_t 远小于 σ_c 这一特点，在研究许多岩体力学问题，特别是在研究岩石破坏机理时，具有特殊意义。

影响岩块抗拉强度的因素与抗压强度的影响因素基本相同，也包括岩石本身性质和试验条件两方面。但起决定性作用的是岩石本身性质方面的因素，诸如矿物成分、粒间联结及孔隙、裂隙情况等。

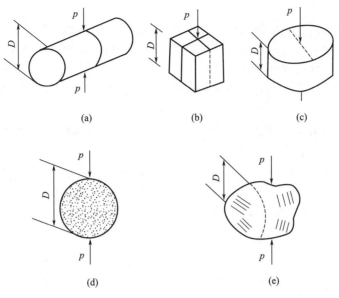

图 2-37　点荷载及其试验方法示意图

（a）和（e）径向加载；（b）和（c）轴向加载；（d）径向、轴向加载均可

理论和试验研究表明，岩块抗拉强度受空隙影响，特别是受裂隙空隙的影响很大。例如，从固体原子结构理论计算理想脆性固体的抗拉强度约为 $\sigma_t' = E/10$，即固体的抗拉强度值约为其弹性模量 E 的 1/10。而大量的试验研究证明，岩块的抗拉强度仅为其弹性模量的 $1/500 \sim 1/1\,000$ ［如石灰岩的 $E \approx (5 \sim 10) \times 10^4 \mathrm{MPa}$，按理论计算 σ_t' 应为 5\,000～10\,000MPa，而试验值仅为 5～20MPa］。如果岩块含有宏观裂隙，则其抗拉强度还要小。造成这一结果的原因就在于岩石中包含大量的微裂隙和孔隙，直接削弱了岩块的抗拉强度。相对而言，空隙对岩块抗压强度的影响就小得多，因此，岩块的抗拉强度一般远小于其抗压强度。

2.6.4　剪切强度

在剪切载荷作用下，岩块抵抗剪切破坏的最大剪应力称为剪切强度（shear strength）。岩块的剪切强度与土一样，也是由内聚力 C 和内摩擦阻力 $\sigma\tan\phi$ 两部分组成的，只是它们都远比土的大，这与岩石具有牢固的粒间联结有关。按剪切试验方法不同，所测定的剪切强度的含义也不同，通常可分为抗剪断强度、抗切强度和摩擦强度等三种剪切强度。

2.6.4.1　抗剪断强度

抗剪断强度是指试件在一定的法向应力作用下，沿预定剪切面剪断时的最大剪应力。它反映了岩块的内聚力和内摩擦阻力。岩块的抗剪断强度是通过抗剪断试验测定的。方法有：直剪试验、变角板剪切试验和三轴试验等。其目的是通过试验求取岩块的剪切强度曲线（τ-σ 曲线）和剪切强度参数 C、ϕ 值。岩块的 C、ϕ 值是反映岩块力学性质的重要参数，它是岩体力学参数估算及建立强度判据不可缺少的指标。

2.6.4.2　抗切强度

抗切强度是指当试件上的法向应力为零时，沿预定剪切面剪断时的最大剪应力。由于剪切面上的法向应力为零，所以其抗切强度仅取决于内聚力。岩块的抗切强度可通过抗切试验求得，方法有：单（双）面剪切及冲孔试验等。

2.6.4.3 摩擦强度

摩擦强度是指试件在一定的法向应力作用下，沿已有破裂面（层面、节理等）再次剪切破坏时的最大剪应力。与之对应的试验叫摩擦试验，其目的是通过试验求取岩体中各种结构面、人工破裂面及岩块与其他物体（混凝土块等）的接触面等的摩擦阻力。这实际上是结构面的剪切强度问题，拟在本书有关章节中详细讨论。这里仅讨论抗剪断试验及其参数的确定方法。

直剪试验是在直剪仪（图2-38）上进行的。试验时，先在试件上施加法向压力 N，然后在水平方向逐级施加水平剪力 T，直至试件破坏。用同一组岩样（4～6块），在不同法向应力 σ 下进行直剪试验，可得到不同 σ 下的抗剪断强度 τ_f，且在 τ-σ 坐标中绘制出岩块强度包络线。试验研究表明，该曲线不是严格的直线，但在法向应力不太大的情况下，可近似地视为直线（图2-39）。这时可按库仑定律求岩块的剪切强度参数 C、ϕ 值。

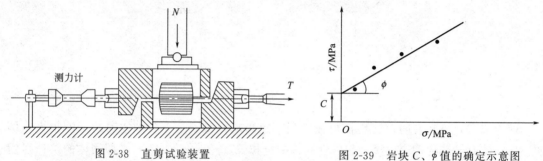

图2-38 直剪试验装置   图2-39 岩块 C、ϕ 值的确定示意图

变角板剪切试验是将立方体试件，置于变角板剪切夹具中（图2-40），然后在压力机上加压直至试件沿预定的剪切面破坏。这时作用于剪切面上的剪应力 τ 和法向应力 σ 为：

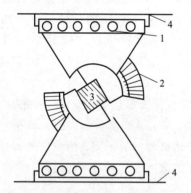

图2-40 变角板剪力仪装置示意图
1—滚轴；2—变角板；3—试样；4—承压板

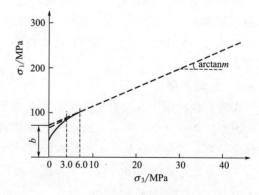

图2-41 岩块强度包络线

$$\left.\begin{aligned}
\sigma &= \frac{p}{A}(\cos\alpha + f\sin\alpha) \\
\tau &= \frac{p}{A}(\sin\alpha - f\cos\alpha)
\end{aligned}\right\} \tag{2-81}$$

式中，p 为试件破坏时的载荷；A 为剪切面面积；α 为剪切面与水平面的夹角；f 为压力机压板与剪切夹具间的滚动摩擦系数。

试验时采用4～6个试件，分别在不同的 α 角下试验，求得每一试件极限状态下的 σ 和 τ 值，并按图2-39所示的方法求岩块的剪切强度参数 C、ϕ 值。

这种方法的主要缺点是 α 角不能太大或太小。α 角太大，试件易于倾倒并有力偶作用；太小，则法向应力分量过大，试件易产生压碎破坏而不能沿预定剪切面剪断，使所测结果失真。

三轴试验（试验方法见第二节）求岩块剪切强度参数 C、ϕ 值的方法是将一组试件试验得到的三轴压缩强度 σ_{1m} 和相应的围压 σ_3 投影到 σ_1-σ_3 坐标中，得到极限的 σ_1-σ_3 曲线（图2-41）。然后在该曲线上选择一最佳直线段，求出其斜率 m 和 σ_1 轴上的截距 b，按下式求剪切强度参数 C、ϕ 值：

$$\left.\begin{array}{l} \phi = \arcsin\left(\dfrac{m-1}{m+1}\right) \\[3mm] C = \dfrac{b(1-\sin\phi)}{2\cos\phi} \end{array}\right\} \tag{2-82}$$

常见岩石的 C、ϕ 值见表 2-12。由表可知，各种岩石的 C 值多为 $5\sim50\text{MPa}$，ϕ 值多变化在 $30°\sim60°$ 之间。

思考题与习题

1. 某岩样测得其天然密度 $\rho=2.34\text{g/cm}^3$，饱和吸水率 $W_p=25\%$，干密度 $\rho_d=2.11\text{g/cm}^3$，且已知其颗粒密度 $\rho_S=2.85\text{g/cm}^3$。试计算该岩样的大开空隙率 n_d、小开空隙率 n_a、总空隙率 n，吸水率 W_a，水下容重 γ_w。

2. 何谓岩石的软化性？用什么指标来表示？该指标在岩体工程中有何意义？

3. 何谓岩石的抗冻性？通常用什么指标表示？岩石在冻融作用下强度降低和破坏的原因有哪些？

4. 温度对岩石特性的影响主要包括哪些方面？在岩体力学中常用的热学性质指标有哪些？

5. 表征岩石透水性的重要指标是什么？其大小由哪些因素决定？

6. 岩块的力学性质包括哪几方面的内容？

7. 岩块的抗压强度与抗拉强度哪个大？为什么？

8. 如何获得岩石的全应力-应变曲线？它在分析岩石力学特性上有何意义？

9. 岩石的典型蠕变包括哪几个阶段？请画出岩石的典型蠕变曲线图，并说明各阶段的蠕变特征。

10. 岩石流变模型中的基本元件有哪几种？各代表什么介质？变形性质如何？

11. 试推导 Maxwall 模型和 Kelvin 模型的蠕变本构方程，并画出其变形曲线。

12. 对岩块进行单轴压缩试验时，若试件发生剪切破坏，破坏面是试样中的最大剪切应力作用面？为什么？若试件发生拉破坏，测得的抗压强度是否即为抗拉强度？为什么？

13. 请画出岩石单向受拉、单向受压、纯剪和双向受压等状态的莫尔应力圆。

14. 岩块单轴压缩条件下的峰值前应力-应变曲线有哪几种类型？请画出相应的应力-应变曲线。

15. 影响岩石强度的因素有哪些？

16. 岩块的强度有哪几种？各采用什么方法测定？

17. 某岩石的单轴抗压强度为 8MPa。在常规三轴试验中，当围压加到 4MPa 时，测得其抗压强度为 16.4MPa。试求这种岩石的强度参数 C 和 ϕ 值。

18. 某岩块为 $7\text{cm}\times7\text{cm}\times7\text{cm}$ 的立方体试块。当试块承受 200kN 压力后，试块轴向缩短 0.003cm，横向增长 0.000238cm。试求试块的弹性模量和泊松比。

第3章 结构面的变形与强度性质

3.1 概 述

在岩体建造与改造过程中，经受了各种复杂的地质作用，因而在岩体中发育有断层、节理和各种裂隙等结构面，使岩体物理力学性质十分复杂。由于结构面的存在，特别是软弱夹层的存在，极大地削弱了岩体的力学性质及其稳定性。结构面的变形与强度性质往往对工程岩体的变形和稳定性起着控制性作用。在国内外已建和在建的岩体工程中普遍存在软弱夹层问题，如黄河小浪底水库工程左坝肩砂岩中由薄层黏土岩泥化形成的泥化夹层；葛洲坝水利工程坝基的泥化夹层，还有长江三峡自然岸坡中的各种软弱夹层等。都不同程度地影响和控制着所在工程岩体的稳定性。因此，岩体结构面力学和水力学性质的研究是岩体力学和工程地质学中重要的研究课题之一，其中，结构面变形与强度性质的研究在工程实践中具有十分重要的实际意义，这主要有以下几方面的原因。

① 大量的工程实践表明：在工程载荷（一般小于 10MPa）范围内，工程岩体的失稳破坏有相当一部分是沿软弱结构面破坏的。如法国的马尔帕塞坝坝基岩体、意大利瓦依昂水库库岸滑坡、中国拓溪水库塘岩光滑坡等，都是岩体沿某些软弱结构面滑移失稳而造成的。这时，结构面的强度性质是评价岩体稳定性的关键。

② 在工程载荷作用下，结构面及其填充物的变形是岩体变形的主要组分，控制着工程岩体的变形特性。

③ 结构面是岩体中渗透水流的主要通道。在工程载荷作用下，结构面的变形又将极大地改变岩体的渗透性、应力分布及其强度。因此，预测工程载荷作用下岩体渗透性的变化，必须研究结构面的变形性质及其本构关系。

④ 在工程载荷作用下，岩体中的应力分布也受结构面及其力学性质的影响。

由于岩体中的结构面是在各种不同地质作用中形成和发展的。因此，结构面的变形和强度性质与其成因及发育特征密切相关。结构面的成因类型及其特征在第 1 章中已有详细介绍，本章主要讨论结构面的变形与强度性质。结构面的变形与强度性质主要通过室内外岩体力学试验进行研究。

3.2 结构面的变形性质

3.2.1 结构面的法向变形性质

3.2.1.1 法向变形特征

在同一种岩体中分别取一件不含结构面的完整岩块试件和一件含结构面的岩块试件，然后，分别对这两种试件施加连续法向压应力，可得到如图 3-1 所示的应力-变形关系曲线。设不含结构面岩块的变形为 ΔV_r，含结构面岩块的变形为 ΔV_t，则结构面的法向闭合变形 ΔV_j 为：

$$\Delta V_j = \Delta V_t - V_r \tag{3-1}$$

利用式(3-1)，可得到结构面的 σ_n-ΔV_j 曲线，如图 3-1(b) 所示。从图中所示的资料及试验研究可知，结构面的法向变形有以下特征。

① 开始时随着法向应力的增加，结构面闭合变形迅速增长，σ_n-ΔV 曲线及 σ_n-ΔV_j 曲线均呈上凹型。当 σ_n 增到一定值时，σ_n-ΔV_t 曲线变陡，并与 σ_n-ΔV_r 曲线大致平行 ［图 3-1(a)］。说明这时结构面已基本上完全闭合，其变形主要是岩块变形贡献的。而 ΔV_j 则趋于结构面最大闭合量 V_m ［图 3-1(b)］。

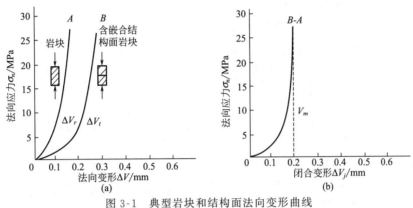

图 3-1　典型岩块和结构面法向变形曲线

（据 Goodman，1976）

② 从变形上看，在初始压缩阶段，含结构面岩块的变形 ΔV_t 主要是由结构面的闭合造成的。有试验表明，当 $\sigma_n = 1\text{MPa}$ 时，$\Delta V_t/\Delta V_r$ 可达 5~30，说明 ΔV_t 占了很大一部分。当然，具体 $\Delta V_t/\Delta V_r$ 的大小还取决于结构面的类型及其风化变质程度等因素。

③ 试验研究表明，当法向应力大约在 $\frac{1}{3}\sigma_c$ 处开始，含结构面岩块的变形由以结构面的闭合为主转为以岩块的弹性变形为主。

④ 结构面的 σ_n-ΔV_j 曲线大致为一以 $\Delta V_j = V_m$ 为渐近线的非线性曲线（双曲线或指数曲线）。其曲线形状可用初始法向刚度 K_{ni} 与最大闭合量 V_m 来确定。结构面的初始法向刚度的定义为 σ_n-ΔV_j 曲线原点处的切线斜率，即

$$K_{ni} = \left(\frac{\partial \sigma_n}{\partial \Delta V_j}\right)_{\Delta V_j \to 0} \tag{3-2}$$

⑤ 结构面的最大闭合量始终小于结构面的张开度（e）。因为结构面是凹凸不平的，两壁面间无论多高的压力（在两壁岩石不产生破坏的条件下），也不可能达到 100% 的接触。试验表明，结构面两壁面一般只能达到 40%~70% 的接触。

如果分别对不含结构面和含结构面岩块连续施加一定的法向载荷后，逐渐卸载，则可得到如图 3-2 所示的法向应力

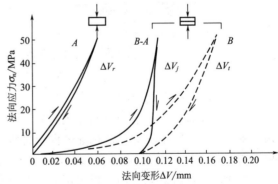

图 3-2　石灰岩中嵌合和非嵌合的结构面加载、卸载曲线

（据 Bandis 等，1983）

-变形曲线。图 3-3 为几种风化和未风化的不同类型结构面，在三次循环载荷下的 σ_n-ΔV_j 曲线。由这些曲线可知，结构面在循环载荷下的变形有如下特征。

① 结构面的卸载变形曲线（σ_n-ΔV_j）仍为以 $\Delta V_j = V_m$ 为渐近线的非线性曲线。卸载后留下很大的残余变形（图 3-2）不能恢复，不能恢复部分称为松胀变形。据研究，这种残余变形的大小主要取决于结构面的张开度（e）、粗糙度（JRC）、壁岩强度（JCS）及加、卸载循环次数等因素。

② 对比岩块和结构面的卸载曲线可知，结构面的卸载刚度比岩块的加载刚度大（图 3-2）。

③ 随着循环次数的增加，σ_n-ΔV_j 曲线逐渐变陡，且整体向左移，每次循环下的结构面变形均显示出滞后和非弹性变形（图 3-3）。

④ 每次循环载荷所得的曲线形状十分相似（图 3-3）。

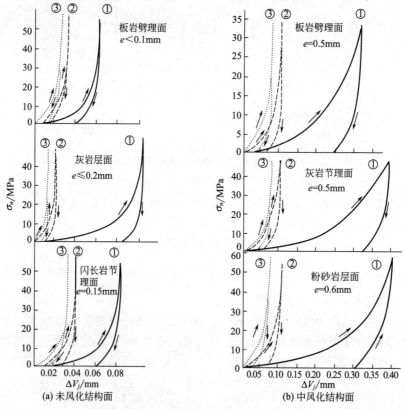

图 3-3　循环荷载条件下结构面的 σ_n-ΔV_j 曲线

（据 Bandis 等，1983）

3.2.1.2　法向变形本构方程

为了反映结构面的变形性质与变形过程，需要研究其应力-变形关系，即结构面的变形本构方程。但这方面的研究目前仍处于探索阶段，已提出的本构方程都是在试验的基础上总结出来的经验方程。如 Goodman，Bandis 及孙广忠等人提出的方程。

古德曼（Goodman，1974）提出用如下的双曲函数拟合结构面法向应力 σ_n（MPa）与闭合变形 ΔV_j（mm）间的本构关系：

$$\sigma_n = \left(\frac{\Delta V_j}{V_m - \Delta V_j} + 1 \right) \sigma_1 \tag{3-3}$$

或 $$\Delta V_j = V_m - V_m \sigma_i \frac{1}{\sigma_n} \tag{3-4}$$

式中，σ_i 为结构面所受的初始应力。

式(3-3) 或式(3-4) 所描述的曲线如图 3-4 所示。为一以 $\Delta V_j = V_m$ 为渐近线的双曲线。这一曲线与试验曲线相比较，其区别在于 Goodman 方程所给曲线的起点不在原点，而是在 σ_n 轴左边无穷远处，另外就是出现了一个所谓的初始应力 σ_i。这些虽然与试验曲线有一定的出入，但对于那些具有一定滑错位移的非嵌合性结构面，大致可以用式(3-3) 或式(3-4) 来描述其法向变形本构关系。

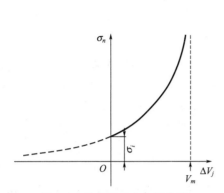

图 3-4 结构面法向变形曲线
（Goodman 方程）

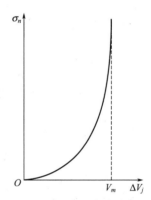

图 3-5 结构面 σ_n-ΔV_j 曲线
（Bandis 方程）

班迪斯等（Bandis 等，1983）在研究了大量试验曲线的基础上，提出了如下的本构方程：

$$\sigma_n = \frac{\Delta V_j}{a - b \Delta V_j} \tag{3-5}$$

式中，a，b 为系数，为求 a，b，改写式(3-5)：

$$\sigma_n = \frac{1}{a/\Delta V_j - b} \tag{3-6}$$

或 $$\frac{1}{\sigma_n} = \frac{a}{\Delta V_j} - b \tag{3-7}$$

由式(3-7) 可知，当 $\sigma_n \to \infty$ 时，则 $\Delta V_j \to V_m = \dfrac{a}{b}$，所以有

$$b = \frac{a}{V_m} \tag{3-8}$$

由初始法向刚度的定义式(3-2) 可知：

$$K_{ni} = \left(\frac{\partial \sigma_n}{\partial \Delta V_j} \right)_{\Delta V_j \to 0} = \left[\frac{1}{a \left(1 - \dfrac{b}{a} \Delta V_j \right)^2} \right]_{\Delta V_j \to 0} = \frac{1}{a}$$

即有 $$a = \frac{1}{K_{ni}} \tag{3-9}$$

用式(3-8) 和式(3-9) 代入式(3-5)，得结构面的法向变形本构方程：

$$\sigma_n = \frac{K_{ni} V_m \Delta V_j}{V_m - \Delta V_j} \tag{3-10}$$

这一方程所描述的曲线如图 3-5 所示，也为一以 $\Delta V_j = V_m$ 为渐近线的双曲线。显然，这一曲线与试验较为接近。Bandis 方程较适合于未经滑错位移的嵌合结构面（如层面、小

节理）的法向变形特征。

此外，孙广忠（1988）提出了如下的指数方程：

$$\Delta V_j = V_m(1 - e^{-\sigma_n/K_n}) \tag{3-11}$$

式中，K_n 为结构面的法向刚度。

式（3-11）所描述的 σ_n-ΔV_j 曲线与试验曲线大致相似。

3.2.1.3 法向刚度及其确定方法

法向刚度 K_n（normal stiffness）是反映结构面法向变形性质的重要参数。其定义为在

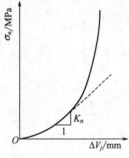

图 3-6 法向刚度 K_n 确定

法向应力作用下，结构面产生单位法向变形所需的应力，数值上等于 σ_n-ΔV_j 曲线上一点的切线斜率，即

$$K_n = \frac{\partial \sigma_n}{\partial \Delta V_j} \tag{3-12}$$

K_n 的单位为 MPa/cm，它是岩体力学性质参数估算及岩体稳定性计算中必不可少的指标之一。

结构面法向刚度的确定可直接用试验，求得结构面的 σ_n-ΔV_j 曲线后，在曲线上直接求得（图 3-6）。具体试验又分为室内压缩试验和现场压缩试验两种。

室内压缩试验可在压力机上进行，也可在携带式剪力仪或中型剪力仪上配合结构面剪切试验一起进行。试验时先将含结构面岩块试样装上，然后分级施加法向应力 σ_n，并测记相应的法向位移 ΔV_t，绘制 σ_n-ΔV_t 曲线。同时还必须对相应岩块进行压缩变形试验，求得岩块 σ_n-ΔV_t 曲线，通过这两种试验即可求得结构面的 σ_n-ΔV_j 曲线，按图 3-6 的方法求结构面在某一法向应力下的法向刚度。

现场压缩变形试验是用中心孔承压板法，试件与变形测量装置如图 3-7 所示。试验时先在制备好的试件上打一垂向中心孔，在孔内安装多点位移计，其中 A_1、A_2 锚固点（变形量测点）紧靠在结构面上、下壁面。然后采用逐级一次循环法施加法向应力并测记相应的法向变形 ΔV，绘制出各点的 σ_n-ΔV 曲线。如图 3-8 为 A_1、A_2 点的 σ_n-ΔV 曲线。利用某级循环载荷下的应力差和相应的变形差；用下式即可求得结构面的法向刚度 K_n：

$$K_n = \frac{\sigma_{ni+1} - \sigma_{ni}}{\Delta V_{i+1} - \Delta V_i} = \frac{\Delta \sigma_n}{\Delta V} \tag{3-13}$$

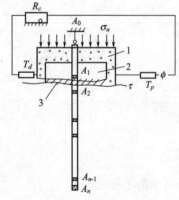

图 3-7 现场测定 K_n 的装置图

1—混凝土；2—岩体；3—结构面；A_0—附加参考点；
A_n—参考点；$A_1, A_2, \cdots, A_{n-1}$—锚固点；
T_d—变形传感器；T_p—压力传感器；R_c—自动记录仪

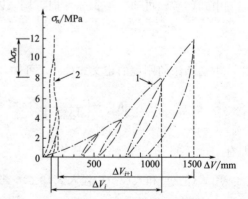

图 3-8 现场测定 σ_n-ΔV 曲线及 K_n 确定示意图

1,2—A_1，A_2 的变形；ΔV_i，ΔV_{i+1}—当法向应力从
0.8MPa 到 1.2MPa 时结构面的闭
合变形（A_1，A_2 变形差）

几种结构面的法向刚度经验值列于表 3-1 和表 3-2。

表 3-1　几种结构面的抗剪参数表

结构面特征	法向刚度 K_n/MPa·cm^{-1}	剪切刚度 K_s/MPa·cm^{-1}	抗剪强度参数	
			摩擦角/(°)	黏聚力 c/MPa
填充黏土的断层,岩壁风化	15	5	33	0
填充黏土的断层,岩壁轻微风化	18	8	37	0
新鲜花岗片麻岩不连续结构面	20	10	40	0
玄武岩与角砾岩接触面	20	8	45	0
致密玄武岩水平不连续结构面	20	7	38	0
玄武岩张开节理面	20	8	45	0
玄武岩不连续面	12.7	4.5		0

表 3-2　岩体结构面直剪试验结果表（据郭志，1996）

岩组	结构类型	未浸水抗剪强度		浸水抗剪强度		$\sigma_n = 2.4$MPa	
		摩擦角 φ/(°)	黏聚力 c/MPa	摩擦角 φ/(°)	黏聚力 c/MPa	法向刚度 K_n /MPa·cm^{-1}	剪切刚度 K_s /MPa·cm^{-1}
绢英岩	平直,粗糙,有陡坎	40~41	0.15~0.20	36~38	0.14~0.16	43~52	62~90
	起伏,不平,粗糙,有陡坎	42~44	0.20~0.27	38~39	0.17~0.23	34~82	41~99
	波状起伏,粗糙	39~40	0.12~0.15	36~37	0.11~0.13	22~54	46~67
	平直,粗糙	38~39	0.07~0.11	35~36	0.08~0.09	22~46	22~46
绢英化花岗岩	平直,粗糙,有陡坎	40~42	0.25~0.35	38~39	0.26~0.30	42~136	48~108
	起伏大,粗糙,有陡坎	43~48	0.35~0.50	40~41	0.30~0.43	35~78	67~113
	波状起伏,粗糙	39~40	0.13~0.23	37~38	0.13~0.27	38~58	38~63
	平直,粗糙	38~40	0.09~0.15	36~37	0.08~0.13	21~143	45~58
花岗岩	平直,粗糙,有陡坎	40~45	0.30~0.44	38~41	0.30~0.34	11~147	72~112
	起伏大,粗糙,有陡坎	44~48	0.35~0.55	40~44	0.36~0.44	61~169	59~120
	波状起伏,粗糙	40~41	0.25~0.35	38~41	0.21~0.30	70~84	48~84
	平直,粗糙	39~41	0.15~0.20	37~40	0.15~0.17	51~90	46~65

另外，由法向刚度的定义及式(3-10) 可得：

$$K_n \doteq \frac{\partial \sigma_n}{\partial \Delta V_j} = \frac{K_{ni}}{(1 - \Delta V_j/V_m)^2} \tag{3-14}$$

由式(3-10) 可得：

$$\Delta V_j = \frac{\sigma_n V_m}{K_{ni} V_m + \sigma_n} \tag{3-15}$$

将式(3-15) 代入式(3-14)，则 K_n 还可表示为：

$$K_n = \frac{K_{ni}}{[1 - \sigma_n/(K_{ni} V_m + \sigma_n)]^2} \tag{3-16}$$

利用式(3-16) 可求得某级法向应力下结构面的法向刚度。其中的 K_{ni}，V_m 可通过室内含结构面岩块压缩试验求得。在没有试验资料时，可用班迪斯（Bandis，1983）提出的经验方程求 K_{ni}，V_m，即

$$K_{ni} = -7.15 + 1.75 \text{JRC} + 0.02\left(\frac{\text{JCS}}{e}\right) \tag{3-17}$$

$$V_m = A + B(\text{JRC}) + C\left(\frac{\text{JCS}}{e}\right)^D \tag{3-18}$$

式中，e 为结构面的张开度（可用塞尺或直尺在野外量测）；A、B、C、D 为经验系数，用统计方法得出，列于表 3-3；JRC 为结构面的粗糙度系数，可用标准剖面对比法（参考第1章图1-5）、倾斜试验及结构面推拉试验等方法求得；JCS 为结构面的壁岩强度，一般用 L型回弹仪在野外测定，确定方法是用试验测得的回弹值 R 与岩石重度 γ，查图3-9或用式（3-19）计算求得 JCS（MPa）：

$$\lg(\text{JCS}) = 0.00088\gamma R + 1.01 \tag{3-19}$$

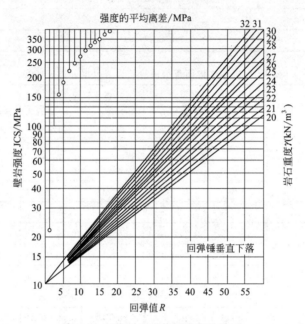

图 3-9 JCS 与回弹值及密度的关系

另外，随着分形几何学的发展及其在地学中的运用，有的学者（如 Carr，1987；谢和平，1996）建议用分数维数 D 来求结构面的粗糙度系数 JRC，如谢和平提出了如下的方程：

$$\text{JRC} = 85.2671(D-1)^{0.5679} \tag{3-20}$$

$$D = \frac{\lg 4}{\lg\{2[1 + \text{cosarctan}(2h/L)]\}} \tag{3-21}$$

式中，h，L 为结构面的平均起伏差和平均基线长度，从理论上分析，D 介于 1～2 之间。

表 3-3 各次循环荷载条件下 A，B，C，D 值（据 Bandis 等，1983）

常　　数	数　　值		
	第一次循环荷载	第二次循环荷载	第三次循环荷载
A	-0.2960 ± 0.1258	-0.1005 ± 0.0530	-0.1032 ± 0.0680
B	-0.0056 ± 0.0022	-0.0073 ± 0.0031	-0.0074 ± 0.0039
C	-2.2410 ± 0.3504	-1.0082 ± 0.2351	$+1.1350 \pm 0.3261$
D	-0.2450 ± 0.1086	-0.2301 ± 0.1171	-0.2510 ± 0.1029
r^2	0.675	0.546	0.589

注：r^2 为复相关系数。

3.2.2　结构面的剪切变形性质

3.2.2.1　剪切变形特征

在岩体中取一含结构面的岩块试件，在剪力仪上进行剪切试验，可得到如图 3-10 所示的剪应力 τ 与结构面剪切位移 Δu 间的关系曲线。图 3-11 为灰岩节理面的 τ-Δu 曲线。这些资料与试验研究表明，结构面的剪切变形有如下特征。

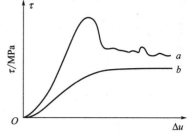

图 3-10　结构面剪切变形的基本类型

① 结构面的剪切变形曲线均为非线性曲线。同时，按其剪切变形机理可为脆性变形型（图 3-10a）和塑性变形型（图 3-10b）两类曲线。试验研究表明，有一定宽度的构造破碎带、挤压带、软弱夹层及含有较厚填充物的裂隙、节理、泥化夹层和夹泥层等软弱结构面的 τ-Δu 曲线，多属于塑性变形型。其特点是无明显的峰值强度和应力降，且峰值强度与残余强度相差很小，曲线的斜率是连续变化的，且具有流变性（图 3-10b）。而那些无填充且较粗糙的硬性结构面，其 τ-Δu 曲线则属于脆性变形型。特点是开始时剪切变形随应力增加缓慢，曲线较陡。峰值后剪切变形增加较快，有明显的峰值强度和应力降。当应力降至一定值后趋于稳定，残余强度明显低于峰值强度（图 3-10a）。

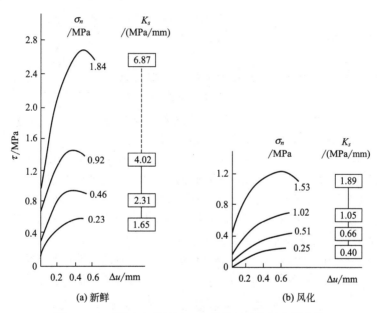

图 3-11　不同法向载荷下，灰岩节理面剪切变形曲线

（据 Bandis 等，1983）

② 结构面的峰值位移 Δu 受其风化程度的影响。风化结构面的峰值位移比新鲜的大，这是由于结构面遭受风化后，原有的两壁互锁程度变差，结构面变得相对平滑的缘故。

③ 对同类结构面而言，遭受风化的结构面，剪切刚度比未风化的小 $1/4 \sim 1/2$。

④ 结构面的剪切刚度具有明显的尺寸效应。在同一法向应力作用下。其剪切刚度随被剪切结构面的规模增大而降低（图 3-12）。

⑤ 结构面的剪切刚度随法向应力的增大而增大（图 3-11，图 3-12）。

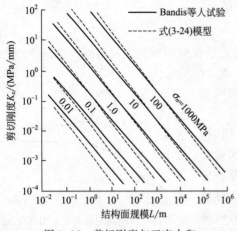

图 3-12　剪切刚度与正应力和
结构面规模间的关系

3.2.2.2　剪切变形本构方程

卡尔哈韦（Kalhaway，1975）通过大量的试验，发现结构面峰值前的 $\tau\text{-}\Delta u$ 关系曲线也可用双曲函数来拟合，他提出了如下的方程式：

$$\tau = \frac{\Delta u}{m + n\Delta u} \qquad (3\text{-}22)$$

式中，m，n 为双曲线的形状系数，$m = \frac{1}{K_{si}}$，$n = \frac{1}{\tau_{ult}}$，K_{si} 为初始剪切刚度（定义为曲线原点处的切线斜率）；τ_{ult} 为水平渐近线在 τ 轴上的截距。

根据式（3-22），结构面的 $\tau\text{-}\Delta u$ 曲线为一以 $\tau = \tau_{ult}$ 为渐近线的双曲线。

3.2.2.3　剪切刚度及其确定方法

剪切刚度 K_s（shear stiffess）是反映结构面剪切变形性质的重要参数，其数值等于峰值前 $\tau\text{-}\Delta u$ 曲线上任一点的切线斜率（图 3-13），即

$$K_s = \frac{\partial \tau}{\partial \Delta u} \qquad (3\text{-}23)$$

结构面的剪切刚度在岩体力学参数估算及岩体稳定性计算中都是必不可少的指标，可通过室内和现场剪切试验确定。

结构面的室内剪切试验是在携带式剪力仪或中型剪力仪上进行的。试件面积为 $100 \sim 400 \mathrm{cm}^2$。试验时将含结构面的岩块试件装入剪力仪中，先加预定的法向应力，待其变形稳定后，再分级施加剪应力，并测记结构面相应的剪

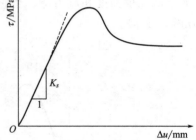

图 3-13　剪切刚度 K_s 的确定示意图

位移，绘出 $\tau\text{-}\Delta u$ 曲线。然后在 $\tau\text{-}\Delta u$ 曲线上求结构面的剪切刚度。

现场剪切试验的装置如图 3-7 所示，试验时也是先施加预定的法向应力，待变形稳定后，分级施加剪应力。各级剪应力下的剪切位移可由变形传感器 T_d 或自动记录装置 R_c 测记。利用各级剪应力 τ 下的剪切位移 Δu，可绘制出 $\tau\text{-}\Delta u$ 曲线，进而求得结构面的剪切刚度 K_s。

几种结构面的剪切刚度及剪切强度参数见表 3-1 和表 3-2。

另外，巴顿（Barton，1977）和乔贝（Choubey，1977）根据大量的试验资料总结分析，并考虑到尺寸效应，提出了剪切刚度 K_s 的经验估算公式如下：

$$K_s = \frac{100}{L}\sigma_n \tan\left(\mathrm{JRClg}\frac{\mathrm{JCS}}{\sigma_n} + \phi_r\right) \qquad (3\text{-}24)$$

式中，L 为被剪切结构面的长度；ϕ_r 为结构面的残余摩擦角。

式（3-24）显示结构面的剪切刚度不仅与结构面本身形态及性质等特征有关，还与其规模大小及法向应力有关（参见图 3-12）。

3.3　结构面的强度性质

与岩块一样，结构面强度也有抗拉强度和抗剪强度之分。但由于结构面的抗拉强度非常

小，常可忽略不计，所以一般认为结构面是不能抗拉的。另外，在工程载荷作用下，岩体破坏常以沿某些软弱结构面的滑动破坏为主。如重力坝坝基及坝肩岩体的滑动破坏、岩体滑坡等等。因此，在岩体力学中一般很少研究结构面的抗拉强度，重点是研究它的抗剪强度。

试验研究表明：影响结构面抗剪强度的因素是非常复杂而多变的，从而致使结构面的抗剪强度特性也很复杂，抗剪强度指标较分散（表 3-4）。影响结构面抗剪强度的因素主要包括结构面的形态、连续性、胶结填充特征及壁岩性质、次生变化和受力历史（反复剪切次数）等。根据结构面的形态、填充情况及连续性等特征，将其划分为：平直无填充的结构面、粗糙起伏无填充的结构面、非贯通断续结构面及有填充的软弱结构面 4 类，各自的强度特征分述如下。

表 3-4 各种结构面抗剪强度指标的变化范围

结构面类型	摩擦角/(°)	黏聚力/MPa	结构面类型	摩擦角/(°)	黏聚力/MPa
泥化结构面	10～20	0～0.05	云母片岩片理面	10～20	0～0.05
黏土岩层面	20～30	0.05～0.10	页岩节理面（平直）	18～29	0.10～0.19
泥灰岩层面	20～30	0.05～0.10	砂岩节理面（平直）	32～38	0.05～1.0
凝灰岩层面	20～30	0.05～0.10	灰岩节理面（平直）	35	0.2
页岩层面	20～30	0.05～0.10	石英正长闪长岩节理面（平直）	32～35	0.02～0.08
砂岩层面	30～40	0.05～0.10	粗糙结构面	40～48	0.08～0.30
砾岩层面	30～40	0.05～0.10	辉长岩、花岗岩节理面	30～38	0.20～0.40
石灰岩层面	30～40	0.05～0.10	花岗岩节理面（粗糙）	42	0.4
千板岩千枚理面	28	0.12	石灰岩卸载节理面（粗糙）	37	0.04
滑石片岩、片理面	10～20	0～0.05	（砂岩、花岗岩）岩石/混凝土接触面	55～60	0～0.48

3.3.1 平直无填充的结构面

平直无填充的结构面包括剪应力作用下形成的剪性破裂面，如剪节理、剪裂隙等，发育较好的层理面与片理面。其特点是面平直、光滑，只具有微弱的风化蚀变。坚硬岩体中的剪破裂面还发育有镜面、擦痕及应力矿物薄膜等。这类结构面的抗剪强度大致与人工磨制面的摩擦强度接近，即

$$\tau = \sigma \tan\phi_j + C_j \tag{3-25}$$

式中，τ 为结构面的抗剪强度，MPa；σ 为法向应力，MPa；ϕ_j，C_j 分别为结构面的摩擦角与黏聚力，MPa。

研究表明，结构面的抗剪强度主要来源于结构面的微咬合作用和胶黏作用，且与结构面的壁岩性质及其平直光滑程度密切相关。若壁岩中含有大量片状或鳞片状矿物，如云母、绿泥石、黏土矿物、滑石及蛇纹石等矿物时，其摩擦强度较低。摩擦角一般在 20°～30° 之间，小者仅 10°～20°，黏聚力在 0～0.1MPa 之间。而壁岩为硬质岩石，如石英正长闪长岩、花岗岩及砂砾岩和灰岩等时，其摩擦角可达 30°～40°，黏聚力一般在 0.05～0.1MPa 之间。结构面愈平直，擦痕愈细腻，其抗剪强度愈接近于下限，黏聚力可降低至 0.05MPa 以下，甚至趋于零；反之，其抗剪强度就接近于上限值（参见表 3-4）。

3.3.2 粗糙起伏无填充的结构面

这类结构面的基本特点是具有明显的粗糙起伏度，这是影响结构面抗剪强度的一个重要因素。在无填充的情况下，由于起伏度的存在，结构面的剪切破坏机理因法向应力大小不同

而异，其抗剪强度也相差较大。当法向应力较小时，在剪切过程中，上盘岩体主要是沿结构面产生滑动破坏，这时由于剪胀效应（或称爬坡效应），增加了结构面的摩擦强度。随着法向应力增大，剪胀越来越困难。当法向应力达到一定值后，其破坏将由沿结构面滑动转化为剪断凸起而破坏，引起所谓的啃断效应。从而也增大了结构面的抗剪强度。据试验资料统计（表 3-2、表 3-4），粗糙起伏无填充结构面在干燥状态下的摩擦角一般为 $40°\sim48°$，黏聚力在 $0.1\sim0.55\mathrm{MPa}$ 之间。

为了便于讨论，下面分规则锯齿形和不规则起伏形两种情况来讨论结构面的抗剪强度。

3.3.2.1 规则锯齿形结构面

这类结构面可简化为图 3-14(a) 所示的模型。在法向应力 σ 较低的情况下，上盘岩体在剪应力作用下沿齿面向右上方滑动。当滑移一旦出现，其背坡面即被拉开，出现所谓空化现象，因而不起抗滑作用，法向应力也全部由滑移面承担。

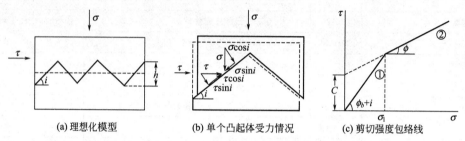

(a) 理想化模型　　(b) 单个凸起体受力情况　　(c) 剪切强度包络线

图 3-14　粗糙起伏无填充结构面的抗剪强度分析图

如图 3-14(b) 所示，设结构面的起伏角为 i，起伏差为 h，齿面摩擦角为 ϕ_b，且黏聚力 $C_b=0$。在法向应力 σ 和剪应力 τ 作用下，滑移面上受到的法向应力 σ_n 和剪应力 τ_n 为：

$$\left.\begin{array}{l}\sigma_n=\tau\sin i+\sigma\cos i\\[4pt]\tau_n=\tau\cos i-\sigma\sin i\end{array}\right\} \tag{3-26}$$

设结构面强度服从库仑-纳维尔判据：$\tau_n=\sigma_n\tan\phi_b$，用式(3-26)的相应项代入，整理简化后得：

$$\tau=\sigma\tan(\phi_b+i) \tag{3-27}$$

式(3-27)是法向应力较低时锯齿形起伏结构面的抗剪强度表达式，它所描述的强度包络线如图 3-14(c) 中①所示。由此可见，起伏度的存在可增大结构面的摩擦角，即由 ϕ_b 增大至 ϕ_b+i。这种效应与剪切过程中上滑运动引起的垂向位移有关，称为剪胀效应。式(3-27)是佩顿（Patton, 1966）提出的，称为佩顿公式。他观察到石灰岩层面粗糙起伏角 i 不同时，露天矿边坡的自然稳定坡角也不同，即 i 越大，边坡角越大，从而证明了考虑 i 的重要意义。

当法向应力达到一定值 σ_1 后，由于上滑运动所需的功达到并超过剪断凸起所需要的功。则凸起体将被剪断，这时结构面的抗剪强度 τ 为：

$$\tau=\sigma\tan\phi+C \tag{3-28}$$

式中，ϕ，C 分别为结构面壁岩的内摩擦角和内聚力。

式(3-28)为法向应力 $\sigma\geqslant\sigma_1$ 时，结构面的抗剪强度，其包络线如图 3-14(c) 中②所示。从式(3-27)和式(3-28)，可求得剪断凸起的条件为：

$$\sigma_1=\frac{C}{\tan(\phi_b+i)-\tan\phi} \tag{3-29}$$

应当指出，式(3-27)和式(3-28)给出的结构面抗剪强度包络线，是在两种极端的情况下得出的。因为即使在极低的法向应力下，结构面的凸起也不可能完全不遭受破坏；而在较高的法向应力下，凸起也不可能全都被剪断。因此，如图 3-14(c) 所示的折线强度包络线，在实际中是极其少见的，而绝大多数是一条连续光滑的曲线（参见图 3-17 和图 3-18）。

3.3.2.2 不规则起伏结构面

上面的讨论是将结构面简化成规则锯齿形这种理想模型下进行的。但自然界岩体中绝大多数结构面的粗糙起伏形态是不规则的，起伏角也不是常数。因此，其强度包络线不是图 3-14(c) 所示的折线，而是曲线形式。对于这种情况，有许多人进行过研究和论述，下面主要介绍巴顿和莱旦依等人的研究成果。

巴顿（Barton, 1973）对 8 种不同粗糙起伏的结构面进行了试验研究，提出了剪胀角的概念并用以代替起伏角，剪胀角 α_d（angle of dilatancy）的定义为剪切时剪切位移的轨迹线与水平线的夹角（图 3-15），即

$$\alpha_d = \arctan\left(\frac{\Delta V}{\Delta u}\right) \tag{3-30}$$

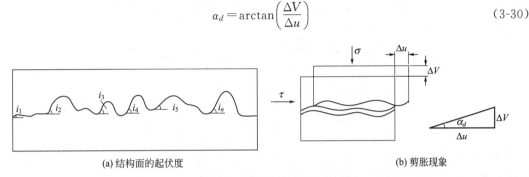

(a) 结构面的起伏度 　　　　　　　　　　　　　(b) 剪胀现象

图 3-15　剪胀现象与剪胀角 α_d 示意图

式中，ΔV 为垂直位移分量（剪胀量）；Δu 为水平位移分量。

通过对试验资料的统计发现，其峰值剪胀角和结构面的抗剪强度 τ 不仅与凸起高度（起伏差）有关，而且与作用于结构面上的法向应力 σ、壁岩强度 JCS 之间也存在良好的统计关系。这些关系可表达如下：

$$\alpha_d = \frac{JRC}{2} \lg \frac{JCS}{\sigma} \tag{3-31}$$

$$\tau = \sigma \tan(1.78\alpha_d + 32.88°) \tag{3-32}$$

大量的试验资料表明，一般结构面的基本摩擦角 ϕ_u 在 $25°\sim35°$ 之间。因此，式(3-32)右边的第二项应当就是结构面的基本摩擦角，而第一项的系数取整数 2。经这样处理后，式(3-32) 变为：

$$\tau = \sigma \tan(2\alpha_d + \phi_u) \tag{3-33}$$

将式(3-31) 代入式(3-33) 得：

$$\tau = \sigma \tan\left(JRC \lg \frac{JCS}{\sigma} + \phi_u\right) \tag{3-34}$$

式中，结构面的基本摩擦角 ϕ_u，一般认为等于结构面壁岩平直表面的摩擦角，可用倾斜试验求得。方法是取结构面壁岩试块，将试块锯成两半，去除岩粉并风干后合在一起，使试块缓缓地加大其倾角直到上盘岩块开始下滑为止，此时的试块倾角即为 ϕ_u。对每种岩石，进行试验的试块数需 10 块以上。在没有试验资料时，常取 $\phi_u = 30°$，或用结构面的残余摩擦角代替。式(3-34) 中其他符号的意义及确定方法同前。

式(3-34) 是巴顿不规则粗糙起伏结构面的抗剪强度公式。利用该式确定结构面抗剪强

度时，只需知道 JRC，JCS 及 ϕ_u 三个参数即可，无须进行大型现场抗剪强度试验。

莱旦依和阿彻姆包特（Ladanyi and Archambault，1970）从理论和试验方法对结构面由剪胀到啃断过程进行了全面研究，提出了如下的经验方程：

$$\tau = \frac{\sigma(1-\alpha_s)(\dot{V}+\tan\phi_u)+\alpha_s\tau_r}{1-(1-\alpha_s)\dot{V}\tan\phi_u} \tag{3-35}$$

式中，α_s 为剪断率，指被剪断的凸起部分的面积 $\sum\Delta A_s$ 与整个剪切面积 A 之比，即 $\alpha_s = \frac{\sum\Delta A_s}{A}$（图 3-16）；$\dot{V}$ 为剪胀率，指剪切时的垂直位移分量 ΔV 与水平位移分量 Δu 之比，即 $\dot{V} = \frac{\Delta V}{\Delta u}$；$\tau_r$ 为凸起体岩石的抗剪强度，$\tau_r = \sigma\tan\phi + C$；$\phi_u$ 为结构面的基本摩擦角。

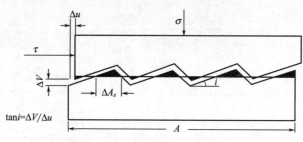

图 3-16　结构面剪切破坏分析图

在实际工作中，α_s 和 $\dot{V}$ 较难确定。为了解决这一问题，Ladanyi 等人进行了大量的人工粗糙岩面的剪切试验。根据试验成果提出了如下的经验公式：

$$\left.\begin{array}{l} \alpha_s = 1 - \left(1-\dfrac{\sigma}{\sigma_j}\right)^L \\[3mm] \dot{V} = \left(1-\dfrac{\sigma}{\sigma_j}\right)^K \tan i \end{array}\right\} \tag{3-36}$$

式中，K，L 为常数，对粗糙岩面，$K=4$，$L=1.5$；σ_j 为壁岩的单轴抗压强度，可用 JCS 代替。确定方法同前；i 为剪胀角，$i = \arctan\left(\dfrac{\Delta V}{\Delta u}\right)$。

从式（3-35）可知：

① 当法向应力很低时，凸起体基本不被剪断，即 $\alpha_s \to 0$，且 $\dot{V} = \dfrac{\Delta V}{\Delta u} = \tan i$，由式（3-35）得结构面的抗剪强度为：

$$\tau = \sigma\tan(\phi_u+i) \tag{3-37}$$

该式与佩顿公式（3-27）一致。

② 当法向应力很高时，结构面的凸起体全部被剪断，则 $\alpha_s \to 1$，无剪胀现象发生，即 $\dot{V}=0$，由式（3-35）得结构面的抗剪强度为：

$$\tau = \tau_r = \sigma\tan\phi + C \tag{3-38}$$

该式与式（3-28）一致。

由以上两点讨论可知：式（3-35）所描述的强度包络线是以式（3-37）和式（3-38）所给定的折线为渐近线的曲线（图 3-17）。

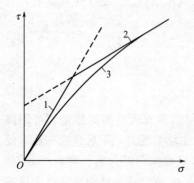

图 3-17　结构面抗剪强度曲线

1—式（3-37）所表示的直线；2—式（3-38）所表示的直线；3—式（3-35）所表示的曲线

另外，Fairhurst 建议用如下的抛物线方程来表示式(3-35) 中的 τ_r：

$$\tau_r = \sigma_j \frac{\sqrt{1+n}-1}{n}(1+n\frac{\sigma}{\sigma_j})^{1/2} \tag{3-39}$$

式中，n 为结构面壁岩抗压强度 σ_j 与抗拉强度 σ_c 之比，对于硬质岩石，可近似取 $n=10$。如将式(3-36) 和式(3-39) 代入式(3-35)，取 $K=4$，$L=1.5$，$n=10$。并除以 σ_j，则得到如下的方程：

$$\frac{\tau}{\sigma_j} = \frac{\frac{\sigma}{\sigma_j}\left(1-\frac{\sigma}{\sigma_j}\right)^{1.5}\left[\left(1-\frac{\sigma}{\sigma_j}\right)^4\tan i+\tan\phi_u\right]+0.232\left[1-\left(1-\frac{\sigma}{\sigma_j}\right)^{1.5}\right]\left(1+10\frac{\sigma}{\sigma_j}\right)^{0.5}}{1-\left[\left(1-\frac{\sigma}{\sigma_j}\right)^{5.5}\tan i\tan\phi_u\right]} \tag{3-40}$$

这一方程看起来复杂，但它却表明了两个无因次量 $\frac{\tau}{\sigma_j}$ 和 $\frac{\sigma}{\sigma_j}$ 之间的关系，且式中仅有剪胀角 i；和结构面基本摩擦角 ϕ_u 两个未知数。

对于 Barton 方程式(3-34) 和 Ladanyi-Archambault 方程式(3-40) 的差别，有人作过比较，如图 3-18 所示。由图可知，当法向应力较低时，JRC＝20 时的 Barton 方程与 Ladanyi-Archambault 方程基本一致。随着法向应力增高，两方程差别显著。这是因为当 $\frac{\sigma}{\sigma_j}\rightarrow1$ 时，Barton 方程变为 $\tau=\sigma\tan\phi_u$，而 Ladanyi-Archambault 方程则变为 $\tau=\tau_r$ 之故。所以，在较高应力条件下，前者比后者较为保守。

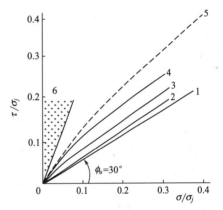

图 3-18　结构面的抗剪强度曲线

1—平直结构面的强度曲线；2～4—JRC 分别为 5,10,20，$\phi_u=30°$时的 Barton 方程；5—$i=20°$，$\phi_u=30°$时的 Ladanyi-Archambault 方程；6—Barton 方程不适应的范围

3.3.3　非贯通断续的结构面

非贯通断续的结构面由裂隙面和非贯通的岩桥组成。在剪切过程中，一般认为剪切面所通过的裂隙面和岩桥都起抗剪作用。假设沿整个剪切面上的应力分布是均匀的，结构面的线连续性系数为 K_1，则整个结构面的抗剪强度为：

$$\tau=K_1 C_j+(1-K_1)C+\sigma[K_1\tan\phi_j+(1-K_1)\tan\phi] \tag{3-41}$$

式中，C_j，ϕ_j 为裂隙面的黏聚力与摩擦角；C，ϕ 为岩石的内聚力与内摩擦角。

将式(3-41) 与库仑-纳维尔方程对比，可得非贯通结构面的内聚力 C_b 和内摩擦系数 $\tan\phi_b$ 为：

$$\left.\begin{array}{l}C_b=K_1 C_j+(1-K_1)C\\\tan\phi_b=K_1\tan\phi_j+(1-K_1)\tan\phi\end{array}\right\} \tag{3-42}$$

由式(3-41) 可知，非贯通断续的结构面的抗剪强度要比贯通结构面的抗剪强度高，这和人们的一般认识是一致的，也是符合实际的。然而，这类结构面的抗剪强度是否如式(3-41) 所示那样呈简单的叠加关系呢？有人认为并非如此简单。因为沿非贯通结构面剪切时，剪切面上的应力分布实际上是不均匀的，其剪切变形破坏也是一个复杂的过程。剪切面上应力分布不均匀表现在：岩桥部分受到的法向应力一般比裂隙面部分大得多，这样试件受剪时，由于岩桥的架空作用及相对位移的阻挡，使裂隙面的抗剪强度难以充分发挥出来。另一方面，在裂隙尖端将产生应力集中，使裂隙扩展，导致裂隙端部岩石抗剪强度降低。因此，非贯通结构面的变形破坏，往往要经历线性变形——裂隙端部新裂隙产生——新旧裂纹扩展、联合的过程，在裂纹扩展、联合过程中还将出现剪胀、爬坡及啃断凸起等现象，直至裂隙全部贯通及试件破坏。因此，可以认为非贯通结构面的抗剪强度是裂隙面与岩桥岩石强度共同作用形成的，其强度性质由于受多种因素影响也是很复杂的。目前有人试图用断裂力学理论，建立裂纹扩展的压剪复合断裂判据来研究非贯通结构面的抗剪强度和变形破坏机理。

3.3.4 具有填充物的软弱结构面

具有填充物的软弱结构面包括泥化夹层和各种类型的夹泥层，其形成多与水的作用和各类滑错作用有关。这类结构面的力学性质常与填充物的物质成分结构及填充程度和厚度等因素密切相关。

按填充物的颗粒成分，可将有填充的结构面分为泥化夹层、夹泥层、碎屑夹泥层及碎屑夹层等几种类型。填充物的颗粒成分不同，结构面的抗剪强度及变形破坏机理也不同。图

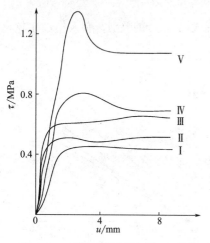

图 3-19 不同颗粒成分夹层 τ-u 曲线
Ⅰ到Ⅴ粗碎屑增加

3-19 为不同颗粒成分夹层的剪切变形曲线，表 3-5 为不同填充夹层的抗剪强度指标值。由图 3-19 可知，黏粒含量较高的泥化夹层，其剪切变形（曲线Ⅰ）为典型的塑性变形型；特点是强度低且随位移变化小，屈服后无明显的峰值和应力降。随着夹层中粗碎屑成分的增多，夹层的剪切变形逐渐向脆性变形型过渡（曲线Ⅰ～Ⅴ），峰值强度也遂渐增高。至曲线Ⅴ的夹层，碎屑含量最高，峰值强度也相应最大，峰值后有明显的应力降。这些说明填充物的颗粒成分对结构面的剪切变形机理及抗剪强度都有明显的影响。表 3-5 也说明了结构面的抗剪强度随黏粒含量增加而降低，随粗碎屑含量增多而增大的规律。

填充物厚度对结构面抗剪强度的影响较大。图 3-20 为平直结构面内填充物厚度与其摩擦系数 f 和黏聚力 c 的关系曲线。由图显示，当填充物较薄时，随着厚度的增加，摩擦系数迅速降低，而黏聚力开始时迅速升高，升到一定值后又逐渐降低，当填充物厚度达到一定值后，摩擦系数和黏聚力都趋于某一稳定值。这时，结构面的强度主要取决于填充夹层的强度，而不再随填充物厚度的增大而降低。据试验研究表明，这一稳定值接近于填充物的内摩擦系数和内聚力，因此，可用填充物的抗剪强度来代替结构面的抗剪强度。

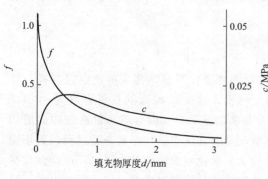

图 3-20 填充物厚度与抗剪强度关系
（据孙广忠，1988）

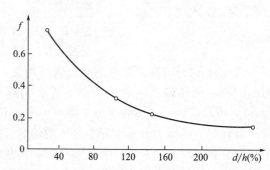

图 3-21 夹泥填充度对摩擦系数的影响示意图
（据孙广忠，1988）

对于平直的黏土质夹泥层来说，填充物的临界厚度大约为 0.5～2mm。

结构面的填充程度可用填充物厚度 d 与结构面的平均起伏差 h 之比来表示，d/h 被称为填充度。一般情况下，填充度愈小，结构面的抗剪强度愈高；反之，随填充度的增加，其抗剪强度降低。图 3-21 为填充度与摩擦系数的关系曲线。图中显示，当填充度小于 100% 时，填充度对结构面强度的影响很大，摩擦系数 f 随填充度 d/h 增大迅速降低。当 d/h 大于 200% 时，结构面的抗剪强度才趋于稳定，这时，结构面的强度达到最低点且其强度主要取决于填充物性质。

表 3-5 不同夹层物质成分的结构面抗剪强度（据孙广忠，1988）

夹层成分	抗剪强度系数	
	摩擦系数 f	黏聚力 c/kPa
泥化夹层和夹泥层	0.15～0.25	5～20
碎屑夹泥层	0.3～0.4	20～40
碎屑夹层	0.5～0.6	0～100
含铁锰质角砾碎屑夹层	0.6～0.85	30～150

由上述可知，当填充物厚度及填充度达到某一临界值后，结构面的抗剪强度最低，且取决于填充物强度。在这种情况下，可将填充物的抗剪强度视为结构面的抗剪强度，而不必要再考虑结构面粗糙起伏度的影响。

除此之外，填充物的结构特征及含水率对结构面的强度也有明显的影响。一般来说，填充物结构疏松且具定向排列时，结构面的抗剪强度较低；反之，抗剪强度较高。含水率的影响也是如此，即结构面的抗剪强度随填充物含水率的增高而降低。

我国一些工程中的泥化夹层的抗剪强度指标列于表 3-6。

表 3-6 某些工程中泥化夹层的抗剪强度参数值

工 程	岩 性	摩擦角/(°)		黏聚力/MPa	
		室 内	现 场	室 内	现 场
青山	F4 夹层泥化带	10.8	9.6	0.010	0.060
葛洲坝	202 夹层泥化带	13.5	13	0.021	0.063
铜子街	C5 夹层泥化带	17.7	16.7	0.010	0.018
升中	泥岩泥化	13.5	11.8	0.009	0.100
朱庄	页岩泥化	16.2	13	0.003	0.033
盐锅峡	页岩泥化	17.2	17.2	0.025	0
上犹江	板岩泥化	15.6	15.1	0.042	0.051
五强溪	板岩泥化	17.7	15.1	0.021	0.018
海州露天矿	页岩泥化		18		0.05～0.07
	碳质页岩泥化		15		0.016
平庄西露天矿	页岩泥化		22		0.106
抚顺西露天矿	凝灰岩泥化		27		0.029
	页岩泥化		22		0.035

3.3.5 结构面抗剪强度参数确定

结构面抗剪强度参数是工程岩体稳定性分析评价的重要指标，在工程实际中，常采用试验法、参数反演法和工程地质类比法等综合确定。

3.3.5.1 试验法

试验法包括室内实验和原位试验。室内实验是在现场取代表性结构面试件回实验室进行剪切实验，求取结构面的 C_j、φ_j 值。室内实验的优点是：简捷、快速，边界条件明确，容易控制。缺点是：试样尺寸小，代表性差，且受被测试件的扰动影响大。原位试验是在现场（一般是在平洞中）进行结构面剪切试验，求取其 C_j、φ_j 值。目前，大型工程中常用原位试验求结构面的抗剪强度参数。原位试验的优点是：对岩体扰动小，尽可能地保持了它的天然结构和环境状态，使测出的岩土体力学参数直观、准确；缺点是：试验设备笨重、操作复杂、工期长、费用高。

3.3.5.2 参数反演法

反演或称反分析是通过恢复已破坏斜坡的原始状态，在分析其破坏机理的基础上，建立极限平衡方程（即稳定性系数 $K_s=1$ 左右，对于处于蠕滑阶段的滑坡，一般假定稳定系数为 0.98，基岩滑坡考虑滑坡局部应力集中、产生渐进破坏，可假定稳定系数为 0.9）；然后反求滑动面的 C_j、ϕ_j 值。这种方法适应于滑坡模型和边界条件清楚，且有多个滑动体可供实测的地方。在进行反演分析时，应特别注意以下几点：①应尽可能地模拟滑坡蠕滑时的边界条件，尤其是地下水水位，如果难以做到，则可取勘探时雨季最高地下水位；②选择的分析剖面与主滑剖面一致；③用作反演分析的刚体极限平衡理论方法，应与稳定性计算方法一致，一般采用设计规范所推荐的不平衡推力法。

3.3.5.3 工程地质类比法

在结构面类型及地质特征基本相似的情况下，将过去已有的并在实际中成功应用的结构面剪切强度参数值（经验数据）运用到拟分析的问题中。如三峡地区曾经进行了大量的结构面剪切强度试验，取得了大量的试验数据，为以后同类问题分析提供了大量的经验数据。

在工程实际中，常用以上三种方法所求得的结构面抗剪强度参数值，结合具体工程地质条件与受力状态，综合确定结构面的抗剪强度参数。这方面国内外学者作了大量的研究，提出了一些方法，如 A. M. Rooertson 等人（1970）提出的不连续泥化夹层平均抗剪强度参数的确定方法如下。

在泥化夹层地质特征分析基础上，取样分别测定非泥化部分和泥化部分内摩擦角 ϕ_{jc}、ϕ_{jg} 和内聚力 C_{jc}、C_{jg}；并按实际受力条件计算出非泥化部分的平均抗剪强度 τ_{jc} 和泥化部分的平均抗剪强度 τ_{jg}。如果 $\tau_{jc} > \tau_{jg}$，则泥化夹层平均抗剪强度参数按下述方法确定：

① 若泥化夹层泥化部分面积占整个夹层面积的百分数大于 30% 时，则

$$\left.\begin{array}{l} C_j = C_{jg} \\ \phi_j = \phi_{jg} \end{array}\right\} \tag{3-43}$$

② 若泥化夹层泥化部分面积占整个夹层面积的百分数小于 30% 时，则

$$\left.\begin{array}{l} C_j = C_{jc} + (C_{jg} - C_{jc})x/30 \\ \phi_j = \phi_{jc} + (\phi_{jg} - \phi_{jc})x/30 \end{array}\right\} \tag{3-44}$$

显然，这一方法是在结构面地质特征与其地质力学模型建立及对结构面进行实验取得相应参数的基础上进行的。除以上方法，还有其他一些方法。

思考题与习题

1. 结构面研究有哪些实际意义？
2. 分别总结结构面的法向变形与剪切变形的主要特征？

3. 结构面的法向刚度与剪切刚度的定义如何？各自如何确定？

4. 试述平直无填充结构面及有填充的软弱结构面的剪切强度特征。

5. 试述粗糙起伏无填充结构面的剪切强度特征。某节理面的起伏角 $i=20°$，基本摩擦角 $\phi_b=35°$，两壁岩石的内摩擦角 $\phi=40°$，$C=10\text{MPa}$，作出节理面的剪切强度曲线。

6. 试述非贯通断续结构面的剪切强度特征。

7. 比较巴顿方程、佩顿方程和莱氏方程的区别是什么？

8. 工程实际中一般如何确定结构面的力学参数？

第4章 岩体力学性质

4.1 概 述

岩体是由结构面网络及其切割的岩块组成的，由于结构面的切割同时受地下水、天然应力等地质因素的影响，使岩体的力学性质与岩块有显著的差别。岩体的力学性质不仅取决于组成岩体的结构面与岩块的力学性质，还在很大程度上受控于结构面的发育及其组合特征，同时，还与岩体所处的地质环境条件密切相关。在一般情况下，岩体比岩块更易于变形，其强度也显著低于岩块的强度。不仅如此，岩体在外力作用下的力学属性往往表现出非均质、非连续、各向异性和非弹性。所以，无论在什么情况下，都不能把岩体和岩块两个概念等同起来。另外，人类的工程活动都是在岩体表面或内部进行的。因此，研究岩体的力学性质比研究岩块力学性质更重要、更具有实际意义。

岩体的力学性质，一方面取决于它的受力条件，另一方面还受岩体的地质特征及其赋存环境条件的影响。其影响因素主要包括：组成岩体的岩石材料性质；结构面的发育特征及其性质和岩体的地质环境条件，尤其是天然应力及地下水条件。其中结构面的影响是岩体的力学性质不同于岩块力学性质的本质原因。实践表明：研究岩体的变形与强度性质是岩体力学的根本任务之一。因此，本章将主要讲述岩体的变形与强度性质，同时对岩体的动力学性质及水力学性质也作简要介绍。

4.2 岩体的变形性质

岩体变形是评价工程岩体稳定性的重要指标，也是岩体工程设计的基本准则之一。例如，在修建拱坝和有压隧洞时，除研究岩体的强度外，还必须研究岩体的变形性能。当岩体中各部分岩体的变形性能差别较大时，将会在建筑物结构中引起附加应力；或者虽然各部分岩体变形性质差别不大，但如果岩体软弱，抗变形性能差时，将会使建筑物产生过量的变形等。这些都会导致工程建筑物破坏或无法使用。

由于岩体中存在大量的结构面，结构面中还往往有各种填充物。因此，在受力条件改变时，岩体的变形是岩块材料变形和结构变形的总和，而结构变形通常包括结构面闭合、填充物压密及结构体转动和滑动等变形。在一般情况下，岩体的结构变形起着控制作用。目前，岩体的变形性质主要通过原位岩体变形试验进行研究。

4.2.1 岩体变形试验及变形参数确定

原位岩体变形试验，按其原理和方法不同可分为静力法和动力法两种。静力法的基本原理是：在选定的岩体表面、槽壁或钻孔壁面上施加法向载荷，并测定其岩体的变形值；然后绘制压力-变形关系曲线，计算出岩体的变形参数。根据试验方法不同，静力法又可分为承压板法、狭缝法、钻孔变形法、水压硐室法及单（双）轴压缩试验法等。动力法是用人工方法对岩体发射（或激发）弹性波（声波或地震波），并测定其在岩体中的传播速度，然后根据波动理论求岩体的变形参数。根据弹性波激发方式的不同，又分为声波法和地震波法两种。本节主要介绍静力法及其参数确定方法，动力法将在岩体动力学性质一节中介绍。

4.2.1.1　承压板法

按承压板的刚度不同可分为刚性承压板法和柔性承压板法两种。刚性承压板法试验通常是在平巷中进行的，其装置如图 4-1 所示。先在选择好的具代表性的岩面上清除浮石，平整岩面。然后依次装上承压板、千斤顶、传力柱和变形量表等。将洞顶作为反力装置，通过油压千斤顶对岩面施加载荷，并用百分表测记岩体变形值。

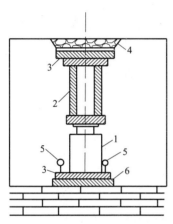

图 4-1　承压板变形试验装置示意图
1—千斤顶；2—传力柱；3—钢板；4—混凝土顶板；5—百分表；6—承压板

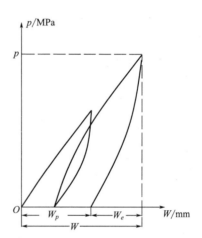

图 4-2　岩体的压力 p-变形 W 曲线

试验点的选择应具有代表性，并避开大的断层及破碎带。受载面积可视岩体裂隙发育情况及加荷设备的出力大小而定，一般以 $0.25\sim1m^2$ 为宜。承压板尺寸应与受载面积相同并具有足够的刚度。试验时，先将预定的最大载荷分为若干级，采用逐级一次循环法加压。在加压过程中，同时测记各级压力（p）下的岩体变形值（W），绘制 p-W 曲线（图 4-2）。通过某级压力下的变形值，用如下的布西涅斯克公式计算岩体的变形模量 E_m（MPa）和弹性模量 E_{me}（MPa）：

$$E_m = \frac{pD(1-\mu_m^2)\omega}{W} \tag{4-1}$$

$$E_{me} = \frac{pD(1-\mu_m^2)\omega}{W_e} \tag{4-2}$$

式中，p 为承压板单位面积上的压力，MPa；D 为承压板的直径或边长，cm；W，W_e 分别为相应于 p 下的岩体总变形和弹性变形，cm；ω 为与承压板形状与刚度有关的系数，对于圆形板 $\omega=0.785$；对于方形板，$\omega=0.886$；μ_m 为岩体的泊松比。

试验中如用柔性承压板，则岩体的变形模量应按柔性承压板法公式进行计算。

4.2.1.2　钻孔变形法

钻孔变形法是利用钻孔膨胀计等设备，通过水泵对一定长度的钻孔壁施加均匀的径向载荷（图 4-3），同时测记各级压力下的径向变形 U。利用厚壁筒理论可推导出岩体的变形模量 E_m（MPa）与 U 的关系为：

$$E_m = \frac{dp(1+\mu_m)}{U} \tag{4-3}$$

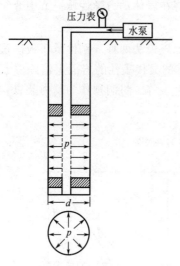

图 4-3　钻孔变形试验
装置示意图

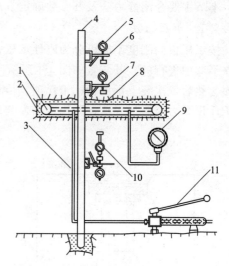

图 4-4　狭缝法试验装置示意图

1—扁千斤顶；2—槽壁；3—油管；4—测杆；5—百分表
（绝对测量）；6—磁性表架；7—测量标点；8—砂浆；
9—标准压力表；10—千分表（相对测量）；11—油泵

式中，d 为钻孔孔径，cm；p 为计算压力，MPa；其余符号含义同前。

与承压板法相比较，钻孔变形试验有如下优点：①对岩体扰动小；②可以在地下水位以下和相当深的部位进行；③试验方向基本上不受限制，而且试验压力可以达到很大；④在一次试验中可以同时测量几个方向的变形，便于研究岩体的各向异性。其主要缺点在于试验涉及的岩体体积小，代表性受到局限。

4.2.1.3　狭缝法

狭缝法又称为狭缝扁千斤顶法，是在选定的岩体表面刻槽，然后在槽内安装扁千斤顶（压力枕）进行试验（图 4-4）。试验时，利用油泵和扁千斤顶对槽壁岩体分级施加法向压力，同时利用百分表测记相应压力下的变形值 W_R。岩体的变形横量 E_m（MPa）接下式计算：

$$E_m = \frac{pl}{2W_R}\left[(1-\mu_m)(\tan\theta_1 - \tan\theta_2) + (1+\mu_m)(\sin2\theta_1 - \sin2\theta_2)\right] \tag{4-4}$$

式中，p 为作用于槽壁上的压力，MPa；W_R 为测量点 A_1、A_2 的相对位移值，cm；$W_R = \Delta y_2 - \Delta y_1$，$\Delta y_2$、$\Delta y_1$ 为 A_1，A_2 的绝对位移值，cm；其余如图 4-5 所示。

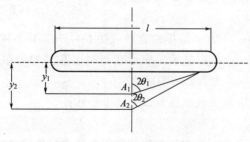

图 4-5　相对变形计算示意图

常见岩体的弹性模量和变形模量如表 4-1 所示。从表可知，各类岩体的变形模量都比相应岩体的岩块（参见表 2-8）小，而且受结构面发育程度及风化程度等因素影响十分明显。因此，不同地质条件下的同一岩体，其变形模量相差较大。所以，在实际工作中，应密切结合岩体的地质条件，选择合理的模量值。此外，试验方法不同，岩体的变形模量也有差异（表 4-2）。

表 4-1　常见岩体的弹性模量和变形模量表（据李先炜，1990）

岩体名称	承压面积/cm²	应力/MPa	试验方法	弹性模量 $E_{me}/10^3$ MPa	变形模量 $E_m/10^3$ MPa	地质简述	备注
煤	2025	4.03~18.0	单轴压缩	4.07			南非
页岩		3.5	承压板	2.8	1.93	泥质页岩与砂岩互层,较软	隔河岩垂直岩层
		3.5	承压板	5.24	4.23	较完整,垂直于岩层,裂隙较发育	隔河岩垂直岩层
		3.5	承压板	7.5	4.18	岩层受水浸,页岩泥化变松软	隔河岩平行岩层
		0.7	水压法	19	14.6	薄层的黑色页岩	摩洛哥平行岩层
		0.7	水压法	7.3	6.6	薄层的黑色页岩	摩洛哥垂直岩层
砂质页岩			承压板	17.26	8.09	二叠纪-三叠纪砂质页岩	
			承压板	8.64	5.48	二叠纪-三叠纪砂质页岩	
砂岩	2000		承压板	19.2	16.4	新鲜,完整,致密	万安
	2000		承压板	3~6.3	1.4~3.4	弱风化,较破碎	万安
	2000		承压板	0.95	0.36	断层影响带	万安
石灰岩			承压板	35.4	23.4	新鲜,完整,局部有微风化	隔河岩
			承压板	22.1	15.6	薄层,泥质条带,部分风化	隔河岩
			狭缝法	24.7	20.4	较新鲜完整	隔河岩
			狭缝法	9.15	5.63	薄层,微裂隙发育	隔阿岩
			承压板	57.0	46	新鲜完整	乌江爱
	2500		承压板	23	15	断层影响带,黏土填充	乌江建
	2500		承压板		104	微晶条带,坚硬,完整	乌江渡
	2500		承压板		1.44	节理发育	以礼河四级
					7~12		鲁布格
白云岩			承压板	11.5~32			德国
片麻岩		4.0	狭缝法	30~40		密实	意大利
		2.5~3.0	承压板	13~13.4	6.9~8.5	风化	德国
花岗岩		2.5~3.0	承压板	40~50			丹江口
		2.0	承压板		12.5	裂隙发育	
			承压板	3.7~4.7	1.1~3.4	新鲜微裂隙至风化强裂隙	日本
			大型三轴				Kurobe 坝
玄武岩		5.95	承压板	38.2	11.2	坚硬,致密,完整	以礼河三级
		5.95	承压板	9.75~15.68	3.35~3.86	破碎,节理多,且坚硬	以礼河三级
		5.11	承压板	3.75	1.21	断层影响带,且坚硬	以礼河三级
辉绿岩				83	36	变质,完整,致密,裂隙为岩脉填充	丹江口
					9.2	有裂隙	德国

续表

岩体名称	承压面积/cm²	应力/MPa	试验方法	弹性模量 $E_{me}/10^3$ MPa	变形模量 $E_m/10^3$ MPa	地质简述	备注
闪长岩		5.6	承压板		62	新鲜,完整	太平溪
		5.6	承压板		16	弱风化,局部较破碎	太平溪
石英岩			承压板	40~45		密实	摩洛哥

表 4-2　几种岩体用不同试验方法测定的弹性模量

岩体类型	无侧限压 (实验室,平均)	承压板法 (现场)	狭缝法 (现场)	钻孔千斤顶法(现场)	备注
裂隙和成层的闪长片麻岩	80	3.72~5.84	—	4.29~7.25	Tehachapi 隧道
大到中等节理的花岗片麻岩	53	3.5~35	—	10.8~19	Dworshak 坝
大块的大理岩	48.5	12.2~19.1	12.6~21	9.5~12	Crestmore 矿

4.2.2　岩体变形参数估算

由于岩体变形试验费用昂贵,周期长,一般只在重要的或大型工程中进行。因此,人们企图用一些简单易行的方法来估算岩体的变形参数。目前,已提出的岩体变形参数估算方法有两种:一是在现场地质调查的基础上,建立适当的岩体地质力学模型,利用室内小试件试验资料来估算;二是在岩体质量评价和大量试验资料的基础上,建立岩体分类指标与变形参数之间的经验关系,并用于变形参数估算,现简要介绍如下。

4.2.2.1　层状岩体变形参数估算

层状岩体可简化为如图 4-6(a)所示的地质力学模型。假设各岩层厚度相等为 S,且性质相同;层面的张开度可忽略不计;根据室内试验成果,设岩块的变形参数为 E,μ 和 G,层面的变形参数为 K_n,K_s,取 $n-t$ 坐标系,n 为垂直层面,t 为平行层面。在以上假定下取一由岩块和层面组成的单元体 [图 4-6(b)] 来考察岩体的变形,分几种情况讨论如下。

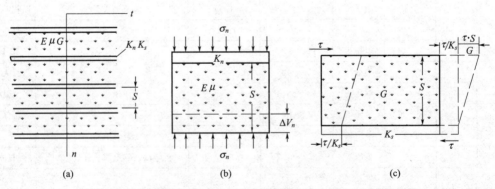

图 4-6　层状岩体地质力学模型及变形参数估算示意图

(1)法向应力 σ_n 作用下的岩体变形参数　根据载荷作用方向又可分为沿 n 方向和 t 方向加 σ_n 两种情况。

① 沿 n 方向加载时,如图 4-6(b)所示,在 σ_n 作用下,岩块和层面产生的法向变形分别为:

$$\left.\begin{array}{l} \Delta V_r = \dfrac{\sigma_n}{E}S \\[3mm] \Delta V_j = \dfrac{\sigma_n}{K_n} \end{array}\right\} \tag{4-5}$$

则岩体的总变形 ΔV_n 为：

$$\Delta V_n = \Delta V_r + \Delta V_j = \frac{\sigma_n}{E}S + \frac{\sigma_n}{K_n} = \frac{\sigma_n}{E_{mn}}S$$

简化后得层状岩体垂直层面方向的变形模量 E_{mn} 为：

$$\frac{1}{E_{mn}} = \frac{1}{E} + \frac{1}{K_n S} \tag{4-6}$$

假设岩块本身是各向同性的，n 方向加载时，由 t 方向的应变可求出岩体的泊松比 μ_{nt} 为：

$$\mu_{nt} = \frac{E_{mn}}{E}\mu \tag{4-7}$$

② 沿 t 方向加荷时，岩体变形主要是岩块引起的，因此岩体的变形模量 E_{mt} 和泊松比 μ_{tn} 为：

$$\left.\begin{array}{l} E_{mt} = E \\[2mm] \mu_{tn} = \mu \end{array}\right\} \tag{4-8}$$

（2）剪应力作用下的岩体变形参数　如图 4-6（c）所示，对岩体施加剪应力 τ 时，则岩体剪切变形由沿层面滑动变形 Δu 和岩块的剪切变形 Δu_r 组成，Δu_r 和 Δu 为：

$$\left.\begin{array}{l} \Delta u_r = \dfrac{\tau}{G}S \\[3mm] \Delta u = \dfrac{\tau}{K_s} \end{array}\right\} \tag{4-9}$$

岩体的剪切变形 Δu_j 为：

$$\Delta u_j = \Delta u + \Delta u_r = \frac{\tau}{K_s} + \frac{\tau}{G}S = \frac{\tau}{G_{mt}}S$$

简化后得岩体的剪切模量 G_{mt} 为：

$$\frac{1}{G_{mt}} = \frac{1}{K_s S} + \frac{1}{G} \tag{4-10}$$

由式（4-6）～式（4-8）和式（4-10）四式，可求出表征层状岩体变形性质的 5 个参数。

应当指出，以上估算方法是在岩块和结构面的变形参数及各岩层厚度都为常数的情况下得出的。当各层岩块和结构面变形参数 E、μ、G、K_s、K_n 及厚度 S 都不相同时，岩体变形参数的估算比较复杂。例如，对式（4-6），各层 K_n、E、S 都不相同时，可采用当量变形模量的办法来处理。方法是先求出每一层岩体的变形模量 E_{mni}，然后再按下式求层状岩体的当量变形模量 E'_{mn}：

$$\frac{1}{E'_{mn}} = \sum_{i=1}^{n} \frac{S_i}{E_{mni}S} \tag{4-11}$$

式中，S_i 为岩层的单层厚度；S 为岩体总厚度。其他参数也可以用类似的方法进行处理，具体可参考有关文献，在此不详细讨论。

4.2.2.2　裂隙岩体变形参数的估算

对于裂隙岩体，国内外都特别重视建立岩体分类指标与变形模量之间的经验关系，并用于推求岩体的变形模量 E_m。下面介绍常用的几种。

① 比尼卫斯基（Bieniawski，1978）研究了大量岩体变形模量实测资料，建立了分类指标 RMR 值和变形模量 E_m（GPa）间的统计关系如下：

$$E_m = 2\text{RMR} - 100 \tag{4-12}$$

如图 4-7 所示，式(4-12) 只适用于 RMR>55 的岩体。为弥补这一不足，Serafim 和 Pereira（1983）根据收集到的资料以及 Bieniawski 的数据，拟合出如下方程，以用于 RMR≤55 的岩体：

$$E_m = 10^{\frac{\text{RMR}-10}{40}} \tag{4-13}$$

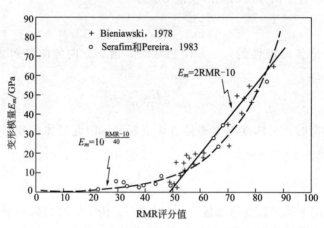

图 4-7 岩体变形模量与 RMR 值关系

② 挪威的 Bhasin 和 Barton 等人（1993）研究了岩体分类指标 Q 值、纵波速度 v_{mp}（m/s）和岩体平均变形模量 E_{mean}（GPa）间的关系，提出了如下的经验关系：

$$\left.\begin{array}{l} E_{\text{mean}} = \dfrac{v_{mp}-3500}{40} \\ v_{mp} = 1000\lg Q + 3500 \end{array}\right\} \tag{4-14}$$

式(4-14) 只适用于 $Q>1$ 的岩体。

除以上方法外，还有人提出用声波测试资料来估算岩体的变形模量，这将在 4.4 节中介绍。

4.2.3 岩体变形曲线类型及其特征

4.2.3.1 法向变形曲线

按 p-W 曲线的形状和变形特征可将其分为如图 4-8 所示的 4 类。

（1）直线型 此类为一通过原点的直线 ［图 4-8(a)］，其方程为 $p = f(W) = KW$，

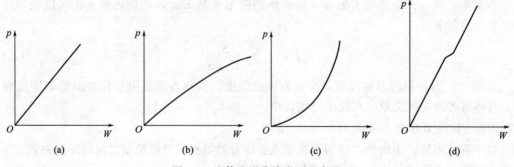

图 4-8 岩体变形曲线类型示意图

$\dfrac{dp}{dW}=K$（即岩体的刚度为常数），且 $\dfrac{d^2p}{dW^2}=0$。反映岩体在加压过程中 W 随 p 呈正比增加。岩性均匀且结构面不发育或结构面分布均匀的岩体多呈这类曲线。根据 p-W 曲线的斜率大小及卸压曲线特征，这类曲线又可分为如下两类。

① 陡直线型（图 4-9），特点是 p-W 曲线的斜率较陡，呈陡直线。说明岩体刚度大，不易变形。卸压后变形几乎可恢复到原点，且以弹性变形为主，反映出岩体接近于均质弹性体。较坚硬、完整、致密均匀、少裂隙的岩体，多具这类曲线特征。

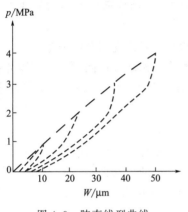

图 4-9　陡直线型曲线

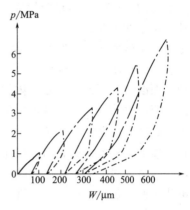

图 4-10　缓直线型曲线

② 曲线斜率较缓，呈缓直线型，反映出岩体刚度低、易变形。卸压后岩体变形只能部分恢复，有明显的塑性变形和回滞环（图 4-10）。这类曲线虽是直线，但不是弹性。出现这类曲线的岩体主要有：由多组结构面切割，且分布较均匀的岩体及岩性较软弱而较均质的岩体；另外，平行层面加压的层状岩体，也多为缓直线型。

（2）上凹型　曲线方程为 $p=f(W)$，$\dfrac{\mathrm{d}p}{\mathrm{d}W}$ 随 p 增大而递增，$\dfrac{\mathrm{d}p}{\mathrm{d}W}>0$，呈上凹型曲线〔图 4-8(b)〕。层状及节理岩体多呈这类曲线。据其加卸压曲线又可分为两种。

① 每次加压曲线的斜率随加、卸压循环次数的增加而增大，即岩体刚度随循环次数增加而增大。各次卸压曲线相对较缓，且相互近于平行。弹性变形 W_e 和总变形 W 之比随 p 增大而增大，说明岩体弹性变形成分较大（图 4-11）。这种曲线多出现于垂直层面加压的较坚硬层状岩体中。

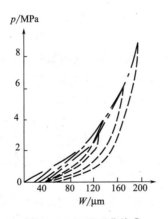

图 4-11　上凹型曲线①

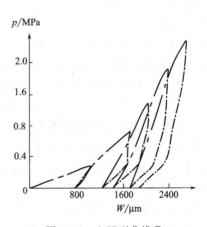

图 4-12　上凹型曲线②

② 加压曲线的变化情况与①相同,但卸压曲线较陡,说明卸压后变形大部分不能恢复,为塑性变形(图 4-12)。存在软弱夹层的层状岩体及裂隙岩体常呈这类曲线;另外,垂直层面加压的层状岩体也可出现这类曲线。

(3)上凸型 这类曲线的方程为 $p=f(W)$,$\dfrac{\mathrm{d}p}{\mathrm{d}W}$ 随 p 增加而递减,$\dfrac{\mathrm{d}^2 p}{\mathrm{d}W^2}<0$,呈上凸型曲线[图 4-8(c)]。结构面发育且有泥质填充的岩体;较深处埋藏有软弱夹层或岩性软弱的岩体(黏土岩、风化岩)等常呈这类曲线。

(4)复合型 p-W 曲线呈阶梯或"S"型[图 4-8(d)]。结构面发育不均匀或岩性不均匀的岩体,常呈此类曲线。

以上讨论了岩体变形曲线的主要类型及其特征。然而,岩体受压时的力学行为是十分复杂的,它包括岩块压密、结构面闭合、岩块沿结构面滑移或转动等;同时,受压边界条件又随压力增大而改变。因此,实际岩体的 p-W 曲线也是比较复杂的,往往比上述曲线类型要复杂得多,应注意结合实际岩体地质条件加以分析。

4.2.3.2 剪切变形曲线

原位岩体剪切试验研究表明:岩体的剪切变形曲线十分复杂。沿结构面剪切和剪断岩体的剪切曲线明显不同;沿平直光滑结构面和粗糙结构面剪切的剪切曲线也有差异。根据 τ-u 曲线的形状及残余强度(τ_r)与峰值强度(τ_p)的比值,可将岩体剪切变形曲线分为如图 4-13 所示的 3 类。

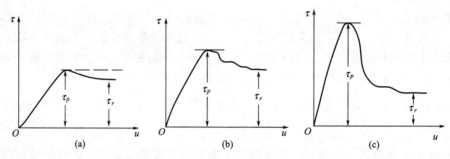

图 4-13 岩体剪切变形曲线类型示意图

① 峰值前变形曲线的平均斜率小,破坏位移大,一般可达 2~10mm;峰值后随位移增大,强度损失很小或不变,$\tau_r/\tau_p\approx1.0$~0.6。沿软弱结构面剪切时,常呈这类曲线[图 4-13(a)]。

② 峰值前变形曲线平均斜率较大,峰值强度较高。峰值后随剪位移增大,强度损失较大,有较明显的应力降。$\tau_r/\tau_p\approx0.8$~0.6 左右。沿粗糙结构面、软弱岩体及剧烈风化岩体剪切时,多属这类曲线[图 4-13(b)]。

③ 峰值前变形曲线斜率大,曲线具有较清楚的线性段和非线性段。比例极限和屈服极限较易确定。峰值强度高,破坏位移小,一般约 1mm。峰值后随位移增大,强度迅速降低,残余强度较低,$\tau_r/\tau_p\approx0.8$~0.3 左右。剪断坚硬岩体时的变形曲线多属此类[图 4-13(c)]。

4.2.4 影响岩体变形性质的因素

影响岩体变形性质的因素较多,主要包括组成岩体的岩性、结构面发育特征及载荷条件、试件尺寸、试验方法和温度等。下面主要就结构面特征的影响进行讨论。其他因素的影响在表 4-1 和表 4-2 中已有所反映,在此不多谈。

结构面的影响包括结构面方位、密度、填充特征及其组合关系等方面的影响,称为结构效应。

① 结构面方位。主要表现在岩体变形随结构面及应力作用方向间夹角的不同而不同,

即导致岩体变形的各向异性。这种影响在岩体中结构面组数较少时表现特别明显，而随结构面组数增多，反而越来越不明显。图 4-14 为某泥岩岩体变形与结构面产状间的关系，由图可见，无论是总变形或弹性变形，其最大值均发生在垂直结构面方向上，平行结构面方向的变形最小。另外，岩体的变形模量 E_m 也具有明显的各向异性。一般来说，平行结构面方向的变形模量 $E_{//}$ 大于垂直方向的变形模量 $E_\perp$。表 4-3 为我国某些工程岩体变形模量实测值，可知岩体的 $E_{//}/E_\perp$ 一般为 1.5~3.5。

表 4-3　某些岩体的 $E_{//}/E_\perp$ 值表

岩 体 名 称	$E_{//}/$GPa	$E_\perp/$GPa	$E_{//}/E_\perp$	平均比值 $E_{//}/E_\perp$	工　　程
页岩、灰岩夹泥灰岩			3~5		
花岗岩			1~2		
薄层灰岩夹碳质页岩	56.3	31.4	1.79	1.79	乌江渡
砂岩	26.3	14.4	1.83	1.83	葛洲坝
变余砾状绿泥石片岩	35.6	22.4	1.59	1.59	丹江口
绿泥石云母片岩	45.6	21.4	2.13	2.13	
石英片岩夹绿泥石片岩	38.7	22.8	1.70	1.70	
板岩	9.7	6.1	1.59	1.32	五强溪
	28.1	23.8	1.18		
	52.5	44.1	1.19		
砂岩	38.5	30.3	1.27	1.52	
	71.6	35.0	2.05		
	82.7	66.6	1.24		

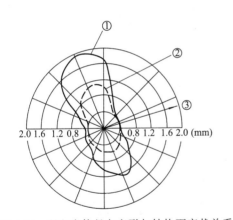

图 4-14　硐室岩体径向变形与结构面产状关系

（据肖树芳等，1986）

①—总变形；②—弹性变形；③—结构面走向

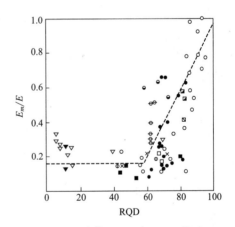

图 4-15　岩体 E_m/E 与 RQD 关系

② 结构面的密度。主要表现在随结构面密度增大，岩体完整性变差，变形增大，变形模量减小。图 4-15 为岩体 E_m/E 与 RQD 值的关系；图中 E 为岩块的变形模量。由图可见，当岩体 RQD 值由 100 降至 65 时，E_m/E 迅速降低；当 RQD<65 时，E_m/E 变化不大，即当结构面密度大到一定程度时，对岩体变形的影响就不明显了。

③ 结构面的张开度及填充特征对岩体的变形也有明显的影响。一般来说，张开度较大且无填充或填充薄时，岩体变形较大，变形模量较小；反之，则岩体变形较小，变形模量较大。

4.3　岩体的强度性质

　　岩体是由各种形状的岩块和结构面组成的地质体，因此其强度必然受到岩块和结构面强度及其组合方式（岩体结构）的控制。在一般情况下，岩体的强度既不同于岩块的强度，也不同于结构面的强度。但是，如果岩体中结构面不发育，呈整体或完整结构时，则岩体的强度大致与岩块强度接近；或者如果岩体将沿某一特定结构面滑动破坏时，则其强度将取决于该结构面的强度。这是两种极端的情况，比较好处理。难办的是节理裂隙切割的裂隙化岩体强度确定问题，其强度介于岩块与结构面强度之间。

　　岩体强度是指岩体抵抗外力破坏的能力。和岩块一样，也有抗压强度、抗拉强度和剪切强度之分。但对于裂隙岩体来说，其抗拉强度很小，工程设计上一般不允许岩体中有拉应力出现；加上岩体抗拉强度测试技术难度大。所以，目前对岩体抗拉强度的研究很少。本节主要讨论岩体的剪切强度和抗压强度。

4.3.1　岩体的剪切强度

　　岩体内任一方向剪切面，在法向应力作用下所能抵抗的最大剪应力，称为岩体的剪切强度。通常又可细分为抗剪断强度、抗剪强度和抗切强度三种。抗剪断强度是指在任一法向应力下，横切结构面剪切破坏时岩体能抵抗的最大剪应力；在任一法向应力下，岩体沿已有破裂面剪切破坏时的最大应力称为抗剪强度，这实际上就是某一结构面的抗剪强度，剪切面上的法向应力为零时的抗剪断强度称为抗切强度。

4.3.1.1　原位岩体剪切试验及其强度参数确定

　　为了确定岩体的剪切强度参数，国内外开展了大量的原位岩体剪切试验，一般认为：原位岩体剪切试验是确定剪切强度参数最有效的方法。目前普遍采用的方法是双千斤顶法直剪试验。该方法是在平巷中制备试件，并以两个千斤顶分别在垂直和水平方向施加外力而进行的直剪试验，其装置如图 4-16 所示。试件尺寸视裂隙发育情况而定，但其截面积不宜小于

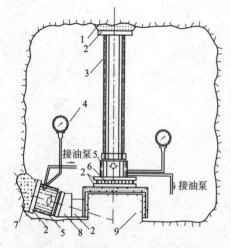

图 4-16　岩体剪切强度试验装置示意图

1—砂浆顶板；2—钢板；3—传力柱；4—压力表；

5—液压千斤顶；6—滚轴排；7—混凝土后座；

8—斜垫板；9—钢筋混凝土保护罩

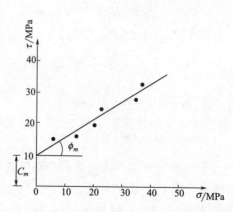

图 4-17　C_m，ϕ_m 值确定示意图

50cm×50cm，试件高一般为断面边长的 0.5 倍，如果岩体软弱破碎则需浇注钢筋混凝土保护罩。每组试验需 5 个以上试件，各试件的岩性及结构面等情况应大致相同，避开大的断层和破碎带，试验时，先施加垂直载荷，待其变形稳定后，再逐级施加水平剪力直至试件破坏（具体试验可参考有关规程）。

通过试验可获取如下资料：①岩体剪应力（τ）-剪位移（u）曲线及法向应力（σ）-法向变形（W）曲线；②剪切强度曲线及岩体剪切强度参数 C_m、ϕ_m 值（图 4-17）。

各类岩体的剪切强度参数 C_m、ϕ_m 值列于表 4-4。由表 4-4 与表 2-12 相比较可知，岩体的内摩擦角与岩块的内摩擦角很接近；而岩体的内聚力则大大低于岩块的内聚力，说明结构面的存在主要是降低了岩体的连结能力，进而降低其内聚力。

表 4-4　各类岩体的剪切强度参数表

岩体名称		内聚力 C_m/MPa	内摩擦角 ϕ_m/(°)
褐煤		0.014～0.03	15～18
黏土岩	范围	0.002～0.18	10～45
	一般	0.04～0.09	15～30
泥岩		0.01	23
泥灰岩		0.07～0.44	20～41
石英岩		0.01～0.53	22～40
闪长岩		0.2～0.75	30～59
片麻岩		0.35～1.4	29～68
辉长岩		0.76～1.38	38～41
页岩	范围	0.03～1.36	33～70
	一般	0.1～0.4	38～50
石灰岩	范围	0.02～3.9	13～65
	一般	0.1～1	38～52
粉砂岩		0.07～1.7	29～59
砂质页岩		0.07～0.18	42～63
砂岩	范围	0.04～2.88	28～70
	一般	1～2	48～60
玄武岩		0.06～1.4	36～61
花岗岩	范围	0.1～4.16	30～70
	一般	0 2～0 5	45～52
大理岩	范围	1.54～4.9	24～60
	一般	3～4	49～55
石英闪长岩		1.0～2.2	51～61
安山岩		0.89～2.45	53～74
正长岩		1～3	62～66

4.3.1.2　岩体的剪切强度特征

试验和理论研究表明：岩体的剪切强度主要受结构面、应力状态、岩块性质、风化程度及其含水状态等因素的影响。在高应力条件下，岩体的剪切强度较接近于岩块的强度，而在低应力条件下，岩体的剪切强度主要受结构面发育特征及其组合关系的控制。由于作用在岩体上的工程载荷一般多在 10MPa 以下，所以与工程活动有关的岩体破坏，基本上受结构面特征控制。

岩体中结构面的存在致使岩体一般都具有高度的各向异性。即沿结构面产生剪切破坏

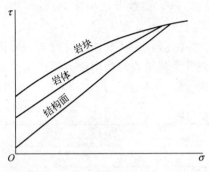

图 4-18　岩体剪切强度包络线示意图

（重剪破坏）时，岩体剪切强度最小，近似等于结构面的抗剪强度；而横切结构面剪切（剪断破坏）时，岩体剪切强度最高；沿复合剪切面剪切（复合破坏）时，其强度则介于两者之间。因此，在一般情况下，岩体的剪切强度不是一个单一值，而是具有一定上限和下限的值域，其强度包络线也不是一条简单的曲线，而是有一定上限和下限的曲线族。其上限是岩体的剪断强度，一般可通过原位岩体剪切试验或经验估算方法求得，在没有资料的情况下，可用岩块剪断强度来代替；下限是结构面的抗剪强度（图 4-18）。由图 4-18 可知，当应力 σ 较低时，岩体强度变化范围较大，随着应力增大，范围逐渐变小。当应力 σ 高到一定程度时，包络线变为一条曲线，这时，岩体强度将不受结构面影响而趋于各向同性。

在剧风化岩体和软弱岩体中，剪断岩体时的内摩擦角多在 30°～40° 之间变化，内聚力多在 0.01～0.5MPa 之间，其强度包络线上、下限比较接近，变化范围小，且其岩体强度总体上比较低。

在坚硬岩体中，剪断岩体时的内摩擦角多在 45° 以上，内聚力在 0.1～4MPa 之间。其强度包络线的上、下限差值较大，变化范围也大。在这种情况下，准确确定工程岩体的剪切强度困难较大。一般需依据原位剪切试验和经验估算数据，并结合工程载荷及结构面的发育特征等综合确定。

4.3.2　裂隙岩体的压缩强度

岩体的压缩强度也可分为单轴抗压强度和三轴压缩强度。目前，在生产实际中，通常是采用原位单轴压缩和三轴压缩试验来确定。这两种试验也是在平巷中制备试件，并采用千斤顶等加压设备施加压力，直至试件破坏。采用破坏载荷来求岩体的单轴或三轴压缩强度（具体试验方法可参考有关规程）。

由于岩体中包含各种结构面，给试件制备及加载带来很大的困难；加上原位岩体压缩试验工期长，费用昂贵，在一般情况下，难以普遍采用。所以，长期以来，人们企图用一些简单的方法来求取岩体的压缩强度。

为了研究裂隙岩体的压缩强度，耶格（Jaeger，1960）的单结构面理论为此提供了有益的起点。如图 4-19(a) 所示，若岩体中发育有一组结构面 AB，假定 AB 与最大主平面的夹角为 β。由莫尔应力圆理论，作用于 AB 面上的法向应力 σ 和剪应力 τ 为：

$$\left.\begin{array}{l} \sigma=\dfrac{\sigma_1+\sigma_3}{2}+\dfrac{\sigma_1-\sigma_3}{2}\cos2\beta \\[3mm] \tau=\dfrac{\sigma_1-\sigma_3}{2}\sin2\beta \end{array}\right\} \tag{4-15}$$

假定结构面的抗剪强度 τ_f 服从库仑-纳维尔判据：

$$\tau_f=\sigma\tan\phi_j+C_j \tag{4-16}$$

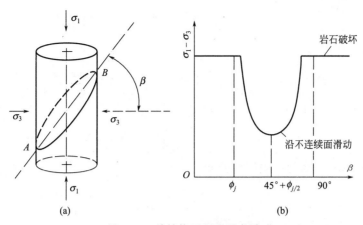

图 4-19 单结构面理论示意图

将式(4-15)代入式(4-16)整理，可得到沿结构面 AB 产生剪切破坏的条件为：

$$\sigma_1 - \sigma_3 = \frac{2(C_j + \sigma_3 \tan\phi_j)}{(1 - \tan\phi_j \cot\beta)\sin2\beta} \tag{4-17}$$

式中，C_j，ϕ_j 分别为结构面的黏聚力和摩擦角。

由式(4-17)可知：岩体的强度 $(\sigma_1 - \sigma_3)$ 随结构面倾角 β 的变化而变化。

为了分析岩体是否破坏，沿什么方向破坏，可利用莫尔强度理论与莫尔应力圆的关系进行判别。由式(4-17)可知：当 $\beta \to \phi_j$ 或 $\beta \to 90°$ 时，$(\sigma_1 - \sigma_3)$ 都趋于无穷大，岩体不可能沿结构面破坏，而只能产生剪断岩体破坏，破坏面方向为 $\beta = 45° + \phi_0/2$（ϕ_0 为岩块的内摩擦角）。另外，如图 4-20 所示，图中斜直线 1 为岩块强度包络线 $\tau = \sigma\tan\phi_0 + c_0$，斜直线 2 为结构面强度包络线 $\tau_f = \sigma\tan\phi_j + C_j$，由受力状态 (σ_1, σ_3) 绘出的莫尔应力圆上某一点代表岩体某一方向截面上的受力状态。根据莫尔强度理论，若应力圆上的点落在强度包络线之下时，则岩体不会沿该截面破坏。从图 4-20 可知，只有当结构面倾角 β 满足 $\beta_1 \leqslant \beta \leqslant \beta_2$ 时，岩体才能沿结构面破坏，但在 $\beta = 45° + \phi_0/2$ 的截面上与岩块强度包络线相切了，因此，岩体将沿该截面产生岩块剪断破坏，图 4-19(b)给出了这两种破坏的强度包络线。利用图 4-20 可方便地求得 β_1 和 β_2。

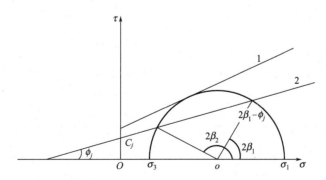

图 4-20 沿结构面破坏 β 的变化范围示意图

1—岩体强度曲线；2—结构面强度曲线

$$\frac{\frac{\sigma_1 - \sigma_3}{2}}{\sin\phi_j} = \frac{C_j \cot\phi_j + \frac{\sigma_1 + \sigma_3}{2}}{\sin(2\beta_1 - \phi_j)}$$

因为

简化整理后可求得：

$$\beta_1 = \frac{\phi_j}{2} + \frac{1}{2}\arcsin\left[\frac{(\sigma_1 + \sigma_3 + 2C_j\cot\phi_j)\sin\phi_j}{\sigma_1 - \sigma_3}\right] \tag{4-18}$$

同理可求得；

$$\beta_2 = 90 + \frac{\phi_j}{2} - \frac{1}{2}\arcsin\left[\frac{(\sigma_1 + \sigma_3 + 2C_j\cot\phi_j)\sin\phi_j}{\sigma_1 - \sigma_3}\right] \tag{4-19}$$

改写式(4-17)，可得到岩体的三轴压缩强度 σ_{1m} 为：

$$\sigma_{1m} = \sigma_3 + \frac{2(C_j + \sigma_3\cot\phi_j)}{(1 - \tan\phi_j\cot\beta)\sin 2\beta} \tag{4-20}$$

令 $\sigma_3 = 0$，则得到岩体的单轴压缩强度 σ_{mc} 为：

$$\sigma_{mc} = \frac{2C_j}{(1 - \tan\phi_j\cot\beta)\sin 2\beta} \tag{4-21}$$

当 $\beta = 45° + \phi_j/2$ 时，岩体强度取得最低值为：

$$(\sigma_1 - \sigma_3)_{\min} = \frac{2(C_j + \sigma_3\tan\phi_j)}{\sqrt{1 + \tan^2\phi_j} - \tan\phi_j} \tag{4-22}$$

根据以上单结构面理论，岩体强度呈现明显的各向异性特征。受结构面倾角 β 控制，如单一岩性的层状岩体，最大主应力 σ_1 与结构面垂直（$\beta = 90°$）时，岩体强度与结构面无关，此时，岩体强度与岩块强度接近；当 $\beta = 45° + \phi_j/2$ 时，岩体将沿结构面破坏，此时，岩体强度与结构面强度相等；当最大主应力 σ_1 与结构面平行（$\beta = 0$）时，岩体将产生拉张破坏，此时，岩体强度近似等于结构面抗拉强度。

如果岩体中含有两组以上结构面，且假定各组结构面具有相同的性质时，岩体强度的确定方法是分步运用单结构面理论式(4-17)，分别绘出每一组结构面单独存在时的强度包络线，这些包络线的最小包络线即为含多组结构面岩体的强度包络线，并可以此来确定岩体的强度。图 4-21 分别为含二、三组结构面的岩体，在不同围压 σ_3 下的强度包络线，图中 α 为各结构面间的夹角。

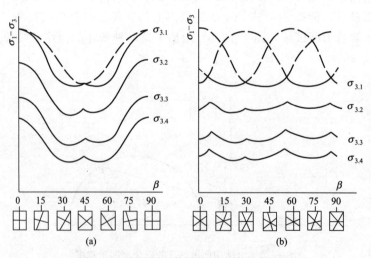

图 4-21　含不同组数结构面岩体强度曲线

由图 4-21 可知，随岩体内结构面组数的增加，岩体的强度特性越来越趋于各向同性。而岩体的整体强度却大大地削弱了，且多沿复合结构面破坏。说明结构面组数少时，岩体趋于各向异性体，随结构面组数增加，各向异性越来越不明显。Hoek 和 Brown（1980）认为，含四组以上结构面的岩体，其强度按各向同性处理是合理的。另外，岩体强度的各向异

性程度还受围压 σ_3 的影响，随着 σ_3 增高，岩体由各向异性体向各向同性体转化。一般认为当 σ_3 接近于岩体单轴抗压强度 σ_c 时，可视为各向同性体。

4.3.3 裂隙岩体强度的经验估算

岩体强度的确定是一个十分重要而又十分困难的问题，因为一方面岩体的强度是评价工程岩体稳定性的重要指标之一；另一方面，求取岩体强度的原位试验又十分费时、费钱，难以大量进行。因而所有工程都要求对岩体强度进行综合定量分析是不可能的，特别是对于中小型工程及其初级研究阶段，这样做既不经济，也无必要。因此，如何利用现场调查所得的地质资料及小试件室内试验资料，对岩体强度作出合理估计是岩体力学中的重要研究课题。

裂隙岩体一般是指发育的结构面组数多，且发育相对较密集的岩体，结构面多以硬性结构面（如节理、裂隙等）为主。岩体在这些结构面切割下较破碎。因此，可将裂隙岩体简化为各向同性的准连续介质。岩体强度可用经验方程来进行估算，即建立岩体强度与地质条件某些因素之间的经验关系，并在地质勘探和地质资料收集的基础上用经验方程对岩体强度参数进行估算。这方面国内外有不少学者（Hoek 和 Brown，1980、1988、1992；Bieniawski，1974；Choubeg，1989；等等）作出了许多有益的探索与研究，提出了许多经验方程。下面主要介绍 Hoek-Brown 经验方程。

Hoek 和 Brown（1980）根据岩体性质的理论与实践经验，依据试验资料导出了岩体的强度方程为：

$$\sigma_1 = \sigma_3 + \sqrt{m\sigma_c\sigma_3 + S\sigma_c^2} \tag{4-23}$$

式中，σ_1，σ_3 为破坏时的极限主应力；σ_c 为岩块的单轴抗压强度；m，S 为与岩性及结构面情况有关的常数，查表 4-5 可得。

表 4-5 岩体质量和经验常数 m、S 之间关系表（据 Hoek，1988）

$\sigma_1 = \sigma_s + \sqrt{m\sigma_c\sigma_3 + S\sigma_c^2}$ σ_1, σ_3 为破坏主应力	碳酸盐岩类，具有发育结晶解理，如白云岩、灰岩、大理岩	泥质岩类，如泥岩、粉砂岩、页岩、泥灰岩等	砂质岩石，微裂隙少，如砂岩、石英岩等	细粒火成岩，结晶好，如安山岩、辉绿岩、玄武岩、流纹岩等	粗粒火成岩及变质岩，如角闪岩、辉长岩、片麻岩、花岗岩、石英闪长岩等
完整岩体，无裂隙 RMR=100；Q=500	m=7.00 s=1.00	m=10.00 s=1.00	m=15.00 s=1.00	m=17.00 s=1.00	m=25.00 s=1.00
质量非常好的岩体，岩块镶嵌紧密，仅存在粗糙未风化节理，节理间距 1～3m RMR=85；Q=100	m=2.40 s=0.082	m=3.43 s=0.082	m=5.14 s=0.082	m=5.82 s=0.082	m=8.56 s=0.082
质量好的岩体，新鲜至微风化，节理轻微扰动，节理间距 1～3m RMR=65；Q=10	m=0.575 s=0.00293	m=0.821 s=0.00293	m=1.231 s=0.00293	m=1.359 s=0.00293	m=2.052 s=0.00293
质量中等的岩体，具有几组中等风化的节理，间距 0.3～1m RMR=44；Q=1.0	m=0.128 s=0.00009	m=0.183 s=0.00009	m=0.275 s=0.00009	m=0.311 s=0.00009	m=0.458 s=0.00009

续表

$\sigma_1 = \sigma_s + \sqrt{m\sigma_c\sigma_3 + S\sigma_c^2}$ σ_1, σ_3 为破坏主应力	碳酸盐岩类,具有发育结晶解理,如白云岩、灰岩、大理岩	泥质岩类,如泥岩、粉砂岩、页岩、泥灰岩等	砂质岩石,微裂隙少,如砂岩、石英岩等	细粒火成岩,结晶好,如安山岩、辉绿岩、玄武岩、流纹岩等	粗粒火成岩及变质岩,如角闪岩、辉长岩、片麻岩、花岗岩、石英闪长岩等
质量坏的岩体,具有大量夹泥的风化节理,间距 $0.3 \sim 0.5m$ $RMR=23; Q=0.1$	$m=0.029$ $s=0.000003$	$m=0.041$ $s=0.000003$	$m=0.061$ $s=0.000003$	$m=0.069$ $s=0.000003$	$m=0.102$ $s=0.000003$
质量非常坏的岩体,具大量严重风化节理,夹泥,间距小于 $0.5m$ $RMR=3; Q=0.01$	$m=0.007$ $s=0.0000001$	$m=0.010$ $s=0.0000001$	$m=0.015$ $s=0.0000001$	$m=0.017$ $s=0.0000001$	$m=0.025$ $s=0.0000001$

式(4-23)整体适合于完整岩体或破碎的节理岩体以及横切结构面产生的岩体破坏等,并把工程岩体在外载荷作用下表现出的复杂破坏,归结为拉张破坏和剪切破坏两种机制。将影响岩体强度特性的复杂因素,集中包含在 m、S 两个经验参数中,概念明确,便于工程应用。Hoek-Brown 经验方程提出后,得到了普遍关注和广泛应用。同时,在应用中也发现了一些不足,主要表现在:高应力条件下用式(4-23)确定的岩体强度比实际偏低,且 m、S 等参数的取值范围大,难以准确确定等。针对以上不足,Hoek 等人先后于 1983、1988 及 1992 年对式(4-23)和相关参数进行了修改,提出了广义的 Hoek-Brown 方程,即

$$\sigma_1 = \sigma_3 + \sigma_c(m_b\sigma_3/\sigma_c + S)^\alpha \tag{4-24}$$

式中,m_b、S、α 为与结构面情况及岩体质量和岩体结构有关的经验常数,查表 4-6 可得;其余符号意义同前。

表 4-6 广义 Hock-Brown 方程岩体经验常数 $\dfrac{m_b}{m_i}$、S、α 取值表（据 Hoek，1992）

$\sigma_1 = \sigma_3 + \sigma_c\left(\dfrac{m_b\sigma_3}{\sigma_c} + s\right)^\alpha$ σ_1, σ_3 为破坏主应力	岩体质量及结构面性状描述				
	岩体质量好,结构面粗糙,未风化	岩体质量较好,结构面粗糙,轻微风化,常呈铁锈色	岩体质量一般,结构面光滑,中等风化或发生蚀变	岩体质量较差,结构面强风化,上有擦痕,被致密的矿物薄膜覆盖或角砾状岩屑填充	岩体质量差,结构面强风化,上有擦痕,被黏土矿物薄膜覆盖或填充
块状岩体,有三组正交结构面切割成嵌固紧密、未受扰动的立方体状岩块	$\dfrac{m_b}{m_i}=0.6$ $s=0.19$ $\alpha=0.5$	$\dfrac{m_b}{m_i}=0.4$ $s=0.062$ $\alpha=0.5$	$\dfrac{m_b}{m_i}=0.4$ $s=0.062$ $\alpha=0.5$	$\dfrac{m_b}{m_i}=0.4$ $s=0.062$ $\alpha=0.5$	$\dfrac{m_b}{m_i}=0.4$ $s=0.062$ $\alpha=0.5$
碎块状岩体,四组或四组以上结构面切割成嵌固紧密、部分扰动的角砾状岩块	$\dfrac{m_b}{m_i}=0.4$ $s=0.062$ $\alpha=0.5$	$\dfrac{m_b}{m_i}=0.29$ $s=0.021$ $\alpha=0.5$	$\dfrac{m_b}{m_i}=0.16$ $s=0.003$ $\alpha=0.5$	$\dfrac{m_b}{m_i}=0.11$ $s=0.001$ $\alpha=0.5$	$\dfrac{m_b}{m_i}=0.07$ $s=0.00$ $\alpha=0.53$
块状、层岩体,褶皱或断裂的岩体,受多组结构面切割而形成角砾状岩块	$\dfrac{m_b}{m_i}=0.24$ $s=0.012$ $\alpha=0.5$	$\dfrac{m_b}{m_i}=0.17$ $s=0.004$ $\alpha=0.5$	$\dfrac{m_b}{m_i}=0.12$ $s=0.001$ $\alpha=0.5$	$\dfrac{m_b}{m_i}=0.08$ $s=0.00$ $\alpha=0.5$	$\dfrac{m_b}{m_i}=0.4$ $s=0.00$ $\alpha=0.55$

$\sigma_1 = \sigma_3 + \sigma_c\left(\dfrac{m_b\sigma_3}{\sigma_c}+s\right)^a$ σ_1,σ_3 为破坏主应力	岩体质量及结构面性状描述				
	岩体质量好,结构面粗糙,未风化	岩体质量较好,结构面粗糙,轻微风化,常呈铁锈色	岩体质量一般,结构面光滑,中等风化或发生蚀变	岩体质量较差,结构面强风化,上有擦痕,被致密的矿物薄膜覆盖或角砾状岩屑填充	岩体质量差,结构面强风化,上有擦痕,被黏土矿物薄膜覆盖或填充
破碎岩体,由角砾岩和磨圆度较好的岩块组成的极度破碎岩体,岩块间嵌固松散	$\dfrac{m_b}{m_i}=0.17$ $s=0.004$ $\alpha=0.5$	$\dfrac{m_b}{m_i}=0.12$ $s=0.001$ $\alpha=0.5$	$\dfrac{m_b}{m_i}=0.08$ $s=0.00$ $\alpha=0.5$	$\dfrac{m_b}{m_i}=0.06$ $s=0.00$ $\alpha=0.55$	$\dfrac{m_b}{m_i}=0.04$ $s=0.00$ $\alpha=0.6$
备　注	m_i 为均质岩块的经验常数 m 的值				

由式(4-24)，令 $\sigma_3=0$，可得岩体的单轴抗压强度 σ_{mc}：

$$\sigma_{mc}=\sigma_c S^\alpha \tag{4-25}$$

对完整岩体来说 $S=1$，则 $\sigma_{mc}=\sigma_c$，即为岩块的抗压强度；对于裂隙岩体来说，必有 $S<1$。

对完全破碎的岩体来说，$S=0$，有

$$\sigma_1=\sigma_3+\sigma_c\left(m_b\frac{\sigma_3}{\sigma_c}\right)^\alpha \tag{4-26}$$

令 $\sigma_1=0$，从式(4-24)可解得岩体的单轴抗拉强度 σ_{mt}：

$$\sigma_{mt}=\sigma_c\left[m_b-(m_b^2+4s)^\alpha\right]/2 \tag{4-27}$$

利用式(4-24)～式(4-27)和表 4-6 即可对裂隙化岩体的强度 σ_{1m}、单轴抗压强度 σ_{mc} 及单轴抗拉强度 σ_{mt} 进行估算。进行估算时，需先通过工程地质调查，得出工程所在部位的岩体质量类型、岩石类型及岩块单轴抗压强度 σ_c。

Priest 和 Brown 等人还将岩体分类值 RMR 值与 m、S 联系起来，提出了计算 m、S 的公式如下。

对未扰动岩体：

$$\frac{m}{m_i}=e^{(\text{RMR}-100/14)} \tag{4-28}$$

$$s=e^{(\text{RMR}-100/6)} \tag{4-29}$$

对扰动岩体：

$$\frac{m}{m_i}=e^{(\text{RMR}-100/28)} \tag{4-30}$$

$$s=e^{(\text{RMR}-100/9)} \tag{4-31}$$

关于 m，S 的物理意义，Hoek（1983）曾指出：m 与库仑-莫尔判据中的内摩擦角 ϕ 非常类似，而 S 则相当于内聚力 c 值。若如此，据 Hoek-Brown 提供的常数如表 4-5 所示，m 最大为 25，显然这时用式(4-23)估算的岩体强度偏低，特别是在低围压下及较坚硬完整的岩体条件下，估算的强度明显偏低。但对于受构造变动扰动改造及结构面较发育的裂隙化岩体，Hoek（1987）认为用这一方法估算是合理的。

除此之外，还可利用室内和现场测得的岩块与岩体纵波速度来估算岩体强度如下：

$$\sigma_{mc}=k\sigma_c \tag{4-32}$$

$$k = \left(\frac{v_{mp}}{v_{rp}}\right)^2 \tag{4-33}$$

式中，σ_{mc}，σ_c 分别为岩体和岩块的单轴抗压强度；k 为岩体的完整性系数；v_{rp}、v_{mp} 分别为岩块和岩体的纵波速度

这种方法实质上是用某种简单的试验指标来修正岩块强度，作为岩体强度的估算值。实际上，节理裂隙等结构面的存在削弱了岩体的完整性，降低了岩体强度，反映在声波速度上则表现为结构面越发育，岩体的纵波速度越低，而小试件的岩块因含裂隙少，纵波速度比岩体大。因此，可用两者的比值来反映岩体裂隙的发育程度，进而间接反映岩体的强度。

4.4 岩体的动力学性质

岩体的动力学性质是岩体在动载荷作用下所表现出来的性质，包括岩体中弹性波的传播规律及岩体动力变形与强度性质。岩体的动力学性质在岩体工程动力稳定性评价中具有重要意义。同时岩体动力学性质的研究还可为岩体各种物理力学参数的动测法提供理论依据。

4.4.1 岩体中弹性波的传播规律

当岩体（岩块）受到振动、冲击或爆破作用时，各种不同动力特性的应力波将在岩体（岩块）中传播，当应力值较高（相对岩体强度而言）时，岩体中可能出现塑性波和冲击波；而当应力值较低时，则只产生弹性波。这些波在岩体内传播的过程中，弹性波的传播速度比塑性波的大，且传播的距离远；而塑性波和冲击波传播慢，且只在振源附近才能观察到。弹性波的传播也称为声波的传播，在岩体内部传播的弹性波称为体波，而沿着岩体表面或内部不连续面传播的弹性波称为面波。体波又分为纵波（P波）和横渡（S波）。纵波又称为压缩波，波的传播方向与质点振动方向一致；横波又称为剪切波，其传播方向与质点振动方向垂直。面波又有瑞利波（R波）和勒夫波（Q波）等。

根据波动理论，传播于连续、均匀、各向同性弹性介质中的纵波速度 v_p 和横波速度 v_s 可表示为：

$$v_p = \sqrt{\frac{E_d(1-\mu_d)}{\rho(1+\mu_d)(1-2\mu_d)}} \tag{4-34}$$

$$v_s = \sqrt{\frac{E_d}{2\rho(1+\mu_d)}} \tag{4-35}$$

式中，E_d 为动弹性模量；μ_d 为动泊松比；ρ 为介质密度。

由式(4-34)和式(4-35)可知：弹性波在介质中的传播速度仅与介质密度 ρ 及其动力变形参数 E_d，μ_d 有关。这样可以通过测定岩体中的弹性波速来确定岩体的动力变形参数。比较式(4-34)和式(4-35)可知：$v_p > v_s$，即纵波先于横波到达。

由于岩性、建造组合和结构面发育特征以及岩体应力等情况的不同，将影响到弹性波在岩体中的传播速度。不同岩性岩体中弹性波速度不同，一般来说，岩体愈致密坚硬，波速愈大；反之，则愈小。岩性相同的岩体，弹性波速度与结构面特征密切相关。一般来说，弹性波穿过结构面时，一方面引起波动能量消耗，特别是穿过泥质等填充的软弱结构面时，由于其塑性变形能容易被吸收，波衰减较快；另一方面，产生能量弥散现象。所以，结构面对弹性波的传播起隔波或导波作用，致使沿结构面传播速度大于垂直结构面传播的速度，造成波速及波动特性的各向异性。

此外，应力状态、地下水及地温等地质环境因素对弹性波的传播也有明显的影响。一般来说，在压应力作用下，波速随应力增加而增加，波幅衰减少；反之，在拉应力作用下，则波速降低，衰减增大。由于在水中的弹性波速是在空气中的 5 倍，因此，随岩体中含水量的增加也将导致弹性波速增加；温度的影响则比较复杂，一般来说，当岩体处于正温时，波速随温度增高而降低，处于负温时则相反。

4.4.2 岩体中弹性波速度的测定

在现场通常应用声波法和地震法实测岩体的弹性波速度。声波法的原理如图 4-22 所示，选择代表性测线，布置测点和安装声波仪。测点可布置在岩体表面或钻孔内。测试时，通过声波发射仪的触发电路发生正弦脉冲，经发射换能器向岩体内发射声波，声波在岩体中传播并为接收换能器所接收，经放大器放大后由计时系统所记录，测得纵、横波在岩体中传播的时间 Δt_p、Δt_s。由下式计算岩体的纵波速度 v_{mp} 和横波速度 v_{ms}：

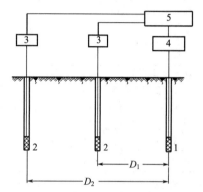

$$v_{mp} = \frac{D_2}{\Delta t_p} \tag{4-36}$$

$$v_{ms} = \frac{D_2}{\Delta t_s} \tag{4-37}$$

图 4-22 声波速度测试原理图
1—发射换能器；2—接收换能器；
3—放大器；4—声波发射仪；
5—计时器

式中，D_2 为声波发射点与接收点之间的距离。

声波法也可用于室内测定岩块试件的纵、横波速度。其方法原理与现场测试一致，把发射换能器和接收换能器紧贴在试件两端。由于试件长度短，为提高其测量精度，应使用高频换能器（频率一般为 50kHz～1.5MHz）。

表 4-7 为常见岩石、岩块的纵、横波速度和动力变形参数；表 4-8 为常见岩体不同结构面发育条件下的纵、横波速度。从这些资料可知：岩块的纵、横波速度大于岩体的纵、横波速度；且岩体中结构面发育情况及风化程度不同时，其纵波速度也不同，一般来说，波速随结构面密度增大、风化加剧而降低。因此，工程上常用岩体的纵波速度 v_{mp} 和岩块的纵波速度 v_{rp} 之比的平方来表示岩体的完整性。

表 4-7 主要岩石岩块的弹性波速度和动力变形参数

岩石名称	密度/(g/cm²)	纵波速度/(m/s)	横波速度/(m/s)	动弹性模量/GPa	动泊松比/μ_d
玄武岩	2.60～3.30	4570～7500	3050～4500	53.1～162.8	0.1～0.22
安山岩	2.70～3.10	4200～5600	2500～3300	41.4～83.3	0.22～0.23
闪长岩	2.52～2.70	5700～6450	2793～3800	52.8～96.2	0.23～0.34
花岗岩	2.52～2.96	4500～6500	2370～3800	37.0～106.0	0.24～0.31
辉长岩	2.55～2.98	5300～6560	3200～4000	63.4～114.8	0.20～0.21
纯橄榄岩	3.28	6500～7980	4080～4800	128.3～183.8	0.17～0.22
石英粗面岩	2.30～2.77	3000～5300	1800～3100	18.2～66.0	0.22～0.24
辉绿岩	2.53～2.97	5200～5800	3100～3500	59.5～88.3	0.21～0.22
流纹岩	1.97～2.61	4800～6900	2900～4100	40.2～107.7	0.21～0.23
石英岩	2.56～2.96	3030～5610	1800～3200	20.4～76.3	0.23～0.26

岩石名称	密度/(g/cm²)	纵波速度/(m/s)	横波速度/(m/s)	动弹性模量/GPa	动泊松比/μ_d
片岩	2.65~2.96	5800~6420	3500~3800	78.8~106.6	0.21~0.23
片麻岩	2.65~3.00	6000~6700	3500~4000	76.0~129.1	0.22~0.24
板岩	2.55~2.60	3650~4450	2160~2860	29.3~48.8	0.15~0.23
大理岩	2.68~2.72	5800~7300	3500~4700	79.7~137.7	0.15~0.21
千枚岩	2.71~2.86	2800~5200	1800~3200	20.2~70.0	0.15~0.20
砂岩	2.61~2.70	1500~4000	915~2400	5.3~37.9	0.20~0.22
页岩	2.30~2.65	1330~1970	780~2300	3.4~35.0	0.23~0.25
石灰岩	2.30~2.90	2500~6000	1450~3500	12.1~88.3	0.24~0.25
硅质灰岩	2.81~2.90	4400~4800	2600~3000	46.8~61.7	0.18~0.23
泥质灰岩	2.25~2.35	2000~3500	1200~2200	7.9~26.6	0.17~0.22
白云岩	2.80~3.00	2500~6000	1500~3600	15.4~94.8	0.22
砾岩	1.70~2.90	1500~2500	900~1500	3.4~16.0	0.19~0.22
混凝土	2.40~2.70	2000~4560	1250~2760	8.8~49.8	0.18~0.21

表 4-8　常见岩体的纵波速度（m/s）（据唐大雄等，1987）

成因及地质年代	岩 石 名 称	裂隙少,未风化的新鲜岩体	裂隙多,破碎,胶结差,微风化	破碎带,节理密集软弱,胶结差,风化显著
古生代及中生代的岩浆岩、变质岩和坚硬的沉积岩	玄武岩、花岗岩、辉绿岩、流纹岩、蛇纹岩、结晶片岩、千枚岩、片麻岩、板岩、砂岩、砾岩、石灰岩	5500~4500	4500~4000	4000~2400
古生代及中生代地层	片理显著的变质岩,片理发育的古生代及中生代地层		4600~4000	4000~3100
中生代火山喷出岩地层,早第三纪地层	页岩、砂岩、角砾凝灰岩、流纹岩、安山岩、硅化页岩、硅化砂岩、火山质凝灰岩	5000~4000	4000~3100	3100~1500
第三纪地层	泥岩、页岩、砂者、砾岩、凝灰岩、角砾凝灰岩、凝灰熔岩	4000~1300	3100~2200	2200~1500
新第三纪地层及第四纪火山喷出岩	泥岩、砂岩、粉砂岩、砂砾岩、凝灰岩		2400~2000	2000~1500

4.4.3　岩体的动力变形与强度参数

4.4.3.1　动力变形参数

反映岩体动力变形性质的参数通常有：动弹性模量和动泊松比及动剪切模量。这些参数均可通过声波测试资料求得，即由式(4-34)和式(4-35)得：

$$E_d = v_{mp}^2 \rho \frac{(1+\mu_d)(1-2\mu_d)}{1-\mu_d} \tag{4-38}$$

或

$$E_d = 2v_{ms}^2 \rho (1+\mu_d) \tag{4-39}$$

$$\mu_d = \frac{v_{mp}^2 - 2v_{ms}^2}{2(v_{mp}^2 - v_{ms}^2)} \tag{4-40}$$

$$G_d = \frac{E_d}{2(1+\mu_d)} = v_{ms}^2 \rho \tag{4-41}$$

式中，E_d，G_d 为岩体的动弹性模量和动剪切模量，GPa；μ_d 为动泊松比；ρ 为岩体密度，g/cm^3；v_{mp}，v_{ms} 为岩体纵波速度与横波速度，km/s。

利用声波法测定岩体动力学参数的优点是：不扰动被测岩体的天然结构和应力状态，测定方法简便，省时省力，能在岩体中各个部位广泛进行。

表 4-9 列出了各类岩体的动弹性模量和动泊松比试验值；各类岩体完整岩块的动弹性模量和动泊松比参见表 4-7。

表 4-9　常见岩体动弹性模量 E_d 和动泊松比 μ_d 参考值（据唐大雄等，1987）

岩 体 名 称	特　征	$E_d/10^3$MPa	μ_d
花岗岩	新鲜	33.0～65.0	0.20～0.33
	半风化	7.0～21.8	0.18～0.33
	全风化	1.0～11.0	0.35～0.40
石英闪长岩	新鲜	55.0～88.0	0.28～0.33
	微风化	38.0～64.0	0.24～0.28
	半风化	4.5～11.0	0.23～0.33
安山岩	新鲜	12.0～19.0	0.28～0.33
	半风化	3.6～9.7	0.26～0.44
玢岩	新鲜	34.7～39.7	0.28～0.29
	半风化	3.5～20.0	0.24～0.4
	全风化	2.4	0.39
玄武岩	新鲜	34.0～38.0	0.25～0.30
	半风化	6.1～7.6	0.27～0.33
	全风化	2.6	0.27
砂岩	新鲜	20.6～44.0	0.18～0.28
	半风化至全风化	1.1～4.5	0.27～0.36
	裂隙发育	12.5～19.5	0.26～0.4
页岩	砂质、裂隙发育	0.81～7.14	0.17～0.36
	岩体破碎	0.51～2.50	0.24～0.45
	碳质	3.2～15.0	0.38～0.43
石灰岩	新鲜、微风化	25.8～54.8	0.20～0.39
	半风化	9.0～28.0	0.21～0.41
	全风化	1.48～7.30	0.27～0.35
泥质灰岩	新鲜，微风化	8.6～52.5	0.18～0.39
	半风化	13.1～24.8	0.27～0.37
	全风化	7.2	0.29
片麻岩	新鲜，微风化	22.0～35.4	0.24～0.35
	片麻理发育	11.5～15.0	0.33
	全风化	0.3～0.85	0.46
板岩		12.6～23.2	0.27～0.33
	硅质	3.7～9.7	0.25～0.36
		5.0～5.5	0.25～0.29
角闪片岩	新鲜致密坚硬	45.0～65.0	0.18～0.26
	裂隙发育	9.8～11.6	0.29～0.31
石英岩	裂隙发育	18.9～23.4	0.21～0.26
大理岩	新鲜坚硬	47.2～66.9	0.28～0.35
	半风化，裂隙发育	14.4～35.0	0.28～0.35

从大量的试验资料可知：不论是岩体还是岩块，其动弹性模量都普遍大于静弹性模量，两者的比值 E_d/E_{me}，对于坚硬完整岩体为 1.2～2.0；而对风化、裂隙发育的岩体和软弱岩体，E_d/E_{me} 较大，一般为 1.5～10.0，大者可超过 20.0。表 4-10 给出了几种岩体的 E_d/E_{me}。造成这种现象的原因可能有以下几方面：①静力法采用的最大应力大部分在 1.0～10.0MPa 之间，少数则更大，变形量常以毫米计，而动力法的作用应力则约为 10^{-4}MPa 量级，引起的变形量微小，因此静力法必然会测得较大的不可逆变形，而动力法则测不到这种变形；②静力法持续的时间较长；③静力法扰动了岩体的天然结构和应力状态。然而，由于静力法试验时，岩体的受力情况接近于工程岩体的实际受力状态，故在实践应用中，除某些特殊情况外，多数工程仍以静力变形参数为主要设计依据。

表 4-10 几种岩体动、静弹性模量比较表

岩石名称	静弹性模量 E_{me} /GPa	动弹性模量 E_d /GPa	E_d/E_{me}	岩石名称	静弹性模量 E_{me} /GPa	动弹性模量 E_d /GPa	E_d/E_{me}
花岗岩	25.0～40.0	33.0～65.0	1.32～1.63	大理岩	26.6	47.2～66.9	1.77～2.59
玄武岩	3.7～38.0	6.1～38	1.0～1.65	石灰岩	3.93～39.6	31.6～54.8	13.8～8.04
安山岩	4.8～10.0	6.11～45.8	1.27～4.58	砂岩	0.95～19.2	20.6～44.0	2.29～21.68
辉绿岩	14.8	49.0～74.0	3.31～5.00	中粒砂岩	1.0～2.8	2.3～14.0	2.3～5.0
闪长岩	1.5～60.0	8.0～76.0	1.27～5.33	细粒砂岩	1.3～3.6	20.9～36.5	10.0～6.07
石英片岩	24.0～47.0	66.0～89.0	1.89～2.75	页岩	0.66～5.00	6.75～7.14	1.43～10.2
片麻岩	13.0～40.0	22.0～35.4	0.89～1.69	千枚岩	9.80～14.5	28.0～47.0	2.86～3.2

由于原位变形试验费时、费钱，这时可通过动、静弹性模量间关系的研究，来确定岩体的静弹性模量。如有人提出用如下经验公式来求 E_{me}：

$$E_{me} = jE_d \tag{4-42}$$

式中，j 为折减系数；可据岩体完整性系数 K_v，查表 4-11 求取；E_{me} 为岩体静弹性模量。

表 4-11 K_v 与 j 的关系

K_v	1.0～0.9	0.9～0.8	0.8～0.7	0.7～0.65	<0.65
j	1.0～0.75	0.75～0.45	0.45～0.25	0.25～0.2	0.2～0.1

此外还有人企图通过建立 E_{me} 与 v_{mp} 之间的经验关系来确定岩体的 E_{me}。

4.4.3.2 动力强度参数

在进行岩石力学试验时，施加在岩石上的载荷并非完全静止的。从这个意义上讲，静态加载和动态加载没有根本的区别，而仅仅是加载速率的范围不同。一般认为，当加载速率在应变率为 $10^{-4}～10^{-6}s^{-1}$ 范围时，均属于准静态加载。大于这一范围，则是动态加载。

试验研究表明，动态加载下岩石的强度比静态加载时的强度高。这实际上是一个时间效应问题，在加载速率缓慢时，岩石中的塑性变形得以充分发展，反映出强度较低；反之，在动态加载下，塑性变形来不及发展，则反映出较高的强度。特别是在爆破等冲击载荷作用下，岩体强度提高尤为明显。表 4-12 给出了几种岩石在不同载荷速率下的强度值。有资料表明，在冲击载荷下岩石的动抗压强度约为静抗压强度的 1.2～2.0 倍。

表 4-12　几种岩石在不同载荷速率下的抗压强度

试　样	载荷速率/(MPa/s)	抗压强度/MPa	强　度　比
水泥砂浆	9.8×10^{-2}	37.0	1.0
	3.4	44.0	1.2
	3.0×10^5	53.0	1.5
砂岩	9.8×10^{-2}	37.0	1.0
	1.9	40.0	1.1
	3.8×10^5	57.0	1.6
大理岩	9.8×10^{-2}	80.0	1.0
	3.2	86.0	1.1
	10.6×10^5	140.0	1.8

对于岩体来说，目前由于动强度试验方法不很成熟，试验资料也很少。因而有些研究者试图用声波速度或动变形参数等资料来确定岩体的强度。如王思敬等人提出用如下的经验公式来计算岩体的准抗压强度 R_m：

$$R_m = \left(\frac{v_{mp}}{v_{rp}}\right)^3 \sigma_c \tag{4-43}$$

式中，v_{mp}，v_{rp} 分别为岩体和岩块的纵波速度，m/s；σ_c 为岩块的单轴抗压强度，MPa。

4.5　岩体的水力学性质

岩体的水力学性质是岩体力学性质的一个重要方面，它是指岩体的渗透特性及在渗流作用下所表现出来的性质，岩体的水力学性质主要通过渗透水流起作用。在渗透水流作用下岩体的物理力学性质等都会产生变化，进而影响工程岩体的稳定性。

岩体的渗透特性与土体有很大的差别。一般来说，岩体中的渗透水流主要通过裂隙进行，即以裂隙导水，岩石孔隙和微裂隙储水为特征，同时，具有明显的各向异性和非均质性。一般认为，岩体中的渗流仍可用达西定律近似表示，但对岩溶管道流来说，一般属紊流，不符合达西定律。

岩体是由岩块与结构面网络组成的，相对结构面来说，岩块的透水性很微弱，常可忽略。因此，岩体的水力学特性与岩体中结构面的组数、方向、粗糙起伏度、张开度及胶结填充特征等因素直接相关；同时，还受到岩体应力状态及水流特征的影响。在研究裂隙岩体水力学特征时，以上诸多因素不可能全部考虑到。往往先从最简单的单个结构面开始研究，而且只考虑平直光滑无填充时的情况，然后根据结构面的连通性、粗糙起伏及填充等情况进行适当的修正。对于含多组结构面的岩体水力学特征则比较复杂。目前研究这一问题的趋势：一是用等效连续介质模型来研究，认为裂隙岩体是由空隙性差而导水性强的结构面系统和导水性弱的岩块孔隙系统构成的双重连续介质，裂隙孔隙的大小和位置的差别均不予考虑；二是忽略岩块的孔隙系统，把岩体看成为单纯的按几何规律分布的裂隙介质，用裂隙水力学参数或几何参数（结构面方位、密度和张开度等）来表征裂隙岩体的渗透空间结构。所以裂隙大小、形状和位置都在考虑之列。目前，针对这两种模型都进行了一定程度的研究，提出了相应的渗流方程及水力学参数的计算方法。在研究中还引进了张量法、线素法、有限单元及水电模拟等方法。本节将以单个结构面的水力特征为基础。讨论岩体的渗透性及其水力学作用效应。

4.5.1 单个结构面的水力特征

如图 4-23 所示，设结构面为一平直光滑无限延伸的面，张开度 e 各处相等。取如图的 xOy 坐标系，水流沿结构面延伸方向流动，当忽略岩块渗透性时，则稳定流情况下各水层间的剪应力 τ 和静水压力 p 之间的关系，由水力平衡条件为：

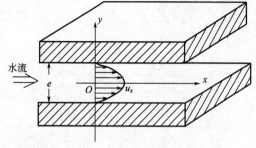

图 4-23　平直光滑结构面的水力学模型

$$\frac{\partial \tau}{\partial y} = \frac{\partial p}{\partial x} \tag{4-44}$$

根据牛顿黏滞定律：

$$\tau = \eta \frac{\partial u_x}{\partial y} \tag{4-45}$$

由式（4-44）和式（4-45）可得：

$$\frac{\partial^2 u_x}{\partial y^2} = \frac{1}{\eta} \frac{\partial p}{\partial x} \tag{4-46}$$

式中，u_x 为沿 x 方向的水流速度；η 为水的动力黏滞系数，0.1Pa·s。

式（4-46）的边界条件为：

$$\left. \begin{array}{l} u_x = 0, y = \pm \dfrac{e}{2} \\[3mm] \dfrac{\partial u_x}{\partial y} = 0, y = 0 \end{array} \right\} \tag{4-47}$$

若 e 很小，则可忽略 p 在 y 方向上的变化，用分离变量法求解方程式（4-46），可得：

$$u_x = -\frac{e^2}{8\eta} \frac{\partial p}{\partial x} \left(1 - \frac{4y^2}{e^2}\right) \tag{4-48}$$

从式（4-48）可知：水流速度在断面上呈二次抛物线分布，并在 $y = 0$ 处取得最大值。其截面平均流速 $\overline{u_x}$ 为：

$$\overline{u_x} = \frac{\displaystyle\int_{-e/2}^{e/2} u_x \mathrm{d}y}{e} = \frac{\displaystyle\int_{-e/2}^{e/2} \frac{e^2}{8\eta} \frac{\partial p}{\partial x} \left(1 - \frac{4y^2}{e^2}\right) \mathrm{d}y}{e}$$

解得：

$$\overline{u_x} = -\frac{e^2}{12\eta} \frac{\partial p}{\partial x} \tag{4-49}$$

静水压力 p 和水力梯度 J 可以写为：

$$\left. \begin{array}{l} p = \rho_w g h \\[2mm] J = \dfrac{\Delta h}{\Delta x} \end{array} \right\} \tag{4-50}$$

式中，ρ_w 为水的密度；Δh 为水头差；h 为水头高度。

将式（4-50）代入式（4-49）得：

$$\overline{u_x} = -\frac{e^2 g \rho_w}{12\eta} J = -K_f J \tag{4-51}$$

$$K_f = \frac{g e^2}{12 v} \tag{4-52}$$

式中，v 为水的运动黏滞系数，cm^2/s，$v = \dfrac{\eta}{\rho_w}$。

以上是按平直光滑无填充贯通结构面导出的，但实际上岩体中的结构面往往是粗糙起伏的和非贯通的，并常有填充物阻塞。为此，路易斯（Louis，1974）提出了如下的修正式：

$$\overline{u_x} = -\frac{K_2 g e^2}{12 v c} J = -K_f J \qquad (4\text{-}53)$$

$$K_f = \frac{K_2 g e^2}{12 v c} \qquad (4\text{-}54)$$

式中，K_2 为结构面的面连续性系数，指结构面连通面积与总面积之比；c 为结构面的相对粗糙修正系数：

$$c = 1 + 8.8 \left(\frac{h}{2e}\right)^{1.5} \qquad (4\text{-}55)$$

式中，h 为结构面起伏差。

4.5.2　裂隙岩体的水力特征

4.5.2.1　含一组结构面岩体的渗透性能

当岩体中含有一组结构面时，如图 4-24 所示，设结构面的张开度为 e，间距为 S，渗透系数为 K_f，岩块的渗透系数为 K_m。将结构面内的水流平摊到岩体中去，可得到顺结构面走向方向的等效渗透系数 K 为：

$$K = \frac{e}{S} K_f + K_m \qquad (4\text{-}56)$$

实际上岩块的渗透性要比结构面弱得多，因此常可将 K_m 忽略，这时岩体的渗透系数 K 为：

$$K = \frac{e}{S} K_f = \frac{K_2 g e^3}{12 v S c} \qquad (4\text{-}57)$$

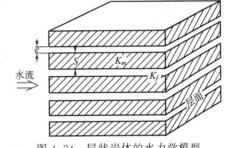

图 4-24　层状岩体的水力学模型

4.5.2.2　含多组结构面岩体的渗透性能

（1）结构面的连通网络特征　在岩体裂隙水调查中发现，岩体中的结构面有的含水，有的不含水，还有一些则含水不透水或透水不含水。因此从透水性和含水性角度出发，可将结构面分为连通的和不连通的结构面。前者是指与地表或含水体相互连通的结构面，或者不同组结构面交切组合而成的通道，一旦与地表或浅部含水体相连通，必然构成地下水的渗流通道，且自身也会含水。不连通的结构面是指与地表或含水体不相通，终止于岩体内部的结构面，这类结构面是不含水的，也构不成渗流通道，或者即使含水也不参与渗流循环交替。因此，在进行岩体渗流分析时，有必要区分这两类不同水文地质意义的网络系统，即连通网络系统和不连通网络系统。

结构面网络连通特征的研究，可在结构面网络模拟的基础上，借助计算机搜索出一定范围内的连通结构面网络图。其步骤如下：①找出直接与边界连通的结构面；②找出与边界面连通的结构面交切的结构面及交点位置，然后从交点出发寻找次一级交切点及更次一级的交切点，如此循环往复，直至另一边界面为止。在搜索过程中，将那些不与上述结构面交切和终止于岩体内部的结构面自动排除在外；由计算机绘出排除所有不连通结构面后的网络图，即结构面连通网络图。图 4-25 是生成连通网络图的一个实例，通过结构面连通网络图可找出岩体的主渗方向及起主要渗流作用的结构面组。

（2）岩体的渗透性能　岩体中含有多组（如 3 组）相互连通的结构面时，设各组结构面有固定的间距 S 和张开度 e，而不同组结构面的间距和张开度可以不同，且各组结构面内的水流相互不干扰。在以上假设条件下，罗姆（Romm，1966）认为，岩体中水的渗流速度矢量 $\boldsymbol{v}$ 是各结构面组平均渗流速度矢量 $\boldsymbol{u}_i$ 之和，即

$$\boldsymbol{v} = \sum_{i=1}^{n} \frac{e_i}{S_i} \boldsymbol{u}_i \qquad (4\text{-}58)$$

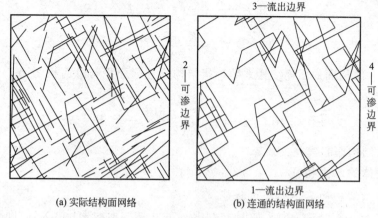

(a) 实际结构面网络   (b) 连通的结构面网络

图 4-25 连通网络实例

式中，e_i 和 S_i 分别为第 i 组结构面的张开度和间距。

按单个结构面的水力特征式(4-53)，第 i 组结构面内的断面平均流速矢量为：

$$\overline{u_i}=\frac{K_{2i}e_i{}^2g}{12vc_i}(\boldsymbol{J}\cdot\boldsymbol{m}_i)\boldsymbol{m}_i \tag{4-59}$$

式中，$\boldsymbol{m}_i$ 为水力梯度矢量 $\boldsymbol{J}$ 在第 i 组结构面上的单位矢量。

将式(4-59) 代入式(4-58) 得：

$$\boldsymbol{v}=-\sum_{i=1}^{n}\frac{K_{2i}e_i{}^3g}{12vS_ic_i}(\boldsymbol{J}\cdot\boldsymbol{m}_i)\boldsymbol{m}_i=-\sum_{i=1}^{n}K_{fi}(\boldsymbol{J}\cdot\boldsymbol{m}_i)\boldsymbol{m}_i \tag{4-60}$$

设裂隙面法线方向的单位矢量为 $\boldsymbol{n}_i$，则

$$\boldsymbol{J}=(\boldsymbol{J}\cdot\boldsymbol{m}_i)\boldsymbol{m}_i+(\boldsymbol{J}\cdot\boldsymbol{n}_i)\boldsymbol{n}_i \tag{4-61}$$

令 $\boldsymbol{n}_i$ 的方向余弦为 a_{1i}，a_{2i}，a_{3i}，并将式(4-61) 代入式(4-60)，经整理可得岩体的渗透张量为：

$$|K|=\begin{vmatrix} \sum\limits_{i=1}^{n}K_{fi}(1-a_{1i}{}^2) & -\sum\limits_{i=1}^{n}K_{fi}a_{1i}a_{2i} & -\sum\limits_{i=1}^{n}K_{fi}a_{1i}a_{3i} \\ -\sum\limits_{i=1}^{n}K_{fi}a_{2i}a_{1i} & \sum\limits_{i=1}^{n}K_{fi}(1-a_{2i}{}^2) & -\sum\limits_{i=1}^{n}K_{fi}a_{2i}a_{3i} \\ -\sum\limits_{i=1}^{n}K_{fi}a_{3i}a_{1i} & -\sum\limits_{i=1}^{n}K_{fi}a_{3i}a_{2i} & \sum\limits_{i=1}^{n}K_{fi}(1-a_{3i}{}^2) \end{vmatrix} \tag{4-62}$$

由实测资料统计求得各组结构面的产状及结构面间距、张开度等数据后，可由式(4-62)求得岩体的渗透张量。由于反映结构面特征的各种参数都具有某种随机性，因此必须在大量实测资料统计的基础上才能确定。这时，统计样本的数量和统计方法的准确性都将影响其计算结果的准确性。

4.5.2.3 岩体渗透系数测试

岩体渗透系数是反映岩体水力学特性的核心参数。渗透系数的确定一方面可用上述结构面网络连通特性分析及其渗透系数公式进行计算；另一方面可用现场水文地质试验测定，主要有压水试验和抽水试验等方法。一般认为，抽水试验是测定岩体渗透系数比较理想的方法，但它只能用于地下水位以下的情况，地下水位以上的岩体可用压水试验来测定其渗透系数。

（1）压水试验　钻孔压水试验是测定裂隙岩体的单位吸水量，以其换算求出渗透系数，并用以说明裂隙岩体的透水性和裂隙性及其随深度的变化情况。单孔压水试验如图 4-26 所示，试验时在钻孔中安置止水栓塞，将试验段与钻孔其余部分隔开。隔开试验段的方法有单塞法和双塞法两种，通常采用单塞法，这时止水塞与孔底之间为试验段。然后再用水泵向试验段压水，迫使水流进入岩体内。当试验压力达到指定值 p 后保持 $5\sim10min$ 后，测得耗水量 $Q(L/min)$。设试验段长度为 $L(m)$，则岩体的单位吸水量 $\omega[L/(min\cdot m\cdot m)]$ 为：

$$\omega=Q/Lp \tag{4-63}$$

岩体的渗透系数按巴布什金经验公式为：

$$K=0.528\omega\lg\frac{aL}{r_0} \tag{4-64}$$

上两式中，p 为试验压力，用压力水头表示，m；r_0 为钻孔半径；a 为与试验段位置有关的系数，当试验段底至隔水层的距离大于 L 时用 0.66，反之用 1.32。

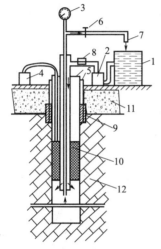

图 4-26　单孔压水试验装置图
1—水箱；2—水泵；3—压力表；4—气泵；
5—套管；6—调压计；7—回水管；8—流
量计；9—黏土；10—止水栓塞；
11—砂砾层；12—裂隙岩体

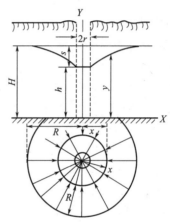

图 4-27　抽水试验示意图

单孔压水试验的主要缺点在于：确定钻孔方向时未考虑结构面方位，也就无法考虑渗透性的各向异性。因此，有人建议采用改进后的单孔法及三段试验法等方法进行。

（2）抽水试验　抽水试验是在现场打钻孔并下抽水管，自孔中抽水，使地下水位下降，并在一定范围内形成降落漏斗（图 4-27）。当孔中水位稳定不变后，降落漏斗渐趋稳定。此时漏斗所达到的范围，即为抽水影响范围。井壁至影响范围边界的距离称为影响半径。根据抽水试验所观测到的水位与水量等数据，按地下水动力学公式即可计算含水岩土体的渗透系数。抽水试验适应于求取地下水位以下含水层渗透系数的情况，不适应于地下水位以上和不含水岩土体的情况。

抽水试验按布孔方式、试验方法与要求可分为：单孔抽水、多孔抽水及简易抽水。按抽水孔进入含水层深浅及过滤器工作部分长度不同可分为：完整井抽水和非完整井抽水。按抽水孔水位、水量与抽水时间的关系可分为：稳定流抽水和非稳定流抽水等。具体试验方法及渗透系数的确定请参考《地下水动力学》及有关文献。

4.5.3 应力对岩体渗透性能的影响

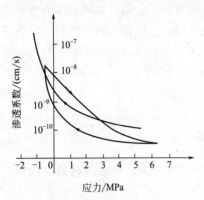

图 4-28　片麻岩渗透系数与应力关系
（据 Bernaix，1978）

岩体中的渗透水流通过结构面流动，而结构面对变形是极为敏感的，因此岩体的渗透性与应力场之间的相互作用及其影响的研究是极为重要的。对此，马尔帕塞拱坝的溃决事件给人们留下了深刻的教训，该坝建于片麻岩上，高的岩体强度使人们一开始就未想到水与应力之间的相互作用会带来什么麻烦，而问题就恰恰出在这里。事后有人曾对该片麻岩进行了渗透系数与应力关系的试验（图 4-28），表明当应力变化范围为 5MPa 时，岩体渗透系数相差 100 倍。

野外和室内试验研究表明：孔隙水压力的变化明显地改变了结构面的张开度及流速和流体压力在结构面中的分布。如图 4-29 所示，结构面中的水流通量 $Q/\Delta h$ 随其所受到的正应力增加而降低很快；进一步研究发现，应力-渗流关系具有回滞现象，随着加、卸载次数的增加，岩体的渗透能力降低，但经历三四个循环后，渗流基本稳定，这是由于结构面受力闭合的结果。

为了研究应力对岩体渗透性的影响，有不少学者提出了不同的经验关系式。

斯诺（snow，1966）提出：

$$K=K_0+(K_n e^2/S)(p_0-p) \tag{4-65}$$

式中，K_0 为初始应力 p_0 下的渗透系数；K_n 为结构面的法向刚度；$e，S$ 分别为结构面的张开度和间距；p 为法向应力。

路易斯（Louis，1974）在试验的基础上得出：

$$K=K_0 e^{-\alpha\sigma_0} \tag{4-66}$$

式中，α 为系数；σ_0 为有效应力。

孙广忠等人（1983）也提出了与式(4-66)类似的公式：

$$K=K_0 e^{-\frac{2\sigma}{K_n}} \tag{4-67}$$

式中，K_0 为附加应力 $\sigma=0$ 时的渗透系数；K_n 为结构面的法向刚度。

从以上公式可知，岩体的渗透系数是随应力增加而降低的，由于随着岩体埋藏深度的增加，结构面发育的密度和张开度都相应减小，所以岩体的渗透性也是随深度增加而减小的。

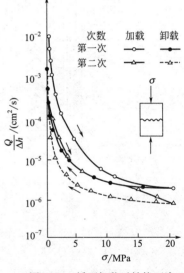

图 4-29　循环加载对结构面渗透性影响示意图

另外，人类工程活动对岩体渗透性也有很大影响，如地下硐室和边坡的开挖改变了岩体中的应力状态，原来岩体中结构面的张开度因应力释放而增大，岩体的渗透性能也增大；又如水库的修建改变了结构面中的应力水平，也就影响到岩体的渗透性能。

4.5.4 渗流对岩体的作用

地下水渗流对岩体的作用包括两个方面；一是水对岩体的物理化学作用；二是渗透水流所产生的力学效应。

4.5.4.1 水对岩体的物理化学作用

地下水是一种十分活跃的地质营力，它对岩体的物理化学作用主要表现在软化作用、泥化作用、润滑作用及溶蚀作用和水化、水解作用等。这些作用都影响岩体的物理力学性质。

（1）软化和泥化作用 一方面表现在地下水对结构面及其填充物物理性状的改变上，岩体结构面中填充物随含水量的变化，发生由固态向塑态直至液态的弱化效应，使断层带及夹层物质产生泥化，从而极大地降低结构面的强度和变形性质。另一方面，地下水对岩石也存在软化作用，称为岩石的软化性，常用软化系数来表示。实验研究表明，几乎所有岩石的软化系数都小于 1，有的岩石如泥岩、页岩等的软化系数可低于 0.5，甚至更低。因此，地下水对岩体的软化和泥化作用能普遍使岩体的力学性质降低，内聚力和内摩擦角值减少。

（2）润滑作用 主要表现为对结构面的润滑使其摩擦阻力降低，同时增加滑动面上的滑动力。这个过程在斜坡受降水入渗使得地下水位上升到滑动面以上时尤其明显。地下水对岩体的润滑作用反映在力学上即为使岩体的内摩擦角减少。

（3）溶蚀作用 地下水作为一种良好的溶剂能使岩体中的可溶盐溶解，使可溶岩类岩体产生溶蚀裂隙、空隙和溶洞等岩溶现象，破坏岩体的完整性，进而降低岩体的力学强度、变形性质及其稳定性。

（4）水化、水解作用 水渗透到岩体矿物结晶格架中或水分子附着到可溶岩石的离子上，使岩石的结构发生微观或细观甚至宏观的改变，减少岩体的内聚力。另外，膨胀岩土与水作用发生水化作用，使其产生较大的体应变。

4.5.4.2 渗透水流所产生的力学效应

渗透水流所产生的力学效应包括：①水对岩体产生的渗流应力；②水、岩相互耦合作用产生的力学作用效应。

（1）渗流应力 地下水的存在首先是减少了作用在岩体固相上的有效应力，从而降低了岩体的抗剪强度，即

$$\tau = (\sigma - u)\tan\phi_m + c_m \tag{4-68}$$

式中，τ 为岩体的抗剪强度；σ 为法向应力；u 为空隙水压力；ϕ_m 为岩体的内摩擦角；c_m 为岩体的内聚力。

由式(4-68)可知：随着空隙水压力 u 的增大，岩体的抗剪强度不断降低，如果 u 很大，将会出现 $(\sigma - u)\tan\phi_m = 0$ 的情况，这对于沿某个软弱结构面滑动的岩体来说，将是非常危险的。

此外，对处于地下水位以下的岩体还将产生渗流静水压力和渗流动水压力。其中动水压力（F_r）为体积力，其大小为：

$$F_r = \rho_w gJ \tag{4-69}$$

式中，J 为地下水的水力梯度；其余符号意义同前。

（2）水、岩相互耦合作用的力学作用效应 地下水渗流除产生渗流应力外，还可通过水、岩与应力耦合作用产生特殊的力学效应。这种效应是通过改变岩体的渗透性能，降低或增大岩体的渗透系数，进而降低其力学性质得以实现的。由于岩体的渗透性能发生改变，反过来影响岩体中的应力分布，从而影响岩体的强度和变形性质。如法国的马尔帕斯拱坝的溃决就是很好的例子。据报道：该坝坝基岩体为片麻岩，片麻理倾向下游，其内局部填充糜棱岩等软弱物质，坝址下游基岩内发育一条倾向上游的断层。坝基岩体由于水库载荷渗透性能降低，据试验研究表明：水库载荷使坝基岩体渗透系数降低了 100 倍以上，从而使坝基扬压力，特别是结构面上的水压力急剧增大（图 4-30），岩体抗剪强度大幅降低，最后导致坝基岩体破坏，大坝溃决。这种由渗流

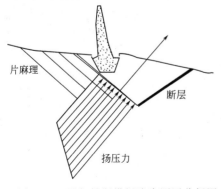

图 4-30 马尔帕斯拱坝溃决原因分析图

场发生变化，导致岩体应力场、岩体力学性质及其稳定性变差的机制，是目前岩体水力学研究的热点问题。

思考题与习题

1. 何谓岩体，与岩块相比有何显著的特点？

2. 原位岩体的力学试验与岩块力学试验在本质上有什么区别？

3. 岩体的变形性质与岩块相比有什么区别？

4. 常见确定岩体变形参数的原位试验有哪几种？平板载荷试验和声波法试验的基本原理是什么？

5. 岩体的动弹性模量与静弹性模量相比如何？为什么？

6. 在垂直层面的法向应力作用下，层状岩体的变形参数怎样确定？

7. 原位岩体剪切试验的原理是什么？通过它可以求得哪些参数？

8. 工程岩体常见的破坏形式有哪几种？对应的强度叫什么？各自有何区别？

9. 某裂隙化安山岩，通过野外调查和室内实验，已知岩体质量为一般类，$RMR = 44$，$Q = 1$，岩块单轴抗压强度 $\sigma_c = 75\text{MPa}$，岩体呈碎块状结构，四组主要结构面将岩体切割成嵌固紧密、部分扰动的角砾状岩块，结构面光滑，中等风化或发生蚀变，试用 Hoek-Brown 方程估算岩体的强度。

10. 地下水对岩体力学性质的影响表现在哪些方面？

11. 岩体结构是怎样影响对地下水渗流的？

12. 应力是如何影响地下水渗流特性的。

第5章 工程岩体分类

5.1 概　述

　　工程岩体分类（engineering rock mass classification）是在工程地质分组的基础上，通过对岩体的一些简单和容易实测的指标，将工程地质条件与岩体参数联系起来，并借鉴已建工程设计、施工和处理等方面成功与失败的经验教训，对岩体进行归类的一种方法。其目的是通过赋予岩块与岩体结构一定的数值并借助一定的数学方法建立某种岩体的质量特性并对其进行分类，反映工程岩体的质量好坏，预测可能的岩体力学问题，为工程设计与施工方法的选择提供参数与依据，达到安全与经济的目的。

　　工程岩体分类一般遵循如下步骤：①确定岩体分类系统的最终目的；②确定所用参数的范围与标准；③确定岩体指标所用的数学方法，如我们有没有仅以表中选取数据，有没有增加等级值，有没有增加等级等；④为最终的目的校核岩体指标值。

　　进行工程岩体分类首先要确定影响工程岩体性质的主要因素。一些学者设想用岩体分类系统来评价意大利阿尔卑斯山的一些自然斜坡的稳定性，考虑以下 19 个因素，包括：地层岩性、地质构造（如褶皱、断层等）、岩体结构与结构面发育特征（结构面组数、连续性、间距等）、斜坡形态、降雨及天然应力等。在利用工程岩体分类系统评价燃气线路周围不同岩层的稳定性时，将最小主应力、岩体抗压强度、洞室顶部地下水压力、各向应力比值、燃气最大压力、结构面频率与结构面的间距等作为考虑的因素。通过上述分析，影响工程岩体性质的主要因素可以概括为以下几个方面：①岩石强度；②岩体结构；③水的影响；④针对不同的具体工程所需要考虑的特殊因素。

　　目前，国内外对工程岩体提出的分类方法有近百种，每种方法均从不同的角度对岩体进行分类。从 20 世纪 70 年代开始至今，工程岩体分类成为国内外岩石力学工作者与工程地质工作者研究的热点课题。最早的分级标准是俄国学者普洛托吉雅诺夫 1909 年提出的普氏分级，该分级按照普氏系数将岩石分为十级，该分级目前在我国水利水电与建筑工程施工规范与概预算定额中一直还在应用。Φ.M 萨瓦连斯基（1937）、太沙基（1946）、波波夫（1948）、劳费尔（1958）与迪尔（1964）等学者与科研机构根据单一因素对岩块（体）进行分类。单因素分类仅仅考虑影响岩体分级的某一重要因素进行分类，而忽略其他因素，因此不能被工程师广泛采用。比尼卫斯基（Bienawaski）于 1973 年提出岩体质量等级（rock mass rating），即岩体地质力学分类或称 RMR 分类，1989 年对该分类进行了修正。巴顿（Barton）于 1974 年提出巷道质量指标（tunneling quality index），即巴顿岩体质量分类或称 Q 分类，几乎在 20 世纪 70 年代同时提出的两种分类方法对以后工程岩体分类、工程设计与施工具有举足轻重的作用。霍克（Hoek）及霍克、凯撒和宝登（Hoek, Kaiser and Bawden）于 1995 年提出的地质强度指标（GSI），以及挪威学者 Palmstrom 于 1995 年提出岩体指标（RMI）都是用来评价岩体质量及岩体分级的方法。以上分类系统主要是针对岩石隧道工程总结而得出的，现已经积累了丰富的经验与数据。对于边坡岩体而言，1993年Romana对RMR分类进行了扩充，提出用SMR系统用以评价边坡的稳定性，在该系统中考虑潜在不稳定的因素与开挖扰动对边坡稳定的影响；应用此方法对边坡稳定性进行评价的进一步工作由Smnmez和Ulnsay于1999年做出。他们提出的地质强度指标（geological strength index）强调岩体分类不是考虑非扰动状态下的岩体而是着重考虑开挖扰动状态下的岩体，因为这些岩体控制着整个岩体边坡的稳定性。在国内，许多学者采用灰色系统理论、模糊数学、神经网络与专家系统等方法对工程岩体进行分类，取得了较好的研究成果。国标《工程岩体分级标准》（GB 50218—94）、国标《锚杆喷射混凝土支护技术规范》（GBJ 86—85）中将工程岩体分级与围岩分类列入国家规范。

纵观国内外工程岩体分类，从考虑的因素、采用的指标和评价方法来看，具有以下特点：①工程岩体分类从单因素定性分类（20世纪70年代以前）向多因素定量分类过度（20世纪90年代）；②20世纪80年代以来各国已基本上形成自己的规程与规范；③新技术、新方法逐渐应用到工程岩体分类中，如模糊数学、灰色系统、神经网络、专家系统、层次分析与概率统计等方法已经应用于工程岩体分类中；④工程岩体分类不是简单的分类，而是与力学参数估算和治理设计有关的。不同的工程岩体所对应的岩体力学参数不同，所采用的支护方式也不同。

工程岩体分类是工程岩体稳定性评价及岩体工程设计、施工的主要依据，其优点是：①岩体质量能够简单、迅速、持续地得到评估；②各分类因素的评分值能够由训练有素的现场工作人员确定，而不需要经验丰富的工程地质专家；③采用记录表格对岩体进行持续的评价将会使现场技术负责人或咨询工程师了解有关岩体质量的显著变化；④参数选择、工程设计与施工方法的确定在工程岩体分类的基础上进行。缺点：①目前使用的分类系统都使用过久且各自有其特定要求；②这些系统的逻辑演算与等级值缺乏科学严谨的考虑；③这些分类系统还不能适用于所有的工程项目。

5.2 工程岩体分类

5.2.1 岩块的工程分类

5.2.1.1 迪尔和米勒的双指标分类

迪尔（Deere）和米勒（Miller）于1966年提出以岩块的单轴抗压强度 σ_c 和模量比 E_t/σ_c 作为分类指标。分类时首先按 σ_c 将岩块分为5类，如表5-1所示。然后，再按 E_t/σ_c 将岩块分为如表5-2所示的3类。最后综合二者，将岩块划分成不同类别，如AH（高模量比极高强度岩块）、BL（低模量比高强度岩块）等。这一分类的优点是较全面地反映了岩块的变形与强度性质，使用简便。

表 5-1 岩块抗压强度（σ_c）分类表

类 别	岩块分类	σ_c/MPa	岩石类型举例
A	极高强度	＞200	石英岩、辉长岩、玄武岩
B	高强度	100~200	大理岩、花岗岩、片麻岩
C	中等强度	50~100	砂岩、板岩
D	低强度	25~50	煤、粉砂岩、片岩
E	极低强度	1~25	白垩、盐岩

表 5-2　岩块模量（E_t/σ_c）分类表

类　　别	E_t/σ_c 分类	E_t/σ_c
H	高模量比	＞500
M	中等模量比	200～500
L	低模量比	＜200

5.2.1.2　岩块强度分类

国标《工程岩体分级标准》（GB 50218—94）与《岩土工程勘察规范》（GB 50021—2001）中提出用新鲜岩块的饱和单轴抗压强度进行分类。表 5-3 给出了各类岩块强度的界限值。

表 5-3　岩石强度分类表

名　　称		饱和单轴抗压强度/MPa	代表性岩石
硬质岩	坚硬岩	＞60	花岗岩、片麻岩、闪长岩、玄武岩等
	较坚硬岩	30～60	石灰岩、石英砂岩、大理岩、白云岩等
软质岩	较软岩	15～30	凝灰岩、千枚岩、泥灰岩、粉砂岩等
	软岩	5～15	强风化的坚硬岩、弱风化-强风化的较坚硬岩、弱风化的较软岩、未风化的泥岩等
	极软岩	＜5	全风化的各种岩石、各种未成岩

5.2.1.3　岩块质量系数分类

我国水电部 1978 年所编的岩石力学试验规程中提出用岩块质量系数进行岩块分类。岩块质量系数（S）定义如下：

$$S=\left(\frac{\sigma_{cw}E_{tc}}{\sigma_{cs}E_s}\right)^{1/2} \tag{5-1}$$

式中，σ_{cw}，E_{tc} 分别为岩块的饱和单轴抗压强度与弹性模量，MPa；σ_{cs}，E_s 分别为规定的软质岩石的饱和单轴抗压强度与弹性模量，MPa。分别取 $\sigma_{cs}=30\text{MPa}$，$E_s=6.6\times10^3\text{MPa}$，则 $\sigma_{cs}E_s=20\times10^4(\text{MPa})^2$，因此：

$$S=\left(\frac{\sigma_{cw}E_{tc}}{20\times10^4}\right)^{1/2} \tag{5-2}$$

据 S 值将岩块分为如表 5-4 所示的 5 类。

表 5-4　岩块质量系数分类

类　　别	描　　述	S　值
优	很坚硬	＞4
良	坚硬	4～2
中等	半坚硬	2～1
差	软弱	1～0.5
坏	很软弱	＜0.5

5.2.2　岩体的工程分类

5.2.2.1　RQD 分类

迪尔（Deere，1964）根据金刚石钻进的岩芯采取率，提出用 RQD 值来评价岩体质量的优劣。RQD 值的定义是：大于 10cm 的岩芯累计长度与钻孔进尺长度之比的百分数。据 RQD 值将岩体分类 5 类，见表 5-5。

表 5-5　RQD 分类表

RQD 值/%	0～25	25～50	50～75	75～90	90～100
岩体质量评价	很差	差	一般	好	很好

RQD 分类没有考虑岩体中结构面性质的影响，也没有考虑岩块性质的影响及这些因素的综合效应。因此，仅运用这一分类，往往不能全面反映岩体的质量。

5.2.2.2　岩体地质力学分类（RMR 分类）

该分类方案由比尼卫斯基（Bieniawski）于 1973 年提出，后经多次修改，于 1989 年发表在《工程岩体分类》一书中。这一分类系统由岩块强度、RQD 值、节理间距、节理条件及地下水 5 类参数组成。分类时，根据各类参数的实测资料，按表 5-6A 所列的标准，分别给予评分。然后将各类参数的评分值相加得岩体质量总分 RMR 值，并按表 5-6B 依节理方位对岩体稳定是否有利作适当的修正，表中的修正条款可参照表 5-7 划分。最后，用修正后的岩体质量总分 RMR 值，对照表 5-6C 查得岩体类别及相应的不支护地下开挖的自稳时间和岩体强度指标（C、ϕ）。由表 5-6 可知，RMR 值变化在 0～100 之间，据 RMR 值把岩体分为 5 级。

RMR 分类不适用于强烈挤压破碎岩体、膨胀岩体和极软弱岩体。

表 5-6　节理岩体的 RMR 分类

A. 分类参数及其评分值

分类参数		数值范围						
1	完整岩石强度/MPa	点载荷强度指标	＞10	4～10	2～4	1～2	对强度较低的岩石宜用单轴抗压强度	
		单轴抗压强度	＞250	100～250	50～100	25～50	5～25	1～5	＜1
		评分值	15	12	7	4	2	1	0
2	岩芯质量指标 RQD		90%～100%	75%～90%	50%～75%	25%～50%	＜25%	
	评分值		20	17	13	8	3	
3	节理间距		＞200cm	60～200cm	20～60cm	6～20cm	＜6cm	
	评分值		20	15	10	8	5	
4	节理条件		节理面很粗糙，节理不连续，节理宽度为零，节理面岩石坚硬	节理面稍粗糙，宽度＜1mm，节理面岩石坚硬	节理面稍粗糙，宽度＜1mm，节理面岩石软弱	节理面光滑或含厚度＜5mm 的软弱夹层，张开度 1～5mm，节理连续	含厚度＞5mm 的软弱夹层，张开度＞5mm，节理连续	
	评分值		30	25	20	10	0	
5	地下水条件	每 10m 的隧道涌水量/L·min⁻¹	无	＜10	10～25	25～125	＞125	
		$\dfrac{节理水压力}{最大主应力}$ 比值	0	＜0.1	0.1～0.2	0.2～0.5	＞0.5	
		总条件	完全干燥	潮湿	只有湿气（有裂隙水）	中等水压	水的问题严重	
		评分值	15	10	7	4	0	

B. 按节理方向修正评分值

节理走向或倾向		非常有利	有利	一般	不利	非常不利
评分值	隧道	0	−2	−5	−10	−12
	地基	0	−2	−5	−15	−25
	边坡	0	−5	−25	−50	−60

C. 按总评分值确定的岩体级别及岩体质量评价

评　分　值	100～81	80～61	60～41	40～21	<20
分级	I	Ⅱ	Ⅲ	Ⅳ	V
质量描述	非常好的岩体	好岩体	一般岩体	差岩体	非常差岩体
平均稳定时间	15m 跨度,20 年	10m 跨度,1 年	5m 跨度,1 周	2.5m 跨度,10 小时	1m 跨度,30 分钟
岩体内聚力/kPa	>400	300～400	200～300	100～200	<100
岩体内摩擦角/(°)	>45	35～45	25～35	15～25	<15

表 5-7　节理走向和倾角对隧道开挖的影响

走向与隧道轴垂直				走向与隧道轴平行		与走向无关
沿倾向掘进		反倾向掘进		倾角 20°～45°	倾角 45°～90°	倾角 0°～20°
倾角 40°～90°	倾角 20°～45°	倾角 45°～90°	倾角 20°～45°			
非常有利	有利	一般	不利	一般	非常不利	不利

5.2.2.3　Q 分类

巴顿（Barton，1974）等人在分析 212 个隧道实例的基础上提出用岩体质量指标 Q 值对岩体进行分类，Q 值的定义如下：

$$Q = \frac{\text{RQD}}{J_n} \times \frac{J_r}{J_a} \times \frac{J_w}{\text{SRF}} \tag{5-3}$$

式中，RQD 为岩石质量指标；J_n 为节理组数；J_r 为节理粗糙度系数；J_a 为节理蚀变系数；J_w 为节理水折减系数；SRF 为应力折减系数。

式(5-3) 中的 6 个参数的组合，反映了岩体质量的 3 个方面，即 $\dfrac{\text{RQD}}{J_n}$ 为岩体的完整性；$\dfrac{J_r}{J_a}$ 表示结构面（节理）的形态、填充物特征及其次生变化程度；$\dfrac{J_w}{\text{SRF}}$ 表示水与其他应力存在时对岩体质量的影响。分类时，根据这 6 个参数的实测资料，查表 5-8 确定各自的数值后，代入式(5-3) 求得岩体质量指标 Q 值；以 Q 值为依据将岩体分为 9 类，各类岩体与地下开挖当量尺寸（De）间的关系如图 5-1 所示。

表 5-8　Q 分类中各种参数的描述及权值

参数及其详细分类	权　值	备　注
1. 岩石质量指标	RQD(%)	1. 在实测或报告中,若 RQD≤10（包括 0）时,则 RQD 名义上取 10;
A. 很差	0～25	
B. 差	25～50	
C. 一般	50～75	2. RQD 隔 5 选取就足够精确、例如 100、95、90……
D. 好	75～90	
E. 很好	90～100	

参数及其详细分类	权　值	备　注
2. 节理组数	J_n	
A. 整体性岩体,含少量节理或不含节理	0.5~1.0	
B. 一组节理	2	
C. 一组节理再加些紊乱的节理	3	
D. 两组节理	4	1. 对于巷道交叉口,取($3.0 \times J_n$);
E. 两组节理再加些紊乱的节理	6	2. 对于巷道入口处,取($2.0 \times J_n$)
F. 三组节理	9	
G. 三组节理再加些紊乱的节理	12	
H. 四组或四组以上的节理,随机分布特别发育的节理,岩体被分成"方糖"块等	15	
I. 粉碎状岩石,泥状物	20	
3. 节理粗糙度系数	J_r	
a. 节理壁完全接触		
b. 节理面在剪切错动10厘米以前是接触的		
A. 不连续的节理	4	
B. 粗糙或不规则的波状节理	3	
C. 光滑的波状节理	2	1. 若有关的节理组平均间距大于3m,J_r按左行数值再加1.0;
D. 带擦痕面的波状节理	1.5	
E. 粗糙或不规则的平面状节理	1.5	2. 对于具有线理且带擦痕的平面状节理,若线理倾向最小强度方向,则可取 $J_r=0.5$
F. 光滑的平面状节理	1.0	
G. 带擦痕面的平面状节理	0.5	
c. 剪切错动时岩壁不接触		
H. 节理中含有足够厚的黏土矿物,足以阻止节理壁接触	1.0	
I. 节理含砂、砾石或岩粉夹层,其厚度足以阻止节理壁接触	1.0	
4. 节理蚀变系数	J_a　φ_r(近似值)	
a. 节理完全闭合		
A. 节理壁紧密接触,坚硬、无软化、填充物,不透水	0.75　　—	
B. 节理壁无蚀变,表面只有污染物	1.0　(25°~35°)	
C. 节理壁轻度蚀变、不含软矿物覆盖层、砂粒和无黏土的解体岩石等	2.0　(25°~35°)	
D 含有粉砂质或砂质黏土覆盖层和少量黏土细粒(非软化的)	3.0　(20°~25°)	如果存在蚀变产物,则残余摩擦角 φ_r 可作为蚀变产物的矿物学性质的一种近似标准
E. 含有软化或摩擦力低的黏土矿物覆盖层,如高岭土和云母。它可以是绿泥、滑石和石墨等,以及少量的膨胀性黏土(不连续的覆盖层,厚度≤1~2mm)	4.0　(8°~16°)	
b. 节理壁在剪切错动10cm前是接触的		
F. 含砂粒和无黏土的解体岩石等	4.0　(25°~30°)	
G. 含有高度超固结的,非软化的黏土质矿物填充物(连续的厚度小于5mm)	6.0　(16°~24°)	
H. 含有中等(或轻度)固结的软化的黏土矿物填充物(连续的厚度小于5mm)	8.0　(12°~16°)	

参数及其详细分类	权 值		备 注
I. 含膨胀性黏土填充物,如蒙脱石(连续的,厚度小于 5mm),J_a 值取决于膨胀性黏土颗粒所占的百分数以及含水量	8.0~12.0	(6°~12°)	
c. 剪切错动时节理壁不接触			
J. 含有解体岩石或岩粉以及黏土的夹层(见关于黏土条件的第 G、H 和 J 款)	6.0	—	
K. 同上	8.0	—	如果存在蚀变产物,则残余摩擦角 ϕ_r 可作为蚀变产物的矿物学性质的一种近似标准
L. 同上	8.0~12.0	(6°~24°)	
M. 由粉砂质或砂质黏土和少量黏土微粒(非软化的)构成的夹层	5.0	—	
N. 含有厚而连续的黏土夹层(见关于黏土条件的第 G、H 和 J 款)	10.0~13.0		
O. 同上		(6°~24°)	
P. 同上	13.0~20.0		
5. 节理水折减系数	J_w	水压力的近似值(kg/cm²)	
A. 隧道干燥或只有极少量的渗水,即局部地区渗流量小于 5L/min	1.0	<1.0	1. C~F 款的数值均为粗略估计值,如采取疏干措施,J_w 可取大一些;
B. 中等流量或中等压力,偶尔发生节理填充物被冲刷现象	0.66	1.0~2.5	
C. 节理无填充物,岩石坚固,流量大或水压高	0.5	2.5~10.0	2. 由结冰引起的特殊问题本表没有考虑
D. 流量大或水压高,大量填充物均被冲出	0.33	2.5~10.0	
E. 爆破时,流量特大或压力特高,但随时间增长而减弱	0.2~0.1	>10	
F. 持续不衰减的特大流量,或特高水压	0.1~0.05	>10	
6. 应力折减因素	SRF		1. 如果有关的剪切带仅影响到开挖体,而不与之交叉,则 SRF 值减少 25%~50%
a. 软弱区穿切开挖体,当隧道掘进时开挖体可能引起岩体松动			
A. 含黏土或化学分解的岩石的软弱区多处出现,围岩十分松散(深浅不限)	10.0		
B. 含黏土或化学分解的岩石的单一软弱区(开挖深<50m)	5.0		2. 对于各向应力差别甚大的原岩应力场(若已测出的话):当 5≤ σ_t/σ_1≤10 时,σ_c 减为 $0.8^2\sigma_c$,当 σ_1/σ_3>10 时,σ_c 减为 $0.6\sigma_c$,σ_t 减为 $0.6\sigma_t$;这里表示单轴抗压强度,而表示抗拉强度(点载试验),σ_1 和 σ_3 分别为最大和最小主应力;
C. 含黏土或化学分解的岩石的单一软弱区(隧道深度>50m)	2.5		
D. 岩石坚固不含黏土但多处出现剪切带,围岩松散(深度不限)	7.5		
E. 不含黏土的坚固岩石中的单一剪切带(开挖深度>50m)	5.0		
F. 不含黏土的坚固岩石中单一剪切带(开挖深度>50m)	2.5		3. 可以找到几个地下深度小于跨度的实例记录。对于这种情况,建议将 SRF 从 2.5 增至 5(见 H 款)
G. 含松软的张开节理,节理很发育或像"方糖"块(深度不限)	5.0		
b. 坚固岩石,岩石应力问题	σ_c/σ_1 σ_t/σ_1 SRF		
H. 低应力,接近地表	>200 >13 2.5		
I. 中等应力	200~10 13~0.66 1.0		
J. 高应力,岩体结构非常紧密(一般有利于稳定性,但对侧帮稳定性可能不利)	10~5 0.66~0.33 0.5~2		
K. 轻微岩爆(整体岩石)	5~2.5 0.33~0.16 5~10		
L. 严重岩爆(整体岩石)	<2.5 <0.16 10~20		

续表

参数及其详细分类	权　值	备　注
c. 挤压性岩石,在很高的应力影响下不坚固岩石的塑性流动	SRF	
M. 挤压性微弱的岩石压力	5～10	
N. 挤压性很大的岩石压力	10～20	
d. 膨胀性岩石,化学膨胀活性取决于水的存在与否	5～10	
O. 膨胀性微弱的岩石压力	10～20	
P. 膨胀性很大的岩石压力		

使用本表的补充说明:

在估算岩体质量 Q 的过程中,除遵照表内备注栏的说明以外,尚需遵守下列规则。

1. 如果无法得到钻孔岩芯,则 RQD 值可由单位体积的节理数来估算,在单位体积中,对每组节理按每米长度计算其节理数,然后相加。对于不含黏土的岩体,可用简单的关系式将节理数换算成 RQD 值,如下:RQD＝115－3.3J_v(近似值),式中,J_v 表示每立方米的节理总数;当 J_v<4.5,取 RQD＝100。

2. 代表节理组数的参数 J_n 常常受劈理、片理、板岩劈理或层理等的影响。如果这类平行的"节理"很发育,显然可视之为一个节理组,但如果明显可见的"节理"很稀疏,或者岩芯中由于这些"节理"偶尔出现个别断裂,则在计算 J_v 值时,视它们为"紊乱的节理"(或"随机节理")似乎更为合适。

3. 代表抗剪强度的参数 J_r 和 J_a 应与给定区域中软弱的主要节理组或黏土填充的不连续面联系起来。但是,如果这些 J_r/J_a 值最小的节理组或不连续面的方位对稳定性是有利的,这时,方位比较不利的第二组节理或不连续面有时可能更为重要,在这种情况下,计算 Q 值时要用后者的较大的 (J_r/J_a) 值。事实上,(J_r/J_a) 值应当与最可能首先破坏的岩面有关。

4. 当岩体含黏土时,必须计算出适用于松散载荷的因数 SRF。在这种情况下,完整岩石的强度并不重要。但是,如果节理很少,又完全不含黏土,则完整岩石的强度可能变成最弱的环节,这时稳定性完全取决于(岩体应力/岩体强度)之比。各向应力差别极大的应力场对于稳定性是不利的因素,这种应力场已在表中第 2 点关于应力折减因数的备注栏中作了粗略考虑。

5. 如果实现的或将来的现场条件均使岩体处于水饱和状态,则完整岩石的抗压和抗拉强度(σ_c 和 σ_t)应在水饱和状态下进行测定。若岩体受潮或在水饱和后即行变坏,则估计这类岩体的强度时应当更加保守一些。

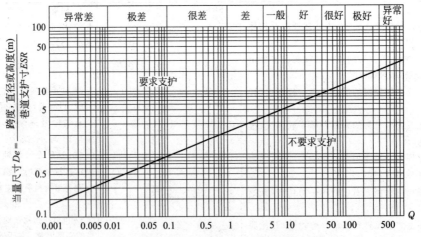

图 5-1　不支护的地下开挖体最大当量尺寸 De 与岩体质量指标 Q 之间的关系

(引自 Barton、Lien 和 Lunde)

Q 分类方法考虑的地质因素较全面,而且把定性分析和定量评价结合起来了,因此,是目前比较好的分类方法,且软、硬岩体均适用。

另外,Bieniawski 在大量实测统计的基础上,发现 Q 值与 RMR 值具有如下统计关系:

$$RMR＝9\ln Q＋44 \tag{5-4}$$

霍克和布朗(Hoek and Brown,1980)还提出用 Q 值和 RMR 值来估算岩体的强度参数和变形参数。

5.3 我国的工程岩体分类标准

目前，国内外关于工程岩体分级的标准有很多，既有国际标准，也有国内标准。不同的行业分类标准也不同。本书重点介绍我国现行国标中常用的标准。此外，中国科学院提出的《岩体结构分类》、铁道部门提出的《铁道隧道围岩分类》及水利水电部门提出的《岩体工程地质分类》等行业标准，在国内应用也很广泛。

5.3.1 岩体质量分级

国标《工程岩体分级标准》（GB 50218—94）提出采用二级分级法：首先，按岩体的基本质量指标 BQ 进行初步分级；然后，针对各类工程岩体的特点，考虑其他影响因素，如天然应力、地下水和结构面方位等对 BQ 进行修正，再按修正后的 ［BQ］进行详细分级。岩体基本质量指标 BQ 用下式表示：

$$BQ = 90 + 3\sigma_{cw} + 250K_v \tag{5-5}$$

当 $\sigma_{cw} > 90K_v + 30$ 时，以 $\sigma_{cw} = 90K_v + 30$ 和 K_v 代入式(5-4) 计算 BQ 值；当 $K_v > 0.04\sigma_{cw} + 0.4$ 时，以 $K_v = 0.04\sigma_{cw} + 0.4$ 和 σ_{cw} 代入式(5-4) 计算 BQ 值。在式(5-4) 中，σ_{cw} 为岩块饱和单轴抗压强度，MPa；K_v 为岩体的完整性系数，可用声波试验资料按下式确定：

$$K_v = \left(\frac{v_{mp}}{v_{rp}}\right)^2 \tag{5-6}$$

式中，v_{mp} 为岩体横波速度；v_{rp} 为岩块纵波速度。当无声波试验资料时，也可用岩体单位体积内结构面条件数 J_v，查表 5-9 求得。

表 5-9　J_v 与 K_v 对照表

J_v（条/m³）	<3	3～10	10～20	20～35	>35
K_v	>0.75	0.75～0.55	0.55～0.35	0.35～0.15	<0.15

岩体的基本质量指标主要考虑了组成岩体岩石的坚硬程度和岩体完整性。按 BQ 值和岩体质量定性特征将岩体划分为 5 级，如表 5-10 所示，表中岩石坚硬程度按表 5-11 划分，岩体破碎程度按表 5-12 划分。

表 5-10　岩体质量分级

基本质量级别	岩体质量的定性特征	岩体基本质量指标(BQ)
Ⅰ	坚硬岩,岩体完整	>500
Ⅱ	坚硬岩,岩体较完整； 较坚硬岩,岩体完整	550～451
Ⅲ	坚硬岩,岩体较破碎； 较坚硬岩或软、硬岩互层,岩体较完整； 较软岩,岩体完整	450～351
Ⅳ	坚硬岩,岩体破碎； 较坚硬岩,岩体较破碎-破碎 较软岩或软硬岩互层,且以软岩为主,岩体较完整-较破碎； 软岩,岩体完整-较完整	350～251
Ⅴ	较软岩,岩体破碎； 软岩,岩体较破碎-破碎； 全部极软岩及全部极破碎岩	<250

注：表中岩石坚硬程度按表 5-11 划分，岩体破碎程度按表 5-12 划分。

表 5-11　岩石坚硬程度划分表

岩石饱和单轴抗压强度 σ_{cw}/MPa	>60	60～30	30～15	15～5	<5
坚硬程度	坚硬岩	较坚硬岩	较软岩	软岩	极软岩

表 5-12　岩石完整程度划分表

岩体完整性系数 K_v	>0.75	0.75～0.55	0.55～0.35	0.35～0.15	<0.15
完整程度	完整	较完整	较破碎	破碎	极破碎

当地下洞室围岩处于高天然应力区或围岩中有不利于岩体稳定的软弱结构面和地下水时，岩体 BQ 值应进行修正，修正值 [BQ] 按下式计算：

$$[BQ]=BQ-100(K_1+K_2+K_3)\quad\text{确定}\tag{5-7}$$

式中，K_1 为地下水影响修正系数，按表 5-13；K_2 为主要软弱面产状影响修正系数，按表 5-14 确定；K_3 为天然应力影响修正系数，按表 5-15 确定。

表 5-13　地下水影响修正系数（K_1）表

地下水状态 ＼ K_1 ＼ BQ	>450	450～350	350～250	<250
潮湿或点滴状出水	0	0.1	0.2～0.3	0.4～0.6
淋雨状或涌流状出水,水压≤0.1MPa 或单位水量<10L/min	0.1	0.2～0.3	0.4～0.6	0.7～0.9
淋雨状或涌流状出水,水压>0.1MPa 或单位水量>10L/min	0.2	0.4～0.6	0.7～0.9	1.0

表 5-14　主要软弱结构面产状影响修正系数（K_2）表

结构面产状及其与洞轴线的组合关系	结构面走向与洞轴线夹角 $\alpha<30°$,倾角 $\beta=30°\sim75°$	结构面走向与洞轴线夹角 $\alpha>60°$,倾角 $\beta>75°$	其他组合
K_2	0.4～0.6	0～0.2	0.2～0.4

表 5-15　天然应力影响修正系数（K_3）表

天然应力状态 ＼ K_1 ＼ BQ	>550	550～450	450～350	350～250	<250
极高应力区	1.0	1	1.0～1.5	1.0～1.5	1.0
高应力区	0.5	0.5	0.5	0.5～1.0	0.5～1.0

注：极高应力指 $\sigma_{cw}/\sigma_{max}<4$，高应力指 $\sigma_{cw}/\sigma_{max}<=4\sim7$。$\sigma_{max}$ 为垂直洞轴线方向平面内的最大天然应力。

根据修正值 [BQ] 的工程岩体分级仍按表 5-10 进行。各级岩体的物理力学参数和围岩自稳能力可按表 5-16 确定。

表 5-16　各级岩体物理力学参数及围岩自稳能力表

级别	密度 ρ/(g/cm³)	抗剪强度 φ/(°)	抗剪强度 C/MPa	变形模量 E/GPa	泊松比 μ	围岩自稳能力
Ⅰ	>2.65	>60	>2.1	>33	0.2	跨度≤20m,可长期稳定,偶有掉块,无塌方
Ⅱ	>2.65	60～50	2.1～1.5	33～20	0.2～0.25	跨度 10～20m,可基本稳定,局部可掉块或小塌方;跨度<10m,可长期稳定,偶有掉块
Ⅲ	2.65～2.45	50～39	1.5～0.7	20～6	0.25～0.3	跨度 10～20m,可稳定数日至 1 个月,可发生小至中塌方;跨度 5～10m,可稳定数月,可发生局部块体移动及小至中塌方;跨度<5m,可基本稳定

级　别	密度 ρ /(g/cm³)	抗剪强度		变形模量 E/GPa	泊松比 μ	围岩自稳能力
		φ/(°)	C/MPa			
Ⅳ	2.45～2.25	39～27	0.7～0.2	6～1.3	0.3～0.35	跨度>5m，一般无自稳能力，数日至数月内可发生松动、小塌方，进而发展为中至大塌方。埋深小时，以拱部松动为主，埋深大时，有明显塑性流动和挤压破坏；跨≤5m，可稳定数日至 1 月
Ⅴ	<2.25	<27	<0.2	<1.3	>0.35	无自稳能力

　　注：对小塌方，塌方高<3m，或塌方体积<30m³；对中塌方，塌方高 3～6m，或塌方体积 30～100m³；对大塌方，塌方高>6m，或塌方体积>100m³。

　　另外，对于边坡岩体和地基岩体的分级，由于目前研究较少，如何修正，标准中未作硬性规定。一般来说，对边坡岩体应按坡高、地下水、结构面方位等因素进行修正，因此可参照以上地下硐室围岩分级方法进行。而对于地基岩体由于载荷较为简单，且影响深度不大，可直接用岩体基本质量指标 BQ 进行分级。

5.3.2　隧道围岩分类

　　国标《锚杆喷射混凝土支护技术规范》（GBJ 86—85）中提出的围岩分类方案列于表5-17中。该分类系统考虑了岩体结构、结构面发育情况、岩石强度、岩体声波速度指标及岩体强度应力比等几类指标。该分类将岩体划分为 5 类，并给出了毛洞自稳性的工程地质评价。除此之外，在该规范中还给出了各类围岩的喷锚支护设计参数及围岩物理力学性质的计算指标。将围岩分类与围岩力学性质及支护设计结合起来，解决了工程实际问题。

表 5-17　围岩分类

围岩类别	岩体结构	构造影响程度，结构面发育情况和组合状态	岩石强度指标		岩体声波指标		岩体强度应力比	毛洞稳定情况
			单轴饱和抗压强度/MPa	点载荷强度	岩体纵波速度	岩体完整性系数		
Ⅰ	整体状及层间结合良好的厚层状结构	构造影响轻微，偶有小断层。结构面不发育，仅有两到三组，平均间距大于 0.8m，以原生和构造节理为主，多数闭合，无泥质填充，不贯通，层间结合良好，一般不出现不稳定块体	>60	>2.5	>5	>0.75		毛洞跨度 5～10m 时，长期稳定，一般无碎块掉落
Ⅱ	同Ⅰ类围岩结构	同Ⅰ类围岩特征	30～60	1.25～2.5	3.7～5.2	>0.75		毛洞跨度 5～10m 时，围岩能较长时间（数月或数年）维持稳定，仅出现局部小块掉落
	块状结构和层间结合较好的中厚层或厚层状结构	构造影响较重，有少量断层，结构面较发育，一般为三组，平均间距 0.4～0.8m，以原生和构造节理为主，多数闭合，偶有泥质填充，贯通性较差，有少量软弱结构面，层间结合较好，偶有层间错动和层面张开现象	>60	>2.5	3.7～5.2	>0.5		

围岩类别	岩体结构	构造影响程度,结构面发育情况和组合状态	岩石强度指标		岩体声波指标		岩体强度应力比	毛洞稳定情况
			单轴饱和抗压强度/MPa	点载荷强度	岩体纵波速度	岩体完整性系数		
Ⅲ	同Ⅰ类围岩结构	同Ⅰ类围岩特征	20~30	0.85~1.25	3.0~4.5	>0.75	>2	毛洞跨度5~10m时,围岩能维持1个月以上的稳定,主要出现局部掉块、塌落
	同Ⅱ类围岩块状结构和层间结合较好的中厚层或厚层状结构	同Ⅱ类围岩块状结构和层间结合较好的中厚层或厚层状结构特征	30~60	1.25~2.5	3.0~4.5	0.5~0.75	>2	
	层间结合良好的薄层和软硬岩互层结构	构造影响较重。结构面发育,一般为三组,平均间距0.2~0.4m,以构造节理为主,节理面多数闭合,少有泥质填充。岩体为薄层或以硬岩为主的软硬岩互层,层间结合良好,少见软弱夹层、层间错动和层面张开现象	>60(软岩>20)	>2.5	3.0~4.5	0.3~0.5	>2	
	碎裂镶嵌结构	构造影响较重。结构面发育,一般为三组以上,平均间距0.2~0.4m,以构造节理为主,节理面多数闭合,少数有泥质填充,块体间牢固咬合	>60	>2.5	3.0~4.5	0.3~0.5	>2	
Ⅳ	同Ⅱ类围岩块状结构和层间结合较好的中厚层或厚层状结构	同Ⅱ类围岩块状结构和层间结合较好的中厚层或厚层状结构特征	10~30	0.42~1.25	2.0~3.5	0.5~0.75	>1	毛洞跨度5m时,围岩能维持数日到1个月的稳定,主要失稳形式为冒落或片帮
	散块状结构	构造影响严重,一般为风化卸载带。结构面发育,一般为三组,平均间距0.4~0.8m,以构造节理、卸载、风化裂隙为主,贯通性好,多数张开,夹泥,夹泥厚度一般大于结构面的起伏高度,咬合力弱,构成较多的不稳定块体	>30	>1.25	>2.0	>0.15	>1	
	层间结构不良的薄层、中厚层和软硬岩互层结构	构造影响严重。结构面发育,一般为三组以上,平均间距0.2~0.4m,以构造、风化节理为主,大部分微张(0.5~1.0mm),部分张开(>1.0mm),有泥质填充,层间结合不良,多数夹泥,层间错动明显	>30(软岩>10)	>1.25	2.0~3.5	0.2~0.4	>1	

续表

围岩类别	岩体结构	构造影响程度，结构面发育情况和组合状态	岩石强度指标		岩体声波指标		岩体强度应力比	毛洞稳定情况
			单轴饱和抗压强度/MPa	点载荷强度	岩体纵波速度	岩体完整性系数		
IV	碎裂状结构	构造影响严重，多数为断层影响带或强风化带。结构面发育，一般为三组以上，平均间距 0.2～0.4m，大部分微张（0.5～1.0mm），部分张开（＞1.0mm），有泥质填充，形成许多碎块体	＞30	＞1.25	2.0～3.5	0.2～0.4	＞1	毛洞跨度 5m 时，围岩能维持数日到 1 个月的稳定，主要失稳形式为冒落或片帮
V	散体状结构	构造影响严重，多数为破碎带、强风化带、破碎带交汇部位，构造及风化节理密集，节理面及其组合杂乱，形成大量碎块体。块体间多数为泥质填充，甚至呈石夹土状或土夹石状			＜2.0			毛洞跨度 5m 时，围岩稳定时间很短，约数小时至数日

注：1. 围岩按定性分类与定量指标分类有差别时，一般应以低者为准。

2. 本表声波指标以孔测法测试值为准，如用其他方法测试时，可通过对比试验，进行换算。

3. 层状岩体按单层厚度可划分为：厚层大于 0.5m，中厚层 0.1～0.5m，薄层小于 0.1m。

4. 在一般条件下，确定围岩类别时，应以岩石单轴饱和抗压强度为准；当洞跨小于 5m、服务年限小于 10 年的工程，确定围岩类别时，可采用点载荷强度指标代替岩块单轴饱和抗压强度指标，可不做岩体声波指标测试。

5. 测定岩石强度，做单轴抗压强度后，可不作点载荷强度。

6. 岩体完整性系数 K_v 按下式计算：

$$K_v = \left(\frac{V_{mp}}{V_{rp}}\right)^2$$

式中，V_{mp} 为隧洞岩体纵波速度，km/s；V_{rp} 为隧洞岩石（岩块）纵波速度，km/s。

7. 岩体强度应力比 S_m 按下式计算：

$$S_m = \frac{K_v \sigma_{cw}}{\sigma_1}$$

式中，σ_{cw} 为岩石单轴饱和抗压强度，kPa；σ_1 为垂直洞轴线平面的最大主应力，无地应力实测数据时，$\sigma_1 = \rho g H$，kPa（ρ 为岩体密度，g/cm³；g 为重力加速度，m/s²；H 为覆盖层厚度，m）。

5.4 工程岩体分类的具体应用

工程岩体分类广泛应用于岩体参数估算、稳定性评价及其加固与支护。下面举工程实例介绍其应用。

某隧道位于地下 200m 处的泥岩中，岩体内发育有 3 组主要的结构面：第一组结构面为层面，其特点为强风化，表面较粗糙，产状为 180°∠10°，该组节理条件评分为 15；第二组结构面为节理面，其特点为中等风化，表面较粗糙，产状为 185°∠75°，该组节理条件评分为 21；第三组结构面为节理面，其特点为中等风化，表面较粗糙，产状为 90°∠80°，该组节理条件评分为 21；岩石抗压强度为 55MPa，RQD 值为 60%，平均裂隙宽度为 0.4m；采用 RMR 系统对该岩体进行分类，估算岩体力学参数，评估由东向西开挖 10m 隧道的稳定性，若隧道围岩稳定性差，请提出初期支护方案。

在这个工程实例中有三组结构面，所以我们将对每一组结构面逐一使用 RMR 分类系统，来确定对开挖有影响的结构面。根据以上条件，查岩体地质力学分类表可得到各组节理的 RMR 值（表 5-18），该岩体 RMR 值为 40～55。由表 5-6 可知，该岩体为一般岩体，岩体的内聚力为 200～300kPa，内摩擦角为 25°～35°；根据 RMR 评分与岩体变形模量之间的经验关系 $E_m = 10^{(RMR-10)/40}$（$30 \leqslant RMR \leqslant 55$）可知，岩体的变形模量为 5.62～13.34GPa。在该岩体中开挖 5 米直径的隧道，平均自稳时间为 1 周，而在该岩体中开挖直径为 10 米的隧道，隧道围岩发生失稳的可能性较大，建议对其进行初期支护。在岩体分类的基础上，Bieniawski 推荐一支护系统。根据该支护系统，初期支护体系可能有以下三种：①锚杆间距 0.5～1.5m 加钢筋网，需要时拱顶喷 30～50mm 混凝土；②拱顶喷 100～150mm，边喷 50～100mm 混凝土，加钢筋网与锚杆；③轻型-中型支架间距 0.7～2.0m，在拱顶加喷 0～50mm 混凝土。

表 5-18　RMR 评分与岩体质量分级

结构面	完整岩石强度评分	RQD 评分	节理间距评分	节理条件评分	地下水条件评分	按结构面方向修正评分	总评分	岩体分级	质量描述
层面	5	10	9	15	7～10	−5	41～44	Ⅲ	一般岩体
节理面 1	5	10	9	21	7～10	−12	40～43	Ⅲ	一般岩体
节理面 2	5	10	9	21	7～10	0	52～55	Ⅲ	一般岩体

思考题与习题

1. 影响隧道围岩分类的因素主要有哪些？
2. 围岩分类的主要用途有哪些？
3. 在岩块强度特征相同的情况下，请分析中厚层石灰岩与薄厚层石灰岩的力学参数大小。
4. 请分析围岩分类的发展趋势？
5. 在边坡工程、地基工程与隧道工程中，同一岩体的围岩分类是否相同，为什么？
6. 试分析教材中每一种围岩分类方法的优缺点。

第6章 岩体天然应力

6.1 概　述

6.1.1 天然应力的研究历史及意义

岩体中的应力是岩体稳定性与工程运营必须考虑的重要因素。人类工程活动之前存在于岩体中的应力，称为天然应力（natural stress）或地应力（stress in the earth's crust）。人类在岩体表面或岩体中进行工程活动的结果，必将引起一定范围内岩体中天然应力的改变。岩体中这种由于工程活动改变后的应力，称为重分布应力，也称诱发应力（induced stress）。相对于重分布应力而言，岩体中的天然应力亦可称为初始应力（initial stress）、绝对应力或原岩应力（in situ stress）。

人们认识天然应力还只是近百年的事。1912年瑞士地质学家海姆（A. Heim）在大型越岭隧道的施工过程中，通过观察和分析，首次提出了地应力的概念，并假定地应力是一种静水应力状态，即地壳中任意一点的应力在各个方向上均相等，且等于单位面积上覆岩层的重量，即

$$\sigma_h = \sigma_v = \gamma H$$

式中，σ_h 为水平应力；σ_v 为垂直应力；γ 为上覆岩层容重；H 为深度。

1926年，前苏联学者金尼克（А·Н·ДИННИК）修正了海姆的静水压力假设，认为地壳中各点的垂直应力等于上覆岩层的重量，而侧向应力（水平应力）是泊松效应的结果，其值应为 γH 乘以一个修正系数。他根据弹性力学理论，认为这个系数等于 $\dfrac{\mu}{1-\mu}$，即

$$\sigma_v = \gamma H, \quad \sigma_h = \frac{\mu}{1-\mu}\gamma H$$

式中，μ 为上覆岩层的泊松比。

同期的其他一些人主要关心的也是如何用数学公式来定量地计算地应力的大小，并且也都认为地应力只与重力有关，即以垂直应力为主，他们的不同点只在于侧压系数的不同。然而，许多地质现象，如断裂、褶皱等均表明地壳中水平应力的存在。早在20世纪20年代，我国地质学家李四光就指出："在构造应力的作用仅影响地壳上层一定厚度的情况下，水平应力分量的重要性远远超过垂直应力分量。"

1932年，在美国胡佛水坝下的隧道中，首次成功地测定了岩体中的应力。半个多世纪来，在世界各地进行了数以十万计的岩体应力量测工作，从而使人们对岩体中天然应力状态有了新的认识。1951年，瑞典的哈斯特（N. Hast）成功地用电感法测量岩体天然应力，并于1958年在斯堪的纳维亚半岛进行了系统的应力量测。首次证实了岩体中构造应力的存在，并提出岩体中天然应力以压应力为主，在埋深小于200m的地壳浅部岩体中，水平应力大于

垂直应力，而且最大水平主应力一般为垂直应力的 1～2 倍，甚至更多；在某些地表处，测得的最大水平应力高达 7MPa，以及天然应力随岩体埋深增大而呈线性增加的观点。这就从根本性上动摇了地应力是静水压力的理论和以垂直应力为主的观点。

利曼（Leeman，1964）以《岩体应力测量》为题，发表了一系列研究论文，系统地阐明了岩体应力测量原理、设备和量测成果。1973 年前苏联出版了《地壳应力状态》一书，汇集了前苏联矿山坑道岩体的应力实测成果。各国的研究都证明了哈斯特的观点。

1957 年，美国哈伯特（Hubbert）和威利斯（Willis）提出用水压致裂法（hydraulic fracturing method）测量岩体天然应力的理论。1968 年美国海姆森（Haimson）发表了水压致裂法的专题论文。与此同时，伴随石油工业的发展，水压致裂法在生产实践中得到了广泛的应用。水压致裂法的应用，使岩体中的应力测量工作从几十米、数百米延至数千米深度，并获得大量的深部岩体天然应力的实测数据。在此基础上，美国用水压致裂法开展了兰吉列油田注水引起的诱发地震机理的综合研究，并成功地解析了诱发地震的机理。1975 年盖依等人根据岩体应力的实测数据的分析，提出了临界深度的概念，在该深度以上，水平应力大于垂直应力；在该深度以下，水平应力小于垂直应力。研究表明，临界深度随地区不同而不同，如冰岛等地为 200m，日本和法国为 400～500m，中国和美国为 1000m，加拿大为 2000m。

我国的岩体天然应力测量工作开始于 20 世纪 50 年代后期，至 60 年代才广泛应用于生产实践。到目前为止，我国岩体应力测量已得到数以万计的数据，为研究工程岩体稳定性和岩石圈动力学问题提供了重要依据。

一般认为，天然应力是各种作用和各种起源的力，它主要由自重应力和构造应力组成，有时还存在流体应力和温差应力等。研究还表明，岩体应力状态不仅是一个空间位置的函数，而且是随时间推移而变化的。岩体在天然应力作用下，不是处于静力稳定，而是处于一种动力平衡状态，一旦应力环境发生改变，这种动力平衡条件将遭破坏，岩体也将发生这样或那样的失稳现象。引起岩体应力条件改变的因素很多，例如，地球旋转速度的变化、日月的潮汐作用、太阳活动性的变化及人类工程活动等，均可以使岩体的应力状态发生变化。

岩体中的天然应力状态，在研究区域地壳稳定性、地震预报、油田油井的稳定性、核废料储存、岩爆、煤和瓦斯突出的研究以及地球动力学的研究等均具有重要的实际意义。

任何地区现代构造运动的性质和强度均取决于该地区岩体的天然应力状态和岩体的力学性质。从工程地质观点看，地震是各类现代构造运动引起的重要的地质灾害。从岩体力学观点出发，地震是岩体中应力超过岩体强度而引起的断裂破坏的一种表现。在一定的天然应力场基础上，常因修建大型水库改变了地区的天然应力场而引起水库诱发地震。研究表明，水库诱发地震的发生，主要与地区的地震地质条件（尤其是岩体天然应力条件）、库水引起断裂构造带中水压力增大、岩体物理力学性质的改变以及水库水体重量作用有关。一般来说，水库蓄水，将会引起水库范围内和水库周边断裂带中法向应力减小。对于水库周边断裂而言，水库水体的重量还可以增大这些断裂发生倾向滑错的剪应力，这就是说，水库周边断裂更容易因蓄水而诱发地震。但是，根据对水库周边断裂的估算，由于修建大型水库引起的剪应力和抗剪强度下降的数值之和仅在几兆帕范围之内。例如，我国新丰江水库，由于水库载荷造成的最大附加剪应力，在库心为 0.3MPa，在主震发生的峡谷区仅为 0.5MPa，主震应力降为 1MPa。由此可见，水库地震能否发生，主要是取决于地区的地震地质条件，特别是地区岩体的天然应力状态。因此，岩体天然应力状态及其变化，对于研究地震的发生条件和进行地震预报，都是十分重要的。

天然应力状态与岩体稳定性关系极大,它不仅是决定岩体稳定性的重要因素,而且直接影响各类岩体工程的设计和施工。越来越多的资料表明,在岩体高应力区,地表和地下工程施工期间所进行的岩体开挖,常常能在岩体中引起一系列与开挖卸载回弹和应力释放相联系的变形和破坏现象,使工程岩体失稳。

对于地下洞室而言,岩体中天然应力是围岩变形和破坏的力源。天然应力状态的影响,主要取决于垂直洞轴方向的水平天然应力 σ_h 和垂直天然应力 σ_v 的比值,以及它们的绝对值大小。从理论上讲,对于圆形洞室来说,当天然应力绝对值不大,$\sigma_h/\sigma_v = 1$ 时,围岩的重分布应力较均匀,围岩稳定性最好;当 $\sigma_h/\sigma_v = 1/3$ 时,洞室顶部将出现拉应力,洞侧壁将会出现大于 $2.67\sigma_v$ 的压应力,可能在洞顶拉裂掉块,洞侧壁内鼓张裂和倒塌。

如果地区的垂直应力 σ_v 为最小主应力,由于 $\sigma_{h\max}/\sigma_v \geqslant 1.0$,所以洞轴线与最大主应力 $\sigma_{h\max}$ 方向一致的洞室围岩稳定性,要较轴线垂直于 $\sigma_{h\max}$ 方向的洞室围岩稳定性好。例如,前苏联希宾地块拉斯武姆齐尔矿在挖掘主巷道与辅助巷道时,曾出现了非常强烈的岩爆。研究表明,岩爆发生在弹脆性的霓霞石-磷霞岩组成的水平巷道顶面,而且最强烈的岩爆出现在南北方向的主巷道中,而东西方向巷道中几乎没有。该矿的岩体应力量测结果表明,在埋深为 $100 \sim 600\text{m}$ 范围内,岩体中最大水平主应力 $\sigma_{h\max}$ 的方向为 SE100°,应力值为 57.0MPa,另一水平主应力为 23.0MPa,垂直应力 σ_v 也为 23.0MPa;在埋深为 $440 \sim 600\text{m}$ 范围内,最大水平主应力 $\sigma_{h\max}$ 的方向为 SE110°,应力值为 78.0MPa,另一水平主应力为 15.0MPa,垂直应力为 18.0MPa。南北方向巷道 $\sigma_{h\max}/\sigma_v$ 比值约为 $2.5 \sim 4.3$,东西方向巷道 $\sigma_{h\max}/\sigma_v$ 比值约为 $0.83 \sim 1.0$。因此,该区南北向巷道轴线近似垂直最大主应力方向,$\sigma_{h\max}/\sigma_v$ 比值较大,且应力绝对值也较大,是导致该区南北向巷道顶板发生岩爆的根本原因。

对于有压隧道而言,当 $\sigma_h/\sigma_v \geqslant 1.0$,且应力达到一定数值时,围岩将具有较大承受内水压力的承载力可资利用。因此,岩体中具有较高天然水平应力时,对有压隧洞围岩稳定有利。

对地表工程而言,如开挖基坑或边坡,由于开挖卸载作用,将引起基坑底部发生回弹隆起,并同时引起坑壁或边坡岩体向坑内发生位移。这类实例很多,其中以加拿大安大略省的一个露天采坑、美国南达科他州俄亥坝静水池基坑、美国大古力坝坝基以及我国葛洲坝电站厂房基坑开挖过程中所发生的情况最为典型。

加拿大安大略省某露天采坑开挖在水平灰岩岩层中,当开挖深度达 15m 时,坑底突然裂开,裂缝迅速延伸,裂缝两侧 15m 范围内的岩层向上隆起,最大高度达 2.4m。研究表明,隆起轴垂直于区域最大主应力作用方向。

美国南达科他州的俄亥坝静水池基坑开挖在白垩纪页岩夹薄层斑脱岩地层中。1954 年 2 月开始开挖,1955 年 3 月完成,最大开挖深度为 6.1m。现场观察表明,到 1954 年 12 月,基坑底总回弹量达 20cm,其中 90% 是在开挖期间发生的。当时基坑底部已有断层面,未发现位移,但于 1955 年 1 月,发现基坑底面沿原断层面错开,上盘上升,错距达 34cm。

美国大古力坝基坑开挖在花岗岩中,在开挖基坑过程中,发现花岗岩呈水平层状开裂,且这种现象延至较大深部。

我国葛洲坝电站厂房基坑开挖在白垩纪粉砂岩和黏土岩互层岩体中,开挖中基坑上游坑壁沿坑底附近视倾斜 $1° \sim 3°$ 的 212 夹层泥化面发生逆向滑错,最大错距 8cm。基坑坡面倾向为 199°,而坑壁岩体位错方向却为 223°,二者之间相差 24°。事后岩体天然应力量测结果表明,该处最大水平主应力 $\sigma_{h\max}$ 的作用方向为 225° 左右,坑底高程处应力值为:$\sigma_{h\max} =$

3.1MPa，$\sigma_{hmin}=2.3$MPa。电站厂房基坑坑壁岩体滑错方向是与最大水平天然应力作用方向相一致的。

基坑岩体回弹隆起、位错和变形的结果，将使地基岩体的透水性增大，力学性能恶化，甚至使建筑物变形破坏。

总之，岩体的天然应力状态，对工程建设有着重要意义。为了合理地利用岩体天然应力的有利方面，根据岩体天然应力状态，在可能的范围内合理地调整地下洞室轴线、坝轴线以及人工边坡走向，较准确地预测岩体中重分布应力和岩体变形，正确地选择加固岩体的工程措施。因此，对重要工程，均应把岩体天然应力测量与研究当作一项必须进行的重要工作来安排。

6.1.2 天然应力的成因

产生天然应力的原因是十分复杂的，也是至今尚不十分清楚的问题。多年来的实测和理论分析表明，地应力的形成主要与地球的各种动力作用过程有关，其中包括：地壳板块运动及其相互挤压、地幔热对流、地球自转速度改变、地球重力、岩浆侵入、放射性元素产生的化学能和地壳非均匀扩容等。另外，温度不均、水压梯度、地表剥蚀或其他物理化学作用等也可引起相应的应力场。其中，构造应力场和重力应力场是现今天然应力场的主要组成部分。

(1) 地壳板块运动及其相互挤压 海底扩张和大陆漂移是地壳大陆板块运动的源动力，可用于解释我国大陆岩体天然应力的起因。中国大陆板块东西两侧受到印度洋板块和太平洋板块的推挤，推挤速度为每年数厘米，而南北同时受到西伯利亚板块和菲律宾板块的约束。在这样的边界条件下，板块岩体发生变形，并产生水平挤压应力场，其最大主应力迹线如图6-1所示。印度洋板块和太平洋板块的移动促成了中国山脉的形成，控制了我国地震的分布。

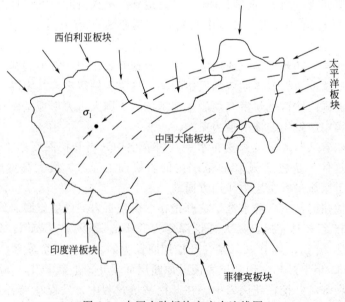

图 6-1　中国大陆板块主应力迹线图

(2) 地幔热对流 由硅镁质的地幔因温度很高，具有可塑性，并可以上下对流和蠕动。当地幔深处的上升流到达地幔顶部时，就分成为两股相反的平流，回到地球深处，形成一个封闭的循环体系。地幔热对流引起地壳下面的水平切向应力，在亚洲形成由孟加拉湾一直延伸到贝加尔湖的最应力槽，它是一个有拉伸的带状区。我国从西昌、攀枝花到昆明的裂谷正位于这一地区，该裂谷区有一个西藏中部为中心的上升流的大对流环。在华北-山西地堑有一个下降流，由于地幔物质的下降，引起很大的水平挤压应力。

（3）地球重力　由地心引力引起的应力场称为重力场，重力场是各种应力场中唯一能够准确计算的应力场。地壳中任一点的自重应力等于单位面积的上覆岩层的重量，即

$$\sigma_G = \gamma H$$

式中，γ 为上覆岩层的容重，H 为深度。

重力应力为垂直方向应力，是地壳岩体中所有各点垂直应力的主要组成部分，但是垂直应力一般并不完全等于自重应力，因为板块运动，岩浆对流和侵入，岩体非均匀扩容、温度不均和水压梯度等都会引起垂直方向应力变化。

（4）岩浆侵入　岩浆侵入挤压、冷凝收缩和成岩均在周围地层中产生相应的应力场，其过程也是相当复杂的。熔融状态的岩浆处于静水压力状态，对其周围施加的是各个方向相等的均匀压力。但是炽热的岩浆侵入后即逐渐冷凝收缩，并从接触界面处逐渐向内部发展。不同的热膨胀系数及热力学过程会使侵入岩浆自身及其周围岩体应力产生复杂的变化过程。

与上述三种成因应力场不同，由岩浆侵入引起的应力场是一种局部应力场。

（5）地温梯度　地壳岩体的温度随着深度增加而升高，一般温度梯度为 $\alpha = 3℃/100m$。由于温度梯度引起地层中不同深度不相同的膨胀，从而引起地层中的压应力，其值可达相同深度自重应力的几分之一。

另外，岩体局部寒热不均，产生收缩和膨胀，也会导致岩体内部产生局部应力场。

（6）地表剥蚀　地壳上升部分岩体因为风化、侵蚀和雨水冲刷搬运而产生剥蚀作用。剥蚀后，由于岩体内的颗粒结构的变化和应力松弛赶不上这种变化，导致岩体内仍然存在着比由地层厚度所引起的自重应力还要大得多的水平应力值。因此，在某些地区，大的水平应力除与构造应力有关外，还和地表剥蚀有关。

6.2　岩体中天然应力的分布规律

自 20 世纪 50 年代初期起，许多国家先后开展了岩体天然应力绝对值的实测研究，至今已经积累了大量的实测资料。本节从工程观点出发，根据收集到的岩体应力的实测资料，对大陆板块内地壳表层岩体天然应力的基本规律进行讨论。

（1）地壳中主应力以压应力为主，方向基本上是垂直和水平的　大量的测量结果表明，一个主应力的方向并不总是垂直的，但与垂直方向的夹角小于 30°。故可认为一个主应力基本上是垂直的，另外两个主应力基本上是水平的。垂直应力的大小与上覆岩层的重量有关，垂直应力值可根据覆盖层的重量计算。虽然有些实测值与其有局部偏离，但总的来说是符合上述规律的，特别是在地壳深部。绝大部分测量结果还表明地壳岩体中的应力以压应力为主，很少出现张应力的情况。

（2）天然应力场是一个具有相对稳定性的非稳定应力场，是时间和空间的函数　地应力在绝大多数地区是以水平应力为主的三向不等压应力场。三个主应力的大小和方向是随着空间和时间而变化的，因而它是个非稳定的应力场。地应力在空间上的变化，从小范围来看，其变化是很明显的，从某一点到相距数十米外的另一点，地应力的大小和方向也可能是不同的。但就某个地区整体而言，地应力的变化是不大的。如我国的华北地区，地应力场的主导方向为北西到近于东西的主压应力。

在某些地震活动活跃的地区，地应力的大小和方向随时间的变化是很明显的，在地震前，处于应力积累阶段，应力值不断升高，而地震时使集中的应力得到释放，应力值突然大幅度下降。主应力方向在地震发生时会发生明显改变，在震后一段时候又会恢复到震前的状态。

（3）垂直天然应力随深度呈线性增长　大量的国内外地应力实测结果表明，绝大部分地区的垂直天然应力 σ_v 大致等于按平均密度 $\rho=2.7\mathrm{g/cm^3}$ 计算出来上覆岩体的自重（图6-2）。但是，在某些现代上升地区，例如，位于法国和意大利之间的勃朗峰、乌克兰的顿涅茨盆地，均测到了 σ_v 显著大于上覆岩体自重的结果 $[\sigma_v/(\rho g Z)\approx 1.2\sim 7.0$，$Z$ 为测点距地面的深度]。而在俄罗斯阿尔泰区兹良诺夫矿区测得的垂直方向上的应力，则比自重小得多，甚至有时为张应力。这种情况的出现，大都与目前正在进行的构造运动有关。

垂直天然应力 σ_v 常常是岩体中天然主应力之一，与单纯的自重应力场不同的是：在岩体天然应力场中，σ_v 大都是最小主应力，少数为最大或中间主应力。例如，在斯堪的纳维亚半岛的前寒武纪岩体、北美地台的加拿大地盾、乌克兰的希宾地块以及其他地区的结晶基底岩体中，σ_v 基本上是最小主应力。而在斯堪的纳维亚岩体中测得的 σ_v 值，却大都是最大主应力。此外，由于侧向侵蚀卸载作用，在河谷谷坡附近及单薄

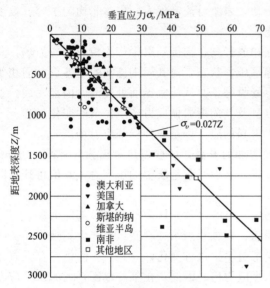

图6-2　垂直应力与埋藏深度关系的实测结果
（据 Hoek 和 Brown，1981）

的山体部分，常可测得 σ_v 为最大主应力的应力状态。

（4）水平天然应力分布比较复杂　岩体中水平天然应力的分布和变化规律是一个比较复杂的问题。根据已有实测结果分析，岩体中水平天然应力主要受地区现代构造应力场的控制，同时，还受到岩体自重、侵蚀所导致的天然卸载作用、现代构造断裂运动、应力调整和释放以及岩体力学性质等因素的影响。根据各地的天然应力测量成果，岩体中天然水平应力可以概括为如下特点。

① 岩体中水平天然应力以压应力为主，出现拉应力者甚少，且多具局部性质。值得注意的是在通常被视为现代地壳张力带的大西洋中脊轴线附近的冰岛，哈斯特已于距地表 4～65m 深处，测得水平天然应力为压应力。上述结论已为表6-1 和表6-2 的一些实测成果所证实。

表 6-1　芬兰斯堪的纳维亚部分地区水平应力的测量结果（据 Hast，1967）

测量地点编号	地表下深度/m	水平主应力/MPa			σ_2/σ_1	τ_{max} /MPa	σ_1 的方向 (360°)	τ_{max} 的方向(±90°)	岩类	测量年份	备注
		σ_1	σ_2	$\sigma_1+\sigma_2$							
1. Crargesberg	410	34.5	23	57.5	0.67	5.8	NW43°	NE2°	长英麻粒岩	1951-1954 1958	
2. Stallberg	690	56	32	88	0.57	12	NW45°	NS	长英麻粒岩	1957	
2a. Stallberg	880	56	16	72	0.29	5			长英麻粒岩	1957	
3. Vingesbacke	410	70	37	107	0.53	16.5	NW43°	NE2°	花岗岩	1962	靠近断裂带

续表

测量地点编号	地表下深度/m	水平主应力/MPa			σ_2/σ_1	τ_{max} /MPa	σ_1 的方向 （360°）	τ_{max} 的方向（±90°）	岩类	测量年份	备注
		σ_1	σ_2	$\sigma_1+\sigma_2$							
3a. Vingesbacke	410	90	60	150	0.67	15			花岗岩		非常靠近断裂带
4. Malmberget	290	38	13	51	0.34	12.5	NW83°	NW38°	花岗岩	1957	受到附近一矿山影响
5. Laisvall	225	33.5	12	45.5	0.36	10.8	NE16°	NW29°	花岗岩	1952-1953 1960	位于 Laisvall 湖东
5a. Laisvall	115	23.5	13.5	37	0.57	5	NW24°	NW21°	石英岩	1960	位于 Laisvall 湖西
5b. Laisvall	180	46	33.5	79.5	0.73	6.3	NE61°	NW16°	花岗岩	1960	位于 Laisvall 湖西
8. Nyang	657	50	35	85	0.70	7.5	NW28°	NW17°	花岗岩	1959	
8a. Nyang	477	46	26	72	0.57	10	NW52°	NW7°	花岗岩	1959	
9. Kirure	90	14.5	10.5	25	0.72	2	NW13°	NW32°	长英麻粒岩	1958	
9a. Kirure	120	14	10.5	24.5	0.75	1.8	NW11°	NW34°	长英麻粒岩	1958	
11. Splhem	100	19	10.5	29.5	0.55	4.3	NW49°	NW4°	灰岩	1962	
12. Lidiugo	32	13	7	20	0.54	3	NW6°	NW39°	花岗岩	1961	
13. Sibbo	45	14.5	11.5	26	0.79	1.5	NW45°	E-W	灰岩	1961	
13a. Sibbo	100	15	13	28	0.87	1.1			灰岩	1961	
14. Jussaro	145	21	13	34	0.62	4	NW51°	NW6°	花岗岩	1962	在芬兰湾底下
15. Slite	45	13	10.5	23.5	0.81	1.3	NW47°	NW2°	灰岩	1964	
16. Messaure	100	16.5	12	28.5	0.73	2.3	NW10°	NW12°	花岗岩	1964	
17. Kirkenas	50	12	8.5	20.5	0.71	1.8	NW23°	NW22°	花岗岩	1963	
19. Karlshamn	10	12	7.5	19.5	0.63	2.3	NW65°	NW20°	花岗岩	1963	
20. Sondrum	14.5	40	13	53	0.33	13.5	NW7.5°	NW52.5°	花岗岩	1964	
21. Rixo	9	12	6.5	18.5	0.54	2.9	NW24°	NW69°	花岗岩	1965	
22. Trass	8	10.5	6	16.5	0.57	2.4	NW47°	NW2°	花岗岩	1964	
23. Gol	50	20.5	10.5	31	0.51	5	NW33°	NW12°	花岗岩	1964	
24. Wassbo(ldre)	31	13.5	6.5	20	0.48	3.5	NW9°	NW54°	花岗岩	1964	
25. Bierlow	6	14.5	10	24.5	0.69	2.3	NW26°	NW71°	花岗岩	1965	
26. Bornholm	17	6	4	10	0.67	1	NW30°	NW15°	花岗岩	1966	
27. Merrang	260	26	18.5	44.5	0.71	3.8	NW43°	NW2°	花岗岩	1966	
29. Kristinealtad	15	16	6.5	22.5	0.41	1.8	NW24°	NW21°	花岗岩	1966	

注: 1. 垂直平面内的垂直剪应力很小或者没有。

2. τ_{max} 代表垂直平面内的最大水平剪应力。

3. 测孔是垂直的。

② 大部分岩体中的水平应力大于垂直应力,特别是在前寒武纪结晶岩体中,以及山麓附近和河谷谷底的岩体中,这一特点更为突出。如 σ_{hmax} 和 σ_{hmin} 分别代表岩体内最大和最小水平主应力,而在古老结晶岩体中,普遍存在 $\sigma_{hmax} > \sigma_{hmin} > \sigma_v = \rho g Z$ 的规律。例如,芬兰斯堪的纳维亚的前寒武纪岩体、乌克兰的希宾地块和加拿大地盾等处岩体均有上述规律。在另

外一些情况下，则有 $\sigma_{h\max} > \sigma_v$，而 $\sigma_{h\min}$ 却不一定都大于 σ_v，也就是说，还存在 $\sigma_v > \sigma_{h\min}$ 的情况。

表 6-2　华北地区地应力绝对值测量结果（据李铁汉，潘别桐，1980）

测量地点	测量时间	岩性及时代	最大水平主应力/MPa	最小水平主应力/MPa	最大主应力方向	$\sigma_{h\min}/\sigma_{h\max}$
隆尧茅山	1966 年 10 月	寒武系鲕状灰岩	7.7	4.2	ZW54°	0.55
顺义吴雄寺	1971 年 6 月	奥陶系灰岩	3.1	1.8	ZW75°	0.58
顺义庞山	1973 年 11 月	奥陶系灰岩	0.4	0.2	ZW58°	0.5
顺义吴雄寺	1973 年 11 月	奥陶系灰岩	2.6	0.4	ZW73°	0.15
北京温泉	1974 年 8 月	奥陶系灰岩	3.6	2.2	ZW65°	0.67
北京昌平	1974 年 10 月	奥陶系灰岩	1.2	0.8	ZW75°	0.67
北京大灰厂	1974 年 11 月	奥陶系灰岩	2.1	0.9	ZW35°	0.43
辽宁海城	1975 年 7 月	前震旦系菱镁矿	0.3	5.9	ZW87°	0.63
辽宁营口	1975 年 10 月	前震旦系白云岩	16.6	10.4	ZW84°	0.61
隆尧尧山	1976 年 6 月	寒武系灰岩	3.2	2.1	ZW87°	0.66
滦县一孔	1976 年 8 月	奥陶系灰岩	5.8	3	ZW84°	0.52
滦县三孔	1976 年 9 月	奥陶系灰岩	6.6	3.2	ZW89°	0.48
顺义吴雄寺	1976 年 9 月	奥陶系灰岩	3.6	1.7	ZW83°	0.47
唐山凤凰山	1976 年 10 月	奥陶系灰岩	2.5	1.7	ZW47°	0.68
三河孤山	1976 年 10 月	奥陶系灰岩	2.1	0.5	ZW69°	0.24
怀柔坟头村	1976 年 11 月	奥陶系灰岩	4.1	1.1	ZW83°	0.27
河北赤城	1977 年 7 月	前寒武系超基性岩	3.3	2.1	ZW82°	0.64
顺义吴雄寺	1977 年 7 月	奥陶系灰岩	2.7	2.1	ZW75°	0.78

注：测点深度小于 30m。

③ 岩体中两个水平应力 $\sigma_{h\max}$ 和 $\sigma_{h\min}$ 通常都不相等。一般来说，$\sigma_{h\min}/\sigma_{h\max}$ 比值随地区不同而变化于 0.2～0.8 之间。例如，在芬兰斯堪的纳维亚大陆的前寒武纪岩体中，$\sigma_{h\min}/\sigma_{h\max}$ 比值为 0.3～0.75。又如，在我国华北地区不同时代岩体中的应力测量结果（表 6-2）表明，最小水平应力与最大水平应力比值的变化范围在 0.15～0.78 之间。说明岩体中水平应力具有强烈的方向性和各向异性。

④ 在单薄的山体、谷坡附近以及未受构造变动的岩体中，天然水平应力均小于垂直应力。在很单薄的山体中，甚至可出现水平应力为零的极端情况。

（5）天然水平应力与垂直应力的比值　岩体中天然水平应力与垂直应力之比定义为天然应力比值系数，用 λ 表示。世界各地的天然应力测量成果表明，绝大多数情况下，平均天然水平应力与天然垂直应力的比值在 1.5～10.6 范围内。

天然应力比值系数随深度增加而减小。图 6-3 是 Hoek-Brown 根据世界各地天然应力测量结果得出的平均天然水平应力 σ_{hav} 与天然垂直应力 σ_v 比值随深度 Z 的变化曲线。曲线表明 σ_{hav}/σ_v 比值有如下规律：

$$\left(0.3+\frac{100}{Z}\right)<\frac{\sigma_{hav}}{\sigma_v}<\left(0.5+\frac{1500}{Z}\right)$$

$$(6\text{-}1)$$

（6）一个相当大的区域内，最大主应力方向是相对稳定的 在相对平坦的地区和离地表较深处的地应力测量结果是可以代表这个地区的应力场特点的。最大水平主应力方向尽管存在着局部变化，但是在某些广阔地区，水平主应力方向看来还是有一定规律的。在一个相当大的区域内，最大主应力的方向是相对稳定的，并和区域控制性构造变形场一致。

（7）区域构造场常常决定局部点的主应力 河谷构造应力的主要部分随剥蚀卸载很快释放掉。接近河谷岸坡表面存在的地应力分布差异很大。已经发现在接近河谷岸坡表面部分为岩石风化和地应力偏低带，往下则

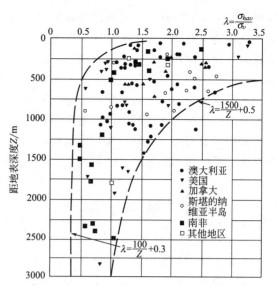

图 6-3 平均天然水平应力与垂直应力之比 λ 与埋藏深度 Z 关系的实测结果

（据 Hoek 和 Brown，1981）

逐渐过渡到地应力平稳区。图 6-4 是中国科学院武汉岩土力学研究所结合科研工作于 1982 年在雅砻江下游二滩水电站坝址测得的地应力资料。此资料表明，在地表下 30m，水平距 80m 范围内为地应力释放区，再往下深入约 150m 为应力集中区，过此区则是应力平稳区，这一现象对地应力的研究具有十分重要的意义。

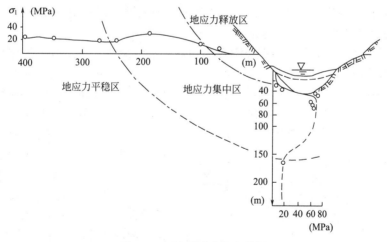

图 6-4 二滩坝址地应力特征

（8）天然应力状态 岩体中天然应力一般处于三维应力状态。根据三个主应力轴与水平面的相对位置关系，把天然应力场分为水平应力场与非水平应力场两类。水平应力场的特点是两个主应力轴呈水平或与水平面夹角小于 30°，另一个主应力轴垂直于水平面或与水平面夹角大于或等于 70°。非水平应力场的特点是：一个主应力轴与水平面夹角在 45° 左右，另两个主应力轴与水平面夹角在 0°～45° 间变化。应力测量结果表明，水平应力场在地壳表层分布比较广泛，而非水平应力场仅分布在板块接触带或两地块之间的边界地带。

在水平应力场条件下，两个水平或近似水平方向的应力是两个主应力或近似主应力。在

这种情况下，岩体垂直平面内没有或仅有很小的垂直剪应力，而存在着数值取决于两水平主应力之差的水平剪应力。当水平剪应力足够大时，岩体就会沿垂直平面发生剪切破坏。哈斯特认为各种行星外壳中正交断裂系统，都是这种水平应力场作用的结果。

在非水平应力场条件下，岩体中垂直平面内存在垂直剪应力，在水平面内存在水平剪应力。根据哈斯特的应力测量资料，芬兰斯堪的纳维亚半岛与大西洋和挪威海相接触地带，以及太平洋与美洲大陆之间的接触地带都存在非水平应力场。哈斯特还认为非水平应力场和很高的垂直天然剪应力出现在地壳不稳定地区，以及正在发生垂直运动地区。故可推知，目前存在非水平应力场的地区，很可能是现今正在发生垂直运动的不稳定地区。

6.3 岩体天然应力测量

由于岩体天然应力是一个非可测的物理量，它只能通过测量因应力变化而引起的诸如位移、应变或电阻、电感、波速等可测物理量的变化值，然后基于某种假设反算出应力值。因此，目前国内外使用的所有应力测量方法，均是在钻孔、地下开挖或露头面上刻槽而引起岩体中应力的扰动，然后用各种探头测量由于应力扰动而产生的各种物理变化值的方法来实现。目前在国内外最常用的应力测量是应力恢复法、套心法、水压致裂法三种方法。现将这三种方法的原理分述如下。

6.3.1 应力恢复法

应用较早的一种应力测量方法是应力恢复法，此法是用扁千斤顶使已解除了应力的岩石恢复到初始应力状态。具体步骤是：

① 在地下巷道洞壁上布置一对或若干对测点，每对测点间的距离 d_0 视所采用的引伸仪尺寸而定。一般每对测点间的距离为 15cm 左右［图 6-5(a)］。

② 在两测点之间的中线处，用金刚石锯切割一道狭缝槽。由于洞壁岩体受到环向压应力 σ_θ 的作用，所以，在狭缝槽切割后，两测点间的距离就会从初始值 d_0 减小到 d，即两点间距产生相对缩短位移。

③ 把扁千斤顶塞入狭缝槽内［图 6-5(b)］，并用混凝土填充狭缝槽，使扁千斤顶与洞壁岩体紧密胶结在一起。

④ 对扁千斤顶泵入高压油，通过扁千斤顶对狭缝两壁岩体加压。使岩壁上两测点的间距缓缓地由 d 恢复到 d_0［图 6-5(c)］。这时扁千斤顶对岩壁施加的压力 P_c，即为所要测定的洞壁岩体的环应力值 σ_θ。

如果在垂直地下巷道的断面上，布置 A、B、C 三个扁千斤顶试验测点，则可以测得 $\sigma_{\theta A}$、$\sigma_{\theta B}$、$\sigma_{\theta C}$ 三个环应力值。那么，环向应力值与岩体天然应力 σ_x、σ_y、τ_{xy} 间的关系为：

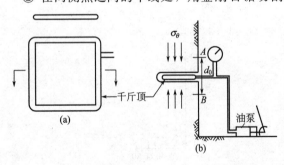

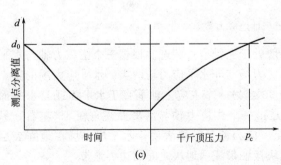

图 6-5 扁千斤顶试验装置

$$\begin{Bmatrix} \sigma_{\theta A} \\ \sigma_{\theta B} \\ \sigma_{\theta C} \end{Bmatrix} = \begin{bmatrix} a_{11} & a_{12} & a_{13} \\ a_{21} & \sigma_{22} & \sigma_{23} \\ \sigma_{31} & \sigma_{32} & \sigma_{33} \end{bmatrix} \begin{Bmatrix} \sigma_x \\ \sigma_y \\ \tau_{xy} \end{Bmatrix} \tag{6-2}$$

式中，系数 a_{ij} 可以用数值法求得，例如，对于开挖在天然应力为垂直和水平的岩体中的圆形巷道而言，若在该巷道某断面上用应力恢复法，分别测得边墙和拱顶处的环向应力 $\sigma_{\theta R}$ 和 $\sigma_{\theta W}$，则式(6-2) 可简化为：

$$\begin{Bmatrix} \sigma_{\theta w} \\ \sigma_{\theta R} \end{Bmatrix} = \begin{bmatrix} -1 & 3 \\ 3 & -1 \end{bmatrix} \begin{Bmatrix} \sigma_h \\ \sigma_v \end{Bmatrix} \tag{6-3}$$

因此，垂直天然应力 σ_v 和水平天然应力 σ_h 为：

$$\left.\begin{aligned} \sigma_v &= \frac{3}{8}\sigma_{\theta w} + \frac{1}{8}\sigma_{\theta R} \\ \sigma_h &= \frac{1}{8}\sigma_{\theta w} + \frac{3}{8}\sigma_{\theta R} \end{aligned}\right\} \tag{6-4}$$

6.3.2 套心法

套心法的全称为钻孔套心应力解除法。此法的基本原理是在钻孔中安装变形或应变测量元件（位移传感器或应变计），通过测量套心应力解除前后，钻孔孔径变化或孔底应变变化或孔壁表面应变变化值来确定天然应力的大小和方向。所谓套心应力解除是用一个较测量孔径更大的岩心钻，对测量孔进行同心套钻，把安装有传感器元件的孔段岩体与周围岩体隔离开来，以解除其天然受力状态（图 6-6）。

根据传感器和测量物理量不同，可把钻孔套心法划分为钻孔位移法、钻孔应力法和钻孔应变法三种。钻孔位移法又称钻孔变形法，其基本原理是通过测量套心应力解除前后钻孔孔径变化值来确定天然应力值。这种方法所使用的传感器称为钻孔变形计；钻孔应力法是把一种刚性的钻孔变形计安装于钻孔内，通过测量套心应力解除前后这种变形计上压力的变化，进而确定钻孔位移，最后推算岩体天然应力值，这种刚性变形计特称为钻孔应力计；钻孔应变法是通过测量应力解除前后孔底或孔壁壁面应变的变化来确定岩体天然应力状态的，这种方法所使用的传感器称为钻孔应变计。目前常用的钻孔应变计有门塞式应变计、光弹性圆盘应变计和利曼三维应变计等。

套心法的理论基础是弹性理论，把岩体视为一无限大的均质、连续、各向同性的线弹性体。在这种岩体中钻一个钻孔，设钻孔轴与岩体中某一天然应力相平行，那么，测量钻孔孔壁的径向位移和岩体天然主应力间的关系可据弹性理论得出。

若按平面应变问题考虑有：

$$U_\theta = \frac{R(1-\mu_m^2)}{E_m}[(\sigma_1+\sigma_3) + 2(\sigma_1-\sigma_3)\cos 2\theta] \tag{6-5}$$

若按平面应力问题考虑，则有：

$$U_\theta = \frac{R}{E_m}[(\sigma_1+\sigma_3) + 2(\sigma_1-\sigma_3)\cos 2\theta] \tag{6-6}$$

式中，U_θ 是与 σ_1 作用方向成 θ 角的孔壁一点的径向位移；R 为钻孔半径；E_m 是岩体弹性模量；μ_m 是岩体的泊松比；σ_1 是垂直钻孔轴平面内岩体中最大天然主应力；σ_3 是垂直钻孔轴平面内岩体中最小天然主应力；θ 角是 σ_1 作用方向至位移测量方向的夹角，以逆时针方向为正。

由上述公式可知，为了求得 σ_1、σ_3 和 θ 值，在钻孔中必须安装三个互成一定角度的测量元件，分别测出应力解除后，孔壁在这三个方向上的径向位移，然后建立三个联立方程，才可求解这三个值。目前在生产上有两种布置方法：一种是三个测量元件互成 45°；另一种为互成 60°。若三个测量元件之间互成 45°，且按平面应力问题考虑时，则 σ_1、σ_3 和 θ 的计算公式为：

$$\left.\begin{array}{c} \sigma_1 = \dfrac{E_m}{4R}\left[U_a + U_c + \dfrac{1}{\sqrt{2}}\sqrt{(U_a - U_b)^2 + (U_b - U_c)^2}\right] \\[3mm] \sigma_3 = \dfrac{E_m}{4R}\left[U_a + U_c - \dfrac{1}{\sqrt{2}}\sqrt{(U_a - U_b)^2 + (U_b - U_c)^2}\right] \\[3mm] \tan 2\theta = \dfrac{2U_b - U_a - U_c}{U_a - U_c} \end{array}\right\} \tag{6-7}$$

式中，U_a、U_b 和 U_c 是与最大主应力作用方向夹角分别为 θ，$\theta + 45°$，$\theta + 90°$ 的三个方向上测到的孔壁径向位移值，θ 是最大主应力至第一个测量元件之间的夹角（图 6-7）；其他符号意义同前。

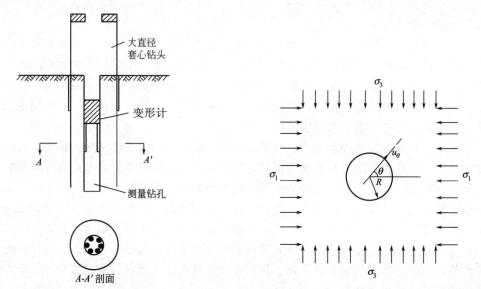

图 6-6　钻孔套心法示意图　　　　　图 6-7　垂直于钻孔轴平面内的应力状态

当三个测量元件之间互成 60°时，则垂直钻孔平面内天然应力的大小和方向，可按下列公式计算：

$$\left.\begin{array}{c} \sigma_1 = \dfrac{E_m}{6R}\left[U_a + U_b + U_c + \dfrac{1}{\sqrt{2}}\sqrt{(U_a - U_b)^2 + (U_b - U_c)^2 + (U_c - U_a)^2}\right] \\[3mm] \sigma_3 = \dfrac{E_m}{6R}\left[U_a + U_b + U_c - \dfrac{1}{\sqrt{2}}\sqrt{(U_a - U_b)^2 + (U_b - U_c)^2 + (U_c - U_a)^2}\right] \\[3mm] \tan 2\theta = \dfrac{-\sqrt{3}(U_b - U_c)}{2U_a - (U_b + U_c)} \end{array}\right\} \tag{6-8}$$

式中，U_a、U_b 和 U_c 是与最大主应力夹角分别为 θ，$(\theta + 60°)$，$(\theta + 120°)$ 三个方向上测到的孔壁径向位移值；其他符号意义同前。

　　套心法的缺点是测量深度受套心技术的限制，最大的测量深度只能达 30m，一般以测深 7～12m 为佳。此外，得出的计算成果受岩体弹性参数的精度影响，而精确测定岩体弹性参数一般较困难。

6.3.3 水压致裂法

水压致裂法是把高压水泵入到由栓塞隔开的试段中。当钻孔试段中的水压升高时，钻孔孔壁的环向压应力降低，并在某些点出现拉应力。随着泵入的水压力不断升高，钻孔孔壁的拉应力也逐渐增大。当钻孔中水压力引起的孔壁拉应力达到孔壁岩石抗拉强度 σ_t 时，就在孔壁形成拉裂隙。若设形成孔壁拉裂隙时，钻孔的水压力为 p_{c1}，拉裂隙一经形成后，孔内水压力就要降低，然后达到某一稳定的压力 p_s，称为"封井压力"。这时，如人为地降低水压，孔壁拉裂隙将闭合，若再继续泵入高压水流，则拉裂隙将再次张开，这时孔内的压力为 p_{c2}（图 6-8）。

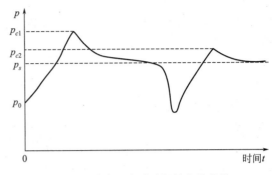

图 6-8 孔内压力随时间的变化曲线

为了解释水压致裂法试验得出的资料，需要确定水压破裂引起的裂隙方向。大量的实测资料表明，水压破裂引起的裂隙是垂直的，尤其是试段深度在 800m 以下，垂直向是水压破坏引起裂隙的最常见方向。在实际工作中，水压破裂的方向可以用井下电视来观察，但最常用的是采用胶塞印痕方法，把裂隙压印于胶塞上，然后观察胶塞印痕方向。

设钻孔形成前的天然应力场为：$\sigma_v = \rho g h$ 为垂直；$\sigma_{h\max}$ 和 $\sigma_{h\min}$ 为水平。如果取垂直钻孔平面考虑（图 6-9），则钻孔孔壁上的应力可以用柯西孔壁应力集中解（Krish solution）来分析。

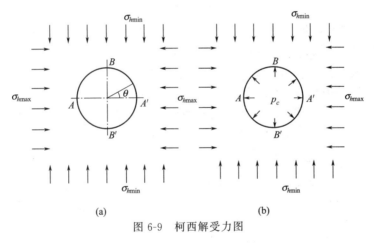

(a)   (b)

图 6-9 柯西解受力图

钻孔形成后，而未压入高压水以前，孔壁上 A 或 A 点的环向应力 [图 6-9(a)]，由柯西解为：

$$\sigma_{\theta A} = 3\sigma_{h\min} - \sigma_{h\max} \tag{6-9}$$

当泵入高压水时，在钻孔内壁作用有内压水 p_c [图 6-9(b)]，因此孔壁上每一点均受到内水压力 p_c 作用。则拉裂隙形成时 A 或 A 的破坏条件为：

$$3\sigma_{h\min} - \sigma_{h\max} - p_{c1} = -\sigma_t \tag{6-10}$$

在孔壁拉裂隙形成以后，如果要继续维持拉裂隙张开而又不进一步扩展，则水压力需满足如下条件，即

$$\sigma_{h\min} = p_s \tag{6-11}$$

联立式(6-10) 和式(6-11),可解得计算水平天然应力的公式为:

$$\left.\begin{aligned}\sigma_{h\max} &= \sigma_t + 3\sigma_{h\min} - p_{c1}\\ \sigma_{h\min} &= p_s\end{aligned}\right\} \tag{6-12}$$

σ_t 是孔壁岩石的抗拉强度,可以由试验本身来确定,因为使张裂隙再次开启时有:

$$3\sigma_{h\min} - \sigma_{h\max} - p_{c2} = 0 \tag{6-13}$$

所以,用式(6-10) 减去式(6-13),可得到孔壁岩石抗拉强度的计算公式为:

$$\sigma_t = p_{c1} - p_{c2} \tag{6-14}$$

因此,通过水压致裂试验,只要确定 p_{c1}, p_{c2} 和 p_s 值,就可用式(6-12) 和式(6-14) 计算出水平天然力 $\sigma_{h\max}$ 和 $\sigma_{h\min}$ 值,而垂直天然应力 σ_v 等于垂直自重应力。

与其他应力测量方法相比较,钻孔水压致裂法,具有以下优点:①钻孔水压致裂法不需要套心,不受测量深度限制;②钻孔水压致裂法不需要使用应变计或变形计,因此,水压致裂法施测的范围较大,且不必知道岩体的弹性参数。

6.4 岩体中天然应力的估算

岩体中天然应力是岩体工程设计和工程地质问题评价的一个十分重要的指标。岩体中的天然应力一般需用实测方法来确定。但是,岩体应力测量工作费用昂贵,一般中小型工程或在可行性研究阶段,天然应力的测量不可能进行。因此,在无实测资料的情况下,如何根据岩体地质构造条件和演化历史来估算岩体中天然应力,就成为岩体力学和工程地质工作者的一个重要任务。

6.4.1 垂直天然应力估算

在地形比较平坦,未经过强烈构造变动的岩体中,天然主应力方向可视为近垂直和水平。这一结论的证据是:①在岩体中发育有倾角为 60°左右的正断层,而正断层形成时的应力状态是垂直方向为最大主应力,水平方向作用有最小主应力 (图 6-10);②岩体中倾角为 30°左右的逆断层存在,表明逆断层在形成时的应力状态是垂直方向为最小主应力,水平方向作用有最大主应力 (图 6-11)。

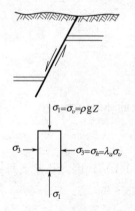

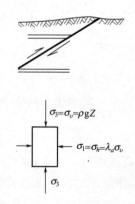

图 6-10 正断层形成时应力状态　　　　图 6-11 逆断层形成时应力状态

在这种条件下,垂直天然应力 σ_v 等于上覆岩体的自重,即

$$\sigma_v = \rho g Z \tag{6-15}$$

式中，ρ 为岩体的密度，g/cm^3；g 为重力加速度，$9.8m/s^2$；Z 为深度，m。

这种垂直应力的估算方法不适用于下列情况：

① 不适用沟谷附近的岩体。因为沟谷附近的斜坡上，最大主应力 σ_1 平行于斜坡坡面，而最小主应力 σ_3 垂直于坡面，且在斜坡表面上，其 σ_3 值为零；

② 不适用于经强烈构造变动的岩体。如在褶皱强烈的岩体中，由于组成背斜岩体中的应力传递转嫁给向斜岩体。所以，背斜岩体中垂直应力 σ_v 常比岩体自重要小，甚至于出现 σ_v 等于零的情况。而在向斜岩体中，尤其在向斜核部，其垂直应力常比按自重计算的值大 60% 左右，这已为实测资料所证实。

6.4.2 水平天然应力估算

由天然应力比值系数 λ 的定义可知，如果已知 λ 值，而垂直天然应力可以由 $\sigma_v = \rho g Z$ 估算出，则水平天然应力 $\sigma_h = \lambda \sigma_v$。所以水平天然应力的估算，实际上就是确定 λ 值的问题。

天然应力比值系数 λ 与岩体的地质构造条件有关。在未经过强烈构造变动的新近沉积岩体中，天然应力比值系数 λ 为：

$$\lambda = \mu/(1-\mu) \qquad (6\text{-}16)$$

式中，μ 为岩体的泊松比。

在经历多次构造运动的岩体中，由于岩体经历了多次卸载、加载作用，因此 $\lambda = \mu/(1-\mu)$ 不适用。下面讨论几种简单的情况。

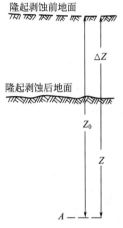

图 6-12 隆起、剥蚀卸载作用对 λ 值的影响

6.4.2.1 隆起、剥蚀卸载作用对 λ 值的影响

如图 6-12 所示，假设在经受隆起剥蚀岩体中，遭剥蚀前距地面深度为 Z_0 的一点 A，天然应力比值系数 λ_0 为：

$$\lambda_0 = \sigma_{h_0}/\sigma_{v_0} = \sigma_{h_0}/\rho g Z_0 \qquad (6\text{-}17)$$

经地质历史分析，由于该岩体隆起，遭受剥蚀去掉的厚度为 ΔZ，则剥蚀造成的卸载值为 $\rho g \Delta Z$，即隆起剥蚀使岩体中 A 点的垂直天然应力减少了 $\rho g \Delta Z$。因此，相应地，A 点的水平天然应力也减少了 $\mu/(1-\mu)\rho g \Delta Z$，则岩体剥去 ΔZ 以后，A 点的水平天然应力为：

$$\sigma_h = \sigma_{h_0} - \frac{\mu}{1-\mu}\rho g \Delta Z = \rho g \left[\lambda_0 Z_0 - \Delta Z \frac{\mu}{1-\mu}\right]$$

$$(6\text{-}18)$$

剥蚀后的垂直天然应力为：

$$\sigma_v = \sigma_{v_0} - \rho g \Delta Z = \rho g [Z_0 - \Delta Z] \qquad (6\text{-}19)$$

则剥蚀后 A 点的天然应力比值系数 λ 为：

$$\lambda = \frac{\sigma_h}{\sigma_v} = \frac{\lambda_0 Z_0 - \Delta Z \dfrac{\mu}{1-\mu}}{Z_0 - \Delta Z} \qquad (6\text{-}20)$$

令 $Z = Z_0 - \Delta Z$ 为剥蚀后 A 点所处的实际深度，则

$$\lambda = \lambda_0 + \left[\lambda_0 - \frac{\mu}{1-\mu}\right]\frac{\Delta Z}{Z} \qquad (6\text{-}21)$$

由式(6-21) 可知：

① 岩体隆起剥蚀作用的结果，使岩体中天然应力比值系数增大了；

② 如果在地质历史时期中，岩体遭受长期剥蚀且其剥蚀厚度达到某一临界值以后，则将会出现 $\lambda > 1$ 的情况。大量的实测资料也表明，在地表附近的岩体中，常出现 $\lambda > 1$ 的情

况，说明了这一结论的可靠性。

6.4.2.2 断层作用对 λ 值的影响

在地壳表层岩体中，常发育有正断层和逆断层。正断层形成时的应力状态是：σ_1 为垂直，σ_3 为水平（参见图 6-10）。因此，

$$\sigma_1 = \sigma_v = \rho g Z$$

$$\sigma_3 = \sigma_h = \lambda_a \rho g Z$$

由库仑强度判据知：正断层形成时的破坏主应力与岩体强度参数间关系为：

$$\sigma_1 = \sigma_c + \sigma_3 \tan^2(45° + \phi/2)$$

即

$$\rho g Z = \sigma_c + \lambda_a \rho g Z \tan^2(45° + \phi/2)$$

因此，正断层形成的天然应力比值系数 λ_a 为：

$$\lambda_a = \cot^2(45° + \phi/2) - \left[\frac{\sigma_c}{\rho g}\cot^2(45° + \phi/2)\right]\frac{1}{Z} \tag{6-22}$$

逆断层形成时的应力状态为：最小主应力 σ_3 为垂直，最大主应力 σ_1 为水平（参见图 6-11），即

$$\sigma_3 = \sigma_v = \rho g Z$$

$$\sigma_1 = \sigma_h = \lambda_p \rho g Z$$

同理可得逆断层形成时的天然应力比值系数 λ_p 为：

$$\lambda_p = \tan^2(45° + \phi/2) + \left(\frac{\sigma_c}{\rho g}\right)\frac{1}{Z} \tag{6-23}$$

由上述分析可知，λ_a 和 λ_p 是岩体中天然应力比值系数的两种极端情况。一般认为天然应力比值系数 λ 是介于两者之间，即

$$\lambda_a \leqslant \lambda \leqslant \lambda_p \tag{6-24}$$

如把这一理论估算得出的结论，与 Hoek-Brown 根据全球实测结果得出的平均天然应力比值系数随深度变化的经验关系相比，两者的形式极为一致，即天然应力比值系数与深度 Z 成反比。

6.5 岩体天然应力场的回归分析

采用第三节的天然应力测量方法，仅能获得岩体中部分测点的天然应力数值，这是点上的工作，如何由这些测点上的天然应力测量值推延得到一个工程区域的面上的天然应力场，是岩体天然应力场分析工作的一个十分重要的方面。基于部分测点的应力测量进行工程场地岩体初始应力场的反分析，属于一类十分重要的反演工作。反演得出的岩体初始应力场是对工程场地的稳定性评价、设计、施工等方面工作的重要前提。

对地形十分复杂条件下的浅部岩石工程，这种反演方法可能为数值分析提供一种可用的初始地应力条件。岩体初始应力场的反分析属一种正演法。按照具体的工程地质条件建立数值模型，并给定相应的参数进行数值分析。然后通过多元回归分析求得能同各测点的地应力测量值逼近的应力场作为反分析的结果。

6.5.1 计算模型的建立

模型建立包括确定计算区域、边界条件以及离散化。主要依据是工程范围内的地质勘测和实测资料。图 6-13 所示为有限元法回归分析所采用的几种载荷及位移边界。

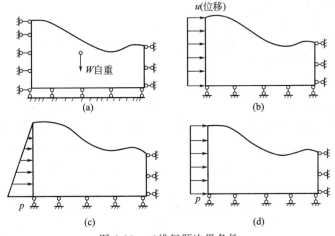

图 6-13　二维问题边界条件

载荷主要考虑自重及构造应力。自重通常由岩体容重给出，构造力以水平作用的边界力（或位移）来考虑，图 6-13 中（b）~（d）。P（或 U）可先给初值，其最终计算值取决于与相应回归系数的乘积。给定岩体的参数即可按图 6-13 的模型求得应力场的初始计算值。

6.5.2　天然应力场的回归分析

天然应力场可以认为是下列变量的函数：

$$\sigma = f(x, y, E, v, \gamma, \Delta, U, V, W, T) \tag{6-25}$$

式中，x，y 为坐标；E，v，γ 为岩性参数；U、V 为构造作用因素；W 为岩体自重；T 为温度。它们是由图 6-13 给定的相应边界条件构成的。岩性参数可通过实验确立。在各待定因素作用下，计算域内的应力（数字观测值）σ_Δ，σ_U，σ_V……称为基本初始应力，将其与相应回归系数相乘并按叠加原理叠加即得到初始应力场，即

$$\sigma = b_1' \sigma_\Delta + b_2' \sigma_U + b_3' \sigma_V + \cdots + \varepsilon_k \tag{6-26}$$

式中，b_1'，b_2'，…为回归系数；ε_k 为观测误差，当有 n 个观测值时，则有：

① 误差 ε_k 的数学期望值全为零，即 $E(\varepsilon_k) = 0$，$k = 1, 2, 3, \cdots, n$

② 各次观测值互相独立并有相同精度，即 ε_k 间的协方差为：

$$\text{COV}(\varepsilon_k, \varepsilon_h) = \begin{cases} 0, & k \neq h \\ \varepsilon^2, & k = h \end{cases} \tag{6-27}$$

回归分析初始应力场以式(6-26)为回归方程。各测点的现场测量值 σ_k 为 n 个独立的观测值，σ 为 n 个观测值的总体，由各基本因素 Δ，U，V，…所得的基本初始应力 $\sigma_{k\Delta}$、σ_{kU}、σ_{kV}…即为方程的自变量。根据各实测点提供的 n 组实测值，以及由数学模型计算的"数学观测值"给出的各回归系数估计值 b_1，b_2，b_3，…则可得到对误差的估计 e_k，根据最小二乘法，使残差平方和最小，可得到相应的法方程组。解出回归系数 b_i，以回归系数乘相应的基本初始应力，即得到初始地应力场。

残差平方和为：

$$Q = \sum_{k=1}^{m} e_k^2 = \sum_{k=1}^{m} [\sigma_k - (b_1 \sigma_{k\Delta} + b_2 \sigma_{kU} + b_3 \sigma_{kV} + \cdots)]^2 \tag{6-28}$$

极小条件：

$$\frac{\partial Q}{\partial b_i} = 0 \quad (i = 1, 2, 3, \cdots) \tag{6-29}$$

由此即可建立法方程求得相应的回归系数 b_i。为使方程有唯一解，地应力测量点数目至少应大于纳入回归方程中的基本应力因素的个数。回归分析结果的好坏可通过相关分析、方

差估计、F 检验、显著性检验等予以验证。

6.6　高地应力的若干特征

随着国家建设的进行，我国西部高山峡谷区的水电（如拉西瓦水电站、小湾水电站、锦坪二级水电站等）、交通、采矿等工程活动愈来愈多，这些地方多处在高地应力区。岩石工程在勘探初期，利用勘探工程揭露出来的现象可以收集到一些判断该地区地应力高低的有用资料。大量的勘察资料与工程实践表明，地区高天然应力常与如下现象相关联。

（1）岩芯饼化现象　饼状岩芯即钻探时取得的岩芯呈压缩饼干状，一片片地破坏。许多学者对此进行了力学分析，认为这是高地应力的产物。一般来说，岩芯饼化主要与地应力差有关，垂直于钻进方向的应力差越大，饼化就越严重。

（2）地下硐室施工过程中出现岩爆，剥离　由于高地应力的存在，在地下硐室开挖过程中，会出现岩石的脆性破裂。积聚在岩石中的应变能由于突然释放而产生岩爆或剥离，特别是垂直最大水平主应力开挖的硐室，更容易产生岩爆现象。

（3）隧洞、巷道、钻孔的缩径现象　和前面所述的岩爆、剥离现象一样，是洞（孔）壁应力超过岩石强度所致。是软岩产生流变或柔性剪切破坏的结果。按库仑破坏条件，岩体强度 σ_{1m} 为：

$$[\sigma_{1m}] = \frac{1+\sin\phi}{1-\sin\phi}\sigma_3 + \frac{2c\cos\phi}{1-\sin\phi} \tag{6-30}$$

在洞壁处，$\sigma_3 = \sigma_r = 0$，所示

$$[\sigma_{1m}] = \frac{2c\cos\phi}{1-\sin\phi} = \sigma_c \tag{6-31}$$

式中，σ_c 为岩块单轴抗压强度。

对于均匀地应力场内圆形洞而言，假设地应力为 P_0，则切向应力 $\sigma_\theta = 2P_0$，若此时发生缩径，则可以认为：

$$\sigma_\theta = \sigma_c = \frac{2c\cos\phi}{1-\sin\phi} \tag{6-32}$$

即

$$P_0 = \frac{c\cos\phi}{1-\sin\phi} \tag{6-33}$$

可用此式近似地算出地应力。

（4）边坡上出现错动台阶　葛洲坝厂房基坑开挖时，软弱层上面的岩层出现回弹 3～6cm（图 6-14），这是由于地应力卸载后，发生沿软弱面的岩层错动，如果地应力卸载出现的回弹变形是连续的，如图 6-15 所示，则人们不易觉察与观测到。在边坡内存在软弱夹层时，软弱夹层的强度低、变形大，因而当开挖到软弱夹层界面时，下部岩石变形小，而上部岩层变形大，从而出现了间距 Δl 的台阶，根据这一错台现象，由图 6-16 的力学模型所表示，图中 h 为软弱夹层上覆连续岩层厚度，τ 为软弱夹层的抗剪强度，则

$$\tau = \sigma_v\tan\phi_i + C_i \tag{6-34}$$

式中，σ_v 为作用于软弱夹层面上的垂直地应力。

取层面方向的应力平衡条件，得：

$$\left[\sigma_x + \frac{d\sigma_x}{dx}dx - \sigma_x\right]h = \tau dx \tag{6-35}$$

得：

$$d\sigma_x = (\sigma_v\tan\phi_i + C_i)\frac{1}{h}dx \tag{6-36}$$

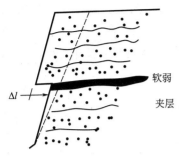

图 6-14 基坑边坡回弹错动

图 6-15 基坑回弹变形

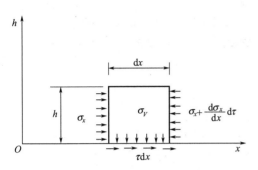

图 6-16 错动回弹力学模型

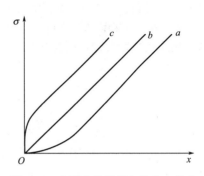

图 6-17 变形曲线结构与地应力关系

根据虎克定律：
$$\mathrm{d}x = \frac{E}{\sigma_x}\mathrm{d}u \tag{6-37}$$

代入上式得：
$$\sigma_x \mathrm{d}\sigma_x = (\sigma_v \tan\phi_i + C_i)\frac{E}{h}\mathrm{d}u \tag{6-38}$$

对上式积分并取 $u=0$，$\sigma_x=\sigma_h$，根据 $u=\Delta l$ 时，$\sigma_x=0$ 的条件，得：

$$\sigma_x = \sqrt{\frac{2E}{h}(\sigma_v \tan\phi_i + C_i)\Delta l} \tag{6-39}$$

如葛洲坝基坑内，根据野外观察可知，软弱夹层上覆连续岩层厚为 2m，错动台阶宽 $\Delta l=5\text{cm}$，$E=1000\text{MPa}$，$\phi=12°$，$C_i=0.01\text{MPa}$，$\sigma_v=\gamma_h$，设 h 为软弱夹层位置深度；γ 为上覆岩层平均容重，$\gamma=25\text{kN/m}^3$，设 $h=10\text{m}$，代入式（6-39）可求得：

$$\sigma_x = \sqrt{\frac{2\times10000}{200}(10\times0.25\times\tan12°+0.1)\times5} = 1.78\text{MPa}$$

如 $h=20m$，则

$$\sigma_x = \sqrt{\frac{2\times10000}{200}(20\times0.25\times\tan12°+0.1)\times5} = 2.4\text{MPa}$$

实测应力 $\sigma_x=1.5\text{MPa}$，$h=20\text{m}$，$\sigma_x=2.0\text{MPa}$，与计算结果近似。

（5）原位变形曲线的变化 图 6-17 所示的 a 曲线为低地应力情况下裂隙比较发育的岩块压缩变形曲线；b 曲线为低地应力下的完整岩块压缩变形曲线；c 曲线为在高地应力情况下岩块压缩变形曲线，开始变形很小，表现为 σ 轴上有截距。即岩石试件处于预压缩状态，具有较高的预压缩应力。

除以上现象外，在高天然应力地区，还有一些现象，如水下开挖无漏水现象、泥化夹层中的泥被挤压等。这些都可用于初步判断岩体高天然应力的存在。

思考题与习题

1. 简述地应力测量的重要性。

2. 地应力是如何形成的？控制某一工程区域地应力状态的主要因素是什么？

3. 简述地壳浅部地应力分布的基本规律。

4. 试述岩体中水平天然应力的基本特点。

5. 地应力测量方法分哪几类？每类包括那些主要测量技术？

6. 简述水压致裂法的基本测量原理。

7. 简述水压致裂法的主要测量步骤。

8. 对水压致裂法的主要优缺点作出评价。

9. 分别讨论隆起、剥蚀和载荷作用对 λ 值的影响。

10. 某岩体，在深度100m内，密度为2.54g/cm^3，在深度100～200m内，密度为2.71g/cm^3，天然应力比值系数为1.89，试按自重应力理论计算深度50m、150m处的天然应力大小？

第 7 章　岩体本构关系与强度理论

7.1　概　述

岩体力学研究的对象是岩体，岩体是岩块和结构面的组合体，其力学性质往往表现为弹性、塑性、黏性或三者之间的组合，如黏弹性、弹黏性、弹塑性、黏弹塑性、弹塑黏性等。因此，岩体基本力学问题的求解也是以岩体的微分单元体为基本研究单元，通过研究其力的平衡关系（平衡方程）、位移和应变的关系（几何方程）以及应力和应变的关系（物理方程或本构方程），得到基本方程，然后联立、积分求解这些方程，引入岩体的边界条件，求得其应力场和位移场。

平衡方程和几何方程与材料的性质无关；只有本构关系反映材料的性质。所谓岩体本构关系是指岩体在外力作用下，应力或应力速率与其应变或应变速率的关系。若只考虑静力问题，则本构关系是指应力与应变，或者应力增量与应变增量之间的关系。在此基础上，依据适合于岩体的强度理论，判断岩体的破坏及其破坏形式。由于岩体是由结构面及其围限的岩石材料构成的，因此，我们研究岩体的本构关系与强度理论时，常将岩石和岩体分开，分别研究岩石的本构关系与强度理论及岩体的本构关系与强度理论。

岩石的变形性质按卸载后变形是否可以恢复分为弹性和塑性两类。弹性和塑性是两种变形性质，也是变形的两个阶段。岩石在变形的初始阶段呈现弹性，后期呈现塑性，因此岩石的变形一般为弹塑性。岩石在弹性阶段的本构关系称为岩石弹性本构关系，岩石在塑性阶段的本构关系称为岩石塑性本构关系，通称为弹塑性本构关系。弹性本构关系按是否为线性又分为线性弹性本构关系和非线性弹性本构关系。弹塑性本构关系按物质是否为各向同性又分为各向同性本构关系和非各向同性本构关系。弹性和塑性与时间无关，都属于即时变形。如果外界条件不变，应变或应力随时间而变化，则称物体具有流变性。岩石产生流变时的本构关系称为岩石流变本构关系。

岩石的强度是指岩石抵抗破坏的能力。破坏是指岩石材料的应力超过了它的极限或者变形超过了它的允许范围，但这里主要指应力超过了它的极限。岩石材料破坏的形式主要有两类：一类是断裂破坏；另一类是流动破坏（出现显著的塑性变形或流动现象）。断裂破坏发生于应力达到强度极限，流动破坏发生于应力达到屈服极限。在简单应力状态下，可以通过试验来确定材料的强度。例如，通过单轴压缩试验可以确定材料的单轴压缩强度，通过单轴拉伸试验可以确定材料的单轴抗拉强度等，同时可建立相应的强度准则。但是，在复杂应力状态下，如果仿造单轴压缩（拉伸）试验建立强度准则，则必须对材料在各种各样的应力状态下，一一进行试验，以确定相应的极限应力，以此来建立其强度准则，这显然是难以实现的。所以要采用判断推理的方法，提出一些假说，推测材料在复杂应力状态下破坏的原因，从而建立强度准则。这样的一些假说称为强度理论。

总之，岩体的力学性质可分为变形性质和强度性质两类，变形性质主要通过本构关系来反映，强度性质主要通过强度准则来反映。

7.2 岩石的本构关系

7.2.1 岩石力学中的符号规定

有关力、位移、应变和应力的符号规定一般按照弹性力学通用规定。然而，在岩石力学问题求解及岩体工程实践中，往往以压应力为主，如果仍采用弹性力学的符号规定，计算结果中将出现很多负值，不便于工程结果分析。因此，岩石力学的符号采用如下规定：

① 力和位移分量的正方向与坐标轴的正方向一致；

② 压缩的正应力取为正；

③ 压缩的正应变取为正。

假如表面的外法线与坐标轴的正方向一致，则该表面上正的剪应力的方向与坐标轴的正方向相反，反之亦然。

7.2.2 岩石弹性本构关系

7.2.2.1 平面弹性本构关系

在完全弹性的各向同性体内，根据胡克定律可知：

$$\left.\begin{aligned}
\varepsilon_x &= \frac{1}{E}\left[\sigma_x - \mu(\sigma_y + \sigma_z)\right] \\
\varepsilon_y &= \frac{1}{E}\left[\sigma_y - \mu(\sigma_z + \sigma_x)\right] \\
\varepsilon_z &= \frac{1}{E}\left[\sigma_z - \mu(\sigma_x + \sigma_y)\right] \\
\gamma_{yx} &= \frac{1}{G}\tau_{yz}, \quad \gamma_{zx} = \frac{1}{G}\tau_{zx}, \quad \gamma_{xy} = \frac{1}{G}\tau_{xy}
\end{aligned}\right\} \tag{7-1}$$

式中，E 为物体的弹性模量；μ 为泊松比；G 为剪切弹性模量，而

$$G = \frac{E}{2(1+\mu)} \tag{7-2}$$

在平面应变问题中，因 $\tau_{yz} = \tau_{zx} = 0$，故 $\gamma_{yz} = \gamma_{zx} = 0$。又因 $\varepsilon_z = 0$，可知：

$$\sigma_z = \nu(\sigma_x + \sigma_y)$$

代入式(7-1)，可得平面应变问题的本构方程：

$$\left.\begin{aligned}
\varepsilon_x &= \frac{1-\mu^2}{E}\left(\sigma_x - \frac{\mu}{1-\mu}\sigma_y\right) \\
\varepsilon_y &= \frac{1-\mu^2}{E}\left(\sigma_y - \frac{\mu}{1-\mu}\sigma_x\right) \\
\gamma_{xy} &= \frac{2(1+\mu)}{E}\tau_{xy}
\end{aligned}\right\} \tag{7-3}$$

在平面应力问题中，因为 $\sigma_z = \tau_{zx} = \tau_{zy} = 0$，代入式(7-1) 可得：

$$\left.\begin{aligned}
\varepsilon_x &= \frac{1}{E}\left(\sigma_x - \mu\sigma_y\right) \\
\varepsilon_y &= \frac{1}{E}\left(\sigma_y - \mu\sigma_x\right) \\
\gamma_{xy} &= \frac{2(1+\mu)}{E}\tau_{xy}
\end{aligned}\right\} \tag{7-4}$$

这就是平面应力问题中的本构方程，另外，由式(7-1)中第三式可得：$\varepsilon_z = -\dfrac{\mu}{E}(\sigma_x + \sigma_y)$，该式可以用来求薄板厚度的改变。

对比平面应力问题与平面应变的本构方程可以看出，只要将平面应力问题的本构关系式 (7-4) 中的 E 换成 $\dfrac{E}{1-\mu^2}$，μ 换成 $\dfrac{\mu}{1-\mu}$，就可得到平面应变问题本构方程式(7-3)。

7.2.2.2　空间问题弹性本构方程

空间问题弹性本构方程：

$$\left.\begin{array}{l}
\varepsilon_x = \dfrac{1}{E}\left[\sigma_x - \mu(\sigma_y + \sigma_z)\right] \\[2mm]
\varepsilon_y = \dfrac{1}{E}\left[\sigma_y - \mu(\sigma_z + \sigma_x)\right] \\[2mm]
\varepsilon_z = \dfrac{1}{E}\left[\sigma_z - \mu(\sigma_x + \sigma_y)\right] \\[2mm]
\gamma_{yz} = \dfrac{2(1+\mu)}{E}\tau_{yz}, \gamma_{zx} = \dfrac{2(1+\mu)}{E}\tau_{zx} \\[2mm]
\gamma_{xy} = \dfrac{2(1+\mu)}{E}\tau_{xy}
\end{array}\right\} \tag{7-5}$$

值得注意的是，根据岩石力学符号规定，其基本方程，包括平衡微分方程、几何方程、本构方程及力的边界条件将有所改变。

7.2.3　岩石塑性本构关系

塑性是材料的一种变形性质或变形的一个阶段，材料进入塑性的特征是当荷载卸载以后存在不可恢复的永久变形，如图 7-1 所示。因此，与弹性本构关系相比，塑性本构关系有如下特点。

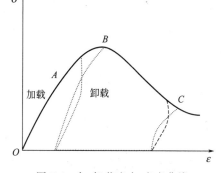

图 7-1　加-卸载应力-应变曲线

7.2.3.1　应力-应变关系的多值性

即对于同一应力往往有多个应变值与它相对应。因而它不能像弹性本构关系那样建立应力和应变的一一对应关系，通常只能建立应力增量和应变增量间的关系。要描述材料的塑性状态，除了要用应力和应变这些基本状态变量外，还需要用能够刻画塑性变形历史的内状态变量（塑性应变、塑性功等）。

7.2.3.2　本构关系的复杂性

描述塑性阶段的本构关系不能像弹性力学那样只用一组物理方程，通常包括三组方程。

屈服条件：塑性状态的应力条件。

加-卸载准则：材料进入塑性状态后继续塑性变形或回到弹性状态的准则，通式写成

$$\phi(\sigma_{ij}, H_a) = 0 \tag{7-6}$$

式中，σ_{ij} 垂直于 i 轴的平面上平行于 j 轴的应力（$i = x, y, z$；$j = x, y, z$）；ϕ 为某一函数关系；H_a 为与加载历史有关的参数，$a = 1, 2, \cdots$

本构方程：材料在塑性阶段的应力应变关系或应力增量与应变增量间的关系，通式写成

$$\varepsilon_{ij} = R(\sigma_{ij}) \text{ 或 } d\varepsilon_{ij} = R(d\sigma_{ij}) \tag{7-7}$$

式中，R 为某一函数关系。

以下分别叙述岩石塑性本构关系的这三个方面。

(1) 岩石屈服条件和屈服面 从弹性状态开始第一次屈服的屈服条件叫初始屈服条件，它可表示为：

$$f(\sigma_{ij}) = 0 \tag{7-8}$$

式中，f 为某一函数。

当产生了塑性变形，屈服条件的形式发生了变化，这时的屈服条件叫后继屈服条件，它的形式变为：

$$f(\sigma_{ij}, \sigma_{ij}^p, \chi) = 0 \tag{7-9}$$

式中，σ_{ij} 为总应力，σ_{ij}^p 为塑性应力，χ 为标量的内变量，它可以代表塑性功，塑性体积应变，或等效塑性应变。

屈服条件在几何上可以看成是应力空间中的超曲面，因而它们也称为初始屈服面和后继屈服面，通称为屈服面。

随着塑性应变的出现和发展，按塑性材料屈服面的大小和形状是否发生变化，可分为理想塑性材料和硬化材料两种：随着塑性应变的出现和发展，屈服面的大小和形状不发生变化的材料，叫做理想塑性材料；反之，叫硬化材料。如图 7-2 所示。

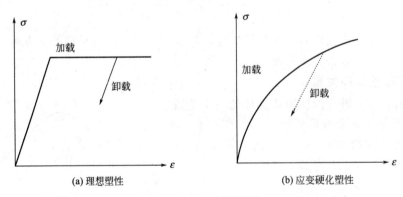

图 7-2 塑性材料分类

① 硬化材料的屈服面模型

a. 等向硬化-软化模型：塑性变形发展时，屈服面作均匀扩大（硬化）或均匀收缩（软化）。如果 $f^* = 0$ 是初始屈服面，那么等向硬化-软化的后继屈服面可表示为：

$$f = f^*(\sigma_{ij}) - H(\chi) = 0 \tag{7-10}$$

式中，材料参数 H 是标量的内变量 χ 的函数。

b. 随动硬化模型：塑性变形发展时，屈服面的大小和形状保持不变，仅是整体地在应力空间中做平动，其后继屈服面可表示为：

$$f = f^*(\sigma_{ij} - \alpha\sigma_{ij}^p) = 0 \tag{7-11}$$

式中，α 是材料参数。

c. 混合硬化模型：介于等向硬化-软化和随动硬化之间的模型，其后继屈服面可表示为：

$$f = f^*(\sigma_{ij} - \alpha\sigma_{ij}^p) - H(\chi) = 0 \tag{7-12}$$

② 塑性岩石力学最常用的屈服条件 塑性岩石力学最常用的屈服条件包括库仑（Coulomb）屈服条件、德鲁克-普拉格（Drucker-Prager）屈服条件。

(2) 塑性状态的加-卸载准则 在塑性状态下，材料对所施加的应力增量的反应是复杂

的，一般有三种情况：第一种情况是塑性加载，即对材料施加
应力增量后，材料从一种塑性状态变化到另一种塑性状态，且
有新的塑性变形出现；第二种情况是中性变载，即对材料施加
应力增量后，材料从一种塑性状态变化到另一种塑性状态，但
没有新的塑性变形出现；第三种情况是塑性卸载，即对材料施
加应力增量后，材料从塑性状态退回到弹性状态。情况如图
7-3所示。

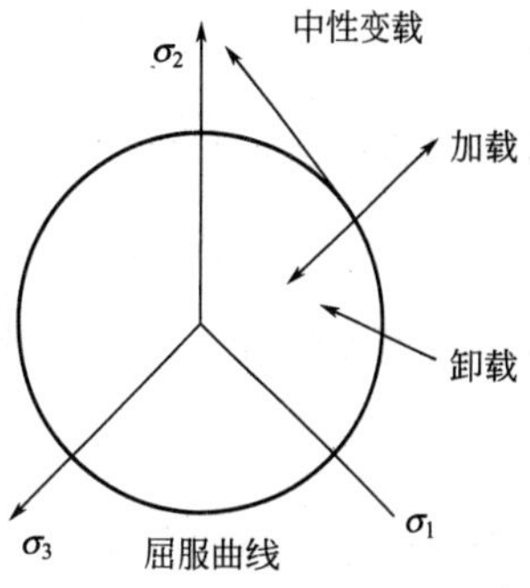

加载是从一个塑性状态变化到另一个塑性状态，应力点始
终保持在屈服面上，因而有

图 7-3　加-卸载条件

$$dF = 0 \qquad (7\text{-}13)$$

这个条件称为一致性条件，卸载是从塑性状态退回到弹性状态，因而卸载应有 $dF < 0$，故理
想塑性材料的加-卸载准则为：

$$l = \frac{\partial f}{\partial \sigma_{ij}} d\sigma_{ij} \begin{cases} < 0，卸载 \\ = 0，加载 \end{cases} \qquad (7\text{-}14)$$

对于硬化塑性材料，情况比较复杂，同理可推出加-卸载准则为：

$$l = \frac{\partial f}{\partial \sigma_{ij}} d\sigma_{ij} \begin{cases} < 0，卸载 \\ = 0，中性加载 \\ > 0，加载 \end{cases} \qquad (7\text{-}15)$$

（3）本构方程　塑性状态时应力-应变关系是多值的，不仅取决于材料性质，还取决于
加-卸载历史。因此，除了在简单加载或塑性变形很小的情况下，可以像弹性状态那样建立
应力-应变的全量关系外，一般只能建立应力和应变增量间的关系。描述塑性变形中全量关
系的理论称为全量理论，又称为形变理论或小变形理论。描述应力和应变增量间关系的理论
称为增量理论，又称为流动理论。

① 全量理论　全量理论是由汉基（Hencky，1924）提出，依留申（Илющин，1943）
加以完善的。

在塑性力学的全量理论中，依据类似弹性理论的广义胡克定律，提出如下公式：

$$\sigma_{xx} - \sigma_m = 2G'(\varepsilon_{xx} - \varepsilon_m)，\quad \tau_{xy} = G'\gamma_{xy}$$
$$\sigma_{yy} - \sigma_m = 2G'(\varepsilon_{yy} - \varepsilon_m)，\quad \tau_{yz} = G'\gamma_{yz}$$
$$\sigma_{zz} - \sigma_m = 2G'(\varepsilon_{zz} - \varepsilon_m)，\quad \tau_{zx} = G'\gamma_{zx} \qquad (7\text{-}16)$$

式中，G' 是一个与应力（或塑性应变）有关的参数，是一个变量，$G' = \sigma_i / 3\varepsilon_i$，$\sigma_i$ 为等
效应力，ε_i 为等效应变；ε_m 为体积应变；σ_m 为平均应力。

② 增量理论　当应力产生一无限小增量时，假设应变的变化可分成弹性的及塑性的两
部分：

$$d\varepsilon_{ij} = d\varepsilon_{ij}^e + d\varepsilon_{ij}^p \qquad (7\text{-}17)$$

弹性应力增量与弹性应变增量之间仍由常弹性矩阵 D 联系，塑性应变增量由塑性势理
论给出，对弹塑性介质存在塑性势函数 Q，它是应力状态和塑性应变的函数，使得：

$$d\varepsilon_{ij}^p = \lambda \frac{\partial Q}{\partial \sigma_{ij}} \qquad (7\text{-}18)$$

式中，λ 是一正的待定有限量，它的具体数值和材料硬化法则有关。式（7-18）称为塑
性流动法则，对于稳定的应变硬化材料，Q 通常取与后继屈服函数 F 相同的形式，当 $Q = F$
时，这种特殊情况称为关联塑性，对于关联塑性，塑性流动法则可表示为：

$$d\varepsilon_{ij}^{p} = \lambda \frac{\partial F}{\partial \sigma_{ij}} \tag{7-19}$$

对于关联塑性，总应变增量表示为：

$$d\varepsilon_{ij} = D^{-1}d\sigma_{ij} + \lambda \frac{\partial F}{\partial \sigma_{ij}} \tag{7-20}$$

由一致性条件可推出待定有限量为：

$$\lambda = \frac{1}{A}\frac{\partial F}{\partial \sigma_{ij}}d\sigma_{ij} \tag{7-21}$$

对于理想塑性材料，$A=0$；对于硬化材料，有：

$$A = -\frac{\partial F}{\partial \sigma_{ij}^{p}}D\frac{\partial Q}{\partial \sigma_{kl}} - \frac{\partial F}{\partial u}\sigma_{ij}\frac{\partial Q}{\partial \sigma_{ij}} \tag{7-22}$$

式中，u 为塑性功，这样加载时的本构方程为：

$$d\varepsilon_{ij} = \left(D^{-1} + \frac{1}{A}\frac{\partial Q}{\partial \sigma_{ij}}\frac{\partial F}{\partial \sigma_{kl}}\right)d\sigma_{kl} \tag{7-23}$$

这样，对任何一个状态 $(\sigma_{kl}, \sigma_{kl}^{p}, u)$，只要给出了应力增量，就可以唯一地确定应变增量 $d\varepsilon_{ij}$。

应用增量理论求解塑性问题，能够反映应变历史对塑性变形的影响，因而比较准确地描述了材料的塑性变形规律，但是，求解问题比较复杂。

7.2.4 岩石流变理论

流变性质就是指材料的应力-应变关系与时间因素有关的性质，材料变形过程中具有时间效应的现象称为流变现象。岩石的流变包括蠕变、松弛和弹性后效。蠕变是当应力不变时，变形随时间增加而增长的现象。松弛是当应变不变时，应力随时间增加而减小的现象。弹性后效是加载或卸载时，弹性应变滞后于应力的现象。

岩石的蠕变曲线如图7-4所示，图中三条蠕变曲线是在不同应力下得到的，其中 $\sigma_A > \sigma_B > \sigma_C$，蠕变试验表明，当岩石在某一较小的恒定载荷持续作用下，其变形量虽然随时间增长有所增加，但蠕变变形的速率则随时间增长而减少，最后变形趋于一个稳定的极限值，这种蠕变称为稳定蠕变。当载荷较大时，如图7-4曲线 $abcd$ 所示，蠕变不能稳定于某一极限值，而是无限增长直到破坏，这种蠕变称为不稳定蠕变，这是典型的蠕变曲线，根据应变速率不同，其蠕变过程可分为三个阶段，即减速蠕变阶段或初始蠕变阶段、等速蠕变阶段及加速蠕变阶段。

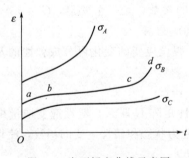
图 7-4 岩石蠕变曲线示意图

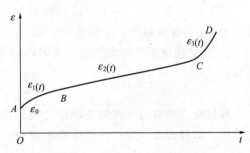
图 7-5 岩石的典型蠕变曲线

在一系列的岩石流变试验基础上建立反映岩石流变性质的流变方程，通常有两种方法。

7.2.4.1 经验法

根据岩石蠕变试验结果（图7-5），由数理统计学的回归拟合方法建立经验方程。

岩石蠕变经验方程的通常形式为：

$$\varepsilon(t) = \varepsilon_0 + \varepsilon_1(t) + \varepsilon_2(t) + \varepsilon_3(t) \tag{7-24}$$

式中，$\varepsilon(t)$ 为 t 时间的应变；ε_0 为瞬时应变；$\varepsilon_1(t)$ 为初始段应变；$\varepsilon_2(t)$ 为等速段应变；$\varepsilon_3(t)$ 为加速段应变。

典型的岩石蠕变方程有：幂函数方程、指数方程、幂指数对数混合方程等。

7.2.4.2 理论模型模拟法

此法在研究岩石的流变性质时，将介质理想化，归纳成各种模型，模型可用理想化的具有基本性能（包括弹性、塑性和黏性）的元件组合而成。通过这些元件不同形式的串联和并联，得到一些典型的流变模型体，相应地推导出它们的有关微分方程，即建立模型的本构方程和有关的特性曲线，详见第 2 章相关内容。

在一般情况下，当载荷达到岩石瞬时强度（通常指岩石单轴抗压强度）时，岩石发生破坏。在岩石承受低于其瞬时强度的长期荷载时，由于流变作用，岩石也可能发生破坏。因此，岩石强度随外载荷作用时间的延长而降低，通常把作用时间 $t \to \infty$ 的强度（最低值）s_∞ 称为岩石的长期强度。

对于大多数岩石，长期强度/瞬时强度（s_∞/s_0）一般为 0.4~0.8，软的和中等坚固岩石为 0.4~0.6，坚固岩石为 0.7~0.8。表 7-1 中列出某些岩石瞬时强度与长期强度的比值。

表 7-1　几种岩石长期强度与瞬时强度比值

岩石名称	黏土	石灰石	盐岩	砂岩	白垩	黏质页岩
s_∞/s_0	0.74	0.73	0.70	0.65	0.62	0.50

7.3　岩石强度理论

岩石强度理论是研究岩石在一定的假说条件下在各种应力状态下的强度准则的理论。强度准则又称破坏判据，它表征岩石在极限应力状态下（破坏条件）的应力状态和岩石强度参数之间的关系，一般可以表示为极限应力状态下的主应力间的关系方程，即

$$\sigma_1 = f(\sigma_2, \sigma_3) \tag{7-25}$$

或者表示为处于极限平衡状态截面上的剪应力 τ 和正应力 σ 间的关系方程：

$$\tau = f(\sigma) \tag{7-26}$$

在上述方程中包含岩石的强度参数。

目前常用的岩石强度准则介绍如下。

7.3.1　库仑强度准则

最简单和最重要的准则乃是由库仑（C. A. Coulomb）于 1773 年提出的"摩擦"准则。库仑认为，岩石的破坏主要是剪切破坏，岩石的强度，即抗摩擦强度等于岩石本身抗剪切摩擦的粘结力和剪切面上法向力产生的摩擦力。平面中的剪切强度准则（图 7-6）为：

$$|\tau| = c + \sigma \tan\phi \tag{7-27}$$

或

$$|\tau| - \sigma \tan\phi = c$$

式中，τ 为剪切面上的剪应力（剪切强度）；σ 为剪切面上的正应力；c 为粘结力（或内聚力）（应力单位）；ϕ 为内摩擦角。

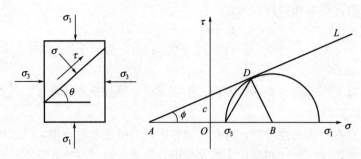

图 7-6 σ-τ 坐标下库仑准则

库仑准则可以用莫尔极限应力圆直观地图解表示。如图 7-6 所示，方程式(7-27)确定的准则由直线 AL（通常称为强度曲线）表示，其斜率为 $f=\tan\phi$，且在 τ 轴上的截距为 C。在图 7-6 所示的应力状态下，某平面上的应力 σ 和 τ 由主应力 σ_1 和 σ_3 确定的应力圆所决定。如果应力圆上的点落在强度曲线 AL 之下，则说明该点表示的应力还没有达到材料的强度值，故材料不发生破坏；如果应力圆上的点超出了上述区域，则说明该点表示的应力已超过了材料的强度并发生破坏；如果应力圆上的点正好与强度曲线 AL 相切（图中 D 点），则说明材料处于极限平衡状态，岩石所产生的剪切破坏将可能在该点所对应的平面（剪切面）上发生。若规定最大主应力方向与剪切面（指其法线方向）间的夹角为 θ（称为岩石破断角），则由图 7-6 可得：

$$2\theta=\frac{\pi}{2}+\phi \tag{7-28}$$

故

$$\frac{1}{2}(\sigma_1-\sigma_3)=\left[c\cot\phi+\frac{1}{2}(\sigma_1+\sigma_3)\right]\sin\phi$$

若用平均主应力 σ_m 和最大剪应力 τ_m 表示，上式变成：

$$\tau_m=\sigma_m\sin\phi+c\cos\phi \tag{7-29}$$

其中：

$$\tau_m=\frac{1}{2}(\sigma_1-\sigma_3)，\sigma_m=\frac{1}{2}(\sigma+\sigma_3)$$

方程式(7-29)是 $\sigma\tau$ 坐标系中由平均主应力和最大剪应力给出的库仑准则。另外，由图 7-6 可得：

$$\sin\phi=\frac{\sigma_1-\sigma_3}{2c\cot\phi+\sigma_1+\sigma_3}$$

并可改写为：

$$\sigma_1=\frac{1+\sin\phi}{1-\sin\phi}\sigma_3+\frac{2c\cot\phi}{1-\sin\phi} \tag{7-30}$$

若取 $\sigma_3=0$，则极限应力 σ_1 为岩石单轴抗压强度 σ_c，即有

$$\sigma_c=\frac{2c\cot\phi}{1-\sin\phi} \tag{7-31}$$

利用三角恒等式，有：

$$\frac{1+\sin\phi}{1-\sin\phi}=\cot^2\left(\frac{\pi}{4}-\frac{\phi}{2}\right)=\tan^2\left(\frac{\pi}{4}+\frac{\phi}{2}\right)$$

和剪切破断角关系式 $\theta=\frac{\pi}{4}+\frac{\phi}{2}$ 可得：

$$\frac{1+\sin\phi}{1-\sin\phi}=\tan^2\theta \tag{7-32}$$

将方程式（7-31）和方程式（7-32）代入方程式（7-30）得：

$$\sigma_1 = \sigma_3 \tan^2\theta + \sigma_c \qquad (7\text{-}33)$$

方程式（7-33）是由主应力、岩石破裂角和岩石单轴抗压强度给出的在 σ_3-σ_1 坐标系中的库仑准则表达式（图 7-7）。这里还要指出的是，在方程式(7-30) 中，不能以令 $\sigma_1 = 0$ 的方式去直接确定岩石抗拉强度与内聚力和内摩擦角之间的关系。在以下的讨论中可以看到这一点。

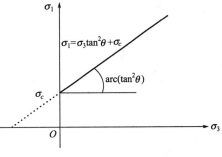

图 7-7 σ_1-σ_3 坐标系的库仑准则

下面接着讨论 σ_1-σ_3 坐标系统中库仑准则的完整强度曲线。如图 7-6 所示，极限应力条件下剪切面上正应力 σ 和剪力 τ 用主应力 σ_1、σ_3 表示为：

$$\begin{cases} \sigma = \dfrac{1}{2}(\sigma_1 + \sigma_3) + \dfrac{1}{2}(\sigma_1 - \sigma_3)\cos 2\theta \\ \tau = \dfrac{1}{2}(\sigma_1 - \sigma_3)\sin 2\theta \end{cases} \qquad (7\text{-}34)$$

由方程式(7-27)，并取 $f = \tan\phi$，得：

$$|\tau| - f(\sigma) = \frac{1}{2}(\sigma_1 - \sigma_3)(\sin 2\theta - f\cos 2\theta) - \frac{1}{2}f(\sigma + \sigma_3) \qquad (7\text{-}35)$$

由方程式(7-35) 对 θ 求导，可得极值 $\tan 2\theta = -1/f$，分析可知，2θ 值在 $\pi/2 \sim \pi$ 之间，并有 $\sin 2\theta = 1/\sqrt{f^2+1}$，$\cos 2\theta = -f/\sqrt{f^2+1}$，由此给出 $|\tau| - f(\sigma)$ 的最大值，即

$$\{|\tau| - f(\sigma)\}_{\max} = \frac{1}{2}(\sigma_1 - \sigma_3)\sqrt{f^2+1} - \frac{1}{2}f(\sigma_1 + \sigma_3) \qquad (7\text{-}36)$$

根据方程（7-27），如果方程式(7-36) 小于 c，破坏不会发生；如果它等于（或大于）c，则发生破坏，此时令

$$\{|\tau| - f(\sigma)\} = c$$

则方程式(7-36) 变为

$$2c = \sigma_1\left(\sqrt{f^2+1} - f\right) - \sigma_3\left(\sqrt{f^2+1} + f\right) \qquad (7\text{-}37)$$

上式表示 σ_1-σ_3 坐标内的一条直线（图 7-8），这条直线交 σ_1 于 σ_c，且

$$\sigma_c = 2c\left(\sqrt{f^2+1} + f\right)$$

交 σ_3 轴于 s_0（注意：s_0 并不是单轴抗拉强度），且

$$s_0 = -2c\left(\sqrt{f^2+1} - f\right)$$

现在确定岩石发生破裂（或处于极限平衡）时 σ_1 取值的下限。考虑到剪切面（图 7-6）上的正应力 $\sigma > 0$ 的条件，这样在 θ 值条件下，由方程式(7-34) 得：

$$2\sigma = \sigma_1(1 + \cos 2\theta) + \sigma_3(1 - \cos 2\theta)$$

由

$$\cos 2\theta = -f/\sqrt{f^2+1}$$

有

$$2\sigma = \sigma_1(1 - f/\sqrt{f^2+1}) + \sigma_3(1 + f/\sqrt{f^2+1})$$

或

$$2\sigma = \sigma_1\left(\sqrt{f^2+1} - f\right)/\sqrt{f^2+1} + \sigma_3\left(\sqrt{f^2+1} + f\right)/\sqrt{f^2+1}$$

由于 $\sqrt{f^2+1} > 0$，故若 $\sigma > 0$，则有：

$$\sigma_1\left(\sqrt{f^2+1} - f\right) + \sigma_3\left(\sqrt{f^2+1} + f\right) > 0 \qquad (7\text{-}38)$$

式(7-37) 与式(7-38) 联立求解，可得：

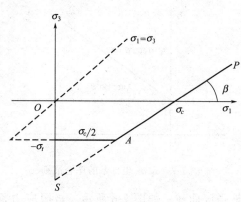

图 7-8 σ_1-σ_3 坐标系中的库仑
准则的完整强度曲线

$$2\sigma_1\left(\sqrt{f^2+1}-f\right)>2c$$

或

$$\sigma_1>\frac{c}{\sqrt{f^2+1}-f}=c\left(\sqrt{f^2+1}+f\right)$$

由此得：

$$\sigma_1>\frac{1}{2}\sigma_c$$

由此可见图 7-8 中仅直线的 AP 部分代表 σ_1 的有效取值范围。

对于 σ_3 为负值（拉应力），由实验知，可能会在垂直于 σ_3 平面内发生张性破裂。特别在单轴拉伸（$\sigma_1=0,\sigma_3>0$）中，当拉应力值达到岩石抗拉强度 σ_t 时，岩石发生张性断裂。但是，这种破裂行为完全不同于剪切破裂，而这在库仑准则中没有描述。

基于库仑准则和试验结果分析，由图 7-8 给出的简单而有用的准则可以用方程表示为：

$$\left.\begin{array}{ll}\sigma_1\left(\sqrt{f^2+1}-f\right)-\sigma_3\left(\sqrt{f^2+1}+f\right)=2c, & \left(\sigma_1>\dfrac{1}{2}\sigma_c\right)\\[3mm]\sigma_3=-\sigma_1, & \left(\sigma_1\leqslant\dfrac{1}{2}\sigma_c\right)\end{array}\right\} \tag{7-39}$$

式(7-39)仍称为库仑准则。

从图 7-8 中的强度曲线可以清楚地看到，在由方程式(7-39)给出的库仑准则条件下，岩石可能发生以下四种方式的破坏：

(1) 当 $0<\sigma_1\leqslant1/2\sigma_c$，（$\sigma_3=-\sigma_t$）时，岩石属于单轴拉伸破裂；

(2) 当 $1/2\sigma_c<\sigma_1<\sigma_c$，（$-\sigma_t<\sigma_3<0$）时，岩石属于双轴拉伸破裂；

(3) 当 $\sigma_1=\sigma_c$，（$\sigma_3=0$）时，岩石属于单轴压缩破裂；

(4) 当 $\sigma_1=\sigma_c$，（$\sigma_3>0$）时，岩石属于双轴压缩破裂。

另外，由图 7-8 中强度曲线上 A 点坐标（$\sigma_c/2,-\sigma_t$）可得，直线 AP 的倾角 β 为：

$$\beta=\arctan\frac{2\sigma_t}{\sigma_c}$$

由此看来，在主应力 σ_1、σ_3 坐标平面内的库仑准则可以利用单轴抗压强度和抗拉强度来确定。

7.3.2 莫尔强度理论

莫尔（Mohr，1900 年）把库仑准则推广到考虑三向应力状态。最主要的贡献是认识到材料性质本身乃是应力的函数。他总结指出"到极限状态时，滑动平面上的剪应力达到一个取决于正应力与材料性质的最大值"，并可用下列函数关系表示：

$$\tau=f(\sigma) \tag{7-40}$$

式(7-40)在 τ-σ 坐标系中为一条对称于 σ 轴的曲线，它可通过试验方法求得，即由对应于各种应力状态（单轴拉伸、单轴压缩及三轴压缩）下的破坏莫尔应力圆包络线，即各破坏莫尔圆的外公切线（图 7-9），称为莫尔强度包络线给定。利用这条曲线判断岩石中一点是否会发生剪切破坏时，可在事先给出的莫尔包络线（图 7-9）上，叠加上反映实际试件应力状态的莫尔应力圆。如果应力圆与包络线相切或相割，则研究点将产生破坏；如果应力圆位于包络线下方，则不会产生破坏。莫尔包络线的具体表达式可根据试验结果用拟合法求得。

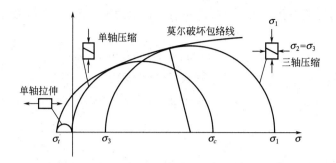

图 7-9　完整岩石的莫尔强度曲线

目前，已提出的包络线形式有：斜直线型、二次抛物线型、双曲线型等。其中斜直线型与库仑准则基本一致，其包络线方程如式(7-27) 所示。因此可以说，库仑准则是莫尔准则的一个特例。下面主要介绍二次抛物线和双曲线型的判据表达式。

7.3.2.1　二次抛物线型

岩性较坚硬至较弱的岩石，如泥灰岩、砂岩、泥页岩等岩石的强度包络线近似于二次抛物线，如图 7-10 所示，其表达式为：

$$\tau^2 = n(\sigma + \sigma_t) \tag{7-41}$$

式中，σ_t 为岩石的单轴抗拉强度；n 为待定系数。

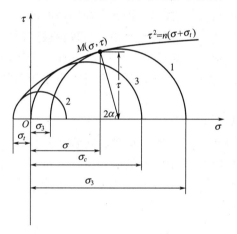

图 7-10　二次抛物型强度包络线

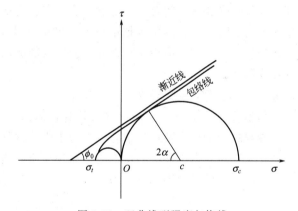

图 7-11　双曲线型强度包络线

利用图 7-10 中的关系，有：

$$\left.\begin{aligned}\frac{1}{2}(\sigma_1 + \sigma_3) &= \sigma + \tau\cot 2\alpha \\ \frac{1}{2}(\sigma_1 - \sigma_3) &= \frac{\tau}{\sin 2\alpha}\end{aligned}\right\} \tag{7-42}$$

其中，τ，$\cot 2\alpha$ 和 $\sin 2\alpha$ 可从式(7-41) 及图 7-10 求得为：

$$\left.\begin{aligned}\tau &= \sqrt{n(\sigma + \sigma_t)} \\ \frac{\mathrm{d}\tau}{\mathrm{d}\sigma} &= \cot 2\alpha = \frac{n}{2\sqrt{n(\sigma + \sigma_t)}} \\ \frac{1}{\sin 2\alpha} &= \csc 2\alpha = \sqrt{1 + \frac{n}{4(\sigma + \sigma_t)}}\end{aligned}\right\} \tag{7-43}$$

将式(7-43) 的有关项代入式(7-42)，并消去式中的 σ，得二次抛物线型包络线的主应力表达式为：

$$(\sigma_1 - \sigma_3)^2 = 2n(\sigma_1 + \sigma_3) + 4n\sigma_t - n^2 \tag{7-44}$$

在单轴压缩条件下，有 $\sigma_3 = 0$，$\sigma_1 = \sigma_c$，则式(7-44) 变为：

$$n^2 - 2(\sigma_c + 2\sigma_t)n + \sigma_c^2 = 0 \tag{7-45}$$

由式(7-45)，可解得：

$$n = \sigma_c + 2\sigma_t \pm 2\sqrt{\sigma_t(\sigma + \sigma_t)} \tag{7-46}$$

利用式(7-41)、式(7-44) 和式(7-46) 可判断岩石试件是否破坏。

7.3.2.2 双曲线型

据研究，砂岩、灰岩、花岗岩等坚硬、较坚硬岩石的强度包络线近似于双曲线（图 7-11），其表达式为：

$$\tau^2 = (\sigma + \sigma_t)^2 \tan^2 \phi_0 + (\sigma + \sigma_t)\sigma_t \tag{7-47}$$

式中，ϕ_0 为包络线渐进线的倾角，$\tan\phi_0 = \dfrac{1}{2}\sqrt{\left(\dfrac{\sigma_c}{\sigma_t} - 3\right)}$

利用式(7-47) 可判断岩石中一点是否破坏。

莫尔强度理论实质上是一种剪应力强度理论。一般认为，该理论比较全面地反映了岩石的强度特征，它既适用于塑性岩石，也适用于脆性岩石的剪切破坏，同时也反映了岩石抗拉强度远小于抗压强度这一特性，并能解释岩石在三向等拉时会破坏，而在三向等压时不会破坏（曲线在受压区不闭合）的特点，这一点已为试验所证实。因此，目前莫尔理论被广泛应用于岩石工程实践。莫尔判据的缺点是忽略了中间主应力的影响，与试验结果有一定的出入。另外，该判据只适用于剪破坏，受拉区的适用性还值得进一步探讨，并且不适用于膨胀或蠕变破坏。

7.3.3 格里菲斯强度理论

格里菲斯（Griffith，1920 年）认为，诸如钢和玻璃之类的脆性材料，其断裂的起因是分布在材料中的微小裂纹尖端有拉应力集中（这种裂纹称为 Griffith 裂纹）所致。格里菲斯还建立了确定断裂扩展的能量不稳定原理拉应力集中。该原理认为，当作用力的势能始终保持不变时，裂纹扩展准则可写为：

$$\frac{\partial(W_d - W_e)}{\partial C} \leqslant 0 \tag{7-48}$$

式中，C 为裂纹长度参数；W_d 为裂纹表面的表面能；W_e 为储存在裂纹周围的弹性应变能。

1921 年，Griffith 把该理论用于初始长度为 $2C$ 的椭圆形裂纹的扩展研究中，并设裂纹垂直于作用在单位厚板上的均匀单轴拉伸应力 σ 的加载方向。他发现，当裂纹扩展时满足下列条件：

$$\sigma \geqslant \sqrt{\frac{2Ea}{\pi C}} \tag{7-49}$$

式中，a 为裂纹表面单位面积的表面能；E 为非破裂材料的弹性模量。

1924 年，Griffith 把他的理论推广到用于压缩试验的情况。在不考虑摩擦对压缩下闭合裂纹的影响和假定椭圆裂纹将从最大拉应力集中点开始扩展的情况下（图 7-12 中的 P 点），获得了双向压缩下裂纹扩展准则，即所谓的 Griffith 强度准则（σ_t 为单轴抗拉强度）：

$$\begin{cases} \dfrac{(\sigma_1-\sigma_3)^2}{\sigma_1+\sigma_3}=8\sigma_t, & (\sigma_1+3\sigma_3\geqslant0) \\ \sigma_3=-\sigma_t, & (\sigma_1+3\sigma_3\leqslant0) \end{cases} \tag{7-50}$$

由方程式(7-50) 确定的 Griffith 强度准则在 σ_1-σ_3 坐标中的强度曲线如图 7-13 所示。

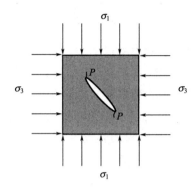

图 7-12 平面压缩的 Griffith 裂纹模型

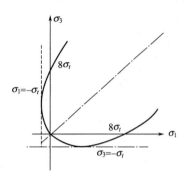

图 7-13 Griffith 强度曲线

分析方程和强度曲线中可以得到以下结论：

① 材料的单轴抗压强度是抗拉强度的 8 倍，其反映了脆性材料的基本力学特征。这个由理论上严格给出的结果，其在数量级上是合理的，但在细节上还是有出入。

② 材料发生断裂时，可能处于各种应力状态。这一结果验证了 Griffith 准则所认为的，不论何种应力状态，材料都是因裂纹尖端附近达到极限拉应力而断裂开始扩展的基本观点，即材料的破坏机理是拉伸破坏。在准则的理论解中还可以证明，新裂纹与最大主应力方向斜交，而且扩展方向会最终趋于与最大主应力平行。

Griffith 强度准则是针对玻璃和钢等脆性材料提出来的，因而只适用于研究脆性岩石的破坏。而对一般的岩石材料，Mohr-coulomb 强度准则的适用性要远远大于 Griffith 强度准则。

7.3.4 Griffith 强度准则的三维推广（Murrell 强度准则）

Murrell 将 Griffith 强度准则从二维推广到三维，得到强度准则：

$$(\sigma_1-\sigma_2)^2+(\sigma_2-\sigma_3)^2+(\sigma_3-\sigma_1)^2=24\sigma_t(\sigma_1+\sigma_2+\sigma_3) \tag{7-51}$$

通常认为，该式利用应力不变量表示，形式简单，能够考虑中间主应力的影响，并且将单轴压拉强度比提高到 12，从而更符合实际情况。

然而上述结果并不完善，Murrell 准则在主应力之和小于 $3\sigma_t$ 时应为圆锥面，压拉强度比仍然是 8。公式(7-51)并不能全部用来表示岩石的强度准则，否则就得到 3 个主应力为零时，材料也会屈服破坏这样的结论。因此必须考虑拉伸破坏时的强度准则。

平面 Griffith 强度准则的几何性质是，以 $\sigma_1=\sigma_3$ 为对称轴的抛物线，与直线 $\sigma_1=-\sigma_t$ 和 $\sigma_3=-\sigma_t$ 相切。在三维应力情形，假设强度准则具有类似的几何性质：以 $\sigma_1=\sigma_2=\sigma_3$ 为对称轴的旋转抛物面，与直线 $\sigma_1=\sigma_2=-\sigma_t$，$\sigma_2=\sigma_3=-\sigma_t$ 和 $\sigma_3=\sigma_1=-\sigma_t$ 相切。于是在子午面 $\sigma_2=\sigma_3$ 上，强度准则的形状如图 7-14 所示。

主应力 σ_1 轴与对称轴 ON 的夹角是 $\arccos(1/\sqrt{3})$，与其垂直的方向是 $\sigma_2=\sigma_3$。设对称轴的坐标为 y，垂直于对称轴方向坐标为 x，则抛物面的方程为：

$$y=Ax^2 \tag{7-52}$$

主应力空间点 $P(-\sigma_t,-\sigma_t,-\sigma_t)$ 在 Oxy 坐标系的位置是 $(0,-\sqrt{3}\sigma_t)$。过该点的抛物

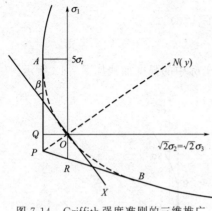

图 7-14 Griffith 强度准则的三维推广

线切线 $\sigma_2 = \sigma_3 = -\sigma_t$ 就是图中的 PA，与主应力 σ_1 轴平行。切点 $A(x, y)$ 满足：

$$\frac{\mathrm{d}y}{\mathrm{d}x} = 2Ax = \frac{y + \sqrt{3}\sigma_t}{x}$$

而

$$\frac{\mathrm{d}y}{\mathrm{d}x} = -\tan\beta = -\frac{1}{\sqrt{2}}$$

解得 $A = \sqrt{3}/(24\sigma_t)$，切点坐标 $x = -2\sqrt{6}\sigma_t$，$y = \sqrt{3}\sigma_t$。

将公式(7-52)中 x，y 用应力不变量的公式表达，则可得到 Murrell 准则即公式(7-51)。其成立范围只能是切点以外的部分（图中实线），即 $y \geqslant \sqrt{3}\sigma_t$。而两切点之间并不是材料的强度准则。用主应力表示，则分界面是：

$$\sigma_1 + \sigma_2 + \sigma_3 \geqslant 3\sigma_t \tag{7-53}$$

显然，$\sigma_1 + \sigma_2 + \sigma_3 < 3\sigma_t$ 时强度准则是一个以切线 PA 为母线的圆锥面，其方程是：

$$(\sigma_1 - \sigma_2)^2 + (\sigma_2 - \sigma_3)^2 + (\sigma_3 - \sigma_1)^2 = 2(\sigma_1 + \sigma_2 + \sigma_3 + 3\sigma_t)^2 \tag{7-54}$$

必须注意到，在上式中双向等拉时的强度是 $-\sigma_t$，即图中 Q 点；而由于切线 PB 与坐标轴不平行，单向拉伸的强度是 $-3\sigma_t/2$，即图中 R 点。因而尽管由式(7-51)得到的单轴压缩强度为 $12\sigma_t$，但压拉强度比仍然是 8。

顺便指出，对 Griffith 强度准则三维推广时，并不是假设旋转抛物面与平面 $\sigma_1 = -\sigma_t$，$\sigma_2 = -\sigma_t$ 和 $\sigma_3 = -\sigma_t$ 相切，否则得到的旋转抛物面方程是

$$(\sigma_1 - \sigma_2)^2 + (\sigma_2 - \sigma_3)^2 + (\sigma_3 - \sigma_1)^2 = 6\sigma_t(\sigma_1 + \sigma_2 + \sigma_3) \tag{7-55}$$

这更不符合实际情况。

7.3.5 德鲁克-普拉格准则

Coulomb 准则和 Mohr 准则机理有相同之处，可以统称为 Mohr-Coulomb(C-M) 准则。C-M 准则体现了岩土材料压剪破坏的实质，所以获得广泛的应用。但这类准则没有反映中间主应力的影响，不能解释岩土材料在静水压力下也能屈服或破坏的现象。

Druckre-Prager 准则，即 D-P 准则是在 C-M 准则和塑性力学中著名的 Mises 准则基础上的扩展和推广而得的，表达式为：

$$f = \alpha I_1 + \sqrt{J_2} - K = 0 \tag{7-56}$$

其中，$I_1 = \sigma_{ii} = \sigma_1 + \sigma_2 + \sigma_3 = \sigma_x + \sigma_y + \sigma_z$ 为应力第一不变量。

$$J_2 = \frac{1}{2} s_i s_i = \frac{1}{6}[(\sigma_1 - \sigma_2)^2 + (\sigma_2 - \sigma_3)^2 + (\sigma_3 - \sigma_1)^2]$$

$$= \frac{1}{6}[(\sigma_x - \sigma_y)^2 + (\sigma_y - \sigma_z)^2 + (\sigma_z - \sigma_x)^2 + 6(\tau_{xy}^2 + \tau_{yz}^2 + \tau_{xz}^2)]$$

为应力偏量第二不变量；α，K 为仅与岩石内摩擦角 ϕ 和粘结力 c 有关的实验常数：

$$\alpha = \frac{2\sin\phi}{\sqrt{3}(3 - \sin\phi)}, \qquad K = \frac{6c\cos\phi}{\sqrt{3}(3 - \sin\phi)}$$

Drucker-Prager 准则计入了中间主应力的影响，又考虑了静水压力的作用，克服了 Mohr-Coulomb 准则的主要弱点，已在国内外岩土力学与工程的数值计算分析中获得广泛的应用。

7.4 岩体变形及本构关系

7.4.1 岩体变形

岩体变形是岩体在受力条件改变时，产生体积变化、形状改变及结构体间位置移动的总和。前一部分是材料变形，后一部分是结构变形。形状改变有时属于材料变形，有时属于结构变形。这一概念可以用下面框图表示：

$$岩体变形\ (u) \begin{cases} 体积变化 \\ 形状变化 \\ 位置变化 \end{cases} \begin{matrix} \left.\begin{matrix} \\ \end{matrix}\right\} 材料变形(u_m) \\ \left.\begin{matrix} \\ \end{matrix}\right\} 结构变形(u_s) \end{matrix}$$

体积变化是指在应力变化条件下岩体体积胀缩变化，由结构体胀缩和结构面闭合和张开变形贡献。形状改变分四种形式：①材料剪切变形；②坚硬结构面错动；③在剪切力作用下结构体转动；④板状结构体弯曲变形。位置变形有的是软弱结构面滑动，有的是坚硬结构面错动贡献的。这些变形机制所形成的变形，总的来说，可分为两大类变形类型，即①材料变形（u_m）；②结构变形（u_s）。因此，岩体变形 u 可以用下列方程表征：

$$u = u_m + u_s \tag{7-57}$$

式中，$u_m = u_b + u_{jn}$，u_b 为岩块受力条件改变时产生的体积变形和形状改变量；u_{jn} 为岩体受力条件改变时结构面闭合或张开变形量。

结构变形 u_s 包括板状结构体横向弯曲和轴向缩短变形量 u_{sb}，还包括软弱夹层挤出 u_c、结构体间位置移动 u_{si} 及转动引起的变形 u_i，即

$$u_s = u_{sb} + u_c + u_{si} + u_t \tag{7-58}$$

综合起来可得到：

$$u = u_b + u_{jn} + u_{sb} + u_c + u_{si} + u_t \tag{7-59}$$

式（7-59）表明，岩体的变形是十分复杂的，它不是简单的材料变形，还包括复杂的结构变形。

一般来讲，材料变形属于小变形，而且在变形过程中，应力分布和方向不变或变化很小。结构变形实际上是大变形，而且在变形过程中应力分布和方向也在不断改变。各种结构岩体的变形结构成分和机制见表 7-2。

表 7-2 各种结构岩体变形成分

岩体岩构	单元类型	变形机制成分	完整结构岩体	碎裂结构岩体	板裂结构岩体	块裂结构岩体	变形类型
结构体	块状结构体	压缩变形	++	++	+	+	材料变形型
		剪切变形	++	++	+	+	材料变形型
		滚动变形		++			结构变形型
	板状结构体	轴向缩短		++	++		结构变形型
		横向弯曲		++	++		结构变形型
		悬臂弯曲		+	++		结构变形型
结构面	坚硬结构面	闭合变形	+	++	+	+	材料变形型
		错动变形	+	++	+	+	材料变形型
	软弱结构面	挤压变形			+	++	结构变形型
		滑动变形			++	++	结构变形型

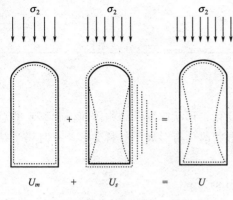

图 7-15　高边墙地下室变形机制

7.4.2　岩体变形机制与本构关系

对岩体来说，其变形除受温度、压力影响外，更重要的是受岩体结构控制，不同结构岩体的变形机制不同，变形规律也不同。因此，岩体变形的基本规律可以称为本构规律或本构关系，可以用下列关系表达：

岩体变形＝F(岩石、岩体结构、压力、温度、时间)

这种关系的数学表达式称为本构方程。这个方程式的前两项为岩体的实体，后两者为岩体赋存环境，最后一项表征变形过程。在作地质工程岩体变形分析时，必须认真地分析岩体变形机制，抽象出变形机制单元，按各变形机制单元的本构规律及地质工程作用特点分析地质工程不同部位变形。如图 7-15 所示，高边墙地下洞室变形由材料变形 u_m 及板裂化结构体单元的结构变形 u_s 组成。其中材料变形由结构体材料变形及结构面回弹变形组成，而板裂结构变形则由板裂结构体在材料回弹变形压力作用下产生的轴向缩短强迫下产生的横向弯曲变形组成。要对此地下工程变形作出实际分析，必须先给出各变形机制单元的本构规律，这是岩体力学分析中变形分析的首要工作。岩体变形机制单元与岩体结构关系可以用图 7-16 表达：

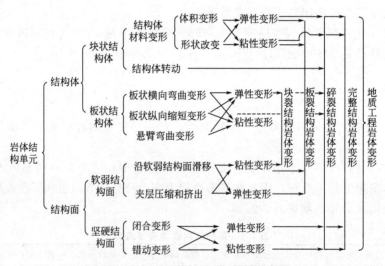

图 7-16　岩体变形机制单元与岩体结构关系

图 7-16 表明：岩体变形可以抽象为 17 种变形机制单元。考虑到不同变形机制对岩体变形的实际贡献，有的以弹性变形为主，有的以黏性变形为主。在实际应用中可以简化为 8 种，简化后的变形机制单元如图 7-17 所示。

图 7-17 表明，这 8 种变形机制单元可分为两种类型，即

(1) 材料变形型　①结构体弹性变形机制单元；②结构体黏性变形机制单元；③结构面闭合变形机制单元；④结构面错动变形机制单元。

(2) 结构变形型　⑤结构体滚动变形机制单元；⑥板裂体结构变形机制单元；⑦结构面滑动变形机制单元；⑧软弱夹层压缩和挤出变形单元。

材料变形型岩体变形机制单元的本构规律见表 7-3。

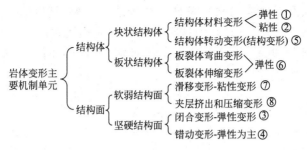

图 7-17　岩体变形主要机制单元

表 7-3　岩石材料变形本构规律及机制元件

变形类型	结构体变形		结构面变形	
	弹性变形	黏性变形	闭合变形	滑移变形
结构元件	~~~~~	⊐⊏	( )	＿＿＿
变形基本规律试验结果	$\sigma \uparrow \tau$ 斜直线 $O \ \varepsilon \ \gamma$	$\dot{\varepsilon} \ \dot{\gamma}$ 斜直线 $O \ \sigma \ \tau$	$\dfrac{\mathrm{d}\varepsilon}{\mathrm{d}\sigma}$ 斜直线 $O \ \varepsilon_{j0}-\varepsilon_j$	$\dfrac{\mathrm{d}\sigma_3}{\mathrm{d}\gamma}$ 斜直线 $O \ \sigma_{j0}-\sigma_0$
本构方程	$\sigma=\dfrac{\sigma}{E_b}$	$\dot{\gamma}=\dfrac{\tau-\tau_0}{\eta\gamma}$ $\dot{\varepsilon}=\dfrac{\sigma-\sigma_0}{\eta}$	$\dfrac{\mathrm{d}\varepsilon_j}{\mathrm{d}\sigma}=E_j^{-1}(\varepsilon_{j0}-\varepsilon_j)$	$\dfrac{\mathrm{d}\sigma_3}{\mathrm{d}\gamma}=G_3(\sigma_{j0}-\sigma_0)$

7.4.3　典型岩体变形的本构规律

依据前述总结的岩体变形机制单元的本构规律以及岩体的结构类型，总结出如下常见的典型岩体变形的规律。

7.4.3.1　弹性均质完整结构岩体变形本构规律

一般来说，这种岩体比较少见，但还是存在的。如后期胶结愈合的碳酸岩、石英岩等，高地应力区压力愈合的各类岩浆岩、厚层砂岩、厚层碳酸岩等岩体，在低地应力水平条件下，可以抽象为这种力学模型。图7-18（a）为这种岩体的地质模型，图7-18（b）为其物理模型，图 7-18（c）为在轴向压力作用下的力学模型。这种力学模型的本构方程可以用虎克法则描述，即

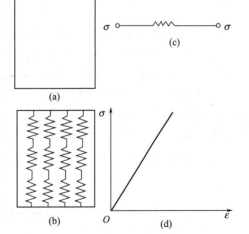

图 7-18　完整结构岩体变形机制及规律

$$\varepsilon=\frac{\sigma}{E} \tag{7-60}$$

这种岩体的变形与加载历史无关，故其弹性模量 E 为常量。

7.4.3.2　弹性均质断续结构和碎裂结构岩体变形本构规律

这种岩体在地质工程领域内，特别是浅表层地质工程中是极常见的。如各类岩浆岩、

厚层砂岩、石英岩以及低地应力水平条件下的碳酸岩、板岩层都属于此类。假定岩体内的裂隙正交发育，图 7-19(a)，(b) 为这类岩体的地质模型，图 7-19(c)，(d) 为这种岩体的物理模型，而图 7-19(e) 为这类岩体在轴向压力作用下的力学模型。根据这一力学模型可以得到：

$$\varepsilon = \varepsilon_b + \varepsilon_j \tag{7-61}$$

$$\sigma = \sigma_b = \sigma_j \tag{7-62}$$

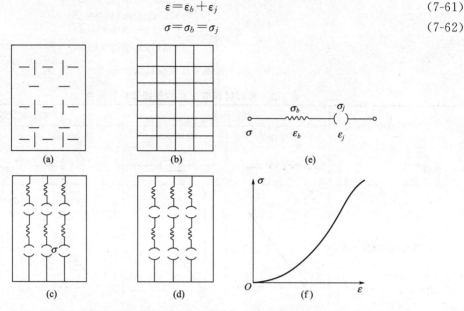

图 7-19　弹性均质断续结构或碎裂结构岩体变形机制及规律

已知：
$$\varepsilon_b = \frac{\sigma_0}{E_b} = \frac{\sigma}{E_b}, \quad \varepsilon_j = \varepsilon_{j0}\left(1 - e^{-\frac{\sigma_j}{E_j \varepsilon_j}}\right) = \varepsilon_{j0}\left(1 - e^{-\frac{\sigma_j}{E_j \varepsilon_{j0}}}\right);$$

代入式(7-61) 中得：

$$\varepsilon = \frac{\sigma}{E_b} + \varepsilon_{j0}(1 - e^{-\frac{\sigma_j}{E_j \varepsilon_{j0}}})) \tag{7-63}$$

式(7-63) 即为弹性均质岩石材料构成的断续结构和脆裂结构岩体变形的本构方程，其变形曲线如图 7-19(f) 所示。它比较理想地描述了这类岩体单轴压作用下取得的应力-应变曲线。式(7-63) 表明，这类岩体变形不能用一个变形参数表征，它由两种变形机制组成，应该用由两个变形参数决定的本构方程来表征。目前岩体力学试验结果一般用一个弹性模量或变形模量表征所有岩体的变形特征显然是不合适的。式(7-63) 实际上是由两种变形成分构成的，即

（1）结构体弹性变形

$$\varepsilon_b = \frac{\sigma}{E_b} \tag{7-64}$$

式中，E_b 为结构体变形参数（弹性模量）；σ 为正应力。

（2）结构面闭合变形

$$\varepsilon_j = \varepsilon_{j0}(1 - e^{-\frac{\sigma_j}{E_j \varepsilon_{j0}}}) \tag{7-65}$$

式中，E_j 为结构面闭合变形参数，结构面闭合模量。

已取得的实验资料表明，E_b 远远大于 E_j，因此，E_j 只是在低地应力条件下岩体变形中起作用。而在高地应力水平条件下 ε_j 的贡献逐渐趋近于常数，即 $\varepsilon_j \to \varepsilon_{j0}$。在高地应力水平条件下应力-应变曲线增量由结构体弹性变形贡献，即

$$\frac{d\varepsilon}{d\sigma} = \frac{1}{E_b} \tag{7-66}$$

也就是说，在高地应力水平条件下，岩体应力-应变曲线斜率为结构体弹性模量 E_b。这一结果提供了利用高地应力水平阶段的应力-应变曲线分析结构体弹性模量的依据。

7.4.3.3　黏弹性材料块状或平卧层状完整结构岩体变形本构规律

这类岩体比较常见，如高地应力水平条件下的岩浆岩、碳酸岩及砂页岩互层、灰岩与泥灰岩互层的平卧层状岩体属于此类，其地质模型示于图 7-20(a)，(b)。这两个地质模型可以抽象为相同的物理模型 [图 7-20(c)，(d)]，而在单轴压作用下的力学模型可以看作是一个 [图 7-20(e)]，即 Maxwell 模型，其本构方程见第 2 章为：

$$\frac{d\varepsilon}{dt} = \frac{1}{E}\frac{d\sigma}{dt} + \frac{\sigma}{\eta} \tag{7-67}$$

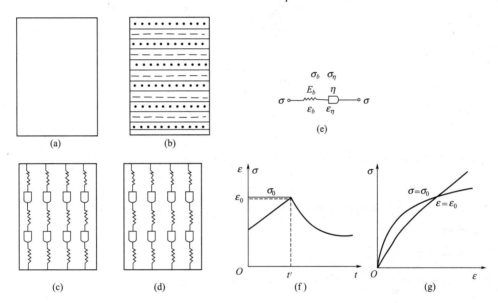

图 7-20　黏弹性材料组成的块状或平卧层状完整结构岩体变形机制及规律

也就是说，典型的黏弹性材料构成的块状或平卧层状结构岩体单轴压缩的本构关系可以用 Maxwell 方程来表达。下面讨论不同加载控制条件下这类岩体的变形特征。一般来说，加载控制有四种。

① 蠕变过程。当 $t=0$ 时，对岩体施加一固定载荷 σ_0，且在整个试验过程中保持不变。

② 松弛过程。当 $t=0$ 时对岩体施加一固定应变 ε_0，且在整个试验过程中保持不变。

③ 应力速率控制加载。模拟对岩体按一定的应力速度 $\frac{d\sigma}{dt}$ 进行加载。

④ 应变速率控制加载。模拟对岩体按一定的变形率 $\frac{d\varepsilon}{dt}$ 在进行加载。

下面用上述四种典型加载控制条件讨论岩体变形的本构方程。

（1）蠕变过程

$t=0$ 时，加 $\sigma=\sigma_0=$ 常数，$\frac{d\sigma}{dt}=0$，则式（7-67）变为：

$$\frac{d\varepsilon}{dt} = \frac{\sigma_0}{\eta} \tag{7-68}$$

对式（7-68）积分得：

$$\varepsilon = \frac{\sigma_0}{\eta}t + A \tag{7-69}$$

已知 $t=0$ 时，$\varepsilon = \frac{\sigma_0}{E_b}$，得 $A = \frac{\sigma_0}{E_b}$，代入式（7-69）得：

$$\varepsilon = \frac{\sigma_0}{E_b} + \frac{\sigma_0}{\eta}t \tag{7-70}$$

其曲线结构示于图 7-20(f) 中变形 $O\text{-}t'$ 段。

（2）松弛过程

$t=0$ 时，$\varepsilon = \varepsilon_0 = $ 常数，$\dfrac{d\varepsilon}{dt} = 0$，则式（7-67）变为：

$$\frac{d\sigma}{dt} = -\frac{E_b}{\eta}\sigma \tag{7-71}$$

对式（7-71）积分得：

$$\ln\sigma = -\frac{E_b}{\eta}t + A \tag{7-72}$$

或：

$$\sigma = Ae^{-\frac{E_b}{\eta}t} \tag{7-73}$$

已知 $t=0$ 时，$\sigma = E\varepsilon_0$，得 $A = E\varepsilon_0$，代入式（7-73）得：

$$\sigma = E\varepsilon_0 e^{-\frac{E_b}{\eta}t} \tag{7-74}$$

式（7-74）为黏弹性材料块状及平卧层状岩体松弛变形本构方程。其曲线示于图 7-20(f) 中 t' 以后曲线段。

（3）应力速率控制加载

在加载过程中令 $\dfrac{d\sigma}{dt} = \dfrac{d\sigma_a}{dt} = $ 常数。式（7-67）可改写为：

$$d\varepsilon = \frac{1}{E_b}d\sigma + \frac{\sigma}{\eta}dt = \frac{1}{E_b}d\sigma + \frac{\sigma}{\eta}dt\frac{d\sigma}{d\sigma} = \frac{1}{E_b}d\sigma + \frac{\sigma}{\eta}\frac{d\sigma}{\frac{d\sigma}{dt}} = \frac{1}{E_b}d\sigma + \frac{\sigma}{\eta\frac{d\sigma_a}{dt}}d\sigma \tag{7-75}$$

对式（7-75）积分得：

$$\varepsilon = \frac{\sigma}{E_b} + \frac{\sigma^2}{2\eta\frac{d\sigma_a}{dt}} + C \tag{7-76}$$

已知 $t=0$，$\sigma=0$，$\varepsilon=0$，式（7-76）中：

$$C = 0$$

则

$$\varepsilon = \frac{\sigma}{E_b} + \frac{\sigma^2}{2\eta\frac{d\sigma_a}{dt}} \tag{7-77}$$

式（7-77）便是应力速率控制加载条件下黏弹性材料块状完整结构岩体或平卧层状黏弹性岩体变形的本构方程，其曲线结构示于图 7-20(g)。

（4）应变速率控制加载

在加载过程中，令 $\dfrac{d\varepsilon}{dt} = \dfrac{d\varepsilon_a}{dt} = $ 常数。式（7-67）可改写为：

$$\mathrm{d}\varepsilon=\frac{1}{E_b}\mathrm{d}\sigma+\frac{\sigma}{\eta}\mathrm{d}t=\frac{1}{E_b}\mathrm{d}\sigma+\frac{\sigma}{\eta}\mathrm{d}t\quad\frac{\mathrm{d}\varepsilon}{\mathrm{d}\varepsilon}=\frac{1}{E_b}\mathrm{d}\sigma+\frac{\sigma}{\eta\frac{\mathrm{d}\varepsilon_a}{\mathrm{d}t}}\mathrm{d}\varepsilon \tag{7-78}$$

上式可改写为：

$$\mathrm{d}\varepsilon=\frac{\mathrm{d}\sigma}{E_b\left(1-\dfrac{\sigma}{\eta\dfrac{\mathrm{d}\varepsilon_a}{\mathrm{d}t}}\right)} \tag{7-79}$$

对式(7-79) 积分得：

$$\varepsilon=-\frac{\eta\dfrac{\mathrm{d}\varepsilon_a}{\mathrm{d}t}}{E_b}\ln\left(1-\frac{\sigma}{\eta\dfrac{\mathrm{d}\varepsilon_a}{\mathrm{d}t}}\right)+A \tag{7-80}$$

已知 $\sigma=0$ 时，$\varepsilon=0$，$\ln(1)=0$，则式(7-80) 中：$A=0$，据此式得：

$$\varepsilon=-\frac{\eta\dfrac{\mathrm{d}\varepsilon_a}{\mathrm{d}t}}{E_b}\ln\left(1-\frac{\sigma}{\eta\dfrac{\mathrm{d}\varepsilon_a}{\mathrm{d}t}}\right) \tag{7-81}$$

或

$$\sigma=\eta\frac{\mathrm{d}\varepsilon_a}{\mathrm{d}t}(1-\mathrm{e}^{\frac{E}{\eta}\frac{\varepsilon}{\frac{\mathrm{d}\varepsilon}{\mathrm{d}t}}}) \tag{7-82}$$

式(7-82) 便是黏弹性材料块状完整结梅岩体及平卧层状黏弹性岩体的本构方程，其曲线结构见图 7-20(g)。

此外，还有黏弹性材料构成的块状断续结构、碎裂结构及平卧层状碎裂岩体和完整结构直立层状黏弹性岩体及碎裂结构直立层状黏弹性岩体等，这些岩体变形的本构规律可参考有关文献。

7.5　岩体破坏机制及破坏判据

7.5.1　岩体破坏机制

在岩体力学试验、岩体工程及自然界岩体中见到的破坏现象，在模型试验中都可见到，不仅如此，有些破坏现象往往只可在模型试验中见到（R. E. Goodman，1976）。结构体转动便属于这种类型。发生在岩体内部的结构体转动一般不易见到，模拟试验可以提供这种条件。在碎裂结构岩体边坡破坏中存在结构体转动现象。

通过大量工程实践和野外观察可知，岩体破坏机理与岩体结构密切相关，常见的岩体破坏机制及其与岩体结构的关系见第 1 章表 1-9。表中资料表明，完整结构岩体破坏的主要机制为张破裂和剪破裂，碎裂结构的破坏机制最复杂，各种结构岩体出现的破坏现象在这里都可出现，如结构体张破裂及剪破裂、结构体转动、结构体沿结构面滑动等，在最大主应力作用下产生板裂化的岩体还可以出现倾倒、溃屈及弯折破坏等。块裂结构岩体的主要破坏机制为结构体沿软弱结构面滑动。岩体破坏机制主要为七种：①张破坏；②剪破坏；③结构体沿软弱结构面滑动破坏；④结构体转动破坏；⑤倾倒破坏；⑥溃屈破坏；⑦弯折破坏。

由此可见，岩体的破坏机制是十分复杂的，因此相应的破坏判据也是多种多样的，不同的破坏类型应采用不同的破坏判据（强度准则），本节主要就岩体的破坏判据进行讨论。

7.5.2　张破坏判据

大量的实验资料表明，在无围压和低围压下，脆性岩块在轴向压力作用下产生的破裂面

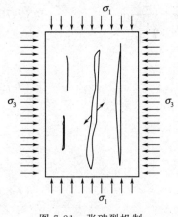

图 7-21　张破裂机制

大多数与 σ_1 方向平行。受单向压力的岩体，如矿柱等，破坏方式与此相似，常产生轴向拉裂。这种破坏时的极限应变与加载速度关系很小，近似为一常数，所产生的脆性张破裂由张应变控制。

张应变控制下的张破裂力学模型如图 7-21 所示。脆性材料大多数属于弹性介质，完全可以假定：

$$\varepsilon_3 = \frac{1}{E}[\sigma_3 - \mu(\sigma_1 + \sigma_2)] \tag{7-83}$$

当张应变达到允许张应变 $\varepsilon_{3,0}$ 时，岩体便发生张裂缝，而产生破坏。其破坏条件为：

$$\sigma_3 - \mu(\sigma_1 + \sigma_2) = -E\varepsilon_{3,0} \tag{7-84}$$

$$\varepsilon_3 = \mu\varepsilon_1 \text{ 或 } \varepsilon_{3,0} = \mu_0\varepsilon_{1,0} = \mu_0\varepsilon_0$$

式中，σ_0 为单轴压下极限应变。

$$\varepsilon_0 = \frac{1}{E}\sigma_0 \tag{7-85}$$

或

$$\varepsilon_{3,0} = \mu_0\varepsilon_0 = \mu_0\frac{\sigma_c}{E} \tag{7-86}$$

将式（7-86）代入式（7-84）得：

$$\sigma_3 = \mu_0(\sigma_1 + \sigma_2 - \sigma_c) \tag{7-87}$$

或

$$\sigma_1 = \frac{\sigma_3}{\mu_0} - \sigma_2 + \sigma_c \tag{7-88}$$

当 $\sigma_2 = \sigma_3$ 时，有

$$\sigma_1 = \frac{1 - \mu_0}{\mu_0}\sigma_3 + \sigma_c \tag{7-89}$$

式（7-88）、式（7-89）便是在三维应力场内产生张破裂判据。式中，μ_0 为发生破裂时的 $\varepsilon_{1,0}$ 与 $\varepsilon_{3,0}$ 之比，即

$$\mu_0 = \frac{\varepsilon_{3,0}}{\varepsilon_{1,0}} \tag{7-90}$$

在通常情况下，岩体是一种多裂隙体，这决定了岩体力学的试验结果总是分散的。其分散性的大小主要决定于岩体内裂隙存在状况。很早就有人注意到材料内的裂隙对材料破坏的影响。Griffith（1920）对这个问题进行了研究，提出了最大拉应力判据：

$$\tau^2 = 4\sigma_t(\sigma_t - \sigma) \tag{7-91}$$

式中，σ_t 为岩体的单向抗拉强度；τ，σ 分别为岩体的正应力和剪应力。

7.5.3　剪破坏判据

剪破裂是岩块脆性破裂的一种形式。此外，剪破坏还存在另一种形式，即剪应力作用的塑性流动破坏。剪破坏可以用库伦-莫尔判据进行研究，其判据式和判别方法本章节 7.3。所不同的是此处的判别对象是岩体，因此，在应用库伦-莫尔判据时，必须用岩体的应力与强度参数，才能进行正确的判据。

7.5.4　沿结构面滑动的判据

岩体沿某一结构面滑动破坏的力学模型如图 7-22 所示。大量实验结果证明，这种破坏方式常可用库伦-莫尔直线型判据进行判别，即

$$\tau = \sigma_n\tan\phi_i + C_j \tag{7-92}$$

式中，ϕ_i，C_j 分别为结构面的摩擦角和黏聚力。

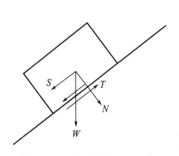

图 7-22 块体滑动力学模型

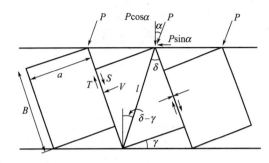

图 7-23 结构体转动破坏机理模型

这个判据对坚硬结构面和软弱结构面都适用，但应当注意，ϕ_i，C_j 包括结构面起伏效应的修正部分，即爬坡角修正部分在内。

7.5.5 结构体转动破坏判据

其力学模型见图 7-23。结构体产生转动破坏的力学条件为：

$$\sum M_A \geqslant 0 \tag{7-93}$$

$$S \geqslant T \tag{7-94}$$

根据图 7-23 力学模型及第一个条件，结构体转动条件为：

$$Pl\sin\alpha\cos(\delta-\gamma) - Pl\cos\alpha\sin(\delta-\gamma) \geqslant 0 \tag{7-95}$$

即

$$\sin(\alpha-\delta+\gamma) \geqslant 0 \tag{7-96}$$

$$\alpha-\delta+\gamma \geqslant 0 \tag{7-97}$$

由此得结构体转动条件为：

$$\alpha \geqslant \delta-\gamma \tag{7-98}$$

这个条件说明作用力 P 方向与结构体对角线方向一致时，结构体会产生转动。

根据第二个条件，结构体滑动的条件为：$S \geqslant T$

其中，$S = P\cos\delta$；$N = P\sin\delta$

$$T = N\tan\phi_j + C_j = P\sin\delta\tan\phi_j + C_j$$

整理得：

$$P\cos\delta \geqslant P\sin\delta\tan\phi_j + C_j \tag{7-99}$$

当 $C_j = 0$ 时，上式变为：

$$P\cos\delta \geqslant P\sin\delta\tan\phi_j \tag{7-100}$$

整理得：

$$\cot\delta \geqslant \tan\phi_j$$

即

$$90° - \delta \geqslant \phi_j \text{ 或者 } \delta \leqslant 90° - \phi_j \tag{7-101}$$

由此得到结构体转动的失稳条件为：$\alpha \geqslant \delta-\gamma$ 和 $\delta \leqslant 90° - \phi_j$。

7.5.6 倾倒破坏判据

处于斜坡浅表层的反倾向板裂结构或板裂化岩体常会出现倾倒变形而导致破坏现象。倾倒变形破坏实际上是由两个过程组成的，即①在自重作用下板裂体产生弯折；②折断点连贯成面，上覆岩体在重力作用下产生滑动或溃屈，最后导致斜坡破坏（图 7-24）。如果板裂体弯折形成的破裂面倾角较缓、较深时，倾倒弯折产生斜坡大范围变形，而不产生斜坡的整体失稳破坏（如金川露天矿边坡）。显然，倾倒破坏必须满足两个条件。

① 板裂体弯折折断，其破坏判据为：在自重和传递力作用下产生的倾覆力矩 M_T 大于内部摩擦力产生的抵抗力矩 M_r，即

$$M_T \geqslant M_r \tag{7-102}$$

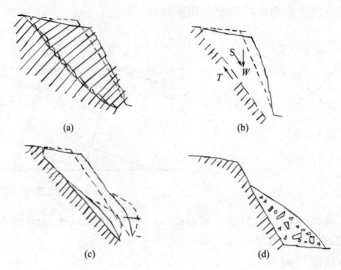

图 7-24　斜坡岩体倾倒破坏过程

其力学模型如图 7-25 所示,根据式(7-102) 所列的条件,取图 7-25 中的 A 点力矩可以写出:

$$\int_0^l (\sigma_h - \sigma_{h'}) x \mathrm{d}x + W\left(\frac{1}{2}\cos\alpha - \frac{b}{2}\sin\alpha\right) - b\int_0^l \tau \mathrm{d}x \geqslant 0 \qquad (7\text{-}103)$$

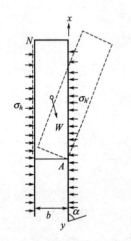

图 7-25　倾倒变形力学模型

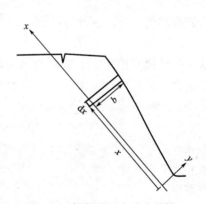

图 7-26　倾倒溃屈失稳力学模型

如果岩体内 σ_h 分布已知时,便可利用式(7-103)求得折断深度 l。

② 倾倒体失稳破坏条件,其破坏有两种可能,即滑动和溃屈破坏,此处仅就滑动破坏简要讨论如下,溃屈破坏见下部分内容。

板裂岩体折断后,板裂体折断面以上岩体沿折断面滑动 [图 7-24(b)] 的条件为下滑力 S 大于抗滑力 T,即

$$S \geqslant T \qquad (7\text{-}104)$$

如果 $S<T$ 时,则不发生滑动破坏。但应注意,还可能产生溃屈破坏 [图 7-24(c)]。

7.5.7　溃屈破坏判据

这是板裂介质岩体工程和自然斜坡中经常出现的一种破坏机制。如图 7-26 所示,其破坏条件与板裂体变形的弹性曲线形态密切相关。最常见的一种弹性曲线为:

$$y = a\left(1 - \cos\frac{2\pi x}{l}\right)$$

其破坏判据为：

$$P_{cr} = \beta\frac{8\pi^2 EI - ql^3\sin\alpha}{2l^2} \tag{7-105}$$

式中，E 为板裂体弹性模量；I 为板裂体截面矩；q 为单位长度板裂体的重量；l 为分析段板裂体长度；α 为板裂体倾角，β 为板裂体破碎特征系数，它与板裂体内节理发育程度有关。如板裂体为完整的，则 $\beta = 1$。

式(7-105)对地基工程、地下硐室工程、边坡工程岩体都有效。如当 $\alpha = 0°$ 时，相当于水平岩层板裂介质岩体抗力体抵抗水平载荷的情况，此时：

$$P_{cr} = \beta\frac{4\pi^2 EI}{l^2} \tag{7-106}$$

当 $\alpha = 90°$ 时，相当于直立边坡和地下硐室边墙，此时其极限抗力为：

$$P_{cr} = \beta\frac{8\pi^2 EI - ql^3}{2l^2} \tag{7-107}$$

7.5.8　弯折破坏判据

它与梁的破坏机制相同，其力学模型如图 7-27 所示，其破坏判据为：

$$\sigma_T = [\sigma_T] \tag{7-108}$$

式中，$[\sigma_T]$ 为材料抗拉强度；σ_T 为梁板内拉应力，即

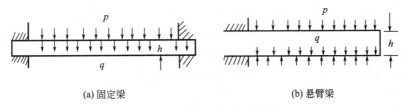

(a) 固定梁　　　　　　　　　　　　(b) 悬臂梁

图 7-27　弯折破坏力学模型

$$\sigma_T = \frac{My}{I} \tag{7-109}$$

式中，M 为梁板截面内弯矩；y 为中性轴距梁表面距离；I 为梁板截面对中性轴的惯性矩，对矩形截面为：$I = \frac{1}{12}bh^3$，其中，b 为板裂体宽度；h 为板裂体厚度。

思考题与习题

1. 什么叫岩石的本构关系？岩石的本构关系一般有几种类型？

2. 什么叫岩石的强度？岩石的破坏一般有几种类型？

3. 对于弹性平面问题，(1) 应力状态有哪两种？其本构方程有什么关系？(2) 如果体力为常量，其应力分布是否与应力状态和材料性质有关？为什么？

4. 在平面问题中，已知一点 M 处的应力分量 σ_x，σ_y，$\tau_{xy} + \tau_{yx}$。试求经过该点的平行于 z 轴而倾斜于 x 轴和 y 轴的任一斜面上的应力。

5. 试用莫尔应力圆画出：(1) 单向拉伸；(2) 纯剪切；(3) 单向压缩；(4) 双向拉伸；(5) 双向压缩。

6. 试证明：在发生最大与最小剪应力的面上，正应力的数值都等于两个主应力的平均值。

7. 将一个圆柱形材料放在厚壁圆筒内承受轴向压缩，使之无法产生横向应变，（1）试利用泊松比确定水平应力与垂直应力之比；（2）当泊松比是 0.1 和 0.5 时，试计算上述的应力比；（3）试确定各向同性弹性岩石的（$\sigma_x + \sigma_y + \sigma_z$）与体积变化之间的关系。

8. 在某些模型试验中，竖向放置的明胶板在侧边给予约束，使之在这一方向不能产生水平应变。而在明胶板的垂直向则不受约束，因而该明胶板处于平面应变状态。如果明胶板的密度为 γ，至任一点的深度是 z，泊松比是 μ，试计算明胶板在任一点的水平应力。

9. 给出简单拉伸时的增量理论和全量理论的本构关系。

10. 试求下列情况的塑性应变增量之比：

（1）简单拉伸：$\sigma = \sigma_0$；（2）二维应力状态：$\sigma_1 = \sigma_0/3$，$\sigma_2 = -\sigma_0/3$；（3）纯剪：$\tau_{xy} = \sigma_0$。

11. 什么叫蠕变、松弛、弹性后效和流变？

12. 蠕变一般包括几个阶段？每个阶段的特点是什么？

13. 不同受力条件下岩石的流变具有哪些特性？

14. 何为岩石长期强度，它与瞬时强度一般有什么样的关系？

15. 何为岩石强度准则？为什么要研究强度准则？

16. 试论述 Coulomb，Mohr，Griffith 三准则的基本原理及其主要区别与它们之间的关系。

17. 某均质岩石的强度曲线为：$\tau = \tan\phi + c$，其中 $c = 40$MPa，$\phi = 30°$。试求在侧向围岩应力 $\sigma_3 = 20$MPa 的条件下，岩石的极限抗压强度。并求出破坏面的方位。

18. 将一个岩石试件进行单轴试验，当其压应力达到 27.6MPa 时，即发生破坏，破坏面与最大主应力面的夹角为 60°。假设抗剪强度随正应力呈线性变化，试计算：（1）在正应力等于零的那个平面上的抗剪强度；（2）在上述试验中与最大主应力面的夹角为 30°的那个平面上的抗剪强度；（3）内摩擦角；（4）破坏面上的正应力和剪应力。

19. 将岩石试件进行一系列单轴试验，求得抗压强度的平均值为 0.23MPa，将同样的岩石在 0.59MPa 的围压下进行一系列三轴试验，求得主应力的平均值为 2.24MPa。请在 Mohr 图上绘出代表这两种试验结果的应力圆，确定其内摩擦角及粘结力。

第8章　边坡岩体稳定性分析

8.1　概　述

斜坡（slope）是地表广泛分布的一种地貌形式，指地壳表部一切具有侧向临空面的地质体。它可划分为天然斜坡和人工边坡两种。前者是自然地质作用形成未经人工改造的斜坡，这类斜坡在自然界特别是山区广泛分布，如山坡、沟谷岸坡等；后者经人工开挖或改造形成，如露天采矿边坡、铁路公路路堑与路堤边坡等。另外，按岩性又可将边坡分为土质边坡和岩质边坡。斜坡基本形态要素为坡体、坡高、坡角和坡面、坡顶面、坡肩、坡脚、坡底面等（图8-1）。本章以讨论人工开挖的岩质边坡稳定性为主。

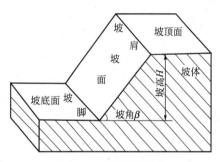

图 8-1　斜坡要素图

斜坡的变形与破坏常给人类工程活动及生命财产带来巨大的损失。例如，1982 年 7 月，四川省云阳鸡扒子发生滑坡，滑体规模 1500 万立方米，其中，前缘 180 万立方米的土石体被推入长江，严重碍航。该滑坡还使大量农田、房屋被毁，造成了巨大的经济损失。又如，1980 年 6 月发生的湖北远安盐池河山崩，规模约 100 万立方米，造成 284 人死亡，损失惨重。再如 1963 年发生在意大利的瓦依昂水库库岸滑坡，其总方量达 2.5 亿立方米，滑坡造成 2500 多人死亡，水库也因此而失效。除自然斜坡变形破坏外，人工边坡变形破坏主要是由于土木、水利、交通、矿山等基本工程建设中的地面和地下开挖造成的事故和灾害。如 1989 年 1 月 7 日，在建的云南省大型水电站漫湾工程在开挖左坝肩的过程中突发一次高达 100m 的岩质边坡滑坡，其体积约 $10.8 \times 10^4 \mathrm{m}^3$，这一滑坡使电站推迟一年发电，直接经济损失超过亿元。又如 1903 年 4 月 29 日凌晨 4 时发生在加拿大 Alberta 省的 Frank 滑坡，因地下采煤导致失稳边坡高 640m、宽 915m、厚 152m、总方量 $3000 \times 10^4 \mathrm{m}^3$。滑坡体掩埋了位于坡下的 Frank 村庄，约 70 人丧生。

由于斜坡失稳的危害巨大，因此，世界各国都非常重视，我国政府有关部门已将其列入重大地质灾害之一，进行重点研究。

边坡在其形成及运营过程中，在诸如重力、工程作用力、水压力及地震作用等力场的作用下，坡体内应力分布发生变化，当组成边坡的岩土体强度不能适应此应力分布时，就要产生变形破坏，引发事故或灾害。岩体力学研究边坡的目的就是要研究边坡变形破坏的机理（包括应力分布及变形破坏特征）与稳定性，为边坡预测预报及整治提供岩体力学依据。其中稳定性计算是岩体边坡稳定性分析的核心。目前，用于边坡岩体稳定性分析的方法，主要有数学力学分析法（包括块体极限平衡法、弹性力学与弹塑性力学分析法和有限元法等）、模型模拟试验法（包括相似材料模型试验、光弹试验和离心模型试验等）及原位观测法等。此外，还有破坏概率法、信息论方法及风险决策等新方法应用于边坡稳定性分析中。这里主要介绍数学力学分析法中的块体极限平衡法的基本原理，对于其他方法可参考有关文献。

块体极限平衡法是边坡岩体稳定性分析中最常用的方法。这种方法的滑动面是事先假定的。另外，还需假定滑动岩体为刚体，即忽略滑动体的变形对稳定性的影响。在以上假定条件下分析滑动面上抗滑力和滑动力的平衡关系，如果滑动力大于或等于抗滑力即认为满足了库伦-莫尔判据，滑动体将可能发生滑动而失稳。

这一方法的具体做法可概括如下：首先，确定滑动面的位置和形状。由于滑动面是假定的，故任何形状的面都可以充当，当然实际的滑动面将取决于结构面的分布、组合关系及其所具有的剪切强度，大量的实践证明，均质土坡的破坏面都接近于圆弧形，岩体中存在软弱结构面时，边坡岩体常沿某个软弱结构面或某几个软弱结构面的组合面滑动，因此，根据具体情况假定的滑动面与实际情况是很接近的；其次，确定极限抗滑力和滑动力，并计算其稳定性系数。所谓稳定性系数即指可能滑动面上可供利用的抗滑力与滑动力的比值。由于滑动面是预先假定的，因此就可能不止一个，这样就要分别试算出每个可能滑动面所对应的稳定性系数，取其中最小者作为最危险滑动面。最后以安全系数为标准评价边坡的稳定性。

由于利用块体极限平衡法设计边坡工程时是以安全系数为标准的，因此，正确理解稳定性系数和安全系数的概念和两者的区别是很重要的。所谓安全系数，简单地说就是允许的稳定性系数值，安全系数的大小是根据各种影响因素人为规定的。而稳定性系数则是反映滑动面上抗滑力与滑动力的比例关系，用以说明边坡岩体的稳定程度。安全系数的选取是否合理，直接影响到工程的安全和造价。它必须大于1才能保证边坡安全，但比1大多少却是很有讲究的。它受一系列因素的影响，概括起来有以下几方面：①岩体工程地质特征研究的详细程度；②各种计算参数，特别是可能滑动面剪切强度参数确定中可能产生的误差大小；③在计算稳定性系数时，是否考虑了岩体实际承受和可能承受的全部作用力；④计算过程中各种中间结果的误差大小；⑤工程的设计年限、重要性以及边坡破坏后的后果如何等等。一般来说，当岩体工程地质条件研究比较详细，确定的最危险滑动面比较可靠，计算参数确定比较符合实际，计算中考虑的作用力全面，加上工程规模等级较低时，安全系数可以规定得小一些；否则，应规定得大一些。通常，安全系数在 $1.05 \sim 1.5$ 之间选取。

块体极限平衡法的优点是方便简单，适用于研究多变的水压力及不连续的裂隙岩体。主要缺点是不能反映岩体内部真实的应力应变关系，所求稳定性参数是滑动面上的平均值，带有一定的假定性。因此难以分析岩体从变形到破坏的发生发展全过程，也难以考虑累进性破坏对岩体稳定性的影响。

8.2 边坡岩体中的应力分布特征

在岩体中进行开挖，形成人工边坡后，由于开挖卸载，在近边坡面一定范围内的岩体中，发生应力重分布作用，使边坡岩体处于重分布应力状态下。边坡岩体为适应这种重分布应力状态，将发生变形和破坏。因此，研究边坡岩体重分布应力特征是进行稳定性分析的基础。

8.2.1 应力分布特征

在均质连续的岩体中开挖时，人工边坡内的应力分布可用有限元法及光弹性试验求解。图 8-2、图 8-3 为用弹性有限单元法计算结果给出的主应力及最大剪应力迹线图。由图可知

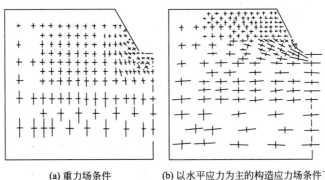

(a) 重力场条件　　　(b) 以水平应力为主的构造应力场条件下

图 8-2　用弹性有限单元法解出的典型斜坡主应力迹线图（据科茨，1970）

边坡内的应力分布有如下特征。

① 无论在什么样的天然应力场下，边坡面附近的主应力迹线均明显偏转，表现为最大主应力与坡面近于平行，最小主应力与坡面近于正交，向坡体内逐渐恢复初始应力状态（图 8-2）。

② 由于应力的重分布，在坡面附近产生应力集中带，不同部位其应力状态是不同的。在坡脚附近，平行坡面的切向应力显著升高，而垂直坡面的径向应力显著降低，由于应力差大，于是就形成了最大剪应力增高带，最易发生剪切破坏。在坡肩附近，在一定条件下坡面径向应力和坡顶切向应力可转化为拉应力，形成一拉应力带。边坡愈陡，则此带范围愈大，因此，坡肩附近最易拉裂破坏。

③ 在坡面上各处的径向应力为零，因此坡面岩体仅处于双向应力状态，向坡内逐渐转为三向应力状态。

④ 由于主应力偏转，坡体内的最大剪应力迹线也发生变化，由原来的直线变为凹向坡面的弧线（图 8-3）。

8.2.2　影响边坡应力分布的因素

① 天然应力。表现在水平天然应力使坡体应力重分布作用加剧，即随水平天然应力增加，坡内拉应力范围加大（图 8-4）。

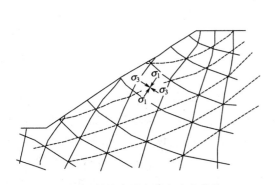

图 8-3　斜坡中最大剪应力迹线与
主应力迹线关系示意图

实线—主应力迹线；虚线—最大剪应力迹线

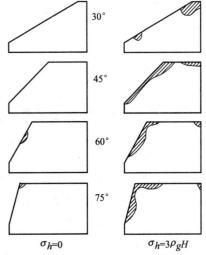

图 8-4　斜坡拉力带分布状况及其与水平
构造应力 σ_h、坡角 β 关系示意图

（据斯特西，1970）（图中阴影部分表示拉力带）

② 坡形、坡高、坡角及坡底宽度等对边坡应力分布均有一定的影响。

坡高虽不改变坡体中应力等值线的形状，但随坡高增大，主应力量值也增大。

坡角大小直接影响边坡岩体应力分布图像。随坡角增大，边坡岩体中拉应力区范围增大（图 8-4），坡脚剪应力也增高。

坡底宽度对坡脚岩体应力也有较大的影响。计算表明，当坡底宽度小于 0.6 倍坡高（0.6H）时，坡脚处最大剪应力随坡底宽度减小而急剧增高。当坡底宽度大于 0.8H 时，则最大剪应力保持常值。另外，坡面形状对重分布应力也有明显的影响，研究表明，凹形坡的应力集中度减缓，如圆形和椭圆形矿坑边坡，坡脚处的最大剪应力仅为一般边坡的 1/2 左右。

③ 岩体性质及结构特征。研究表明，岩体的变形模量对边坡应力影响不大，而泊松比对边坡应力有明显影响（图 8-5）。这是由于泊松比的变化，可以使水平自重应力发生改变。结构面对边坡应力也有明显的影响。因为结构面的存在使坡体中应力发生不连续分布，并在结构面周边或端点形成应力集中带或阻滞应力的传递，这种情况在坚硬岩体边坡中尤为明显。

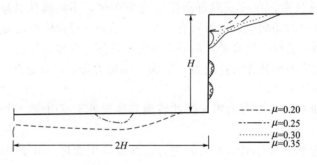

图 8-5 泊松比对斜坡张应力分布区的影响示意图

8.3 边坡岩体的变形与破坏

岩体边坡的变形与破坏是边坡发展演化过程中两个不同的阶段，变形属量变阶段，而破坏则是质变阶段，它们形成一个累进性变形破坏过程。这一过程对天然斜坡来说时间往往较长，而对人工边坡则可能较短暂。通过边坡岩体变形迹象的研究，分析斜坡演化发展阶段，是斜坡稳定性分析的基础。

8.3.1 边坡岩体变形破坏的基本类型

8.3.1.1 边坡变形的基本类型

边坡岩体变形根据其形成机理可分为卸荷回弹与蠕变变形等类型。

（1）卸荷回弹 成坡前边坡岩体在天然应力作用下早已固结，在成坡过程中，由于荷重不断减少，边坡岩体在减荷方向（临空面）必然产生伸长变形，即卸荷回弹。天然应力越大，则向临空方向的回弹变形量也越大。如果这种变形超过了岩体的抗变形能力时，将会产生一系列的张性结构面。如坡顶近于铅直的拉裂面［图 8-6(a)］，坡体内与坡面近于平行的压致拉裂面［图 8-6(b)］，坡底近于水平的缓倾角拉裂面［图 8-6(c)］等。另外，由层状岩体组成的边坡，由于各层岩石性质的差异，变形的程度就不同，因而将会出现差异回弹破裂（差异变形引起的剪破裂）［图 8-6(d)］等，这些变形多为局部变形，一般不会引起边坡岩

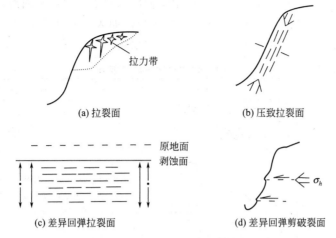

(a) 拉裂面　　　　　　　　　(b) 压致拉裂面

(c) 差异回弹拉裂面　　　　　(d) 差异回弹剪破裂面

图 8-6　与卸荷回弹有关的次生结构面示意图

体的整体失稳。

（2）蠕变变形　边坡岩体中的应力对于人类工程活动的有限时间来说，可以认为是保持不变的。在这种近似不变的应力作用下，边坡岩体的变形也将会随时间不断增加，这种变形称为蠕变变形。当边坡内的应力未超过岩体的长期强度时，则这种变形所引起的破坏是局部的。反之，这种变形将导致边坡岩体的整体失稳。当然这种破裂失稳是经过局部破裂逐渐产生的，几乎所有的岩体边坡失稳都要经历这种逐渐变形破坏过程。如甘肃省洒勒山滑坡，在滑动前 4 年，后缘张裂隙的位移经历了图 8-7 那样的过程，1981 年春

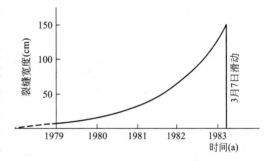

图 8-7　洒勒山滑坡失事前位移变化示意图

季前，大致保持等速蠕变，此后位移速度逐渐增加，直至 1983 年 3 月 7 日发生滑坡。

研究表明，边坡蠕变变形的影响范围是很大的，某些地区可达数百米深，数公里长。

8.3.1.2　边坡破坏的基本类型

对于岩体边坡的破坏类型，不同的研究者从各自的观点出发进行了不同的划分。在有关文献中，对岩体边坡破坏类型作了如下几种划分：霍克（Hoek，1974）把岩体边坡破坏的主要类型分为圆弧破坏、平面破坏、楔体破坏和倾覆破坏 4 类。库特（Kutter，1974）则将其分为非线性破坏、平面破坏及多线性破坏 3 类。这两种分类方法虽然不同，但都把滑动面的形态特征作为主要分类依据。另外，王兰生、张倬元等（1981）根据岩体变形破坏的模拟试验及理论研究，结合大量的地质观测资料，将岩体边坡变形破坏分为蠕滑拉裂、滑移压致拉裂、弯曲拉裂、塑流拉裂、滑移拉裂 5 类。

从岩体力学的观点来看，岩体边坡的破坏不外乎剪切（即滑动破坏）和拉断两种型式。大量的野外调查资料及理论研究表明，除少数情况外，绝大部分岩体边坡的破坏均为滑动破坏。由于研究滑动破坏问题的关键在于研究滑动面的形态、性质及其受力平衡关系。同时，滑动面的形态及其组合特征不同，决定着要采用的具体分析方法的不同。因此，岩体边坡破坏类型的划分，应当以滑动面的形态、数目、组合特征及边坡破坏的力学机理为依据。根据这些特征并参照霍克的分类方法，本书将岩体边坡破坏划分为平面滑动、楔形状滑动、圆弧

形滑动及倾倒破坏 4 类，其中平面滑动又据滑动面的数目划分出单平面滑动、双平面滑动与多平面滑动等亚类，各类及亚类边坡破坏的主要特征如表 8-1 所示。前 3 类以剪切破坏为主，常表现为滑坡形式，第 4 类为拉断破坏，常以崩塌形式出现。

表 8-1 岩体边坡破坏类型表

类 型	亚 类	示 意 图	主 要 特 征
平面滑动	单平面滑动		一个滑动面，常见于倾斜层状岩体边坡中
			一个滑动面和一个近铅直的张裂缝，常见于倾斜层状岩体边坡中
	同向双平面滑动		滑动面倾向与边坡面基本一致，并存在走向与边坡垂直或近垂直的切割面，滑动面的倾角小于边坡角且大于其摩擦角
			两个倾向相同的滑动面，下面一个为主滑动
	多平面滑动		三个或三个以上滑动面，常可分为两组，其中一组为主滑动面
楔形状滑动			两个倾向相反的滑动面，其交线倾向与坡向相同，倾角小于坡角且大于滑动面的摩擦角，常见于坚硬块状岩体边坡中
圆弧形滑动			滑动面近似圆弧形，常见于强烈破碎、剧风化岩体或软弱岩体边坡中
倾倒破坏			岩体被结构面切割成一系列倾向与坡向相反的陡立柱状或板状体。当为软岩时，岩柱向坡面产生弯曲；为硬岩时，岩柱被横向结构面切割成岩块，并向坡面翻倒

8.3.2 影响岩体边坡变形破坏的因素

影响岩体边坡变形破坏的因素主要有：岩性、岩体结构、水的作用、风化作用、地震、天然应力、地形地貌及人为因素等。

（1）岩性 这是决定岩体边坡稳定性的物质基础。一般来说，构成边坡的岩体越坚硬，又不存在产生块体滑移的几何边界条件时，边坡不易破坏，反之则容易破坏而稳定性差。

（2）岩体结构 岩体结构及结构面的发育特征是岩体边坡破坏的控制因素。首先，岩体结构控制边坡的破坏形式及其稳定程度，如坚硬块状岩体，不仅稳定性好，而且其破坏形式往往是沿某些特定的结构面产生的块体滑移，又如散体状结构岩体（如剧风化和强烈破碎岩体）往往产生圆弧形破坏，且其边坡稳定性往往较差等等。其次，结构面的发育程度及其组合关系往往是边坡块体滑移破坏的几何边界条件，如前述的平面滑动及楔形体滑动都是被结构面切割的岩块沿某个或某几个结构面产生滑动的形式。

（3）水的作用 水的渗入使岩土的质量增大，进而使滑动面的滑动力增大；其次，在水的作用下岩土被软化而抗剪强度降低；另外，地下水的渗流对岩体产生动水压力和静水压力，这些都对岩体边坡的稳定性产生不利影响。

（4）风化作用 风化作用使岩体内裂隙增多、扩大，透水性增强，抗剪强度降低。

（5）地形地貌　边坡的坡形、坡高及坡度直接影响边坡内的应力分布特征，进而影响边坡的变形破坏形式及边坡的稳定性。

（6）地震　因地震波的传播而产生的地震惯性力直接作用于边坡岩体，加速边坡破坏。

（7）天然应力　边坡岩体中的天然应力特别是水平天然应力的大小，直接影响边坡拉应力及剪应力的分布范围与大小。在水平天然应力大的地区开挖边坡时，由于拉应力及剪应力的作用，常直接引起边坡变形破坏。

（8）人为因素　边坡的不合理设计、爆破、开挖或加载，大量生产生活用水的渗入等都能造成边坡变形破坏，甚至整体失稳。

8.4　边坡岩体稳定性分析的步骤

边坡岩体稳定性预测，应采用定性与定量相结合的方法进行综合研究。定性分析是在工程地质勘察工作的基础上，对边坡岩体变形破坏的可能性及破坏形式进行初步判断；而定量分析即是在定性分析的基础上，应用一定的计算方法对边坡岩体进行稳定性计算及定量评价。然而，整个预测工作应在对岩体进行详细的工程地质勘察，收集到与岩体稳定性有关的工程地质资料的基础上进行。所进行工作的详细程度和精度，应与设计阶段及工程的重要性相适应。

近年来，有限元法等的出现，为岩体稳定性定量计算开辟了新的途径，但就边坡稳定性计算而言，普遍认为块体极限平衡法是比较简便而且效果较好的一种方法，这一方法的基本原理及注意事项在本章第一节中已有论述。本节重点讲述应用这一方法计算边坡稳定性的步骤。

应用块体极限平衡法计算边坡岩体稳定性时，常需遵循如下步骤：①可能滑动岩体几何边界条件的分析；②受力条件分析；③确定计算参数；④计算稳定性系数；⑤确定安全系数，进行稳定性评价。

8.4.1　几何边界条件分析

所谓几何边界条件是指构成可能滑动岩体的各种边界面及其组合关系。几何边界条件中的各种界面由于其性质及所处的位置不同，在稳定性分析中的作用也是不同的，通常包括滑动面、切割面和临空面三种。滑动面一般是指起滑动（即失稳岩体沿其滑动）作用的面，包括潜在破坏面；切割面是指起切割岩体作用的面，由于失稳岩体不沿该面滑动，因而不起抗滑作用，如平面滑动的侧向切割面。因此在稳定性系数计算时，常忽略切割面的抗滑能力，以简化计算。滑动面与切割面的划分有时也不是绝对的，如楔形体滑动的滑动面，就兼有滑动面和切割面的双重作用，具体各种面的作用应结合实际情况作具体分析。临空面指临空的自由面，它的存在为滑动岩体提供活动空间，临空面常由地面或开挖面组成。以上三种面是边坡岩体滑动破坏必备的几何边界条件。

几何边界条件分析的目的是确定边坡中可能滑动岩体的位置、规模及形态，定性地判断边坡岩体的破坏类型及主滑方向。为了分析几何边界条件，就要对边坡岩体中结构面的组数、产状、规模及其组合关系以及这种组合关系与坡面的关系进行分析研究。初步确定作为滑动面和切割面的结构面的形态与位置及可能滑动方向。

几何边界条件的分析可通过赤平投影、实体比例投影等图解法或三角几何分析法进行。

通过分析，如果不存在岩体滑动的几何边界条件，而且也没有倾倒破坏的可能性，则边坡是稳定的；如果存在岩体滑动的几何边界条件，则说明边坡有可能发生滑动破坏。

8.4.2 受力条件分析

在工程使用期间，可能滑动岩体或其边界面上承受的力的类型及大小、方向和合力的作用点统称为受力条件。边坡岩体上承受的力常见有：岩体重力、静水压力、动水压力、建筑物作用力及震动力等。岩体的重力及静水压力的确定将在下节详细讨论；建筑物的作用力及震动力可按设计意图参照有关规范及标准计算。

8.4.3 确定计算参数

计算参数主要指滑动面的剪切强度参数，它是稳定性系数计算的关键指标之一。滑动面的剪切强度参数通常依据以下三种数据来确定，即试验数据、极限状态下的反算数据和经验数据。近年来发展起来的以岩体工程分类为基础的强度参数经验估算方法为计算参数的确定提供了新的途径，具体方法可参阅第 3 章的内容。

根据剪切试验中剪切强度随剪切位移而变化，以及岩体滑动破坏为一渐进性破坏过程的事实，可以认为滑动面上可供利用的剪切强度必定介于峰值强度与残余强度之间。这样认识问题，就为我们确定计算数据提供了一个上限值和一个下限值，即计算参数最大不能大于峰值强度，最小不能小于残余强度。至于在上限和下限之间如何具体取值，则应根据作为滑动面的结构面的具体情况而定。从偏安全的角度起见，一般选用的计算参数，应接近于残余强度。研究表明：残余强度与峰值强度的比值，大多变化在 $0.6 \sim 0.9$ 之间，因此，在没有获得残余强度的条件下，建议摩擦系数计算值在峰值摩擦系数的 $60\% \sim 90\%$ 之间选取，内聚力计算值在峰值内聚力的 $10\% \sim 30\%$ 之间选取。在有条件的工程中，应采用多种方法获得的各种数据进行对比研究，并结合具体情况综合选取计算参数。

8.4.4 稳定性系数的计算和稳定性评价

稳定性系数的计算是边坡稳定性分析的核心，将在后面单独讨论。

稳定性评价的关键是规定合理的安全系数，有关安全系数的确定问题已在 8.1 节中讲过了。根据计算，如果求得的最小稳定性系数等于或大于安全系数，则所研究的边坡稳定，相反，则所研究的边坡将不稳定，需要采取防治措施。对于设计开挖的人工边坡来说，最好是使计算的稳定性系数与安全系数基本相等，这说明设计的边坡比较合理、正确。如果计算的稳定性系数过分小于或大于安全系数，则说明所设计的边坡不安全或不经济，需要改进设计，直到所设计的边坡达到要求为止。

8.5 边坡岩体稳定性计算

本节仅讨论平面滑动与楔形体滑动在不同情况下稳定系数的计算方法。对于圆弧形滑动的计算问题，在土力学中已有详细论述，故不赘述。对于倾倒破坏，可参考霍克和布雷所著的《岩石边坡工程》一书。

8.5.1 平面滑动

由于平面滑动可简化为平面问题，因此，可选取代表性剖面进行稳定性计算。计算时假定滑动面的强度服从库仑-莫尔判据。

8.5.1.1 单平面滑动

图 8-8 为一垂直于边坡走向的剖面，设边坡角为 α，坡顶面为一水平面，坡高为 H，

ABC 为可能滑动体，AC 为可能滑动面，倾角为 β。

当仅考虑重力作用下的稳定性时，设滑动体的重力为 G，则它对于滑动面的垂直分量为 $G\cos\beta$，平行分量为 $G\sin\beta$。因此，可得滑动面上的抗滑力 F_s 和滑动力 F_r 分别为：

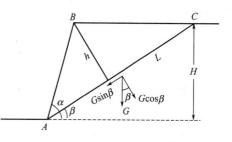

图 8-8　单平面滑动稳定性计算图

$$F_s = G\cos\beta\tan\phi_j + C_j L \tag{8-1}$$

$$F_r = G\sin\beta \tag{8-2}$$

根据稳定性系数的概念，则单平面滑动时岩体边坡的稳定性系数 η 为：

$$\eta = \frac{F_s}{F_r} = \frac{G\cos\beta\tan\phi_j + C_j L}{G\sin\beta} \tag{8-3}$$

式中，C_j，ϕ_j 为 AC 面上的黏聚力和摩擦角；L 为 AC 面的长度。

由图 8-8 的三角关系可得：

$$h = \frac{H}{\sin\alpha}\sin(\alpha - \beta) \tag{8-4}$$

$$L = \frac{H}{\sin\beta} \tag{8-5}$$

$$G = \frac{1}{2}\rho g h L = \frac{\rho g H^2 \sin(\alpha - \beta)}{2\sin\alpha\sin\beta} \tag{8-6}$$

将式（8-5）和式（8-6）代入式（8-3），整理得：

$$\eta = \frac{\tan\phi_j}{\tan\beta} + \frac{2C_j\sin\alpha}{\rho g H \sin\beta\sin(\alpha - \beta)} \tag{8-7}$$

式中，ρ 为岩体的平均密度，g/cm^3；g 为重力加速度，$9.8 m/s^2$；其余符号意义同前。

式（8-7）为不计侧向切割面阻力以及仅有重力作用时，单平面滑动稳定性系数的计算公式。从式（8-7），令 $\eta = 1$ 时，可得滑动体极限高度 H_{cr} 为：

$$H_{cr} = \frac{2C_j\sin\alpha\cos\phi_j}{\rho g\left[\sin(\alpha - \beta)\sin(\beta - \phi_j)\right]} \tag{8-8}$$

当忽略滑动面上内聚力，即 $C_j = 0$ 时，由式（8-7）可得：

$$\eta = \frac{\tan\phi_j}{\tan\beta} \tag{8-9}$$

由式（8-8）、式（8-9）式可知：当 $C_j = 0$，$\phi_j < \beta$ 时，$\eta < 1$，$H_{cr} = 0$；由于各种沉积岩层面和各种泥化面的 C_j 值均很小，或者等于零，因此，在这些软弱面与边坡面倾向一致，且倾角小于边坡角而大于 ϕ_j 的条件下，即使人工边坡高度仅在几米之间，也会引起岩体发生相当规模的平面滑动，这是很值得注意的。

当边坡后缘存在拉张裂隙时，地表水就可能从张裂隙渗入后，仅沿滑动面渗流并在坡脚 A 点出露，这时地下水将对滑动体产生如图 8-9 所示的静水压力。

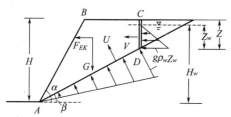

图 8-9　有地下渗流时边坡稳定性计算图

若张裂隙中的水柱高为 Z_w，它将对滑动体产生一个静水压力 V，其值为：

$$V = \frac{1}{2}\rho_w g Z_w^2 \tag{8-10}$$

地下水沿滑动面 AC 渗流时将对 AD 面产生一个垂直向上的水压力，其值在 A 点为零，在 D 点为 $\rho_w g Z_w$，分布如图 8-9 所示，则作用于 AD 面

上的静水压力 U 为：

$$U = \frac{1}{2}\rho_w g Z_w \frac{H_w - Z_w}{\sin\beta} \tag{8-11}$$

式中，ρ_w 为水的密度，g/cm^3；g 为重力加速度。

当考虑静水压力 V、U 对边坡稳定性的影响时，则边坡稳定性系数计算式(8-3) 变为：

$$\eta = \frac{(G\cos\beta - U - V\sin\beta)\tan\phi_j + C_j\overline{AD}}{G\sin\beta + V\cos\beta} \tag{8-12}$$

式中，G 为滑动体 $ABCD$ 的重力；$\overline{AD}$ 为滑动面的长度。由图8-9有：

$$G = \frac{\rho g [H^2\sin(\alpha - \beta) - Z^2\sin\alpha\cos\beta]}{2\sin\alpha\sin\beta} \tag{8-13}$$

$$\overline{AD} = \frac{H_w - Z_w}{\sin\beta} \tag{8-14}$$

式中，Z 为张裂隙深度。

除水压力外，当还需要考虑地震作用对边坡稳定性的影响时，设地震所产生的总水平地震作用标准值为 F_{EK}，则仅考虑水平地震作用时边坡的稳定性系数为：

$$\eta = \frac{(G\cos\beta - U - V\sin\beta - F_{EK}\sin\beta)\tan\phi_j + C_j\overline{AD}}{G\sin\beta + V\cos\beta + F_{EK}\cos\beta} \tag{8-15}$$

式中，F_{EK} 由下式确定：

$$F_{EK} = \alpha_1 G \tag{8-16}$$

式中，α_1 为水平地震影响系数，按地震烈度查表8-2确定；G 为岩体重力。

表 8-2　按地震烈度确定的水平地震影响系数

地震烈度	6	7	8	9
α_1	0.064	0.127	0.255	0.510

8.5.1.2　同向双平面滑动

同向双平面滑动的稳定性计算分两种情况进行。第一种情况为滑动体内不存在结构面，视滑动体为刚体，采用力平衡图解法计算稳定性系数；第二种情况为滑动体内存在结构面并将滑动体切割成若干块体的情况，这时需分块计算边坡的稳定性系数。

（1）滑动体为刚体的情况　由于滑动体内不存在结构面，因此，可将可能滑动体视为刚体，如图8-10(a) 所示，$ABCD$ 为可能滑动体，AB、BC 为两个同倾向的滑动面，设 AB 的长为 L_1，倾角为 β_1，BC 的长为 L_2，倾角为 β_2；C_1，ϕ_1，C_2，ϕ_2 分别为 AB 面和 BC 面的黏

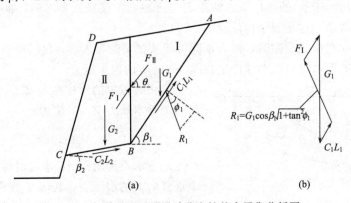

图 8-10　同向双平面滑动稳定性的力平衡分析图

聚力和摩擦角。为了便于计算，根据滑动面产状的变化将可能滑动体分为 Ⅰ、Ⅱ；两个块体，重量分别为 G_1、G_2。设 $F_Ⅰ$ 为块体 Ⅱ 对块体 Ⅰ 的作用力，$F_Ⅱ$ 为块体 Ⅰ 对块体 Ⅱ 的作用力，$F_Ⅰ$ 和 $F_Ⅱ$ 大小相等，方向相反，且其作用方向的倾角为 θ（θ 的大小可通过模拟试验或经验方法确定）。另外，滑动面 AB 以下岩体对块体 Ⅰ 的反力 R_1（摩阻力）可用下式表达：

$$R_1 = G_1 \cos\beta_1 \sqrt{1+\tan^2\phi_1} \tag{8-17}$$

R_1 与 AB 面法线的夹角为 ϕ_1。

根据 G_1、C_1、L_1 及 R_1 的大小与方向可作块体 Ⅰ 的力平衡多边形，如图 8-10(b) 所示。从该力多边形可求得 $F_Ⅱ$ 的大小和方向。在一般情况下，$F_Ⅰ$ 是指向边坡斜上方的，根据作用力与反作用力原理可求得 $F_Ⅱ = F_Ⅰ$，方向与 $F_Ⅰ$ 相反。如可能滑动体仅受岩体重力作用，则块体 Ⅱ 的稳定性系数 η_2 为：

$$\eta_2 = \frac{G_2 \cos\beta_2 \tan\phi_2 + F_Ⅱ \sin(\theta-\beta_2)\tan\phi_2 + C_2 L_2}{G_2 \sin\beta_2 + F_Ⅱ \cos(\theta-\beta_2)} \tag{8-18}$$

式(8-18) 是在块体 Ⅰ 处于极限平衡（即块体 Ⅰ 的稳定性系数 $\eta=1$）的条件下求得的。这时，如按式(8-18) 求得 η_2 等于 1，则可能滑动体 $ABCD$ 的稳定性系数 η 也等于 1。如果 η_2 不等于 1，则 η 不是大于 1，就是小于 1。事实上，由于可滑动体作为一个整体，其稳定性系数应有 $\eta=\eta_1=\eta_2$，所以为了求得 η 的大小，可先假定一系列 η_{11}，η_{12}，η_{13}，…，η_{1i}，然后将滑动面 AB 上的剪切强度参数除以 η_{1i}，得到 $\dfrac{\tan\phi_1}{\eta_{11}} = \tan\phi_{11}$，$\dfrac{\tan\phi_1}{\eta_{12}} = \tan\phi_{12}$，…，$\dfrac{\tan\phi_1}{\eta_{1i}} = \tan\phi_{1i}$ 和 $\dfrac{C_1}{\eta_{11}} = C_{11}$，$\dfrac{C_1}{\eta_{12}} = C_{12}$，…，$\dfrac{C_1}{\eta_{1i}} = C_{1i}$，再用 $\tan\phi_{1i}$ 代入式(8-17) 求得相应的 R_{1i}，G_1 及 $C_{1i}L_1$ 作力平衡多边形，可得相应的 $F_{Ⅱ1}$，$F_{Ⅱ2}$，…，$F_{Ⅱi}$，以及 η_{21}，η_{22}，…，η_{2i}，最后，绘出 η_1 和 η_2 的关系曲线如图 8-11 所示。由该曲线上找出 $\eta_1=\eta_2$ 的点（该点位于坐标直角等分线上），即可求得边坡的稳定性关系数 η。在一般情况下，计算 3～5 点，就能较准确地求得 η。

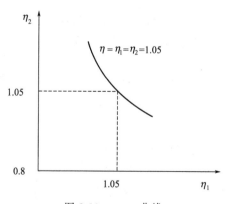

图 8-11 η_1-η_2 曲线

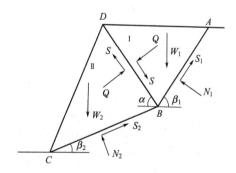

图 8-12 滑动体内存在结构面的稳定性计算图

（2）滑动体内存在结构面的情况 当滑动面内存在结构面时，就不能将滑动体视为完整的刚体。因为在滑动过程中，滑动体除沿滑动面滑动外，被结构面分割开的块体之间还要产生相互错动。显然这种错动在稳定性分析中应予以考虑。对于这种情况可采用分块极限平衡法和不平衡推力传递法进行稳定性计算。这里仅介绍分块极限平衡法，对不平衡推力传递法可参考有关文献。

图 8-12 所示为这种情况的模型及各分块的受力状态。除有两个滑动面 AB 和 BC 外，滑动体内还有一个可作为切割面的结构面 BD，将滑动体 $ABCD$ 分割成 I、II 两部分。设面 AB，BC 和 BD 的黏聚力、摩擦角及倾角分别为 C_1，C_2，C_3，ϕ_1，ϕ_2，ϕ_3 及 β_1，β_2，β_3 和 α。滑动体的受力如图 8-12 所示，其中，W_1、W_2 分别为作用于块体 I 和 II 上的铅直力（包括岩体自重、工程作用力等）；S_1、S_2 和 N_1、N_2 分别为不动岩体作用于滑动面 AB 和 BC 上的切向与法向反力；S 和 Q 为两块体之间互相作用的切向力与法向力。

在分块极限平衡法分析中，除认为各块体分别沿相应滑动面处于即将滑动的临界状态（极限平衡状态）外，并假定块体之间沿切割面 BD 也处于临界错动状态。当 AB，BC 和 BD 处于临界滑错状态时，各自应分别满足如下条件：

对 AB 面：
$$S_1 = \frac{C_1 \overline{AB} + N_1 \tan\phi_1}{\eta} \tag{8-19}$$

对 BC 面：
$$S_2 = \frac{C_2 \overline{BC} + N_2 \tan\phi_2}{\eta} \tag{8-20}$$

对 BD 面：
$$S = \frac{C_3 \overline{BD} + Q\tan\phi_3}{\eta} \tag{8-21}$$

为了建立平衡方程，分别考察 I、II 块体的受力情况。

对于块体 I，受到 S_1，N_1，Q，S 和 W_1 的作用（图 8-12），将这些力分别投影到 AB 及其法线方向上，可得如下平衡方程：
$$\left.\begin{array}{l} S_1 + Q\sin(\beta_1+\alpha) - S\cos(\beta_1+\alpha) - W_1\sin\beta_1 = 0 \\ N_1 + Q\cos(\beta_1+\alpha) + S\sin(\beta_1+\alpha) - W_1\cos\beta_1 = 0 \end{array}\right\} \tag{8-22}$$

将式 (8-19) 和式 (8-21) 代入式 (8-22) 式可得：
$$\left.\begin{array}{l} \dfrac{C_1\overline{AB} + N_1\tan\phi_1}{\eta} + Q\sin(\beta_1+\alpha) - \dfrac{C_3\overline{BD} + Q\tan\phi_3}{\eta}\cos(\beta_1+\alpha) - W_1\sin\beta_1 = 0 \\[3mm] N_1 - Q\cos(\beta_1+\alpha) + \dfrac{C_3\overline{BD} + Q\tan\phi_3}{\eta}\sin(\beta_1+\alpha) - W_1\cos\beta_1 = 0 \end{array}\right\} \tag{8-23}$$

联立式 (8-23)，消去 N_1 后，可解得 BD 面上的法向力 Q 为：
$$Q = \frac{\eta^2 W_1\sin\beta_1 + [C_3\overline{BD}\cos(\beta_1+\alpha) - C_1\overline{AB} - W_1\tan\phi_1\cos\beta_1]\eta + \tan\phi_1 C_3\overline{BD}\sin(\beta_1+\alpha)}{(\eta^2 - \tan\phi_1\tan\phi_3)\sin(\beta_1+\alpha) - (\tan\phi_1 + \tan\phi_3)\cos(\beta_1+\alpha)\eta} \tag{8-24}$$

同理，对块体 II，将力 S_2，N_2，Q，S 和 W_2 分别投影到 BC 面及其法线方向上，可得平衡方程：
$$\left.\begin{array}{l} S_2 + S\cos(\beta_2+\alpha) - W_2\sin\beta_2 - Q\sin(\beta_1+\alpha) = 0 \\ N_2 - W_2\cos\beta_2 - S\sin(\beta_1+\alpha) - Q\cos(\beta_2+\alpha) = 0 \end{array}\right\} \tag{8-25}$$

将式 (8-20)，式 (8-21) 代入可得：
$$\left.\begin{array}{l} \dfrac{C_2\overline{BC} + N_2\tan\phi_2}{\eta} + \dfrac{C_3\overline{BD} + Q\tan\phi_3}{\eta}\sin(\beta_2+\alpha) - W_2\sin\beta_2 - Q\sin(\beta_2+\alpha) = 0 \\[3mm] N_2 - W_2\cos\beta_2 - \dfrac{C_3\overline{BD} + Q\tan\phi_3}{\eta}\sin(\beta_2+\alpha) - Q\cos(\beta_2+\alpha) = 0 \end{array}\right\} \tag{8-26}$$

联立上式，同样可解得 BD 面上的法向力 Q 为：
$$Q = \frac{-\eta^2 W_2\sin\beta_2 + [C_3\overline{BD}\cos(\beta_2+\alpha) + C_2\overline{BC} + W_2\tan\phi_2\cos\beta_2]\eta + \tan\phi_2 C_3\overline{BD}\sin(\beta_2+\alpha)}{(\eta^2 - \tan\phi_2\tan\phi_3)\sin(\beta_2+\alpha) - (\tan\phi_2 + \tan\phi_3)\cos(\beta_2+\alpha)\eta} \tag{8-27}$$

由式(8-24)和式(8-27)可知：切割面 BD 上的法向力 Q 是边坡稳定性系数 η 的函数。因此，由式(8-24)和式(8-27)式可分别绘出 Q-η 曲线，如图 8-13 所示。显然，图 8-13 中两条曲线的交点所对应的 Q 值即为作用于切割面 BD 的实际法向应力；与交点相对应的 η 值即为研究边坡的稳定性系数。

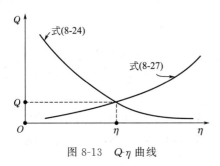

图 8-13　Q-η 曲线

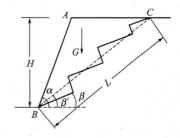

图 8-14　多平面滑动稳定性计算图

8.5.1.3　多平面滑动

边坡岩体的多平面滑动，可以细分为一般多平面滑动和阶梯状滑动两个亚类。一般多平面滑动的各个滑动面的倾角都小于 $90°$，且都起滑动作用。这种滑动的稳定性，可采用力平衡图解法、分块极限平衡法及不平衡推力传递法等进行计算，其方法原理与同向双平面滑动稳定性计算方法相类似。这里主要介绍阶梯状滑动的稳定性计算问题。如图 8-14 所示，ABC 为一可能滑动体，破坏面由多个实际滑动面和受拉面组成，呈阶梯状，设实际滑动面的倾角为 β，平均滑动面（虚线）的倾角为 β'，长为 L，边坡角为 α，可能滑动体的高为 H。这种情况下边坡稳定性的计算思路与单平面滑动相同，即将滑动体的自重 G（仅考虑重力作用时）分解为垂直滑动面的分量 $G\cos\beta$ 和平行滑动面的分量 $G\sin\beta$。则可得破坏面上的抗滑力 F_s 和滑动力 F_r 为：

$$F_s = G\cos\beta\tan\phi_j + C_j L\cos(\beta'-\beta) + \sigma_t L\sin(\beta'-\beta) \tag{8-28}$$

$$F_r = G\sin\beta \tag{8-29}$$

所以边坡的稳定性系数 η 为：

$$\eta = \frac{F_s}{F_r} = \frac{G\cos\beta\tan\phi_j + C_j L\cos(\beta'-\beta) + \sigma_t L\sin(\beta'-\beta)}{G\sin\beta} = \frac{\tan\phi_j}{\tan\beta} + \frac{C_j L\cos(\beta'-\beta) + \sigma_t L\sin(\beta'-\beta)}{G\sin\beta}$$

$$\tag{8-30}$$

式中，C_j，ϕ_j 为滑动面上的黏聚力和摩擦角；σ_t 为受拉面的抗拉强度。

当 $\sigma_t = 0$ 时，则得：

$$\eta = \frac{\tan\phi_j}{\tan\beta} + \frac{C_j L\cos(\beta'-\beta)}{G\sin\beta} \tag{8-31}$$

由图 8-14 所示的三角关系得：

$$G = \frac{\rho g H\sin(\alpha-\beta')L}{2\sin\alpha} \tag{8-32}$$

用式(8-32)代入式(8-31)得：

$$\eta = \frac{\tan\phi_j}{\tan\beta} + \frac{[2C_j\cos(\beta'-\beta) + 2\sigma_t\sin(\beta'-\beta)]\sin\alpha}{\rho g H\sin(\alpha-\beta')} \tag{8-33}$$

当 $\sigma_t = 0$ 时，则得：

$$\eta = \frac{\tan\phi_j}{\tan\beta} + \frac{2C_j\cos(\beta'-\beta)\sin\alpha}{\rho g H\sin(\alpha-\beta')} \tag{8-34}$$

式中，ρ 为岩体的平均密度，g/cm^3；g 为重力加速度。

式(8-33) 和式(8-34) 是在边坡仅承受岩体重力条件下获得的。如果所研究的实际边坡还受到静水压力、动水压力以及其他外力作用时，则在计算中应计入这些力的作用。此外，如果受拉面为没有完全分离的破裂面，或是未来可能滑动过程中将产生岩块拉断破坏的破裂面，边坡稳定性系数应用式(8-33) 计算；如果受拉面为先前存在的完全脱开的结构面时，则边坡稳定性系数应按式(8-34) 计算。

8.5.2　楔形体滑动

楔形体滑动是常见的边坡破坏类型之一，这类滑动的滑动面由两个倾向相反、且其交线倾向与坡面倾向相同、倾角小于边坡角的软弱结构面组成。由于这是一个空间课题，所以，其稳定性计算是一个比较复杂的问题。

如图 8-15 所示，可能滑动体 $ABCD$ 实际上是一个以 $\triangle ABC$ 为底面的倒置三棱锥体。假定坡顶面为一水平面，$\triangle ABD$ 和 $\triangle BCD$ 为两个可能滑动面，倾向相反，倾角分别为 β_1 和 β_2，它们的交线 BD 的倾伏角为 β，边坡角为 α，坡高为 H。

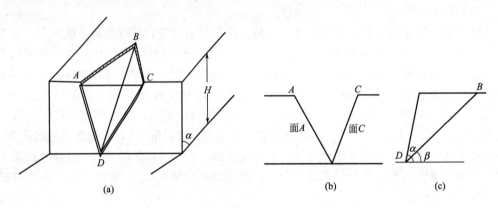

图 8-15　楔形体滑动模型及稳定性计算图
（a）立体图；（b）垂直交线的剖面图；（c）沿交线的剖面图

假设可能滑动体将沿交线 BD 滑动，滑出点为 D。在仅考虑滑动岩体自重 G 的作用时，边坡稳定性系数 η 计算的基本思路是这样的：即首先将滑体自重 G 分解为垂直交线 BD 的分量 N 和平行交线的分量（即滑动力 $G\sin\beta$），然后将垂直分量 N 投影到两个滑动面的法线方向，求得作用于滑动面上的法向力 N_1 和 N_2，最后求得抗滑力及稳定性系数。

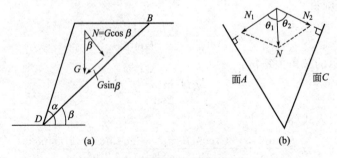

图 8-16　楔形体滑动力分析图

根据以上基本思路，则可能滑动体的滑动力为 $G\sin\beta$，垂直交线的分量为 $N = G\cos\beta$ [图 8-16(a)]。将 $G\cos\beta$ 投影到 $\triangle ABD$ 和 $\triangle BCD$ 面的法线方向上，得作用二滑面上的法向力 [图 8-16(b)] 为：

$$N_1 = \frac{N\sin\theta_2}{\sin(\theta_1+\theta_2)} = \frac{G\cos\beta\sin\theta_2}{\sin(\theta_1+\theta_2)}$$
$$N_2 = \frac{N\sin\theta_1}{\sin(\theta_1+\theta_2)} = \frac{G\cos\beta\sin\theta_1}{\sin(\theta_1+\theta_2)}$$
(8-35)

式中，θ_1，θ_2分别为 N 与二滑动面法线的夹角。

设 C_1，C_2 及 ϕ_1，ϕ_2 分别为滑动面 $\triangle ABD$ 和 $\triangle BCD$ 的黏聚力和摩擦角，则二滑动面的抗滑力 F_s 为：

$$F_s = N_1\tan\phi_1 + N_2\tan\phi_2 + C_1 S_{\triangle ABD} + C_2 S_{\triangle BCD}$$

则边坡的稳定性系数为：

$$\eta = \frac{N_1\tan\phi_1 + N_2\tan\phi_2 + C_1 S_{\triangle ABD} + C_2 S_{\triangle BCD}}{G\sin\beta}$$
(8-36)

式中，$S_{\triangle ABD}$ 和 $S_{\triangle BCD}$ 分别为滑面 $\triangle ABD$ 和 $\triangle BCD$ 的面积；$G = \frac{1}{3}\rho g H S_{\triangle ABC}$。

用式(8-35)中的 N_1 和 N_2 代入式(8-36)即可求得边坡的稳定性系数。在以上计算中，如何求得滑动面的交线倾角 β 及滑动面法线与 N 的夹角 θ_1 和 θ_2 等参数是很关键的。而这几个参数通常可通过赤平投影及实体比例投影等图解法或用三角几何方法求得，读者可参考有关文献。

此外，式(8-36)是在边坡仅承受岩体重力条件下获得的，如果所研究的边坡还承受有如静水压力、工程建筑物作用力及地震力等外力时，应在计算中加入这些力的作用。

8.6 边坡岩体滑动速度计算及涌浪估计

研究边坡岩体发生滑动破坏的动力学特征，对于评价水库库岸边坡稳定性、预测由于滑坡造成的涌浪高度及滑坡整治等都具有重要意义。本节主要介绍边坡岩体滑动速度计算及涌浪高度的预测方法。

8.6.1 边坡岩体滑动速度计算

边坡岩体的滑动破坏，就是不稳定岩体沿一定的滑动面发生剪切破坏的一种现象。较大岩体的滑动破坏，都是在经过一定时间的局部缓慢的变形后发生的，这个局部变形阶段可称为岩体滑动的初期阶段。滑动破坏的规律和类型不同，其初期阶段持续时间的长短以及局部变形的严重程度也不同。一般来说，滑动破坏的规模愈小，初期阶段持续的时间愈短，总变形量亦愈小。沿层面、软弱夹层及断层等延展性良好的结构面的滑动破坏，与沿具有一定厚度的软弱带如风化岩体与新鲜岩体接触带等的滑动相比较，前者初期阶段的持续时间较短，总变形量亦较小。总之，初期变形阶段持续时间的长短，局部变形的严重程度，均与岩体完全剪切破坏之前剪切变形涉及的范围大小有关。

岩体剪切破坏之后的位移过程，称为滑动阶段。据牛顿第二定律，滑动岩体在滑动过程中的加速度 a 为：

$$a = \frac{F}{m} = \frac{g}{G} \cdot F$$
(8-37)

式中，G，m 分别为滑动体的自重和质量；g 为重力加速度；F 为推动滑体下滑运动的力，其值等于滑动体滑动力 F_r 和抗滑力 F_s 之差，即 $F = F_r - F_s$。

因此，式（8-37）可写为：

$$a = \frac{g}{G}(F_r - F_s)$$

或

$$a = \frac{g}{G}F_r(1-\eta) \tag{8-38}$$

设滑动体的滑动距离为 S，则其滑动速度为：

$$v = \sqrt{2aS} \tag{8-39}$$

将式（8-38）代入式（8-39）中，则得：

$$v = \sqrt{\frac{2g}{G}SF_r(1-\eta)} \tag{8-40}$$

由式（8-38）和式（8-40）可以看出，当滑动体的稳定性系数 η 略小于 1.0 时，滑动体即开始位移。同时，据研究表明：滑动体一旦位移一个很小的距离后，滑动面上的内聚力 C_j 将骤然降低乃至几乎完全丧失，而摩擦角 ϕ_j 也会有所降低，同时，又会导致 η 减小。此时，由于 η 的骤然减小，滑动体必然要发生显著的加速运动，其瞬时滑动速度的大小，可按式（8-40）计算，但须注意式中的 η 应取 $C_j = 0$ 时的稳定性系数。

对于仅在重力作用下的单平面滑动和多平面滑动而言，由于岩体在完全剪切破坏后 $C_j = 0$，则根据式（8-7）及式（8-34）得：

$$\eta = \frac{\tan\phi_j}{\tan\beta} \tag{8-41}$$

此外，由于滑动力 F_r 为：

$$F_r = G\sin\beta \tag{8-42}$$

将式（8-41）和式（8-42）代入式（8-40），则得单平面滑动及多平面滑动的滑动速度 v 为：

$$v = \sqrt{2gS\cos\beta(\tan\beta - \tan\phi_j)} \tag{8-43}$$

对楔形体滑动，当两个滑动面强度性质相同，即 $\phi_1 = \phi_2 = \phi_j$，$C_1 = C_2 = 0$ 时，将式（8-35）式（8-38）代入式（8-40），可得其滑动速度 v 为：

$$v = \sqrt{2gS\cos\beta\left[\tan\beta - \tan\phi_j\frac{\sin\theta_1 + \sin\theta_2}{\sin(\theta_1 + \theta_2)}\right]} \tag{8-44}$$

由式（8-43）和式（8-44）可以看出，当滑动面性质相同，平面滑动面倾角与楔形体滑动面的交线倾角相等，且其他条件也相同时，则平面滑动的瞬时滑动速度，将大于楔形体滑动的瞬时滑动速度。

此外，由式（8-43）可以看出，单平面滑动和多平面滑动的瞬时滑动速度，与其滑移距离 S、滑动面倾角 β 以及滑动面摩擦角 ϕ_j 有关。一般来说，滑动体的滑动速度随着 S 和 β 的增大而增大，随着 ϕ_j 的增大而减小。当滑动距离 S 一定时，滑动体的滑动速度主要取决于 $(\beta - \phi_j)$ 的大小。$(\beta - \phi_j)$ 愈大，其滑动速度将愈大，反之亦然。在 $(\beta - \phi_j)$ 较大时，滑动体将会发生每秒数米以上的高速滑移，并伴随响声和强大的冲击气浪，因而往往造成巨大的灾害；反之，在 $(\beta - \phi_j)$ 很小的情况下，其滑动速度必然缓慢。同时，由于降水等周期性因素的影响，使 ϕ_j 值发生周期性变化，因此，在这种条件下，滑动体的滑动特征，必然是长期缓慢地断断续续地滑移或蠕动。

8.6.2 库岸岩体滑动的涌浪估计

位于水库库岸的岩体滑动激起涌浪，直接威胁着岸边建筑物及航行船只的安全。当滑动岩体离大坝等水工建筑较近时，还将对建筑物造成危害，影响水库的安全正常运行。关于滑体下滑激起的涌浪高度，目前，理论研究较少，主要用模拟试验和经验公式进行估算。下面简要介绍美国土木学会提出的估算方法。

该方法假定：滑动体滑落于半无限水体中，且下滑高程大于水深，根据重力表面波的线性理论，推导出一个引起波浪的计算公式。应用该公式直接计算其过程十分复杂，但利用根据该公式计算确定的一些曲线图表，却能较简单地求出距滑体落水点不同距离处的最大波高，计算步骤如下：

① 利用本节第一部分给出的方法计算滑动体的下滑速度 v。由 v 值算出相对滑速 $\bar{v}$：

$$\bar{v} = \frac{v}{\sqrt{gH_w}} \tag{8-45}$$

式中，H_w 为水深，m。

② 设滑动体的平均厚度为 H_s（m），计算 $\dfrac{H_s}{H_w}$ 值。

③ 根据 $\bar{v}$ 和 $\dfrac{H_s}{H_w}$ 查图 8-17 确定波浪特性。

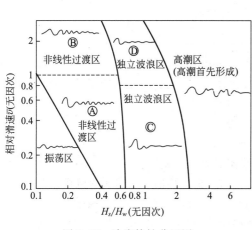

图 8-17　波浪特性分区图

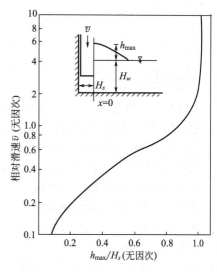

图 8-18　滑坡落水点 $x=0$ 处最大波高计算图

④ 根据 $\bar{v}$ 值查图 8-18，求出滑体落水点（$x=0$）处的最大波高 h_{max}、与滑体平均厚度 H_s 的比值，从而求得 h_{max}。

⑤ 预测距滑体落水点距离 x 处某点的最大波高 h'_{max}，方法是先求出相对距离 $\bar{x}$：

$$\bar{x} = \frac{x}{H_w} \tag{8-46}$$

然后利用 $\bar{x}$ 和 $\bar{v}$ 查图 8-19，求出 $\dfrac{h'_{max}}{H_w}$，进而求得距滑体落水点 x 处的最大波高。

根据这一方法得出一重要推论，即当 $\bar{v}=2$ 时，在 $x=0$ 处的最大波高达到极限，其值等于滑动体平均厚度，$\bar{v}$ 值增大，波高不变。

我国曾应用上述方法对拓溪水库塌岸涌浪事故进行过计算，其计算结果与实际观测值比较接近。

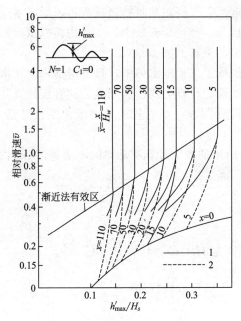

图 8-19 垂直滑坡最大浪高计算图
1—渐进解法；2—直接解法

思考题与习题

1. 边坡岩体中的重分布应力有哪些主要特征？与哪些因素有关

2. 边坡岩体的变形破坏有哪些基本类型？单平面滑动与楔形体滑动的特点是什么？

3. 应用刚体极限平衡法计算边坡稳定性的一般步骤是什么？

4. 何谓几何边界条件，受力条件，稳定性系数，安全系数？

5. 单平面滑动的稳定性系数如何计算，并推导出它的计算公式。

6. 异向双平面（楔形体）滑动的稳定性分析的基本思路是什么？

7. 某岩体边坡中存在一组与坡面倾向相同，倾角为 $30°$ 的结构面，结构面的剪切强度：$C_j = 0.1MPa$，$\phi_j = 28°$，边坡倾角为 $60°$，岩体平均密度 $\rho = 2.5 \mathrm{g/cm^3}$，求该边坡的极限坡高。

8. 某边坡中存在一倾角为 $40°$ 的断层，设边坡倾角为 $60°$，岩体剪切强度指标：$\phi_j = 30°$，$C_j = 0.02MPa$，平均密度 $\rho = 2.55 \mathrm{g/cm^3}$，边坡高度为 20m，试评价该边坡的稳定性（取安全系数 1.05）。

第 9 章　地下洞室围岩稳定性分析

9.1　概　述

　　人工开挖或天然存在于岩土体内的构筑物统称为地下洞室，也称地下建筑或地下工程。从围岩稳定性研究角度来看，这些地下构筑物是一些不同断面形态和尺寸的地下空间。较早出现的地下洞室是人类为了居住而开挖的窑洞和采掘地下资源而挖掘的矿山巷道。总体来看，早期的地下洞室埋深和规模都很小。随着生产的不断发展，地下洞室的规模和埋深都在不断增大。目前，地下洞室的最大埋深已达 2500m，跨度已超过 30m；同时还出了多条洞室并列的群洞和巨型地下采空系统，如小浪底水库的泄洪、发电和排砂洞就集中分布在左坝肩，形成由 16 条隧洞（最大洞径 14.5m）并列组成的洞群。地下洞室的用途也越来越广。

　　20 世纪 80 年代以来，随着经济及科技实力的不断增强，我国铁路、公路、水利水电及跨流域调水等领域已建成了一大批特长隧道。长大隧道在克服高山峡谷等地形障碍、缩短空间距离及改善陆路交通工程运行质量等方面具有不可替代的作用。数量多、长度大、大断面、大埋深是 21 世纪我国隧道工程发展的总趋势。

　　地下洞室的共同特点是都要在岩土体内开挖出具有一定断面形状和尺寸、并具有较大的延伸长度。地下洞室按其用途可分为交通隧道、水工隧洞、矿山巷道、地下厂房仓库、地下铁道及地下军事工程等类型。按其内壁是否有内水压力作用可分为有压洞室和无压洞室两类。按其断面形状可分为圆形、矩形、城门形和马蹄形洞室等类型。按洞室轴线与水平面的关系可分为水平洞室、竖井和倾斜洞室三类。按围岩介质类型可分为土洞和岩洞两类。另外，还有人工洞室、天然洞室、单式洞室和群洞等类型。各种类型洞室所产生的岩体力学问题及对岩体条件的要求各不相同。因而所采用的研究方法和内容也不尽相同。

　　纵观隧道的修建历史，制约长大隧道发展的因素可分为两大类：一类是施工技术，如掘进技术、通风技术及支护衬砌技术等；另一类则是开挖可能遭遇的施工地质灾害的超前预报及其控制技术。施工地质灾害包括硬岩岩爆、软岩大变形、高压涌突水、高地温及瓦斯突出等。

　　由于开挖形成的地下空间破坏了岩体原有的相对平衡状态，因而将产生一系列复杂的岩体力学作用，这些作用可归纳如下。

　　① 地下开挖破坏了岩体天然应力的相对平衡状态。洞室周边岩体将向开挖空间松胀变形，使围岩中的应力产生重分布作用，形成新的应力状态，称为重分布应力状态。

　　② 在重分布应力作用下，洞室围岩将向洞内变形位移。如果围岩重分布应力超过了岩体的承受能力，围岩将产生破坏。

　　③ 围岩变形破坏将给地下洞室的稳定性带来危害。因而，需对围岩进行支护衬砌，变形破坏的围岩将对支衬结构施加一定的载荷，称为围岩压力（或称山岩压力、地压等）。

　　④ 在有压洞室中，作用有很高的内水压力，并通过衬砌或洞壁传递给围岩，这时围岩

将产生一个反力，称为围岩抗力。

地下洞室围岩稳定性分析实质上是研究地下开挖后上述 4 种力学作用的形成机理和分析计算方法。所谓围岩稳定性是一个相对的概念，它主要研究围岩重分布应力与围岩强度间的相对比例关系。一般来说，当围岩内一点的应力达到并超过了相应围岩的强度时，就认为该处围岩已破坏；否则就不破坏，也就是说该处围岩是稳定的。因此，地下洞室围岩稳定性分析，首先应根据工程所在的岩体天然应力状态确定洞室开挖后围岩中重分布应力的大小和特点；进而研究围岩应力与围岩变形及强度之间的对比关系，进行稳定性评价；确定围岩压力和围岩抗力的大小与分布情况，以作为地下洞室设计和施工的依据。本章将主要讨论地下洞室围岩重分布应力、围岩变形与破坏、围岩压力和围岩抗力等问题的岩体力学分析计算。

9.2 围岩重分布应力计算

地下洞室围岩应力计算问题可归纳为：①开挖前岩体天然应力状态（natural stress）（或称为一次应力、初始应力和地应力等）的确定；②开挖后围岩重分布应力（或称为二次应力）的计算；③支护衬砌后围岩应力状态的改善。本节仅讨论重分布应力计算问题。

地下开挖前，岩体中每个质点均受到天然应力作用而处于相对平衡状态。洞室开挖后，洞壁岩体因失去了原有岩体的支撑，破坏了原来的受力平衡状态，而向洞内空间胀松变形，其结果又改变了相邻质点的相对平衡关系，引起应力、应变和能量的调整，以达到新的平衡，形成新的应力状态。我们把地下开挖后围岩中应力应变调整而引起围岩中原有应力大小、方向和性质改变的作用，称为围岩应力重分布作用。经重分布作用后的围岩应力状态称为重分布应力状态，并把重分布应力影响范围内的岩体称为围岩。据研究表明围岩内重分布应力状态与岩体的力学属性、天然应力及洞室断面形状等因素密切相关。

9.2.1 无压洞室围岩重分布应力计算

9.2.1.1 弹性围岩重分布应力

对于那些坚硬致密的块状岩体，当天然应力大约等于或小于其单轴抗压强度的一半时，地下洞室开挖后围岩将呈弹性变形状态。因此这类围岩可近似视为各向同性、连续、均质的线弹性体，其围岩重分布应力可用弹性力学方法计算。这里以水平圆形洞室为重点进行讨论。

（1）圆形洞室 深埋于弹性岩体中的水平圆形洞室，围岩重分布应力可以用柯西（Kirsh，1898）课题求解。如果洞室半径相对于洞长很小时，可按平面应变问题考虑。则可将该问题简化为两侧受均布压力的薄板中心小圆孔周边应力分布的计算问题。

图 9-1 是柯西课题的简化模型。设无限大弹性薄板，在边界上受沿 x 方向的外力 p 作用，薄板中有一半径为 R_0 的小圆孔。取如图的极坐标，薄板中任一点 $M(r,\theta)$ 的应力及方向如图所示。按平面问题考虑，不计体力，则 M 点的各应力分量，即径向应力 σ_r、环向应力 σ_θ 和剪应力 $\tau_{r\theta}$ 与应力函数 ϕ 间的关系，根据弹性理论可表示为：

$$\left.\begin{array}{l} \sigma_r = \dfrac{1}{r}\dfrac{\partial \phi}{\partial r} + \dfrac{1}{r^2}\dfrac{\partial^2 \phi}{\partial \theta^2} \\[3mm] \sigma_\theta = \dfrac{\partial^2 \phi}{\partial r^2} \\[3mm] \tau_{r\theta} = \dfrac{1}{r^2}\dfrac{\partial \phi}{\partial \theta} - \dfrac{1}{r}\dfrac{\partial^2 \phi}{\partial r \partial \theta} \end{array}\right\} \qquad (9\text{-}1)$$

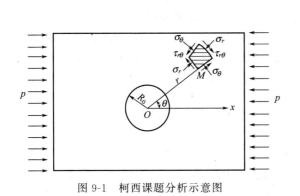

图 9-1　柯西课题分析示意图

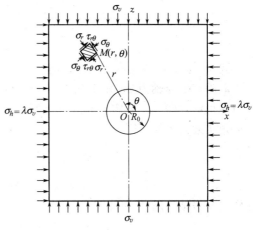

图 9-2　圆形洞室围岩应力分析模型

式(9-1) 的边界条件为：

$$(\sigma_r)_{r=b} = \frac{p}{2} + \frac{p}{2}\cos2\theta \qquad b \gg R_0$$

$$(\tau_{r\theta})_{r=b} = -\frac{p}{2}\sin2\theta \qquad b \gg R_0 \tag{9-2}$$

$$(\sigma_r)_{r=b} = (\tau_{r\theta})_{r=b} = 0 \qquad b = R_0$$

为了求解微分方程式(9-1)，设满足该方程的应力函数 Φ 为是：

$$\Phi = A\ln r + Br^2 + (Cr^2 + Dr^{-2} + F)\cos2\theta \tag{9-3}$$

将式(9-3) 代入式(9-1)，并考虑到边界条件式(9-2)，可求得各常数为：

$$A = -\frac{pR_0^2}{2}, B = \frac{p}{4}, C = -\frac{p}{4}, D = -\frac{pR_0^4}{4}, F = \frac{pR_0^2}{2}$$

将以上常数代入式(9-3)，得到应力函数 Φ 为：

$$\Phi = -\frac{pR_0^2}{2}\left[\ln r - \frac{r^2}{2R_0^2} - \left(1 - \frac{r^2}{2R_0^2} - \frac{R_0^2}{2r^2}\right)\cos2\theta\right] \tag{9-4}$$

将式(9-4) 代入式(9-1)，就可得到各应力分量为：

$$\sigma_r = \frac{p}{2}\left[\left(1 - \frac{R_0^2}{r^2}\right) + \left(1 + \frac{3R_0^4}{r^4} - \frac{4R_0^2}{r^2}\right)\cos2\theta\right]$$

$$\sigma_\theta = \frac{p}{2}\left[\left(1 + \frac{R_0^2}{r^2}\right) - \left(1 + \frac{3R_0^4}{r^4}\right)\cos2\theta\right] \tag{9-5}$$

$$\tau_{r\theta} = -\frac{p}{2}\left(1 - \frac{3R_0^4}{r^4} + \frac{2R_0^2}{r^2}\right)\sin2\theta$$

式中，σ_r，σ_θ，$\tau_{r\theta}$ 分别为 M 点的径向应力、环向应力和剪应力，以压应力为正，拉应力为负；θ 为 M 点的极角，自水平轴（x 轴）起始，反时针方向为正；r 为径向半径。

式(9-5) 是柯西课题求解的无限薄板中心孔周边应力计算公式，我们把它应用到地下洞室围岩重分布应力计算中来。实际上深埋于岩体中的水平圆形洞室的受力情况是上述情况的复合。假定洞室开挖在天然应力比值系数为 λ 的岩体中，则问题可简化为如图 9-2 所示的无重板岩体力学模型。若水平和垂直天然应力都是主应力，则洞室开挖前板内的天然应力为：

$$\left.\begin{array}{l} \sigma_z = \sigma_v \\ \sigma_x = \sigma_h = \lambda\sigma_v \\ \tau_{xz} = \tau_{zx} = 0 \end{array}\right\} \tag{9-6}$$

式中，σ_v，σ_h 为岩体中垂直和水平天然应力；τ_{zx}，τ_{xz} 为天然剪应力。

取垂直坐标轴为 z，水平轴为 x，那么洞室开挖后，铅直天然应力 σ_v 引起的围岩重分布应力也可由式（9-5）确定。在式（9-5）中，p 用 σ_v 代替，而角 θ 应是径向半径 OM 与 x 轴的夹角 θ' 来表示时，则

$$\theta = \frac{\pi}{2} + \theta', \quad 2\theta' = 2\theta - \pi = -(\pi - 2\theta)$$

$$\cos2\theta' = -\cos2\theta, \quad \sin2\theta' = -\sin2\theta$$

这样由 σ_v 引起的重分布应力为：

$$\left.\begin{array}{l} \sigma_r = \dfrac{\sigma_v}{2}\left[\left(1 - \dfrac{R_0^2}{r^2}\right) - \left(1 + \dfrac{3R_0^4}{r^4} - \dfrac{4R_0^2}{r^2}\right)\cos2\theta\right] \\[3mm] \sigma_\theta = \dfrac{\sigma_v}{2}\left[\left(1 + \dfrac{R_0^2}{r^2}\right) + \left(1 + \dfrac{3R_0^4}{r^4}\right)\cos2\theta\right] \\[3mm] \tau_{r\theta} = \dfrac{\sigma_v}{2}\left(1 - \dfrac{3R_0^4}{r^4} + \dfrac{2R_0^2}{r^2}\right)\sin2\theta \end{array}\right\} \tag{9-7}$$

由水平天然应力 σ_h 产生的重分布应力，可由式（9-5）直接求得，只需把式中 p 换成 $\lambda\sigma_v$ 即可。因此有：

$$\left.\begin{array}{l} \sigma_r = \dfrac{\lambda\sigma_v}{2}\left[\left(1 - \dfrac{R_0^2}{r^2}\right) + \left(1 + \dfrac{3R_0^4}{r^4} - \dfrac{4R_0^2}{r^2}\right)\cos2\theta\right] \\[3mm] \sigma_\theta = \dfrac{\lambda\sigma_v}{2}\left[\left(1 + \dfrac{R_0^2}{r^2}\right) - \left(1 + \dfrac{3R_0^4}{r^4}\right)\cos2\theta\right] \\[3mm] \tau_{r\theta} = \dfrac{-\lambda\sigma_v}{2}\left(1 - \dfrac{3R_0^4}{r^4} + \dfrac{2R_0^2}{r^2}\right)\sin2\theta \end{array}\right\} \tag{9-8}$$

将式（9-7）和式（9-8）相加，即可得到 σ_v 和 $\lambda\sigma_r$ 同时作用时，圆形洞室围岩重分布应力的计算公式为：

$$\left.\begin{array}{l} \sigma_r = \sigma_v\left[\dfrac{1+\lambda}{2}\left(1 - \dfrac{R_0^2}{r^2}\right) - \dfrac{1-\lambda}{2}\left(1 + \dfrac{3R_0^4}{r^4} - \dfrac{4R_0^2}{r^2}\right)\cos2\theta\right] \\[3mm] \sigma_\theta = \sigma_v\left[\dfrac{1+\lambda}{2}\left(1 + \dfrac{R_0^2}{r^2}\right) + \dfrac{1-\lambda}{2}\left(1 + \dfrac{3R_0^4}{r^4}\right)\cos2\theta\right] \\[3mm] \tau_{r\theta} = \sigma_v\dfrac{1-\lambda}{2}\left(1 - \dfrac{3R_0^4}{r^4} + \dfrac{2R_0^2}{r^2}\right)\sin2\theta \end{array}\right\} \tag{9-9}$$

或

$$\left.\begin{array}{l} \sigma_r = \dfrac{\sigma_h + \sigma_v}{2}\left(1 - \dfrac{R_0^2}{r^2}\right) + \dfrac{\sigma_h - \sigma_v}{2}\left(1 + \dfrac{3R_0^4}{r^4} - \dfrac{4R_0^2}{r^2}\right)\cos2\theta \\[3mm] \sigma_\theta = \dfrac{\sigma_h + \sigma_v}{2}\left(1 + \dfrac{R_0^2}{r^2}\right) - \dfrac{\sigma_h - \sigma_v}{2}\left(1 + \dfrac{3R_0^4}{r^4}\right)\cos2\theta \\[3mm] \tau_{r\theta} = -\dfrac{\sigma_h - \sigma_v}{2}\left(1 - \dfrac{3R_0^4}{r^4} + \dfrac{2R_0^2}{r^2}\right)\sin2\theta \end{array}\right\} \tag{9-10}$$

由式（9-9）和式（9-10）可知，当天然应力 σ_v、σ_h 和 R_0 一定时，围岩重分布应力是研究点位置（r，θ）的函数。令 $r = R_0$ 时，则洞壁上的重分布应力，由式（9-10）可得：

$$\left.\begin{array}{l} \sigma_r = 0 \\ \sigma_\theta = \sigma_h + \sigma_v - 2(\sigma_h - \sigma_v)\cos 2\theta \\ \tau_{r\theta} = 0 \end{array}\right\} \tag{9-11}$$

由式(9-11)可知，洞壁上的 $\tau_{r\theta} = 0$，$\sigma_r = 0$，仅有 σ_θ 作用，为单向应力状态，且其 σ_θ 大小仅与天然应力状态及计算点的位置 θ 有关，而与洞室尺寸 R_0 无关。

从式(9-11)，取 $\lambda = \dfrac{\sigma_h}{\sigma_v}$ 为 $\dfrac{1}{3}$，1，2，3，…不同数值时，可求得洞壁上 0°，180° 及 90°，270°两个方向的应力 σ_θ 如表 9-1 和图 9-3 所示。结果表明，当 $\lambda < \dfrac{1}{3}$ 时，洞顶底将出现拉应力；当 $\dfrac{1}{3} < \lambda < 3$ 时，洞壁围岩内的 σ_θ 全为压应力且应力分布较均匀；当 $\lambda > 3$ 时，洞壁两侧将出现拉应力，洞顶底则出现较高的压应力集中。因此可知，每种洞形的洞室都有一个不出现拉应力的临界 λ 值，这对不同天然应力场中合理洞形的选择很有意义。

表 9-1　洞壁上特征部位的重分布应力 σ_θ 值

σ_θ ＼ θ　λ	0°,180°	90°,270°	σ_θ ＼ θ　λ	0°,180°	90°,270°
0	$3\sigma_v$	$-\sigma_v$	1/3	$8\sigma_{v/3}$	0
1	$2\sigma_v$	$2\sigma_v$	2	σ_v	$5\sigma_v$
3	0	$8\sigma_v$	4	$-\sigma_v$	$11\sigma_v$
5	$-\sigma_v$	$14\sigma_v$			

为了研究重分布应力的影响范围，设 $\lambda = 1$，即 $\sigma_v = \sigma_h = \sigma_0$，则式(9-10)变为：

$$\left.\begin{array}{l} \sigma_r = \sigma_0\left(1 - \dfrac{R_0^2}{r^2}\right) \\[2mm] \sigma_\theta = \sigma_0\left(1 + \dfrac{R_0^2}{r^2}\right) \\[2mm] \tau_{r\theta} = 0 \end{array}\right\} \tag{9-12}$$

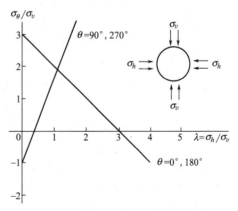

式(9-12)说明：当天然应力为静水压力状态时，围岩内重分布应力与角 θ 无关，仅与 R_0 和 σ_0 有关。由于 $\tau_{r\theta} = 0$，则 σ_r，σ_θ 均为主应力，且 σ_θ 恒为最大主应力，σ_r 恒为最小主应力，其分布特征如图 9-4 所示。当 $r = R_0$（洞壁）时，$\sigma_r = 0$，$\sigma_\theta = 2\sigma_0$，可知洞壁上的应力差最大，且处于单向受力状态，说明洞壁最易发生破坏。随着离洞壁

图 9-3　σ_θ/σ_v 随 λ 的变化曲线

距离 r 增大，σ_r 逐渐增大，σ_θ 逐渐减小，并都渐渐趋近于天然应力 σ_0 值。在理论上，σ_r，σ_θ 要在 $r \to \infty$ 处才达到 σ_0 值，但实际上 σ_r，σ_θ 趋近于 σ_0 的速度很快。计算显示，当 $r = 6R_0$ 时，σ_r 和 σ_θ 与 σ_0 相差仅 2.8%。因此，一般认为，地下洞室开挖引起的围岩分布应力范围为 $6R_0$。在该范围以外，不受开挖影响，这一范围内的岩体就是常说的围岩，也是有限元计算模型的边界范围。

（2）其他形状洞室　为了最有效和经济地利用地下空间，地下建筑的断面常需根据实际需要，开挖成非圆形的各种形状。下面将讨论洞形对围岩重分布应力的影响。由圆形洞室围岩重分布应力分析可知，重分布应力的最大值在洞壁上，且仅有 σ_θ，因此只要洞壁围岩在重

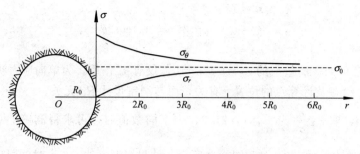

图 9-4　σ_r，σ_θ 随 r 的变化曲线

分布应力 σ_θ 的作用下不发生破坏，那么洞室围岩一般也是稳定的。为了研究各种洞形洞壁上的重分布应力及其变化情况，先引进应力集中系数的概念。

地下洞室开挖后洞壁上一点的应力与开挖前洞壁处该点天然应力的比值，称为应力集中系数。该系数反映了洞壁各点开挖前后应力的变化情况。从式(9-11)可知，圆形洞室洞壁处的应力 σ_θ 可表示为：

$$\sigma_\theta = \sigma_h(1-2\cos2\theta)+\sigma_v(1+2\cos2\theta)$$

令 $\alpha = 1-2\cos2\theta$，$\beta = 1+2\cos2\theta$，则有：

$$\sigma_\theta = \alpha\sigma_h + \beta\sigma_v \tag{9-13}$$

式中，α，β 为应力集中系数，其大小仅与点的位置有关。

类似地，对于其他形状洞室也可以用式(9-13)来表达洞壁上的重分布应力，不同的只是不同洞形，α，β 也不同而已。图9-5列出了常见的几种形状洞室洞壁的应力集中系数 α，β 值。这些系数是依据光弹实验或弹性力学方法求得的。应用这些系数，可以由已知的岩体天然应力 σ_h，σ_v 来确定洞壁围岩重分布应力。由图9-5可以看出各种不同形状洞室洞壁上的重分布应力有如下特点：①椭圆形洞室长轴两端点应力集中最大，易引起压碎破坏；而短轴两端易出现拉应力集中，不利于围岩稳定；②各种形状洞室的角点或急拐弯处应力集中最大，如正方形或矩形洞室角点等；③长方形短边中点应力集中大于长边中点，而角点处应力集中最大，围岩最易失稳；④当岩体中天然应力 σ_h 和 σ_v 相差不大时，以圆形洞室围岩应力分布最均匀，围岩稳定性最好；⑤当岩体中天然应力，σ_h 和 σ_v 相差较大时，则应尽量使洞室长轴平行于最大天然应力的作用方向；⑥在天然应力很大的岩体中，洞室断面应尽量采用曲线形，以避免角点上过大的应力集中。

（3）软弱结构面对围岩重分布应力的影响　由于岩体中常发育有各种结构面，因此结构面对围岩重分布应力有何影响，就成为一个值得研究的问题。研究表明，在有些情况下，结构面的存在对围岩重分布应力有很大的影响。在下面的讨论中，假定围岩中结构面是无抗拉能力的，且其抗剪强度也很低；在剪切过程中，结构面无剪胀作用。分两种情况进行讨论。

① 围岩中有一条垂直于 σ_v 沿水平直径与洞壁相交的软弱结构面，如图9-6所示。由式(9-9)可知，对于 $\theta=0$，沿水平直径方向上所有的点 $\tau_{r\theta}$ 均为0。因此，沿结构面各点的 σ_θ 和 σ_r 均为主应力，结构面上无剪应力作用。所以不会沿结构面产生滑动，结构面存在对围岩重分布应力的弹性分析无影响。

② 围岩中存在一平行于 σ_v 沿铅直方向直径与洞壁相交的软弱结构面［图9-7(a)］。由式(9-9)可知，对 $\theta=90°$，结构面上也无剪应力作用。所以也不会因结构面存在而改变围岩中弹性应力分布情况。但是，当 $\lambda<1/3$ 时，在洞顶底将产生拉应力。在这一拉应力作用下，

编号	洞室形状	各点应力集中系数			备　注
		点号	α	β	
1	圆形 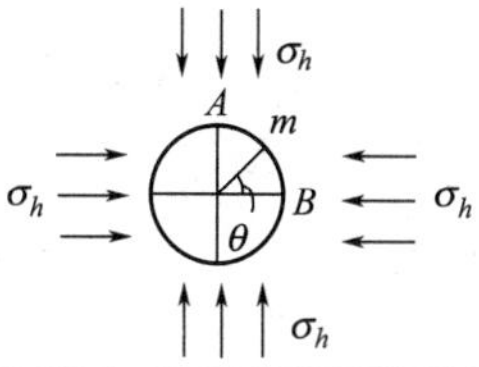	A	3	-1	
		B	-1	3	
		m	$1-2\cos2\theta$	$1+2\cos2\theta$	
2	椭圆形 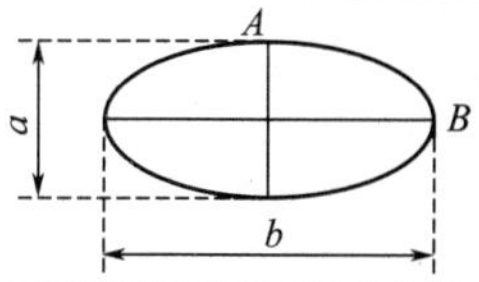	A	$2b/a+1$	-1	
		B	-1	$2a/b+1$	
3	方形 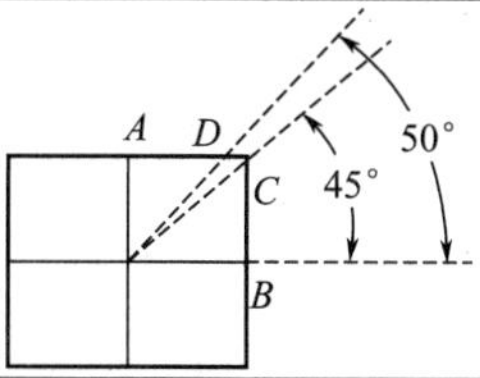	A	1.616	-0.87	①洞壁上各点的重分布应力计算公式为: $\sigma_\theta=\alpha\sigma_h+\beta_v$ ②资料取自萨文《孔口应力集中》一书
		B	-0.87	1.616	
		C	0.256	4.230	
4	矩形 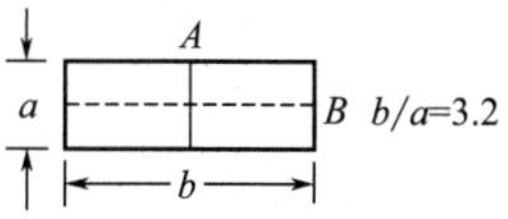 $b/a=3.2$	A	1.40	-1.00	
		B	-0.80	2.20	
5	矩形 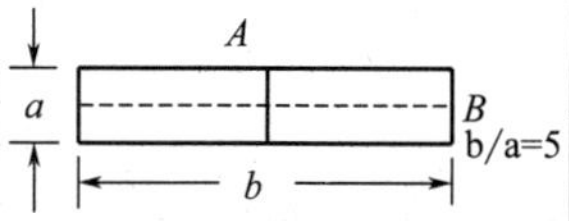 $b/a=5$	A	1.20	-0.95	
		B	-0.80	2.40	
6	地下厂房 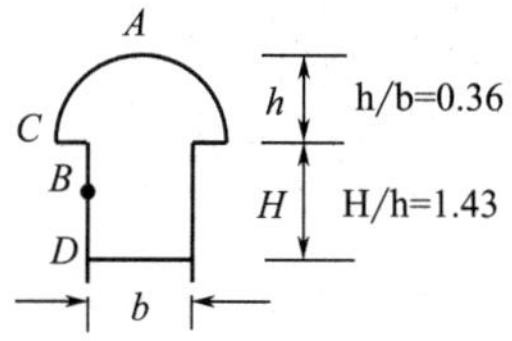 $h/b=0.36$ $H/h=1.43$	A	2.66	-0.38	据云南昆明水电勘测设计院"第四发电厂地下厂房光弹试验报告"(1971)
		B	-0.38	0.77	
		C	1.14	1.54	
		D	1.90	1.54	

图 9-5　各种洞形洞壁的应力集中系数图

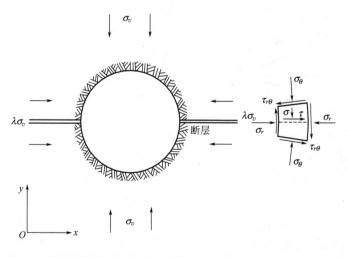

图 9-6　沿圆形洞水平轴方向发育结构面的情况及应力分析示意图

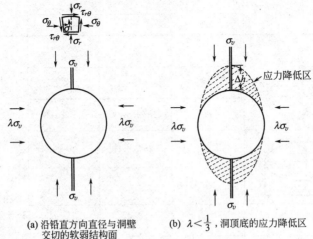

(a) 沿铅直方向直径与洞壁 交切的软弱结构面

(b) $\lambda < \frac{1}{3}$，洞顶底的应力降低区

图 9-7 软弱结构面对重分布应力的影响示意图

结构面将被拉开，并在顶底形成一个椭圆形应力降低区 [图 9-7(b)]。设椭圆短轴与洞室水平直径一致，为 $2R_0$，长轴平行于结构面，其大小为 $2R_0 + 2\Delta h$，而 Δh 可由下式确定：

$$\Delta h = R_0 \frac{1-3\lambda}{2\lambda} \tag{9-14}$$

以上是两种简单的情况，在其他情况下，洞室围岩内的应力分布比较复杂，影响程度也不尽相同，在此不详细讨论，读者可参阅有关文献。

9.2.1.2 塑性围岩重分布应力

大多数岩体往往受结构面切割使其整体性丧失，强度降低，在重分布应力作用下，很容易发生塑性变形而改变其原有的物性状态。由弹性围岩重分布应力特点可知，地下开挖后洞壁的应力集中最大。当洞壁重分布应力超过围岩屈服极限时，洞壁围岩就由弹性状态转化为塑性状态，并在围岩中形成一个塑性松动圈。但是，这种塑性圈不会无限扩大。这是由于随着距洞壁距离增大，径向应力由零逐渐增大，应力状态由洞壁的单向应力状态逐渐转化为双向应力状态。莫尔应力圆由与强度包络线相切的状态逐渐内移，变为与强度包络线不相切，围岩的强度条件得到改善。围岩也就由塑性状态逐渐转化为弹性状态。这样，将在围岩中出现塑性圈和弹性圈。

塑性圈岩体的基本特点是裂隙增多，内聚力、内摩擦角和变形模量值降低。而弹性圈围岩仍保持原岩强度，其应力、应变关系仍服从虎克定律。

塑性松动圈的出现，使圈内一定范围内的应力因释放而明显降低，而最大应力集中由原来的洞壁移至塑、弹圈交界处，使弹性区的应力明显升高。弹性区以外则是应力基本未产生变化的天然应力区（或称原岩应力区）。各圈（区）的应力变化如图 9-8 所示。在这种情况

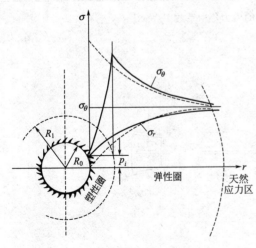

图 9-8 围岩中出现塑性圈时的
应力重分布影响示意图
（虚线为未出现塑性圈的应力；实线为出现塑性圈的应力）

下，围岩重分布应力就不能用弹性理论计算了，而应采用弹塑性理论求解。

　　为了求解塑性圈内的重分布应力，假设在均质、各向同性、连续的岩体中开挖一半径为 R_1 的水平圆形洞室；开挖后形成的塑性松动圈半径为 R_1，岩体中的天然应力为 $\sigma_v = \sigma_h = \sigma_0$。圈内岩体强度服从莫尔直线强度条件。塑性圈以外围岩体仍处于弹性状态。

　　如图 9-9 所示，在塑性圈内取一微小单元体 $abdc$，单元体的 bd 面上作用有径向应力 σ_r，而相距 dr 的 ac 面上的径向应力为 $(\sigma_r + d\sigma_r)$，在 ab 和 cd 面上作用有切向应力 σ_θ，由于 $\lambda = 1$，所以单元体各面上的剪应力 $\tau_{r\theta} = 0$。当微小单元体处于极限平衡状态时，则作用在单元体上的全部力在径向 r 上的投影之和为零，即 $\sum F_r = 0$。取投影后的方向向外为正，则得平衡方程为：

$$\sigma_r r d\theta - (\sigma_r + d\sigma_r)(r + dr)d\theta + 2\sigma_\theta dr \sin\left(\frac{d\theta}{2}\right) = 0$$

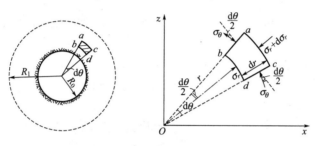

图 9-9　塑性圈围岩应力分析图

当 $d\theta$ 很小时，$\sin\dfrac{d\theta}{2} \approx \dfrac{d\theta}{2}$。将上式展开，略去高阶微量整理后得：

$$(\sigma_\theta - \sigma_r)dr = rdr \tag{9-15}$$

因塑性圈内的 σ_θ 和 σ_r 是主应力，设岩体满足如下的塑性条件（莫尔斜直线型判据）：

$$\frac{\sigma_\theta + C_m \cot\phi_m}{\sigma_r + C_m \cot\phi_m} = \frac{1 + \sin\phi_m}{1 - \sin\phi_m} \tag{9-16}$$

由式(9-15) 得：

$$\sigma_\theta = \frac{r d\sigma_r}{dr} + \sigma_r \tag{9-17}$$

将式(9-17) 代入式(9-16) 中，整理简化得：

$$\frac{d(\sigma_r + C_m \cot\phi_m)}{\sigma_r + C_m \cot\phi_m} = \left(\frac{1 + \sin\phi_m}{1 - \sin\phi_m} - 1\right)\frac{dr}{r} = \frac{2\sin\phi_m}{1 - \sin\phi_m}\frac{dr}{r}$$

将上式两边积分后得：

$$\ln(\sigma_r + C_m \cot\phi_m) = \frac{2\sin\phi_m}{1 - \sin\phi_m}\ln r + A \tag{9-18}$$

　　式中，A 为积分常数，可由边界条件：$r = R_0$，$\sigma_r = p_i$（p_i 为洞室内壁上的支护力）确定。代入式(9-18) 中得：

$$A = \ln(p_i + C_m \cot\phi_m) - \frac{2\sin\phi_m}{1 - \sin\phi_m}\ln R_0 \tag{9-19}$$

将式(9-19) 代入式(9-18) 后整理得径向应力 σ_r 为：

$$\sigma_r = (p_i + C_m \cot\phi_m)\left(\frac{r}{R_0}\right)^{\frac{2\sin\phi_m}{1 - \sin\phi_m}} - C_m \cot\phi_m$$

同理可求得环向应力 σ_θ 为：

$$\sigma_\theta = (p_i + C_m \cot\phi_m) \frac{1 + \sin\phi_m}{1 - \sin\phi_m} \left(\frac{r}{R_0}\right)^{\frac{2\sin\phi_m}{1-\sin\phi_m}} - C_m \cot\phi_m$$

把上述 σ_r，σ_θ，$\tau_{r\theta}$ 写在一起，即得到塑性圈内围岩重分布应力的计算公式为：

$$\left. \begin{array}{l} \sigma_r = (p_i + C_m \cot\phi_m) \left(\dfrac{r}{R_0}\right)^{\frac{2\sin\phi_m}{1-\sin\phi_m}} - C_m \cot\phi_m \\[4mm] \sigma_\theta = (p_i + C_m \cot\phi_m) \dfrac{1 + \sin\phi_m}{1 - \sin\phi_m} \left(\dfrac{r}{R_0}\right)^{\frac{2\sin\phi_m}{1-\sin\phi_m}} - C_m \cot\phi_m \\[4mm] \tau_{r\theta} = 0 \end{array} \right\} \qquad (9\text{-}20)$$

式中，C_m，ϕ_m 为塑性圈岩体的内聚力和内摩擦角；r 为向径；p_i 为洞壁支护力；R_0 为洞半径。

塑性圈与弹性圈交界面（$r = R_1$）上的重分布应力，利用该面上弹性应力与塑性应力相等的条件得：

$$\left. \begin{array}{l} \sigma_{rpe} = \sigma_0 (1 - \sin\phi_m) - C_m \cos\phi_m \\[2mm] \sigma_{\theta pe} = \sigma_0 (1 + \sin\phi_m) + C_m \cos\phi_m \\[2mm] \tau_{rpe} = 0 \end{array} \right\} \qquad (9\text{-}21)$$

式中，σ_{rpe}，$\sigma_{\theta pe}$，τ_{rpe} 为 $r = R_1$ 处的径向应力、环向应力和剪应力；σ_0 为岩体天然应力。

弹性圈内的应力分布如前所述，其值等于 σ_0 引起的应力与 σ_{R_1}（弹、塑性圈交界面上的径向应力）引起的附加应力之和。综合以上可得围岩重分布应力如图 9-8 所示。

由式（9-20）可知，塑性圈内围岩重分布应力与岩体天然应力（σ_0）无关，而取决于支护力（p_i）和岩体强度 C_m，ϕ_m 值。由式（9-21）可知，塑、弹性圈交界面上的重分布应力取决于 σ_0 和 C_m，ϕ_m，而与 p_i 无关。这说明支护力不能改变交界面上的应力大小，只能控制塑性松动圈半径（R_1）的大小。

9.2.2 有压洞室围岩重分布应力计算

有压洞室在水电工程中较为常见。由于其洞室内壁上作用有较高的内水压力，使围岩中的重分布应力比较复杂。这种洞室围岩最初是处于开挖后引起的重分布应力之中；然后进行支护衬砌，又使围岩重分布应力得到改善；洞室建成运行后洞内壁作用有内水压力，使围岩中产生一个附加应力。本节重点讨论内水压力引起的围岩附加应力问题。

有压洞室围岩的附加应力可用弹性厚壁筒理论来计算。如图 9-10 所示，在一内半径为 a，外半径为 b 的厚壁筒内壁上作用有均布内水压力 p_a，外壁作用有均匀压力 p_b。在内水压力作用下，内壁向外均匀膨胀，其膨胀位移随距离增大而减小，最后到距内壁一定距离时达到零。附加径向和环向应力也是近洞壁大，远离洞壁小。由弹性理论可推得，在内水压力作用下，厚壁筒内的应力计算公式为：

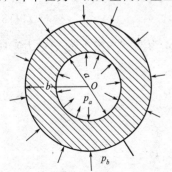

$$\left. \begin{array}{l} \sigma_r = \dfrac{b^2 p_b - a^2 p_a}{b^2 - a^2} - \dfrac{(p_b - p_a) a^2 b^2}{b^2 - a^2} \dfrac{1}{r^2} \\[4mm] \sigma_\theta = \dfrac{b^2 p_b - a^2 p_a}{b^2 - a^2} + \dfrac{(p_b - p_a) a^2 b^2}{b^2 - a^2} \dfrac{1}{r^2} \end{array} \right\} \qquad (9\text{-}22)$$

图 9-10　厚壁圆筒受力图

若使 $b \to \infty$（即 $b \gg a$），$p_b = \sigma_0$ 时，则 $\dfrac{b^2}{b^2 - a^2} \approx 1$，$\dfrac{a^2}{b^2 - a^2} =$

0，代入式（9-22）得：

$$\left.\begin{array}{l}\sigma_r=\sigma_0\left(1-\dfrac{a^2}{r^2}\right)+p_a\dfrac{a^2}{r^2}\\[3mm]\sigma_\theta=\sigma_0\left(1+\dfrac{a^2}{r^2}\right)-p_a\dfrac{a^2}{r^2}\end{array}\right\}\tag{9-23}$$

若有压洞室半径为 R_0，内水压力为 p_a，则上式变为：

$$\left.\begin{array}{l}\sigma_r=\sigma_0\left(1-\dfrac{R^2}{r^2}\right)+p_a\dfrac{R^2}{r^2}\\[3mm]\sigma_\theta=\sigma_0\left(1+\dfrac{R_0^2}{r^2}\right)-p_a\dfrac{R_0^2}{r^2}\end{array}\right\}\tag{9-24}$$

由式（9-24）可知，有压洞室围岩重分布应力 σ_r 和 σ_θ 由开挖以后围岩重分布应力和内水压力引起的附加应力两项组成。前项重分布应力即为式（9-12）；后项为内水压力引起的附加应力值，即

$$\left.\begin{array}{l}\sigma_r=\sigma_0\left(1-\dfrac{R_0^2}{r^2}\right)+p_a\dfrac{R_0^2}{r^2}\\[3mm]\sigma_\theta=\sigma_0\left(1+\dfrac{R_0^2}{r^2}\right)-p_a\dfrac{R_0^2}{r^2}\end{array}\right\}\tag{9-25}$$

由式（9-25）可知，内水压力使围岩产生负的环向应力，即拉应力。当这个环向应力很大时，则常使围岩产生放射状裂隙。内水压力使围岩产生附加应力的影响范围大致也为 6 倍洞半径。

9.3 围岩的变形与破坏

地下开挖后，岩体中形成一个自由变形空间，使原来处于挤压状态的围岩，由于失去了支撑而发生向洞内松胀变形；如果这种变形超过了围岩本身所能承受的能力，则围岩就要发生破坏，并从母岩中脱落，形成坍塌、滑动或岩爆，我们称前者为变形，后者为破坏。

研究表明：当围岩应力超过岩体的极限强度时，围岩将立即发生破坏。当围岩应力的量级介于岩体的极限强度和长期强度之间时，围岩需经瞬时的弹性变形及较长时期蠕动变形的发展方能达到最终的破坏，通常可根据围岩变形历时曲线变化的特点而加以预报。当围岩应力的量级介于岩体的长期强度及蠕变临界应力之间时，围岩除发生瞬时的弹性变形外，还要经过一段时间的蠕动变形才能达到最终的稳定。当围岩应力小于岩体的蠕变临界应力时，围岩将于瞬时的弹性变形后立即稳定下来。

围岩变形破坏的形式与特点，除与岩体内的初始应力状态和洞形有关外，主要取决于围岩的岩性和结构（表 9-2）。

表 9-2 围岩的变形破坏形式

围岩岩性	岩体结构	变形、破坏形式	产生机制
脆性围岩	块体状结构及厚层状结构	张裂崩落	拉应力集中造成的张裂破坏
		劈裂剥落	压应力集中造成的压致拉裂
		剪切滑移及剪切碎裂	压应力集中造成的剪切破裂及滑移拉裂
		岩爆	压应力高度集中造成的突然而猛烈的脆性破坏
	中薄层状结构	弯折内鼓	卸荷回弹或压应力集中造成的弯曲拉裂
	碎裂结构	碎裂松动	压应力集中造成的剪切松动

续表

围岩岩性	岩体结构	变形、破坏形式	产 生 机 制
塑性围岩	层状结构	塑性挤出	压应力集中作用下的塑性流动
		膨胀内鼓	水分重分布造成的吸水膨胀
	散体结构	塑性挤出	压应力作用下的塑流
		塑流涌出	松散饱水岩体的悬浮塑流
		重力坍塌	重力作用下的坍塌

本节重点讨论围岩结构及其力学性质对围岩变形破坏的影响，以及围岩变形破坏的预测方法。

9.3.1 各类结构围岩的变形破坏特点

岩体可划分为整体状、块状、层状、碎裂状和散体状五种结构类型。它们各自的变形特征和破坏机理不同，现分述如下。

9.3.1.1 整体状和块状岩体围岩

这类岩体本身具有很高的力学强度和抗变形能力，其主要结构面是节理：很少有断层，含有少量的裂隙水。在力学属性上可视为均质、各向同性、连续的线弹性介质，应力-应变呈近似直线关系。这类围岩具有很好的自稳能力，其变形破坏形式主要有岩爆、脆性开裂及块体滑移等。

岩爆是高地应力地区，由于洞壁围岩中应力高度集中，使围岩产生突发性变形破坏的现象。伴随岩爆产生，常有岩块弹射、声响及冲击波产生，对地下洞室开挖与安全造成极大的危害。

脆性开裂常出现在拉应力集中部位。如洞顶或岩柱中，当天然应力比值系数 $\lambda < 1/3$ 时，洞顶常出现拉应力，容易产生拉裂破坏。尤其是当岩体中发育有近铅直的结构面时，即使拉应力小也可产生纵向张裂隙，在水平向裂隙交切作用下，易形成不稳定块体而塌落，形成洞顶塌方。

块体滑移是块状岩体常见的破坏形成。它是以结构面切割而成的不稳定块体滑出的形式出现。其破坏规模与形态受结构面的分布、组合形式及其与开挖面的相对关系控制。典型的块体滑移形式如图 9-11 所示。

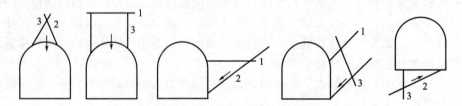

图 9-11　坚硬块状岩体中的块体滑移形式示意图
1—层面；2—断裂；3—裂隙

这类围岩的整体变形破坏可用弹性理论分析，局部块体滑移可用块体极限平衡理论来分析。

9.3.1.2 层状岩体围岩

这类岩体常以软硬岩层相间的互层形式出现。岩体中的结构面以层理面为主，并有层间错动及泥化夹层等软弱结构面发育。层状岩体围岩的变形破坏主要受岩层产状及岩层组合等因素控制，其破坏形式主要有：沿层面张裂、折断塌落、弯曲内鼓等。不同产状围岩的变形破坏形式如图 9-12 所示。在水平层状围岩中，洞顶岩层可视为两端固定的板梁，在顶板压力下，将产生下沉弯曲、开裂。当岩层较薄时，如不及时支撑，任其发展，则将逐层折断塌落，最终形成如图 9-12(a) 所示的三角形塌落体。在倾斜层状围岩中，常表现为沿倾斜方向一侧岩层弯曲塌落，另一侧边墙岩块滑移等破坏形式，形成不对称的塌落拱。这时将出现偏压现象 [图 9-12(b)]。在直立层状围岩中，当天然应力比值系数 $\lambda < \frac{1}{3}$ 时，洞顶由于受拉应力作用，发生沿层面纵向拉裂，在自重作用下岩柱易被拉断塌落。侧墙则因压力平行于层面，常发生纵向弯折内鼓，进而危及洞顶安全 [图 9-12(c)]。但当洞轴线与岩层走向有一交角时，围岩稳定性会大大改善。经验表明，当这一交角大于 20° 时，洞室边墙不易失稳。

这类围岩的变形破坏常可用弹性梁、弹性板或材料力学中的压杆平衡理论来分析。

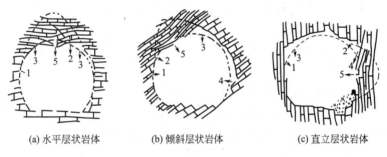

(a) 水平层状岩体　　　(b) 倾斜层状岩体　　　(c) 直立层状岩体

图 9-12　层状围岩变形破坏特征示意图

1—设计断面轮廓线；2—破坏区；3—崩塌；4—滑动；5—弯曲、张裂及折断

9.3.1.3　碎裂状岩体围岩

碎裂岩体是指断层、褶曲、岩脉穿插挤压和风化破碎加次生夹泥的岩体。这类围岩的变形破坏形式常表现为塌方和滑动（图 9-13）。破坏规模和特征主要取决于岩体的破碎程度和含泥多少。在夹泥少、以岩块刚性接触为主的碎裂围岩中，由于变形时岩块相互镶合挤压，错动时产生较大阻力，因而不易大规模塌方。相反，当围岩中含泥量很高时，由于岩块间不是刚性接触，则易产生大规模塌方或塑性挤入，如不及时支护，将愈演愈烈。这类围岩的变形破坏可用松散介质极限平衡理论来分析。

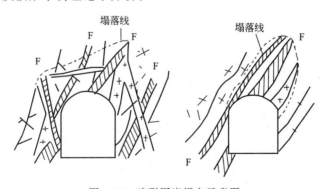

图 9-13　碎裂围岩塌方示意图

9.3.1.4　散体状岩体围岩

散体状岩体是指强烈构造破碎、强烈风化的岩体或新近堆积的土体。这类围岩常表现为

弹塑性、塑性或流变性，其变形破坏形式以拱形冒落为主。当围岩结构均匀时，冒落拱形状较为规则［图9-14(a)］。但当围岩结构不均匀或松动岩体仅构成局部围岩时，则常表现为局部塌方、塑性挤入及滑动等变形破坏形式（图9-14）。

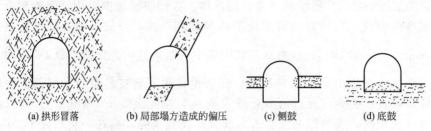

(a) 拱形冒落   (b) 局部塌方造成的偏压   (c) 侧鼓   (d) 底鼓

图9-14 散体状围岩变形破坏特征示意图

这类围岩的变形破坏可用松散介质极限平衡理论配合流变理论来分析。

应当指出，任何一类围岩的变形破坏都是渐进式逐次发展的。其逐次变形破坏过程常表现为侧向与垂向变形相互交替发生、互为因果，形成连锁反应。例如，水平层状围岩的塌方过程常表现为：首先是拱脚附近岩体的塌落和超挖；然后顶板沿层面脱开，产生下沉及纵向开裂，边墙岩块滑落。当变形继续向顶板以上发展时，形成松动塌落，压力传至顶拱，再次危害顶拱稳定。如此循环往复，直至达到最终平衡状态。又如块状围岩的变形破坏过程往往是先由边墙楔形岩块滑移，导致拱脚失去支撑，进而使洞顶楔形岩块塌落等。其他类型围岩的变形破坏过程也是如此，只是各次变形破坏的形式和先后顺序不同而已。我们分析围岩变形破坏时，应抓住其变形破坏的始发点和发生连锁反应的关键点，预测变形破坏逐次发展及迁移的规律。在围岩变形破坏的早期就加以处理，这样才能有效地控制围岩变形，确保围岩的稳定性。

9.3.2　围岩位移计算

9.3.2.1　弹性位移计算

在坚硬完整的岩体中开挖洞室，在天然应力不大的情况下，围岩常处于弹性状态。这时洞壁围岩的位移可用弹性理论进行计算。在此，先讨论平面应变条件下洞壁围岩弹性位移的计算问题。

根据弹性理论，平面应变与位移间的关系为：

$$\left.\begin{array}{l} \varepsilon_r = \dfrac{\partial u}{\partial r} \\[2mm] \varepsilon_\theta = \dfrac{u}{r} + \dfrac{1}{r}\dfrac{\partial v}{\partial \theta} \\[2mm] \gamma_{r\theta} = \dfrac{1}{r}\dfrac{\partial u}{\partial \theta} + \dfrac{\partial v}{\partial r} - \dfrac{v}{r} \end{array}\right\} \tag{9-26}$$

平面应变与应力的物理方程为：

$$\left.\begin{array}{l} \varepsilon_r = \dfrac{1}{E_{me}} \left[(1-\mu_m^2)\sigma_r - \mu_m(1+\mu_m)\sigma_\theta \right] \\[2mm] \varepsilon_\theta = \dfrac{1}{E_{me}} \left[(1-\mu_m^2)\sigma_\theta - \mu_m(1+\mu_m)\sigma_r \right] \\[2mm] \gamma_{r\theta} = \dfrac{2}{E_{me}}(1+\mu_m)\tau_{r\theta} \end{array}\right\} \tag{9-27}$$

由以上两式得：

$$
\left.
\begin{aligned}
\frac{\partial u}{\partial r} &= \frac{1}{E_{me}} \left[(1-\mu_m^2)\sigma_r - \mu_m(1+\mu_m)\sigma_\theta \right] \\
\frac{u}{r} + \frac{1}{r}\frac{\partial v}{\partial \theta} &= \frac{1}{E_{me}} \left[(1-\mu_m^2)\sigma_\theta - \mu_m(1+\mu_m)\sigma_r \right] \\
\frac{1}{r}\frac{\partial u}{\partial \theta} + \frac{\partial v}{\partial r} - \frac{v}{r} &= \frac{2}{E_{me}}(1+\mu_m)\tau_{r\theta}
\end{aligned}
\right\}
\tag{9-28}
$$

将式(9-10)的围岩重分布应力（σ_r，σ_θ）代入式(9-28)，并进行积分运算，可求得在平面应变条件下的围岩位移为：

$$
\left.
\begin{aligned}
u &= \frac{1-\mu_m^2}{E_{me}} \left[\frac{\sigma_h+\sigma_v}{2}\left(r+\frac{R_0^2}{r^2}\right) + \frac{\sigma_h-\sigma_v}{2}\left(r-\frac{R_0^4}{r^3}+\frac{4R_0^2}{r}\right)\cos2\theta \right] \\
&\quad - \frac{\mu_m(1+\mu_m)}{E_{me}} \left[\frac{\sigma_h+\sigma_v}{2}\left(r-\frac{R_0^2}{r^2}\right) - \frac{\sigma_h-\sigma_v}{2}\left(r-\frac{R_0^4}{r^3}\right)\cos2\theta \right] \\
v &= -\frac{1-\mu_m^2}{E_{me}} \left[\frac{\sigma_h-\sigma_v}{2}\left(r+\frac{R_0^4}{r^3}+\frac{2R_0^2}{r}\right)\sin2\theta \right] \\
&\quad - \frac{\mu_m(1+\mu_m)}{E_{me}} \left[\frac{\sigma_h-\sigma_v}{2}\left(r+\frac{R_0^4}{r^3}-\frac{2R_0^4}{r}\right)\sin2\theta \right]
\end{aligned}
\right\}
\tag{9-29}
$$

式中，u，v 分别为围岩内任一点的径向位移和环向位移；E_{me}，μ_m 为岩体的弹性模量和泊松比；其余符号意义同前。

由式(9-29)，当 $r=R_0$ 时，可得洞壁的弹性位移为：

$$
\left.
\begin{aligned}
u &= \frac{(1-\mu_m^2)R_0}{E_{me}} \left[\sigma_h+\sigma_v+2(\sigma_h-\sigma_v)\cos2\theta \right] \\
v &= -\frac{2(1-\mu_m^2)R_0}{E_{me}}(\sigma_h-\sigma_v)\sin2\theta
\end{aligned}
\right\}
\tag{9-30}
$$

当天然应力为静水压力状态（$\sigma_h=\sigma_v=\sigma_0$）时，则式(9-30)可简化为：

$$
u = \frac{2R_0\sigma_0(1-\mu_m^2)}{E_{me}}
\tag{9-31}
$$

由此可见，在 $\sigma_h=\sigma_v=\sigma_0$ 的天然应力状态中，洞壁仅产生径向位移，而无环向位移。

式(9-31)是在 $\sigma_h=\sigma_v$ 时，考虑天然应力与开挖卸载共同引起的围岩位移。但一般认为：天然应力引起的位移在洞室开挖前就已经完成了，开挖后洞壁的位移仅是由于开挖卸载（开挖后重分布应力与天然应力的应力差）引起的。假设岩体中天然应力为 $\sigma_h=\sigma_v=\sigma_0$，则开挖前洞壁围岩中一点的应力为 $\sigma_{r1}=\sigma_{\theta1}=\sigma_0$，而开挖后洞壁上的重分布应力由式(9-11)得：$\sigma_{r2}=0$，$\sigma_{\theta2}=2\sigma_0$，那么因开挖卸载引起的应力差为：

$$
\left.
\begin{aligned}
\Delta\sigma_r &= \sigma_{r2}-\sigma_{r1} = -\sigma_0 \\
\Delta\sigma_\theta &= \sigma_{\theta2}-\sigma_{\theta1} = \sigma_0
\end{aligned}
\right\}
\tag{9-32}
$$

将 $\Delta\sigma_r$，$\Delta\sigma_\theta$ 代入式(9-28)的第一个式子，得：

$$
\varepsilon_r = \frac{\partial u}{\partial r} = \frac{1-\mu_m^2}{E_{me}}\left(\Delta\sigma_r - \frac{\mu_m}{1-\mu_m}\Delta\sigma_\theta\right) = \frac{-(1+\mu_m)}{E_{me}}\sigma_0
$$

两边积分后得洞壁围岩的径向位移为：

$$
u = \int_{R_0}^{0} \frac{-(1+\mu_m)}{E_{me}}\sigma_0\,\mathrm{d}r = \frac{(1+\mu_m)}{E_{me}}\sigma_0 R_0
\tag{9-33}
$$

比较式(9-31)和式(9-33)可知：是否考虑天然应力对位移的影响，计算出的洞壁位移是不同的，前者比后者大，两者相差 $2(1-\mu_m)$ 倍。

若开挖后有支护力 p_i 作用，由式(9-33) 则其洞壁的径向位移为：

$$u = \frac{(1+\mu_m)}{E_{me}}(\sigma_0 - p_i)R_0 \tag{9-34}$$

9.3.2.2 塑性位移计算

由于结构面的切割降低了岩体的完整性和强度，洞室开挖后，在围岩内形成塑性圈。这时洞壁围岩的塑性位移可以采用弹塑性理论来分析。其基本思路是先求出弹、塑性圈交界面上的径向位移，然后根据塑性圈体积不变的条件求洞壁的径向位移。假定洞壁围岩位移是由开挖卸载引起的，且岩体中的天然应力为 $\sigma_h = \sigma_v = \sigma_0$。

由于开挖卸载形成塑性圈后，弹、塑性圈交界面上的径向应力增量 $(\Delta\sigma_r)_{r=R_1}$ 和环向应力增量 $(\Delta\sigma_\theta)_{r=R_1}$ 为：

$$(\Delta\sigma_r)_{r=R_1} = \sigma_0\left(1 - \frac{R^2}{r^2}\right) + \sigma_{R_1}\frac{R_1^2}{r^2} - \sigma_0 = (\sigma_{R_1} - \sigma_0)\frac{R_1^2}{r^2} = \sigma_{R_1} - \sigma_0$$

$$(\Delta\sigma_\theta)_{r=R_1} = \sigma_0\left(1 + \frac{R^2}{r^2}\right) - \sigma_{R_1}\frac{R_1^2}{r^2} - \sigma_0 = (\sigma_0 - \sigma_{R_1})\frac{R_1^2}{r^2} = \sigma_0 - \sigma_{R_1}$$

代入式(9-28) 的第一个式子，则弹、塑性圈交界面上的径向应变 ε_{R_1} 为：

$$\varepsilon_{R_1} = \frac{\partial u_{R_1}}{\partial r} = \frac{1-\mu_m^2}{E_{me}}\left[(\Delta\sigma_r)_{r=R_1} - \frac{\mu_m}{1-\mu_m}(\Delta\sigma_\theta)_{r=R_1}\right] = \frac{1+\mu_m}{E_{me}}(\sigma_{R_1} - \sigma_0) = \frac{1}{2G_m}(\sigma_{R_1} - \sigma_0)$$

两边积分得交界面上的径向位移 u_{R_1} 为：

$$u_{R_1} = \int_{R_1}^0 \frac{(\sigma_{R_1} - \sigma_0)}{2G_m}dr = \frac{R_1(\sigma_0 - \sigma_{R_1})}{2G_m} = \frac{(1+\mu_m)(\sigma_0 - \sigma_{R_1})}{E_m}R_1 \tag{9-35}$$

式中，E_m、G_m 为塑性圈岩体的变形模量和剪切模量，$G_m = \frac{E_m}{2(1+\mu_m)}$；$\sigma_{R_1}$ 为塑性圈作用于弹性圈的径向应力，由式(9-21) 为：

$$\sigma_{R_1} = \sigma_{rpe} = \sigma_0(1 - \sin\phi_m) - C_m\cos\phi_m \tag{9-36}$$

将 σ_{R_1} 代入式(9-35) 得弹、塑圈交界面的径向位移 u_{R_1} 为：

$$u_{R_1} = \frac{R_1\sin\phi_m(\sigma_0 + C_m\cot\phi_m)}{2G_m} \tag{9-37}$$

塑性圈内的位移可由塑性圈变形前、后体积不变的条件求得，即

$$\pi(R_1^2 - R_0^2) = \pi[(R_1 - u_{R_1})^2 - (R_0 - u_{R_0})^2] \tag{9-38}$$

式中，u_{R_0} 为洞壁径向位移，将式(9-38) 展开，略去高阶微量后，可得洞壁径向位移为：

$$u_{R_0} = \frac{R_1}{R_0}u_{R_1} = \frac{R_1^2\sin\phi_m(\sigma_0 + C_m\cot\phi_m)}{2G_mR_0} \tag{9-39}$$

式中，R_1 为塑性圈半径；R_0 为洞室半径；σ_0 为岩体天然应力；C_m、ϕ_m 为岩体内聚力和内摩擦角。

9.3.3 围岩破坏区范围的确定方法

在地下洞室喷锚支护设计中，围岩破坏圈厚度是必不可少的资料。针对不同力学属性的岩体可采用不同的确定方法。例如，对于整体状、块状等具有弹性或弹塑性力学属性的岩体，通常可用弹性力学或弹塑性力学方法确定其围岩破坏区厚度；而对于松散岩体则常用松散介质极限平衡理论方法来确定等。这里主要介绍弹性力学和弹塑性力学方法。

9.3.3.1 弹性力学方法

由围岩重分布应力特征分析可知，当岩体天然应力比值系数 $\lambda < 1/3$ 时，洞顶、底将出

现拉应力，其值为 $\sigma_\theta=(3\lambda-1)\sigma_v$。而两侧壁将出现压应力集中，其值为 $\sigma_\theta=(3-\lambda)\sigma_v$。在这种情况下，若顶、底板的拉应力大于围岩的抗拉强度 σ_t，则围岩就要发生破坏。其破坏范围可用如图 9-15 所示的方法进行预测。在 $\lambda>1/3$ 的天然应力场中，洞侧壁围岩均为压应力集中，顶、底的压应力 $\sigma_\theta=(3\lambda-1)\sigma_v$，侧壁为 $\sigma_\theta=(3-\lambda)\sigma_v$。当 σ_θ 大于围岩的抗压强度 σ_c 时，洞壁围岩就要破坏。沿洞周压破坏范围可按图 9-16 所示的方法确定。

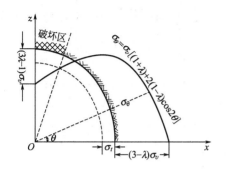

图 9-15 $\lambda<1/3$ 时，洞顶破坏区范围预测示意图

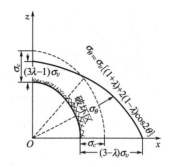

图 9-16 $\lambda>1/3$ 时，洞壁破坏区范围预测示意图

对于围岩破坏圈厚度，可以利用围岩处于极限平衡时主应力与强度条件之间的对比关系求得。由式(9-9) 可知，当 $\lambda\neq1$、$r>R_0$ 时，只有在 $\theta=0$，$\dfrac{\pi}{2}$，π，$\dfrac{3\pi}{2}$ 四个方向上 $\tau_{r\theta}$ 均等于零，σ_r 和 σ_θ 才是主应力。由莫尔强度条件可知，围岩的强度 σ_{1m} 为：

$$\sigma_{1m}=\sigma_3\tan^2\left(45°+\frac{\phi_m}{2}\right)+2C_m\tan\left(45°+\frac{\phi_m}{2}\right) \tag{9-40}$$

若用 σ_r 代入式(9-40)，求出 σ_{1m}（围岩强度），然后与 σ_θ 比较，若 $\sigma_\theta\geqslant\sigma_{1m}$，围岩就破坏，因此，围岩的破坏条件为：

$$\sigma_\theta\geqslant\sigma_r\tan^2\left(45°+\frac{\phi_m}{2}\right)+2C_m\tan\left(45°+\frac{\phi_m}{2}\right) \tag{9-41}$$

根据式(9-41)，可用作图法来求 x 轴和 z 轴方向围岩的破坏厚度。其具体方法如图 9-17 和图 9-18 所示。

求出 x 轴和 z 轴方向的破坏圈厚度之后，其他方向上的破坏圈厚度可由此大致推求。但当岩体中天然应力 $\sigma_h=\sigma_v(\lambda=1)$ 时，可用以上方法精确确定各个方向的破坏圈厚度。求得了 θ 方向和 r 轴方向的破坏区范围，则围岩的破坏区范围也就确定了。

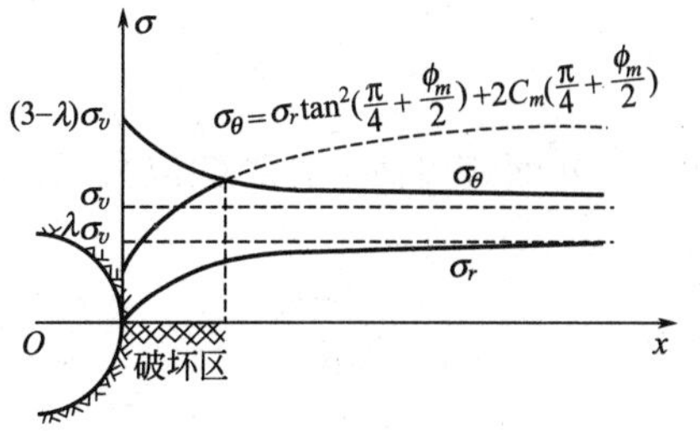

9.3.3.2 弹塑性力学方法

如前所述，在裂隙岩体中开挖地下洞室时，将在围岩中出现一个塑性松动圈。这时围岩的破坏圈厚度为尺 R_1-R_0。因此在这种情况下，关键是确定塑性松动圈半径 R_1。为了计算 R_1，设岩体中的天然应力为 $\sigma_h=\sigma_v=\sigma_0$；因弹、塑性圈交界面上的应力，既满足弹性应力条件，也满足塑性应力条件。而弹性圈内的应力等于 σ_0 引起的应力叠加上塑性圈作用于弹性圈的径向应力 σ_{R_1} 引起的附加应力之和，如图 9-19 所示。

由 σ_0 引起的应力，可由式(9-12) 求得：

图 9-17 x 轴方向破坏厚度预测示意图

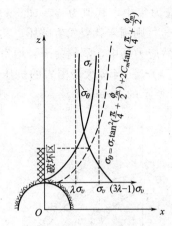

图 9-18 z 轴方向破坏厚度预测示意图

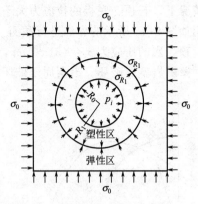

图 9-19 弹塑性区交界面上的应力条件

$$
\left.\begin{aligned}
\sigma_{re1} &= \sigma_0\left(1-\frac{R_1^2}{r^2}\right) \\[2mm]
\sigma_{\theta e1} &= \sigma_0\left(1+\frac{R_1^2}{r^2}\right)
\end{aligned}\right\}
\tag{9-42}
$$

由 σ_{R_1} 引起的附加应力，可由式(9-25) 求得为：

$$
\left.\begin{aligned}
\sigma_{re2} &= \sigma_{R_1}\frac{R_1^2}{r^2} \\[2mm]
\sigma_{\theta e2} &= -\sigma_{R_1}\frac{R_1^2}{r^2}
\end{aligned}\right\}
\tag{9-43}
$$

式(9-42) 与式(9-43) 相加，得弹性圈内重分布应力为：

$$
\left.\begin{aligned}
\sigma_{re} &= \sigma_0\left(1-\frac{R_1^2}{r^2}\right)+\sigma_{R_1}\frac{R_1^2}{r^2} \\[2mm]
\sigma_{\theta e} &= \sigma_0\left(1+\frac{R_1^2}{r^2}\right)-\sigma_{R_1}\frac{R_1^2}{r^2}
\end{aligned}\right\}
\tag{9-44}
$$

由式(9-44)，令 $r=R_1$ 可得弹、塑性交界面上的应力（弹性应力）为：

$$
\left.\begin{aligned}
\sigma_{re} &= \sigma_{R_1} \\[2mm]
\sigma_{\theta e} &= 2\sigma_0 - \sigma_{R_1}
\end{aligned}\right\}
\tag{9-45}
$$

而弹、塑圈交界面上的塑性应力由式(9-20)，令 $r=R_1$，求得为：

$$
\left.\begin{aligned}
\sigma_{rp} &= (p_i+C_m\cot\phi_m)\left(\frac{R_1}{R_0}\right)^{\frac{2\sin\phi_m}{1-\sin\phi_m}}-C_m\cot\phi_m \\[2mm]
\sigma_{\theta p} &= (p_i+C_m\cot\phi_m)\frac{1+\sin\phi_m}{1-\sin\phi_m}\left(\frac{R_1}{R_0}\right)^{\frac{2\sin\phi_m}{1-\sin\phi_m}}-C_m\cot\phi_m
\end{aligned}\right\}
\tag{9-46}
$$

由假定条件（界面上弹性应力与塑性应力相等）得：

$$
(p_i+C_m\cot\phi_m)\left(\frac{R_1}{R_0}\right)^{\frac{2\sin\phi_m}{1-\sin\phi_m}}-C_m\cot\phi_m = \sigma_{R_1}
$$

$$
(p_i+C_m\cot\phi_m)\frac{1+\sin\phi_m}{1-\sin\phi_m}\left(\frac{R_1}{R_0}\right)^{\frac{2\sin\phi_m}{1-\sin\phi_m}}-C_m\cot\phi_m = 2\sigma_0-\sigma_{R_1}
$$

将两式相加后消去 σ_{R_1}，并解出 R_1 为：

$$R_1 = R_0 \left[\frac{(\sigma_0 + C_m \cot\phi_m)(1 - \sin\phi_m)}{p_i + C_m \cot\phi_m} \right]^{\frac{1 - \sin\phi_m}{2\sin\phi_m}} \tag{9-47}$$

式（9-47）为有支护力 p_i 时，塑性圈半径 R_1 的计算公式，称为修正芬纳-塔罗勃公式。如果用 σ_c 代替式（9-47）中的 C_m，则可得到计算 R_1 的卡斯特纳（Kastner）公式。由库仑-摩尔理论可知：

$$C_m = \frac{\sigma_c (1 - \sin\phi_m)}{2\cos\phi_m} \tag{9-48}$$

将式（9-48）代入式（9-47），并令 $\frac{1 + \sin\phi_m}{1 - \sin\phi_m} = \xi$，得 R_1 为：

$$R_1 = R_0 \left[\frac{2}{\xi + 1} \times \frac{\sigma_c + \sigma_0(\xi - 1)}{\sigma_c + p_i(\xi - 1)} \right]^{\frac{1}{\xi - 1}} \tag{9-49}$$

由式（9-47）和式（9-49）可知：地下洞室开挖后，围岩塑性圈半径 R_1 随天然应力 σ_0 增加而增大，随支护力 p_i、岩体强度 C_m 增加而减小。

【例题】　有一半径为 2m 的圆形隧道，开挖在抗压强度为 $\sigma_c = 12\text{MPa}$，$\phi_m = 36.9°$ 的泥灰岩中，岩体天然应力为 $\sigma_h = \sigma_v = \sigma_0 = 31.2\text{MPa}$。若洞壁无支护，求其破坏圈厚度 d。

解：因为　$\sin 36.9° = 0.6$，$\cot 36.9° = 1.3$；

所以

$$C_m = \frac{12(1 - \sin 36.9°)}{2\cos 36.9°} = 3.0\text{MPa}$$

按修正芬纳-塔罗勃公式（9-47），可求得：

$$R_1 = 2 \left[\frac{(31.2 + 3 \times 1.3)(1 - 0.6)}{0 + 3.0 \times 1.3} \right]^{\frac{1 - 0.6}{2 \times 0.6}} = 3.06 \ (\text{m})$$

则塑性圈厚度 $d = R_1 - R_0 = 3.06 - 2.00 = 1.06$（m）。

按芬纳-塔罗勃公式，有

$$R_1 = R_0 \left[\frac{C_m \cot\phi_m + \sigma_0(1 - \sin\phi_m)}{p_i + C_m \cot\phi_m} \right]^{\frac{1 - \sin\phi_m}{2\sin\phi_m}} = 2 \times \left[\frac{3.0 \times 1.3 + 31.2(1 - 0.6)}{0 + 3.0 \times 1.3} \right]^{\frac{1 - 0.6}{2 \times 0.6}} = 3.22 \ (\text{m})$$

因此，塑性圈厚度 $d = 3.22 - 2.00 = 1.22$（m）。

由本例可知，按芬纳-塔罗勃公式计算的 R_1 要比修正的芬纳-塔罗勃公式求得的 R_1 大，同时也比哈斯特纳公式求得的 R_1 大。其原因是芬纳-塔罗勃公式在推导中曾假定弹、塑性圈交界面上的 $C_m = 0$。

以上是假定在静水压力（$\sigma_h = \sigma_v$）条件下，塑性圈半径 R_1 的确定方法。在 $\sigma_h \neq \sigma_v$ 条件下，R_1 的确定方法比较复杂，在此不详细讨论。

9.4　围岩压力计算

9.4.1　基本概念

地下洞室围岩在重分布应力作用下产生过量的塑性变形或松动破坏，进而引起施加于支护衬砌上的压力，称为围岩压力（peripheral rock pressure），有的书上称为地压或狭义地压。根据这一定义，围岩压力是围岩与支衬间的相互作用力，它与围岩应力不是同一个概念。围岩应力是岩体中的内力，而围岩压力则是针对支衬结构来说的，是作用于支护衬砌上的外力。因此，如果围岩足够坚固，能够承受住围岩应力的作用，就不需设置支护衬砌，也就不存在围岩压力问题。只有当围岩适应不了围岩应力的作用，而产生过量塑性变形或产生塌方、滑移等破坏时，才需要设置支护衬砌以维护围岩稳定，保证洞室安全和正常使用，因而就形成了围岩压力。围岩压力是支护衬砌设计及施工的重要依据。按围岩压力形成机理，可将其划分为形变围岩压力、松动围岩压力和冲击围岩压力三种。

形变围岩压力是由于围岩塑性变形，如塑性挤入、膨胀内鼓、弯折内鼓等形成的挤压力。地下洞室开挖后围岩的变形包括弹性变形和塑性变形。但一般来说，弹性变形在施工过程中就能完成，因此它对支衬结构一般不产生挤压力。而塑性变形则具有随时间增长而不断增大的特点，如果不及时支护，就会引起围岩失稳破坏，形成较大的围岩压力。产生形变围岩压力的条件有：①岩体较软弱或破碎，这时围岩应力很容易超过岩体的屈服极限而产生较大的塑性变形；②深埋洞室，由于围岩受压力过大，易引起塑性流动变形。由围岩塑性变形产生的围岩压力可用弹塑性理论进行分析计算。除此之外，还有一种形变围岩压力就是由膨胀围岩产生的膨胀围岩压力，它主要是由于矿物吸水膨胀产生的对支衬结构的挤压力。因此，膨胀围岩压力的形成必须具备两个基本条件：一是岩体中要有膨胀性黏土矿物（如蒙脱石等）；二是要有地下水的作用。这种围岩压力可采用支护和围岩共同变形的弹塑性理论计算。不同的是在洞壁位移值中应叠加上由开挖引起径向减压所造成的膨胀位移值，该位移值可通过岩石膨胀率和开挖前、后径向应力差之间的关系曲线来推算。此外，还可用流变理论予以分析。

松动围岩压力是由于围岩拉裂塌落、块体滑移及重力坍塌等破坏引起的压力，这是一种有限范围内脱落岩体重力施加于支护衬砌上的压力，其大小取决于围岩性质、结构面交切组合关系及地下水活动和支护时间等因素。松动围岩压力可采用松散体极限平衡或块体极限平衡理论进行分析计算。

冲击围岩压力是由岩爆形成的一种特殊围岩压力。它是强度较高且较完整的弹脆性岩体过度受力后突然发生岩石弹射变形所引起的围岩压力现象。冲击围岩压力的大小与天然应力状态、围岩力学属性等密切相关，并受到洞室埋深、施工方法及洞形等因素的影响。冲击围岩压力的大小目前无法进行准确计算，只能对冲击围岩压力的产生条件及其产生可能性进行定性的评价预测。

9.4.2　围岩压力计算

9.4.2.1　形变围岩压力计算

为了防止塑性变形的过度发展，必须对围岩设置支护衬砌。当支衬结构与围岩共同工作时，支护力 p_i 与作用于支衬结构上的围岩压力是一对作用力与反作用力。这时只要求得了支衬结构对围岩的支护力 p_i，也就求得了作用于支衬上的形变围岩压力。基于这一思路，从式(9-47)可得：

$$p_i = [(\sigma_0 + C_m \cot\phi_m)(1 - \sin\phi_m)]\left(\frac{R_0}{R_1}\right)^{\frac{2\sin\phi_m}{1-\sin\phi_m}} - C_m \cot\phi_m \qquad (9\text{-}50)$$

式(9-50)为计算圆形洞室形变围岩压力的修正芬纳-塔罗勃公式，同样由式(9-49)可得计算围岩压力的卡斯特纳公式。

式(9-50)是围岩处于极限平衡状态时 p_i-R_1 的关系式，可用图 9-20 的曲线表示。由图可知，当 R_1 愈大时，维持极限平衡所需的 p_i 愈小。因此，在围岩不至失稳的情况下，适当扩大塑性区，有助于减小围岩压力。由此可以得到一个重要的概念，即不仅处于弹性变形阶段的围岩有自承能力，处于塑性变形阶段的围岩也具有自承能力，这就是为什么在软弱岩体中即使有很大的天然应力作用，仅用较薄的衬砌也能维持洞室稳定的道理。但是塑性围岩的这种自承能力是有限的，当 p_i 降到某一低值 $p_{i\min}$ 时，塑性圈就要塌落，这时围岩压力可能反而增大（图9-20Ⅲ）。

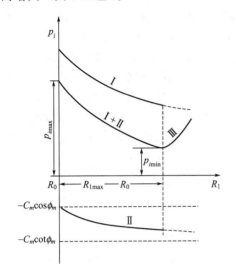

图 9-20　p_i-R_1 关系曲线

Ⅰ. 由 σ_0 引起的 p_i-R_1 曲线

Ⅱ. 由 C_m 引起的 p_i-R_1 曲线

Ⅰ+Ⅱ. 修正芬纳-塔罗勃的 p_i-R_1 曲线

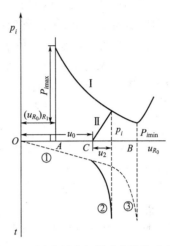

图 9-21　围岩压力与洞壁变形关系曲线

① 无支护推算的 u_{R_0}-t 曲线；② 有支护实测的 u_{R_0}-t

曲线；③ 无支护实测的 u_{R_0}-t 曲线；$(u_{R_0})_{R_1}$

为出现塑性圈时的洞壁位移；Ⅰ 为 p_i-u_{R_0} 曲线；

Ⅱ 为 p_i-u_2 曲线

如果改写式(9-50)，即得：

$$p_i = \sigma_0\,(1-\sin\phi_m)\left(\frac{R_0}{R_1}\right)^{\frac{2\sin\phi_m}{1-\sin\phi_m}} - C_m\cot\phi_m\left[1-(1-\sin\phi_m)\left(\frac{R_0}{R_1}\right)^{\frac{2\sin\phi_m}{1-\sin\phi_m}}\right] \tag{9-51}$$

由式(9-51) 可知，当 ϕ_m 一定时，p_i 取决于天然应力 σ_0 和岩体 C_m，而 C_m 的存在将减小维持围岩稳定所需的支护力 p_i 值。

由于一般情况下 R_1 难以求得，所以常用洞壁围岩的塑性变形 u_{R_0} 来表示 p_i。由式(9-39) 可得：

$$\frac{R_0}{R_1} = \sqrt{\frac{R_0\sin\phi_m\,(\sigma_0+C_m\cot\phi_m)}{2G_m u_{R_0}}}$$

代入式(9-50)，可得 p_i 与 u_{R_0} 间的关系为：

$$p_i = -C_m\cot\phi_m + \left[(\sigma_0+C_m\cot\phi_m)(1-\sin\phi_m)\right]\left[\frac{R_0\sin\phi_m\,(\sigma_0+C_m\cot\phi_m)}{2G_m u_{R_0}}\right]^{\frac{2\sin\phi_m}{1-\sin\phi_m}} \tag{9-52}$$

式中，u_{R_0} 为洞壁的径向位移。在实际工程中，在忽略支衬与围岩间回填层压缩位移的情况下，u_{R_0} 主要应包括两部分，即洞室开挖后到支衬前的洞壁位移 u_0 和支护衬砌后支衬结构的位移 u_2。其中 u_0 取决于围岩性质及其暴露时间，即与施工方法有关，常用实测方法求得。u_2 则取决于支衬形式和刚度，对于封闭式混凝土衬砌的圆形洞室，假定围岩与衬砌共同变形，则可用厚壁筒理论求得 p_i 与 u_2 的关系为：

$$u_2 = \frac{p_i R_0 (1-\mu_c^2)}{E_c} \left(\frac{R_b^2 + R_0^2}{R_b^2 - R_0^2} - \frac{\mu_c}{1-\mu_c} \right) \tag{9-53}$$

式中，E_c，μ_c 为衬砌的弹性模量和泊松比；R_0，R_b 为衬砌的内、外半径。

式（9-52）表明，围岩压力 p_i 随洞壁位移 u_{R_0} 增大而减小，说明适当的变形有利于降低围岩压力，减小衬砌厚度。因此在实际工作中常采用柔性支衬结构。p_i 与 u_{R_0} 的关系如图 9-21 中的曲线 I 所示，当 u_{R_0} 达到塑性圈开始出现时的位移 $(u_{R_0})_{R_1}$（即围岩开始出现塑性变形）时，围岩压力将出现最大值 $p_{i\max}$。然后随 u_{R_0} 增大 p_i 逐渐降低，到 B 点，p_i 达到最低值 $p_{i\min}$ 之后，p_i 又随 u_{R_0} 增大而增大。因此，支护衬砌必须在 AB 之间进行，越接近 A 点，p_i 越大；越近 B 点，p_i 越小；若在 C 点进行支护衬砌，则由于衬砌本身的位移 u_2，p_i 随 u_2 将沿曲线 II 变化，曲线 II 与曲线 I 交点上的 p_i 就是作用在支护衬砌上的实际围岩压力值（图 9-21）。

从图 9-21 可知，如果支护衬砌是在 B 点以后，则围岩就要产生松动塌落，这时作用于支护衬砌上的围岩压力反而会增大，其值等于松动圈塌落岩体的自重。当松动圈塌落时，最大松动围岩压力 p_i 可用下式计算：

$$p_i = k_1 R_0 \rho g - k_2 C_m \tag{9-54}$$

式中，ρ，C_m 为岩体密度和内聚力；k_1，k_2 为松动压力系数，用下式确定。

$$k_1 = \frac{1-\sin\phi_m}{3\sin\phi_m - 1} \left[1 - \left(\frac{C_m \cot\phi_m}{\cot\phi_m + \sigma_0 (1-\sin\phi_m)} \right)^{\frac{3\sin\phi_m - 1}{2\sin\phi_m}} \right] \tag{9-55}$$

$$k_2 = \cot\phi_m \left[1 - \frac{C_m \cot\phi_m}{C_m \cot\phi_m + \sigma_0 (1-\sin\phi_m)} \right] \tag{9-56}$$

9.4.2.2　松动围岩压力计算

松动围岩压力是指松动塌落岩体重量所引起的作用在支护衬砌上的压力。实际上，围岩的变形与松动是围岩变形破坏发展过程中的两个阶段，围岩过度变形超过了它的抗变形能力，就会引起塌落等松动破坏，这时作用于支护衬砌上的围岩压力就等于塌落岩体的自重或分量。目前计算松动围岩压力的方法主要有：平衡拱理论、太沙基理论及块体极限平衡理论等。

（1）平衡拱理论　这个理论是由俄国的 M·M·普罗托耶科诺夫提出的，又称为普氏理论。该理论认为：洞室开挖以后，如不及时支护，洞顶岩体将不断跨落而形成一个拱形，又称塌落拱。最初这个拱形是不稳定的，如果洞侧壁稳定，则拱高随塌落不断增高；反之，如侧壁也不稳定，则拱跨和拱高同时增大。当洞的埋深较大（埋深 $H > 5b_1$，b_1 为拱跨）时，塌落拱不会无限发展，最终将在围岩中形成一个自然平衡拱。这时，作用于支护衬砌上的围岩压力就是平衡拱与衬砌间破碎岩体的重量，与拱外岩体无关。因此，利用该理论计算围岩压力时，首先要找出平衡拱的形状和拱高。

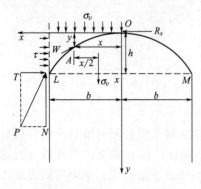

图 9-22　平衡拱及受力分析示意图

如图 9-22 所示，为了求平衡拱的形状和拱高，取坐标系 xOy 如图，曲线 LOM 为平衡拱，对称于 y 轴。在半跨 LO 段内任取一点 $A(x,y)$，取 OA 为脱离体，考察它的受力与平衡条件。OA 段的受力状态为：半跨 OM 段对 OA 的水平作用力 R_x，R_x 对 A 点的力矩为 R_{xy}；铅直天然应力 σ_v 在 OA 上的作用力为 $\sigma_v x$，它对 A 点的

力矩为 $\dfrac{\sigma_v x^2}{2}$；LA 段对 OA 段的反力为 W，它对 A 点的力矩为零。由于 A 点处于平衡状态，则由平衡拱力矩平衡条件可求得拱的曲线方程为：

$$y = \frac{\sigma_v}{2R_x}x^2 \tag{9-57}$$

式(9-57) 为抛物线方程，因此可知平衡拱为抛物线形状。进一步设平衡拱的拱高为 h，半跨为 b，则从式(9-57) 可得到：

$$R_x = \frac{\sigma_v b^2}{2h} \tag{9-58}$$

为了求平衡拱高 h，考虑半拱 LO 的平衡，如图 9-22 所示，LO 除受力 R_x、σ_v 作用外，在拱脚 L 点还有反力 T 和 N。当半拱稳定时，利用极限平衡条件，则有：

$$R_x = T = Nf, \sigma_v b = N$$

为使拱圈有一定的安全储备，设 $R_x = \dfrac{1}{2}Nf$，所以有：

$$R_x = \frac{1}{2}Nf = \frac{1}{2}\sigma_v bf$$

代入式(9-58) 可得平衡拱高 h 为：

$$h = \frac{b}{f} \tag{9-59}$$

将式(9-58)，式(9-59) 代入式(9-57)，即得平衡拱的曲线方程为：

$$y = \frac{x^2}{fb} \tag{9-60}$$

式(9-59) 和式(9-60) 中的 f 为岩体的普氏系数（或称坚固性系数）。对于松软岩体来说，可取

$$f = \tan\phi_m + C_m/\sigma \tag{9-61}$$

对于坚硬岩体来说，常取

$$f = \frac{\sigma_c}{10} \tag{9-62}$$

上两式中，C_m，ϕ_m 为岩体的内聚力和内摩擦角；σ_c 为岩石的单轴抗压强度，MPa。

求得平衡拱曲线方程后，洞侧壁稳定时洞顶的松动围岩压力即为 LOM 以下岩体的重量，kN，即

$$p_1 = \rho g \int_{-b}^{b}(h - y)\,\mathrm{d}x = \rho g \int_{-b}^{b}\left(h - \frac{x}{fb}\right)\mathrm{d}x = \frac{4\rho g b^2}{3f} \tag{9-63}$$

式中，ρ 为岩体的密度；其他符号意义同前。

如果洞室侧壁边也不稳定，则洞的半跨将由 b 扩大至 b_1，如图 9-23 所示。这时侧壁岩体将沿 LE 和 MF 滑动，滑面与垂直洞壁的夹角为 $\alpha = 45° - \dfrac{\phi_m}{2}$，所以有：

$$\left.\begin{aligned} b_1 &= b + l\tan\left(45° - \frac{\phi_m}{2}\right) \\ h_1 &= \frac{b_1}{f} = \frac{b}{f} + \frac{l\tan(45° - \phi_m/2)}{f} \end{aligned}\right\} \tag{9-64}$$

这时，为维持矩形洞室的原形，洞顶的松动围岩压力 P_1（kN）为 $AA'B'B$ 块体的重量，即

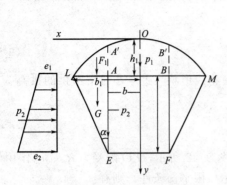

图 9-23 围岩压力的计算图

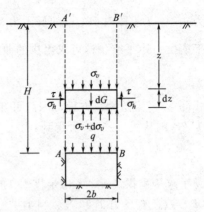

图 9-24 侧壁稳定时的围岩压力计算图

$$p_1 = \rho g \int_{-b}^{b} (h_1 - y) \mathrm{d}x = \rho g \int_{-b}^{b} \left(\frac{b_1}{f} - \frac{x^2}{fb_1} \right) \mathrm{d}x = \frac{2\rho g b}{3fb_1} (3b_1^2 - b^2) \tag{9-65}$$

侧壁围岩压力为滑移块体 $A'EL$ 或 $B'MF$ 的自重在水平方向上的投影。也可按土压力理论计算，如图 9-23 所示，作用于 A 和 E 处的主动土压力 e_1，e_2 为：

$$\left. \begin{aligned} e_1 &= \rho g h_1 \tan^2 \left(45° - \frac{\phi_m}{2} \right) \\ e_2 &= \rho g (h_1 + l) \tan^2 \left(45° - \frac{\phi_m}{2} \right) \end{aligned} \right\} \tag{9-66}$$

因此，侧壁围岩压力为：

$$p_2 = \frac{1}{2} (e_1 + e_2) l = \frac{\rho g l}{2} (2h_1 + l) \tan^2 \left(45° - \frac{\phi_m}{2} \right) \tag{9-67}$$

大量实践证明，平衡拱理论只适用散体结构岩体，如强风化、强烈破碎岩体、松动岩体和新近堆积的土体等。另外，洞室上覆岩体需有一定的厚度（埋深 $H > 5b_1$），才能形成平衡拱。

（2）太沙基理论 太沙基（Terzaghi）把受节理裂隙切割的岩体视为一种具有一定内聚力的散粒体。假定跨度为 $2b$ 的矩形洞室，开挖在深度为 H 的岩体中。开挖以后侧壁稳定，顶拱不稳定，并可能沿图 9-24 所示的面 AA' 和 BB' 发生滑移。滑移面的剪切强度 τ 为：

$$\tau = \sigma_h \tan\phi_m + C_m \tag{9-68}$$

式中，ϕ_m，C_m 为岩体的剪切强度参数；σ_h 为水平天然应力。

设岩体的天然应力状态为：

$$\begin{aligned} \sigma_h &= \rho g z \\ \sigma_h &= \lambda \sigma_v = \lambda \rho g z \end{aligned} \tag{9-69}$$

式中，ρ 为岩体密度；λ 为天然应力比值系数。

在岩柱 $A'B'BA$ 中 z 深度处取一厚度为 $\mathrm{d}z$ 的薄层进行分析。薄层的自重 $\mathrm{d}G = 2b\rho g \mathrm{d}z$，其受力条件如图 9-24 所示。当薄层处于极限平衡时，由平衡条件可得：

$$2b\rho g \mathrm{d}z - 2b(\sigma_v + \mathrm{d}\sigma_v) + 2b\sigma_v - 2\lambda\sigma_v \tan\phi_m \mathrm{d}z - 2C_m \mathrm{d}z = 0$$

整理简化后得：

$$\mathrm{d}\sigma_v = \left(\rho g - \frac{\lambda \rho g}{b} z \tan\phi_m - \frac{C_m}{b} \right) \mathrm{d}z \tag{9-70}$$

边界条件：当 $z=0$ 时，$\sigma_v=0$。

由式(9-70)两边积分得：

$$\sigma_v=\rho gz\left(1-\frac{\lambda}{2b}z\tan\phi_m-\frac{C_m}{b\rho g}\right)\tag{9-71}$$

当 $z=H$ 时，σ_v 即为作用于洞顶单位面积上的围岩压力，用 q 表示为：

$$q=\rho gH\left(1-\frac{\lambda}{2b}H\tan\phi_m-\frac{C_m}{b\rho g}\right)\tag{9-72}$$

若开挖后，侧壁也不稳定时，则侧壁围岩将沿与洞壁呈 $45°-\dfrac{\phi_m}{2}$ 角的面滑移，如图 9-25 所示。这时将柱体 $A'ABB'$ 的自重扣除 $A'A$，BB' 面上的摩擦阻力，可求得作用于洞顶单位面积上的围岩压力 q 为：

$$q=\rho gH\left[1-\frac{HK_a}{2b_2}\right]\tag{9-73}$$

式中

$$\left.\begin{array}{l}b_2=b+h\tan\left(45°-\dfrac{\phi_m}{2}\right)\\[2mm]K_a=\tan^2\left(45°-\dfrac{\phi_m}{2}\right)a\cot\phi_m\end{array}\right\}\tag{9-74}$$

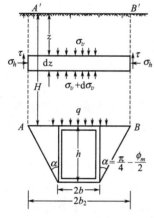

图 9-25 侧壁不稳定时围岩压力计算图

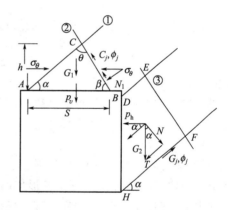

图 9-26 楔形体平衡分析及围岩压力计算图
①～③为结构面

洞顶围岩压力计算公式(9-72)和式(9-73)适用于散体结构岩体中开挖的浅埋洞室。它与普氏理论的根本区别在于，它假设了围岩可能沿两个铅直滑移面 $A'A$ 和 $B'B$ 滑动。

（3）块体极限平衡理论　在整体状结构岩体中，常被各种结构面切割成不同形状和大小的结构体。地下洞室开挖后，由于洞周临空，围岩中的某些块体在自重作用下向洞内滑移。那么作用在支护衬砌上的压力就是这些滑体的重量或其分量，可采用块体极限平衡法进行分析计算。

采用块体极限平衡理论计算松动围岩压力时，首先应从地质构造分析着手，找出结构面的组合形式及其与洞轴线的关系。进而得出围岩中可能不稳定楔形体的位置和形状，并对不稳定体塌落或滑移的运动学特征进行分析，确定其滑动方向、可能滑动面的位置、产状和力学强度参数。然后对楔形体进行稳定性校核。如果校核后，楔形体处于稳定状态，那么其围岩压力为零；如果不稳定，那么就要具体地计算其围岩压力。下面以图9-26所示为例来说明洞顶和侧壁围岩压力的计算方法。

1）洞顶围岩压力　如图 9-26 所示，经勘查在洞室顶部存在由两组结构面交切形成的楔形体 ABC，设两组结构面的性质相同，剪切强度参数为 C_j、ϕ_j，且夹角为 θ，结构面倾角分别为 α、β（在本例中设为相等）。所切割的楔形体高为 h、底宽为 S。经分析楔形体受有如下力的作用：①围岩重分布应力 σ_θ，可分解为法向力 $N_1 = \sigma_\theta l \cos \dfrac{\theta}{2}$ 和上推力 $\sigma_\theta l \sin \dfrac{\theta}{2}$；②结构面剪切强度产生的抗滑力 $C_j l + \sigma_\theta l \cos \dfrac{\theta}{2} \tan\phi_j$；③楔形体的自重 G_1。在以上力的作用下，楔形体 ABC 的稳定条件为：

$$G_1 \leqslant 2l \left(C_j + \sigma_\theta \cos \frac{\theta}{2} \tan\phi_j + \sigma_\theta \sin \frac{\theta}{2} \right) \cos \frac{\theta}{2} \tag{9-75}$$

式中，l 为结构面的长度。

如果经分析，楔形体不稳定，即不满足式（9-75），则作用于洞顶支衬上的围岩压力 p_v 就是该楔形体的自重，即

$$p_v = G_1 = \frac{1}{2} S h \rho g \tag{9-76}$$

进一步从图 9-26 的关系有：

$$h = \frac{S}{\cot\alpha + \cot\beta} \tag{9-77}$$

将式（9-77）代入式（9-76），得洞顶围岩压力 p_v 为：

$$p_v = \frac{S^2 \rho g}{2 (\cot\alpha + \cot\beta)} \tag{9-78}$$

式中，p_v 的单位为 kN。

以上讨论的是在两组结构面性质和倾角都相同的简单情况下的围岩压力计算方法。对于结构面性质和倾角不相同或楔形体更为复杂的情况，其围岩压力计算思路与此相同，只是计算公式更为复杂而已。

2）侧壁围岩压力　如图 9-26 所示，若除洞顶外，侧壁也存在不稳定楔形体 $DEFH$。它所形成的侧壁围岩压力 p_h 等于楔形体的重量在滑动方向上的分力减去滑动面的摩擦阻力后，在水平方向上的分力。由图可知，楔形体在自重 G_2 的作用下，在滑面 FH 上的滑动力 $T = G_2 \sin\alpha$，抗滑力为 $G_2 \cos\alpha\tan\phi_j + C_j l_{FH}$。

根据极限平衡理论，楔形体的稳定条件为：

$$G_2 \cos\alpha\tan\phi_j + C_j l_{FH} - G_2 \sin\alpha > 0 \tag{9-79}$$

若楔形体不稳定［即式（9-79）不满足］，则该楔形体产生的侧向围岩压力为：

$$p_h = (G_2 \sin\alpha - G_2 \cos\alpha\tan\phi_j - C_j l_{FH}) \cos\alpha \tag{9-80}$$

式中，p_h 为侧向围岩压力，kN；C_j，ϕ_j 为滑动面 FH 的黏聚力和摩擦角；α 为滑动面 FH 的倾角；l_{FH} 为滑动面 FH 的长度。

9.4.2.3　岩爆（rockburst）

在具有高天然应力的弹脆性岩体中，进行各种有目的的地下开挖工程时，由开挖卸载及特殊的地质构造作用引起开挖周边岩体中应力高度集中，岩体中积聚了很高的弹性应变能。当开挖体围岩中应力超过岩体的容许极限状态时，将造成瞬间大量弹性应变能释放；使围岩发生急剧变形破坏和碎石抛掷，并发生剧烈声响、震动和气浪冲击，造成顶板冒落、侧墙倒塌、支护折断、设备毁坏，甚至地面震动、房屋倒塌等现象。直接威胁着地下施工人员的生命安全。这种作用或现象称为岩爆，在采矿中称为冲击地压或矿震。因此，它是地下工程中

一种危害最大的地质灾害。

广义地说，岩爆是一种地下开挖活动诱发的地震现象。根据目前测得的采矿诱生矿震的能量范围约为 $10^{-5} \sim 10^9$ J（焦耳）。但只有突然猛烈释放的能量大于 10^4 J 的矿震才形成岩爆。

自 1738 年英国的南斯塔福煤矿发生第一次岩爆以来，相继在南非、波兰、美国、中国、日本等 18 个国家发生了岩爆灾害。我国自 1933 年抚顺煤矿首次发生岩爆以来，也相继在水电工程、采矿及铁路隧洞工程中发生了许多次岩爆，造成了人员伤亡和财产损失。然而，虽然人类认识岩爆灾害已有 260 年的历史，但真正引起各国关注却是近几十年的事情。目前这方面的研究也不太多，有许多问题还处在探索阶段。下面仅就岩爆产生的条件、影响因素及其形成机理进行简要的讨论。

（1）岩爆的产生条件

1）围岩应力条件　判断岩爆发生的应力条件有两种方法：一是用洞壁的最大环向应力 σ_θ 与围岩单轴抗压强度 σ_c 的比值作为岩爆产生的应力条件；另一种是用天然应力中的最大主应力 σ_1 与岩块单轴抗压强度 σ_c 之比进行判断。

多尔恰尼诺夫等人根据原苏联库尔斯克半岛西平矿的岩爆研究，提出了如表 9-3 的环向应力 σ_θ 判据。

表 9-3　岩爆的环向应力判据

环向应力 σ_θ 判据	岩爆特征
$\sigma_\theta \leqslant 0.3\sigma_c$	洞壁不出现岩爆
$0.3\sigma_c < \sigma_\theta \leqslant (0.5 \sim 0.8)\sigma_c$	洞壁围岩出现岩射和剥落
$\sigma_\theta > 0.8\sigma_c$	洞壁出现岩爆和猛烈岩射

另外，根据我国已产生岩爆的地下洞室资料统计，得出当岩体中最大天然主应力 σ_1 与 σ_c 达到如下关系时，将产生岩爆。

$$\sigma_1 \geqslant (0.15 \sim 0.2)\sigma_c \tag{9-81}$$

表 9-4 给出了一些地下工程围岩发生岩爆时的 σ_1/σ_c 值，可知对于 σ_1/σ_c 值大于 $0.165 \sim 0.35$ 的脆性岩体最易发生岩爆。

表 9-4　发生岩爆时的 σ_1/σ_c 值

地下工程名称	岩 性	单轴抗压强度 σ_c/MPa	最大天然应力 σ_1/MPa	σ_1/σ_c
前苏联,希宾地块,拉斯伍姆乔尔矿	霓霞-磷霞岩	180.0	57.0	0.320
前苏联,希宾地块,基洛夫矿	霓霞-磷霞岩	180.0	37.0	0.210
美国,爱达荷州,CAD 矿 A 矿	石英岩	190.0	66.0	0.347
美国,爱达荷州,CAD 矿 B 矿	石英岩	190.0	52.0	0.274
美国,爱达荷州,加利纳矿	石英岩	189.0	31.6	0.167
瑞典,维塔斯输水洞	石英岩	180.0	40.0	0.222
中国,二滩电站,2# 洞,3# 支洞	正长岩	210.0	26.0	0.124

2）岩性条件　在脆性岩体中，弹性变形一般占破坏前总变形值的 $50\% \sim 80\%$。所以，这类岩体具有积累高应变能的能力。因此，可以用弹性变形能系数 ω 来判断岩爆的岩性条件。ω 是指加载到 $0.7\sigma_c$ 后再卸载至 $0.05\sigma_c$ 时，卸载释放的弹性变形能与加载吸收的变形能

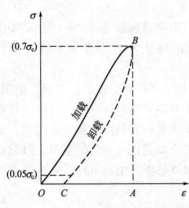

图 9-27 应变能系数 ω 概念示意图

之比的百分数，即

$$\omega = \frac{F_{CAB}}{F_{OAB}} \times 100\% \tag{9-82}$$

式中，F_{CAB} 为图 9-27 中曲线 ABC 所包围的面积；F_{OAB} 为图中曲线 OAB 所包围的面积。

一般来说，当 $\omega > 70\%$ 时，会产生岩爆，ω 越大，发生岩爆的可能性越大。

此外，还可用岩石单向压缩时，达到强度极限前积累于岩石内的应变能与强度极限后消耗于岩石破坏的应变能之比来判断（图 9-28），即

$$n = \frac{F_{OAB}}{F_{BAC}} \tag{9-83}$$

式中，F_{OAB} 为图 9-28 中曲线 OAB 包围的面积；F_{BAC} 为图中曲线 BAC 包围的面积。

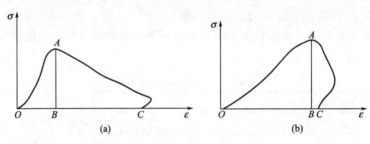

图 9-28 岩石全应力-应变曲线

一般来说，当 $n < 1$ [图 9-28(a)] 时，不会发生岩爆；而当 $n > 1$ [图 9-28（b）所示的情况] 时，在高应力条件下可能发生岩爆。

（2）影响岩爆的因素

1）地质构造　实践表明，岩爆大都发生在褶皱构造中。如我国南盘江天生桥电站引水洞，岩爆发生在尼拉背斜地段，唐山煤矿 2151 工作面岩爆发生在向斜轴部。另外，岩爆与断层、节理构造也有密切的关系。调查表明，当掌子面与断裂或节理走向平行时，将触发岩爆。我国龙凤煤矿发生的 50 次岩爆中，发生在断层前的占 72%，发生在断层带中的占 14%，发生在断层后的占 10%。如天池煤矿，在采深 200～700m 处，90% 的岩爆发生在断层和地质构造复杂部位。岩体中节理密度和张开度对岩爆也有明显的影响。据南非金矿观测表明，在节理间距小于 40cm，且张开的岩体中，一般不发生岩爆。掌子面岩体中有大量岩脉穿插时，也将发生岩爆。

2）洞室埋深　大量资料表明，随着洞室埋深增加，岩爆次数增多，强度也增大。发生岩爆的临界深度 H 可按下式估算：

$$H > 1.73 \frac{\sigma_c B}{\rho g C} \tag{9-84}$$

式中，$B = \left[1 + \frac{\sigma_3}{\sigma_1} \left(\frac{\sigma_3}{\sigma_1} - 2\mu \right) \right]$；$C = \frac{(1-2\mu)(1+\mu)^2}{(1-\mu)^2}$；$\sigma_1$，$\sigma_3$ 为天然最大、最小主应力。

据统计，我国煤矿中岩爆多发生在埋深大于 200m 的巷道中。

此外，地下开挖尺寸、开挖方法、爆破震动及天然地震等对岩爆也有明显的影响。

（3）岩爆形成机理和围岩破坏区分带　根据岩爆破坏的几何形态、爆裂面力学性质、岩爆弹射动力学特征和围岩破坏的分带特点，可知岩爆的孕育、发生和发展是一个渐进性变形破坏过程，如图 9-29 所示，可分为三个阶段。

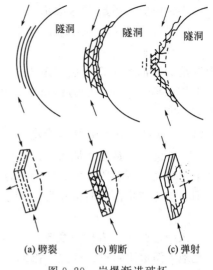

（a）劈裂　　（b）剪断　　（c）弹射

图 9-29　岩爆渐进破坏
过程示意图

1）劈裂成板阶段 ［图 9-29(a)］　在储存有较高应变能的脆性岩体中，由于开挖使岩体中天然应力分异、围岩应力集中，在洞壁平行于最大天然应力 σ_1 部位，环向应力梯度增大，洞壁受压。致使垂直洞壁方向受张应力作用而产生平行于最大环向应力的板状劈裂。板裂面平直无明显擦痕。在天然应力量级相对较小且围岩中应变能不大的情况下，因板裂消耗了部分应变能，劈裂发展至一定程度后将不再继续扩展。这时仅在洞壁表部，在张、剪应力复合作用下，部分板裂岩体脱离母岩而剥落，而无岩块弹射出现。这种破坏原则上不属于岩爆，而属于静态脆性破坏。若围岩应力很高，储存的弹性应变能很大，则劈裂会进一步演化。本阶段属于岩爆孕育阶段。

2）剪切成块阶段 ［图 9-29(b)］　在平行板裂面方向上，环向应力继续作用，在产生环向压缩变形的同时，径向变形增大，劈裂岩板向洞内弯曲，岩板内剪应力增大，发生张剪复合破坏。这时岩板破裂成棱块状、透镜状或薄片状岩块，裂面上有明显的擦痕。岩板上的微裂增多并呈"V"字形或"W"字形。此时洞壁岩体处于爆裂弹射的临界状态。所以本阶段是岩爆的酝酿阶段。

3）块、片弹射阶段 ［图 9-29(c)］　在劈裂、剪断岩板的同时，产生响声和震动。在消耗大量弹性能之后，围岩中的剩余弹性能转化为动能，使块、片获得动能而发生弹射，岩爆形成。

上述岩爆三个阶段构成的渐进性破坏过程都是很短促的。各阶段在演化的时序和发展的空间部位都是由洞壁向围岩深部依次重复更迭发生的。因此，岩爆引起的围岩破坏区可以分弹射带、劈裂-剪切带和劈裂带。

综上所述，岩爆是地下工程中与地壳岩体内动力作用有关的地质灾害，它不仅与岩体天然应力状态密切相关，而且与岩体的力学属性有关。岩爆的发生还受到地质构造、洞室埋深、形状、施工方法及爆破震动等因素的影响。并可根据岩爆显现的各种物理力学现象对岩爆进行预测预报，采取相应的消除和控制措施，以减少其灾害损失。

9.5　围岩抗力与极限承载力

有压洞室由于存在很高的内水压力作用，迫使衬砌向围岩方向变形，围岩被迫后退时，将产生一个反力来阻止衬砌的变形。我们把围岩对衬砌的反力称为围岩抗力，或称弹性抗力。围岩抗力愈大，愈有利于衬砌的稳定。实际上围岩抗力承担了一部分内水压力，从而减小了衬砌所承受的内水压力，起到了保护衬砌的作用。所以，充分利用围岩抗力，可以大大地减薄衬砌的厚度，降低工程造价。因此，围岩抗力的研究具有重要的实际意义。围岩抗力的大小常用抗力系数 K 来表示。

围岩抗力是从围岩与衬砌共同变形理论出发，按围岩抗变形能力考虑围岩承载力的。但是，从有压洞室的整体稳定性考虑，仅考虑围岩抗力是不够的，还必须从围岩承担内水压力的能力（洞室上覆岩层不至于因内水压力而被整体抬动）来考虑围岩的承载力，即表征围岩承担内水压力能力的指标是围岩极限承载力，它主要与围岩的强度性质及天然应力状态有关。

9.5.1 围岩抗力系数及其确定

围岩抗力系数是表征围岩抵抗衬砌向围岩方向变形能力的指标，定义为使洞壁围岩产生一个单位径向变形所需要的内水压力。如图 9-30 所示，当洞壁受到内水压力 p_a 作用后，洞壁围岩向外产生的径向位移为 y，则

$$p_a = Ky \tag{9-85}$$

式中，K 为围岩抗力系数，MPa/cm，K 值愈大，说明围岩承受内水压力的能力愈大。它是地下洞室支衬设计的重要指标。

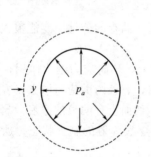

图 9-30　弹性抗力计算示意图

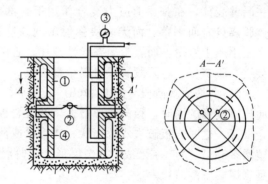

图 9-31　双筒橡皮囊法装置图
①—金属筒；②—测微计；③—水压表；④—橡皮囊

必须指出，K 值不是一个常数。它随洞室尺寸而变化，洞室半径越大，K 值越小。这样就会出现在同一岩体条件下，不同半径试洞中求得的 K 值不同，这就给实际使用这一指标造成困难。因此，为了统一标准，在工程中常用单位抗力系数 K_0 来表示围岩抗力的大小。

单位抗力系数是指洞室半径为 100cm 时的抗力系数值，即

$$K_0 = K \frac{R_0}{100} \tag{9-86}$$

式中，R_0 为洞室半径。

确定围岩抗力系数的方法有：直接测定法、计算法和工程地质类比（经验数据）法三种。常用的直接测定法有双筒橡皮囊法、隧洞水压法和径向千斤顶法。

双筒橡皮囊法是在岩体中挖一个直径大于 1m 的圆形试坑，坑的深度应大于 1.5 倍的直径。试坑周围岩体要有足够的厚度，一般应大于 3 倍的试坑直径。在坑内安装环形橡皮囊，如图 9-31 所示。用水泵对橡皮囊加压使其扩张，并对坑壁岩体施压，使坑壁岩体受压而向四周变形。其变形值可用百分表（或测微计）测记。若坑壁无混凝土衬砌，则 K 值可按式（9-85）计算。若有混凝土衬砌时，则按下式计算围岩抗力系数 K：

$$K = \frac{p_a}{y} - \frac{bE_c}{R_0^2} \tag{9-87}$$

式中，p_a 为作用于衬砌内壁上的水压力，MPa；y 为径向位移，cm；b 为衬砌的厚度，cm；E_c 为衬砌的弹性模量，MPa；R_0 为试坑半径。

隧洞水压法是在已开挖的隧洞中，选择代表性地段进行水压试验。将所选定试段的两端堵死，在洞内安装量测洞径变化的测微计（百分表），如图 9-32 所示。然后向洞内泵入高压水，洞壁围岩在水压力的作用下发生径向变形。测出径向变形，即可按式（9-85）和式（9-86）或式（9-87）计算围岩的 K 或 K_0 值。

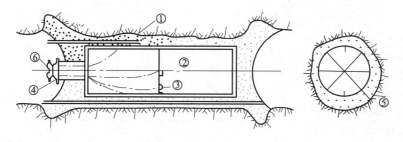

图 9-32　隧洞水压法装置图
①—衬砌；②—橡皮囊；③—测微计；④—阀门；⑤—伸缩缝；⑥—排气孔

径向千斤顶法是利用扁千斤顶代替水泵作为加压工具对岩体施加径向压力，并测得径向变形。然后据测得径向变形 y 和相应的压力 p_a，用式（9-85）和式（9-86）求岩体的 K 和 K_0 值。

计算法是根据围岩抗力系数和弹性模量 E 与泊松比 μ 之间的理论关系来求围岩的 K 和 K_0 值。

根据弹性理论，K、R_0 和 E、μ 之间有下列关系。

$$K=\frac{E}{(1+\mu)R_0} \tag{9-88}$$

而单位抗力系数 K_0，据式（9-86）为：

$$K_0=\frac{E}{(1+\mu)100} \tag{9-89}$$

式（9-88）仅适用于坚硬、完整、均质和各向同性的岩体。对于软弱和破碎岩体，或具有塑性圈的围岩，可按下式计算：

$$\left.\begin{array}{l} K=\dfrac{E_{me}}{\left(1+\mu_m+\ln\dfrac{R_1}{R_0}\right)R_0} \\[4mm] K_0=\dfrac{E_{me}}{\left(1+\mu_m+\ln\dfrac{R_1}{R_0}\right)100} \end{array}\right\} \tag{9-90}$$

式中，E_{me} 为岩体的弹性模量，MPa；μ_m 为泊松比；R_0 为洞室半径，cm；R_1 为裂隙区半径，cm。

对于坚硬岩体 $R_1/R_0=3.0$ 而软弱、破碎岩体 R_1/R_0 取 300。

工程地质类比法是根据已有的建设经验，将拟建工程岩体的结构和力学特性、工程规模等因素与已建工程进行类比确定 K 值。一些中、小型工程大都采用此法。

表 9-5 给出了我国部分水工隧洞围岩抗力系数 K_0 的经验数据。

表 9-5　国内部分工程围岩抗力系数（K_0）值

工程名称	岩 体 条 件	最大载荷 /MPa	K_0 /(MPa/cm)	试 验 方 法
隔河岩	深灰色薄层泥质条带灰岩、新鲜完整，0.1m 至 0.2m 裂隙破碎带	3.0	176～268	径向扁千斤顶法
	灰岩新鲜完整、裂隙方解石充填	1.2	224～309	双筒橡皮囊法
映秀湾	花岗闪长岩，微风化，中细粒，裂隙发育	1.0	16.1～18.1	径向扁千斤顶法
	花岗闪长岩，较完整均一，裂隙不太发育	1.0	116～269	径向扁千斤顶法
龚咀	花岗岩，中粒，似斑状，具隐裂隙，微风化	1.0	88～102.5	扁千斤顶法
	辉绿岩脉，有断层通过，破碎，不均一	0.6	11.3～50.1	扁千斤顶法
太平溪	灰白色至浅灰色石英闪长岩，中粒，新鲜坚硬，完整	3.0	250～375	扁千斤顶法
长湖	砂岩，微风化，夹千枚岩，页岩	0.6	78	水压法
南梗河三级	花岗岩，中粗粒，弱风化，不均一	1.0	18～70.5	扁千斤顶法
	花岗岩，裂隙少，坚硬完整	1.8	40～130	扁千斤顶法
二滩	正长岩，新鲜，完整	1.3	104～188	扁千斤顶法
刘家峡	微风化云母石英片岩	1.0～1.2	300～320	双筒橡皮囊法
	中风化云母石英片岩	1.0～1.2	140～160	双筒橡皮囊法

9.5.2　围岩极限承载力的确定

围岩极限承载力是指围岩承担内水压力的能力。大量的事实表明：在有压洞室中，围岩承担了绝大部分的内水压力。例如，我国云南某水电站的高压钢管埋设在下二叠统玄武岩体中，上覆岩体仅厚 32m，原担心在内水压力作用下围岩会不稳定。但通过天然应力测量发现，该地区的水平应力远大于铅直应力，两者之比值为 0.91～1.87。设计中采用了让天然应力承担部分内水压力的方案。建成运营后，围岩稳定性良好，根据洞径变化和钢板变形等实测数据计算，得知围岩承担了 11.5～12MPa 的内水压力，约为设计内水压力的 83%～86%。又如瑞典的马萨电站的高压输水管埋设在结晶板岩中，上覆岩体厚 100m，钢管壁厚 8mm，最大内水压力为 19.6MPa，围岩承担了 90% 的内水压力。这些例子说明围岩具有很高的承载能力。而这种承载力与围岩的力学性质及天然应力状态有关。

由本章第二节围岩重分布应力的讨论中可知，有压洞室开挖以后，在天然应力作用下应力重新分布，围岩处于重分布应力状态中。洞室建成使用后，洞壁受到高压水流的作用，在很高的内水压力作用下，围岩内又产生一个附加应力，使围岩内的应力再次分布，产生新的重分布应力。如果两者叠加后的围岩应力大于或等于围岩的强度时，则围岩就要发生破坏，否则围岩不破坏。围岩极限承载力就是根据这个原理确定的。下面分别讨论在自重应力和天然应力作用下，围岩极限承载力的确定方法。

9.5.2.1　自重应力作用下的围岩极限承载力

设有一半径为 R_0 的圆形有压隧洞，开挖在仅有自重应力（$\sigma_v = \rho gh$，$\sigma_h = \lambda \rho gh$）作用的岩体中；洞顶埋深为 h；洞内壁作用的内水压力为 p_a。那么，开挖以后，洞壁上的重分布应力，由式（9-11）得：

$$\left.\begin{array}{l} \sigma_{r1} = 0 \\ \sigma_{\theta 1} = \rho gh \left[\, (1+2\cos 2\theta) + \lambda(1-2\cos 2\theta)\,\right] \\ \tau_{r\theta 1} = 0 \end{array}\right\} \tag{9-91}$$

式中，λ 为天然应力比值系数；ρ 为岩体密度。

由内水压力 p_a 引起的洞壁上的附加应力，由式(9-25) 为：

$$\left.\begin{array}{l} \sigma_{r2} = p_a \\ \sigma_{\theta 2} = -p_a \\ \tau_{r\theta 2} = 0 \end{array}\right\} \tag{9-92}$$

则有压隧洞工作时，洞壁围岩的重分布应力状态为：

$$\left.\begin{array}{l} \sigma_r = p_a \\ \sigma_\theta = \rho g h [(1+2\cos2\theta) + \lambda(1-2\cos2\theta)] - p_a \\ \tau_{r\theta} = 0 \end{array}\right\} \tag{9-93}$$

由式(9-93) 可知，σ_r 和 σ_θ 均为主应力。将 σ_r，σ_θ 代入围岩极限平衡条件：

$$\frac{\sigma_r - \sigma_\theta}{\sigma_r + \sigma_\theta + 2C_m \cot\phi_m} = \sin\phi_m$$

即可求得自重应力条件下，围岩极限承载力的计算公式为

$$p_a = \frac{1}{2}\rho g h [(1+2\cos2\theta) + \lambda(1-2\cos2\theta)] (1+\sin\phi_m) + C_m\cos\phi_m \tag{9-94}$$

由式(9-94) 可以求得上覆岩层的极限厚度为：

$$h_{cr} = \frac{2(p_a - C_m\cos\phi_m)}{\rho g [(1+2\cos2\theta) + \lambda(1-2\cos2\theta)] (1+\sin\phi_m)} \tag{9-95}$$

如果考虑洞顶一点，即 $\theta = 90°$，则由式(9-95) 得：

$$h_{cr} = \frac{2(p_a - C_m\cos\phi_m)}{\rho g (3\lambda - 1)(1+\sin\phi_m)} \tag{9-96}$$

式(9-96) 即为没有考虑安全系数时的上覆岩层最小厚度的计算公式。

9.5.2.2　天然应力作用下的围岩极限承载力

由第七章可知，大部分岩体中的天然应力不符合自重应力分布规律。因此，按自重应力计算的极限承载力必然与实际情况有较大的偏差。

为了得到天然应力作用下围岩极限承载力的计算公式，只要把铅直天然应力 σ_v 和水平天然应力 σ_h 代入到洞壁重分布应力计算公式中，经与式(9-94) 同样的推导步骤，就可以得到为：

$$p_a = \frac{1}{2}[(\sigma_h + \sigma_v) + 2(\sigma_h - \sigma_v)\cos2\theta] (1+\sin\phi_m) + C_m\cos\phi_m \tag{9-97}$$

由式(9-97) 可知，围岩的极限承载力是由岩体天然应力和内聚力两部分组成的。因此，当岩体的 C_m，ϕ_m 一定时，围岩的极限承载力取决于天然应力的大小。这就是为什么在许多工程中，即使有很高的内水压力作用，围岩的覆盖层厚度也并不大的情况下，采用较薄的衬砌时仍能维持稳定的原因。

思考题与习题

1. 以水平圆形无压洞室为例，说明弹性围岩应力的分布规律。

2. 何谓围岩？其范围一般为多大？

3. 何谓塑性松动圈？具有塑性圈后围岩中的重分布应力如何变化？

4. 试总结各类结构围岩的变形破坏特点。何谓渐进式破坏的含义？

5. 如何确定地下洞室围岩的破坏范围？试举例说明。

6. 何谓围岩压力？按其形成原因可分为哪几类？各自用什么方法确定？

7. 试述形变围岩应力确定的基本原理与方法。

8. 试述用块体极限平衡方法确定松动围岩压力的方法与步骤。

9. 何谓围岩抗力及围岩抗力系数？常用什么方法确定抗力系数？

10. 拟在地表以下 1500m 处开挖一水平圆形洞室，已知岩体的单轴抗压强度 $\sigma_c = 100$MPa，岩体天然密度 $\rho = 2.75$g/cm^3，岩体中天然应力比值系数 $\lambda = 1$，试评价该地下洞室开挖后的稳定性。

11. 在地表以下 200m 深度处的岩体中开挖一洞径 $2R_0 = 2$m 的水平圆形隧洞，假定岩体的天然应力为静水压力状态（即 $\lambda = 1$），岩体的天然密度 $\rho = 2.7$g/cm^3，试求：

1）洞壁、2 倍洞半径、3 倍洞半径处的重分布应力；

2）根据以上计算结果说明围岩中重分布应力的分布特征；

3）若围岩的抗剪强度 $C_m = 0.4$，$\phi_m = 30°$，试评价该洞室的稳定性；

4）洞室若不稳定，试求其塑性变形区的最大半径 R_1。

12. 在均质、连续、各向同性的岩体中，测得地面以下 100m 深度处的天然应力为：$\sigma_v = 26$MPa，$\sigma_H = 17.3$MPa，拟定在该深度处开挖一水平圆形隧道，半径 $R_0 = 3$m，试求：

1）沿 $\theta = 0°$ 和 $\theta = 90°$ 方向上重分布应力（σ_r、σ_θ）随 r 变化的曲线；

2）设岩体的 $C_m = 0.04$MPa，$\phi_m = 30°$，用图解法求洞顶与侧壁方向破坏圈厚度。

第 10 章　地基岩体稳定性分析

10.1　概　　述

直接承受建筑物载荷的那部分地质体称为地基，若岩体作为建筑物的地基则称为地基岩体。对于地基岩体来说，在上部载荷的作用下，也同样存在着变形和破坏问题。并且由于建筑物荷重的作用和人工改造的影响，地基岩体中的应力分布状况会发生改变。对于一般的工业及民用建筑物来说，由于建筑物载荷较小，而地基岩体的强度较高、刚度较大，出现过量变形或破坏的可能性不大。但对于工程地质性质较差的岩体（如岩体较破碎或存在软弱夹层、破碎带或岩体本身就是软弱岩体等）、建筑物载荷较大（如水坝等）或一些有特殊要求的建筑物（如拱坝等）来说，有时则可能会因地基岩体强度不足或变形过量而破坏。遇到这种情况，在勘察设计中需作专门论证，在施工中要进行专门的处理，方可保证建筑物的安全和正常使用。这种情况尤其在水工建设和高层建筑中最为常见。例如，修建于黄河上游的刘家峡水电站，其大坝为重力坝，坝高 148m，装机容量 122.5 万千瓦，坝基岩体为前震旦系云母石英片岩夹少量角闪片岩。绝大部分岩体呈微风化至新鲜状态，坚硬完整，但局部岩体裂隙较发育，并发育有一条顺河走向的断层。在施工中专门对裂隙较发育的岩体和断层带作了特别处理，使其抗剪强度大幅度提高，才满足了大坝的安全要求。

本章根据地基岩体和建筑物的上述特点，着重介绍上部载荷在地基岩体中引起的附加应力分布特征、地基岩体承载力和基础沉降量的确定方法，以及坝基岩体抗滑稳定性分析等方面的内容。

10.2　地基岩体中的应力分布特征

研究地基岩体的稳定性首先必须搞清地基岩体中的应力分布，它包括天然应力分布和建筑物载荷引起的附加应力分布。本节将重点介绍建筑物载荷在地基岩体中引起的附加应力分布特征。

目前，地基岩体中的应力分析一般都基于弹性理论。对于建筑物载荷分布不均一、岩体结构与性质差别较大的地基岩体，可以采用有限单元法分析岩体中的应力，有关这方面的内容可以参见相关文献。

研究表明，地基岩体中外载荷引起的附加应力分布与建筑物载荷类型、岩体结构及其力学属性有关。本节先介绍较简单的情况，即均质、各向同性岩体中的附加应力分布，然后引申到非均质、各向异性岩体中的附加应力分布。

10.2.1 各向同性、均质、弹性地基岩体中的附加应力

假设在各向同性、均质、弹性地基岩体上作用一均布线载荷，可沿垂直载荷方向切一平面来研究该载荷在地基岩体中引起的附加应力，这是一个典型的平面应变问题。下面分垂直、水平、倾斜三种载荷作用方式来讨论。

10.2.1.1 垂直载荷情况

如图 10-1 所示取极坐标系，以载荷 p 的作用点 O 为原点，r 为向径，θ 为极角。根据弹性理论，地基岩体中任一点 $M(r,\theta)$ 处的附加应力为：

$$\begin{cases} \sigma_r = \dfrac{2p\cos\theta}{\pi r} \\ \sigma_\theta = 0 \\ \tau_{r\theta} = 0 \end{cases} \tag{10-1}$$

式中，σ_r，σ_θ 分别为 M 点的径向应力和环向应力，MPa；$\tau_{r\theta}$ 为 M 点的剪应力，MPa。

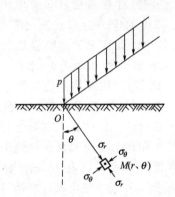

图 10-1 垂直载荷情况及应力分析图

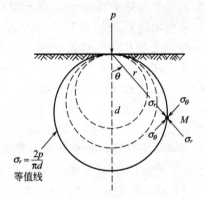

图 10-2 垂直载荷作用下的压力包

由式(10-1) 可知，由于 $\tau_{r\theta}=0$，$\sigma_\theta=0$，则 σ_r 为最大主应力，σ_θ 为最小主应力。当 r 一定时，最大主应力 $\sigma_1(\sigma_r)$ 随 θ 角变化而变化，其等值线为相切于点 O 的圆，圆心位于点 $(r_0 = \dfrac{p}{\pi\sigma_r}$，$\theta=0)$，直径 $d = \dfrac{2p}{\pi\sigma_r}$（见图 10-2）。若变化 r，则可以得出一系列这样的圆，称为压力包。这些压力包的形态表明了外载荷在地基岩体中扩散的过程。

10.2.1.2 水平载荷情况

如图 10-3 所示，在地基岩体地表作用有一水平载荷 Q，在 r-θ 极坐标系中，地基岩体中任一点 M 处的附加应力为：

$$\begin{cases} \sigma_r = \dfrac{2Q\sin\theta}{\pi r} \\ \sigma_\theta = 0 \\ \tau_{r\theta} = 0 \end{cases} \tag{10-2}$$

可以看出，σ_r 的等值线为相切于点 O 的两个半圆，圆心在 Q 的作用线上，距 O 点的距离（即圆的半径）为 $Q/(\pi\sigma_r)$，Q 指向的半圆代表压应力，背向的半圆代表拉应力（见图 10-3）。同样，若改变 r，则可以得到一系列相切于点 O 的半圆，即压力包。

10.2.1.3 倾斜载荷情况

可以把倾斜载荷视为垂直载荷与水平载荷的组合，如图 10-4 所示坐标系中，倾斜载荷 R 在地基中任一点 M 处的附加应力为：

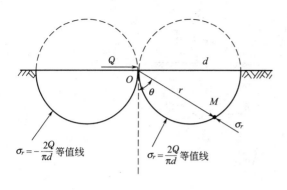

图 10-3 水平荷载情况及应力分析图

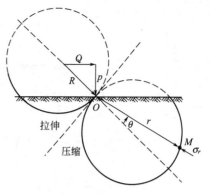

图 10-4 倾斜荷载情况及应力分析图

$$\begin{cases} \sigma_r = \dfrac{2R\cos\theta}{\pi r} \\ \sigma_\theta = 0 \\ \tau_{r\theta} = 0 \end{cases} \tag{10-3}$$

式中各符号代表意义同前。

σ_r 的等值线是圆心位于 R 作用线上，相切于点 O 的一系列圆弧。上面的圆弧表示拉应力线，下面的圆弧表示压应力线（图 10-4）。

因此，在均质、各向同性、弹性地基岩体中，线载荷引起的附加应力是以圆形压力包的形式从载荷作用点开始向周围扩散的。

10.2.2 层状地基岩体中的附加应力

由于层状岩体为非均质、各向异性介质，因此外载荷所引起的附加应力等值线不再为圆形，而是各种不规则形状（图 10-5）。Bray(1977) 曾研究了倾斜层状岩体上作用有倾斜载荷 R 的附加应力（图 10-6），可用下式确定：

$$\begin{cases} \sigma_r = \dfrac{h}{\pi r}\left[\dfrac{X\cos\beta + Ym\sin\beta}{(\cos^2\beta - m\sin^2\beta) + h^2\sin^2\beta\cos^2\beta}\right] \\ \sigma_\theta = 0 \\ \tau_{r\theta} = 0 \end{cases} \tag{10-4}$$

式中，$h = \sqrt{\dfrac{E}{1-\mu^2}\left[\dfrac{2(1+\mu)}{E} + \dfrac{1}{K_s S}\right] + 2\left(m - \dfrac{\mu}{1-\mu}\right)}$；

$m = \sqrt{1 + \dfrac{E}{(1-\mu^2)K_n S}}$；$X$，$Y$ 为 R 在层面及垂直层面方向上的分量；K_n、K_s 分别为层面的法向刚度和剪切刚度，MPa/cm；S 为层厚，m；E 为岩石的变形模量，MPa；μ 为岩石的泊松比；α，β 分别为层面与竖向及计算点向径的夹角。图 10-5 是 Bray 根据式(10-4) 得到的几种产状的层状地基岩体在竖直载荷 p 的作用下，径向附加应力 σ_r 的等值线图，其中取 $\dfrac{E}{1-\mu^2} = K_n S$；$\dfrac{E}{2(1+\mu)} = 5.63 K_n S$；$\mu = 0.25$；$m = 2$；$h = 4.45$。

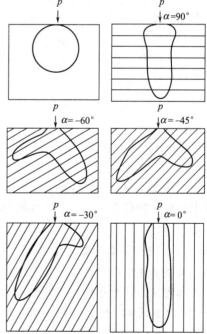

图 10-5 几种层状岩体的压力
包形状（Bray，1977）

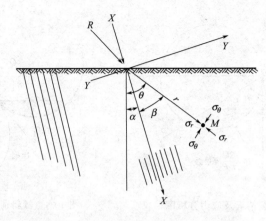

图 10-6　倾斜层状岩体情况及应力分析图

10.3　地基岩体的承载力

10.3.1　基本概念

地基承受载荷的能力称为地基承载力。地基岩体的承载力就是指作为地基的岩体受载荷后不会因产生破坏而丧失稳定，其变形量亦不会超过容许值时的承载能力。影响地基岩体承载力的因素很多，它不仅受岩体自身物质组成、结构构造、风化破碎程度、物理力学性质的影响，而且还会受到建筑物基础类型与尺寸、载荷大小与作用方式等因素的影响。

地基承载力有极限承载力和容许承载力两种类型。前者是指地基不致丧失稳定时的最大承载能力，后者是指地基有足够的安全度，其变形量亦控制在容许范围内时的承载力。在实际工程设计中，人们最为关心的就是地基的容许承载力，它又有基本值 f_0、标准值 f_k 和设计值 f 之分。承载力基本值是指按有关规范规定的特定基础宽度和埋置深度时的地基承载力，它可以根据某些试验指标按有关规范查表确定；承载力标准值是指按有关规范规定的标准测试方法确定的基本值并经统计处理后的承载力值；承载力设计值是在标准值的基础上按基础埋置深度和宽度修正后的地基承载力值或按理论公式计算得到的承载力值。

地基岩体的基本特点是强度高、抗变形能力强，其承载力值一般远高于土体，因而，在通常情况下，采用天然地基岩体即能满足地基的承载力要求。但是，由于岩体中存在着各种结构面，导致其结构的不均一，进而又使其强度与变形性能不均一和强度弱化，导致某些部位的承载力不能满足要求而引起一系列不良的岩体力学问题，如地基岩体的不均匀沉降、应力集中引起的局部破坏、沿某些软弱结构面或夹层的剪切滑移等，在实际工作中一定要引起注意。

10.3.2　地基岩体承载力的确定

地基岩体承载力的确定要考虑岩体在载荷作用下的变形破坏机理。地基岩体的变形不仅由岩体的弹性变形和塑性变形引起，而且还会沿某些结构面发生剪切破坏而引起较大的基础沉降或基础滑移。因此，岩体地基在载荷作用下其变形量的大小或破坏的方式受岩体自身结构条件、力学性质及受力情况等多方面因素制约，影响着岩体地基承载力的取值。

岩体地基承载力可按岩体性质与类别、风化程度等由规范查表确定，也可通过理论计算确定，这两种方法都具有很大的近似性，一般在初设阶段采用。准确的岩体地基承载力应通过试验确定，包括岩体现场载荷试验和室内岩块单轴抗压强度试验。对于一级建筑物，规范规定必须进行现场载荷试验确定地基承载力；二级建筑物可由现场载荷试验确定地基承载力，也可按理论公式结合原位试验，根据岩体抗剪强度参数来确定地基承载力。

10.3.2.1　由极限平衡理论确定地基岩体的极限承载力

对于均质、弹性、各向同性的岩体，可由极限平衡理论来确定其极限承载力。在这方面前人作过很多研究，现介绍如下。

如图 10-7 所示，设在半无限体上作用着宽度为 b 的条形均布载荷 p_1，为便于计算，假设：①破坏面由两个互相直交的平面组成；②载荷 p_1 的作用范围很长，以致 p_1 两端面的阻力可以忽略；③载荷 p_1 作用面上不存在剪力；④对于每个破坏楔体可以采用平均的体积力。

将图 10-7(a) 的地基岩体分为两个楔体，即 x 楔体和 y 楔体 [图 10-7(b)，(c)]。对于 x 楔体，由于 y 楔体受 p_1 作用会产生一水平正应力 σ_h 作用于 x 楔体，这是作用于 x 楔体的最大主应力，而岩体的自重应力 σ_v 是作用于 x 楔体的最小主应力。假设与 x 楔体最大主平面成 α（即 $45°+\varphi_m/2$）角的破坏平面上有应力分量 σ_x 和 τ_x，并且岩体的内聚力为 C_m，内摩擦角为 ϕ_m，则有：

$$\tau_x = C_m + \sigma_x \tan\phi_m \tag{10-5}$$

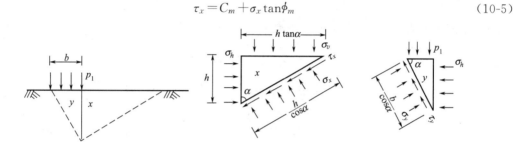

图 10-7　极限承载力的楔体分析图

所以

$$\sigma_h = \sigma_v \tan^2\left(45° + \frac{\phi_m}{2}\right) + 2C_m \tan\left(45° + \frac{\phi_m}{2}\right) \tag{10-6}$$

式中，σ_v 为岩体自重应力，MPa，其平均值等于 $\frac{\rho g h}{2}$；ρ 为岩石的密度，g/cm³。

对于如图 10-7(c) 所示的 y 楔体来说，水平应力 σ_h 为最小主应力，而最大主应力为：

$$p_1 + \frac{\rho g h}{2} = \sigma_h \tan^2\left(45° + \frac{\phi_m}{2}\right) + 2C_m \tan\left(45° + \frac{\phi_m}{2}\right) \tag{10-7}$$

把式(10-6) 代入式(10-7) 可得：

$$p_1 + \frac{\rho g h}{2} = \sigma_v \tan^4\left(45° + \frac{\phi_m}{2}\right) + 2C_m \tan\left(45° + \frac{\phi_m}{2}\right)\left[1 + \tan^2\left(45° + \frac{\phi_m}{2}\right)\right] \tag{10-8}$$

而 $\sigma_v = \frac{\rho g h}{2}$，$h = b\tan\left(45° + \frac{\phi_m}{2}\right)$，那么

$$p_1 = \frac{\rho g b}{2}\tan^5\left(45° + \frac{\phi_m}{2}\right) + 2C_m \tan\left(45° + \frac{\phi_m}{2}\right)\left[1 + \tan^2\left(45° + \frac{\phi_m}{2}\right)\right] - \frac{\rho g b}{2}\tan\left(45° + \frac{\phi_m}{2}\right) \tag{10-9}$$

在上式中，最后一项的数值与前两项的数值相比非常小，因此可以忽略，则有：

$$p_1 = \frac{\rho g b}{2}\tan^5\left(45° + \frac{\phi_m}{2}\right) + 2C_m \tan\left(45° + \frac{\phi_m}{2}\right)\left[1 + \tan^2\left(45° + \frac{\phi_m}{2}\right)\right] \tag{10-10}$$

上式正是地基岩体处于极限平衡状态时的应力关系，因此，式(10-10) 计算得到的 p_1 即为地基岩体的极限承载力 p_u，即

$$p_u = \frac{\rho g b}{2}\tan^5\left(45° + \frac{\phi_m}{2}\right) + 2C_m\tan\left(45° + \frac{\phi_m}{2}\right)\left[1 + \tan^2\left(45° + \frac{\phi_m}{2}\right)\right] \tag{10-11}$$

如果在载荷 p_1 附近基岩表面还作用有一附加压力 p，即在图 10-7 所示 x 楔体上作用的 σ_v 为 $\frac{\rho g h}{2} + p$，把 $\sigma_v = \frac{\rho g h}{2} + p$ 代入式(10-8)，则基岩极限承载力 p_u 为：

$$p_u = \frac{\rho g b}{2}\tan^5\left(45° + \frac{\phi_m}{2}\right) + 2C_m\tan\left(45° + \frac{\phi_m}{2}\right)\left[1 + \tan^2\left(45° + \frac{\phi_m}{2}\right)\right] + p\tan^4\left(45° + \frac{\phi_m}{2}\right)$$

$$\tag{10-12}$$

这就是基岩极限承载力的精确解，可简写成：

$$p_u = 0.5\rho g b N_p + C_m N_c + p N_q \tag{10-13}$$

式中，N_p，N_c，N_q 称为承载力系数，$N_p = \tan^5\left(45° + \frac{\phi_m}{2}\right)$，$N_c = 2\tan\left(45° + \frac{\phi_m}{2}\right)$ $\left[1 + \tan^2\left(45° + \frac{\phi_m}{2}\right)\right]$，$N_q = \tan^4\left(45° + \frac{\phi_m}{2}\right)$。

如果破坏面为一曲面，则承载力系数较大，可按下式确定：

$$\begin{cases} N_p = \tan^6\left(45° + \frac{\phi_m}{2}\right) - 1 \\ N_c = 5\tan^4\left(45° + \frac{\phi_m}{2}\right) \\ N_q = \tan^6\left(45° + \frac{\phi_m}{2}\right) \end{cases} \tag{10-14}$$

对于方形或圆形基础来说，承载力系数中仅 N_c 有显著改变，这时

$$N_c = 7\tan^4\left(45° + \frac{\phi_m}{2}\right) \tag{10-15}$$

10.3.2.2 由岩体强度确定地基岩体的极限承载力

假设在地基岩体上有一条形基础，在上部载荷作用下，条形基础下产生岩体压碎并向两侧膨胀而诱发裂隙。因此，基础下的岩体可分为如图 10-8(a) 所示的压碎区 A 和原岩区 B。由于 A 区压碎而膨胀变形，受到 B 区的约束力 p_h 的作用。p_h 可取岩体的单轴抗压强度，所以 p_h 决定了与压碎岩体强度包络线相切的莫尔圆的最小主应力值，而莫尔圆的最大主应力 p_u 可由三轴强度给出。因此，可以得到如图 10-8(b) 所示的强度包络线。

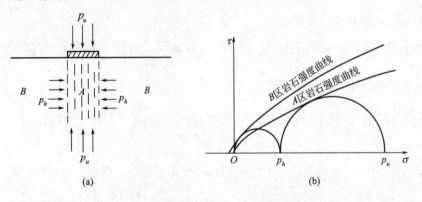

图 10-8 地基岩体极限承载力分析图

由上述分析可知，均匀、各向同性不连续岩体的极限承载力约等于岩体三轴抗压强度。如果岩体内摩擦角为 ϕ_m，内聚力为 C_m，单轴抗压强度为 σ_{mc}，三轴抗压强度为 σ_{1m}，则岩体极限承载力为：

$$p_u = \sigma_{1m} = \sigma_3 \tan^2\left(45° + \frac{\phi_m}{2}\right) + 2C_m \tan\left(45° + \frac{\phi_m}{2}\right)$$

而 $2C_m \tan\left(45° + \dfrac{\phi_m}{2}\right) = \sigma_{mc}$，$\sigma_3 = p_h = \sigma_{mc}$ 则有

$$p_u = \sigma_{mc}\left[1 + \tan^2\left(45° + \frac{\phi_m}{2}\right)\right] \tag{10-16}$$

记 $N_\phi = \tan^2\left(45° + \dfrac{\phi_m}{2}\right)$，则基岩极限承载力

$$p_u = \sigma_{mc}\left[1 + N_\phi\right] \tag{10-17}$$

10.3.2.3　根据岩块单轴抗压强度确定岩体地基的承载力

对于微风化或中分化的岩体，可根据岩块饱和单轴抗压强度确定其承载力，经验公式如下：

$$f_k = \sigma_{cw}\psi_r\psi_p \tag{10-18}$$

式中，f_k 为岩体地基极限承载力标准值，MPa；σ_{cw} 为岩块饱和单轴抗压强度，MPa；ψ_r 为岩体裂隙影响系数，当裂隙不发育时取 1.0，较发育时取 0.67，发育时取 0.33；ψ_p 为坡度影响系数，当岩体地基表面坡度小于 10° 时取 1.0，等于 45° 时取 0.67，大于 80° 时取 0.33，中间按插值法内插。

10.3.2.4　根据规范确定地基岩体承载力

《建筑地基基础设计规范（GBJ7—89）》所推荐的地基岩体承载力标准值 f_k 见表 10-1。

《公路桥涵地基与基础设计规范（JTJ024—85）》和《铁路工程地质技术规范（TBJ12—85）》所推荐的地基岩体容许承载力见表 10-2。

表 10-1　岩石承载力标准值　　　　　　kPa

风化程度 岩石类别	强 风 化	中 等 风 化	微 风 化
硬质岩石	500~1000	1500~2500	≥4000
软质岩石	200~500	700~1200	1500~2000

表 10-2　岩石容许承载力值　　　　　　kPa

岩石性态 岩石类别	节 理 间 距/cm		
	2~20	20~40	>40
	破 碎 程 度		
	碎 石 状	碎 块 状	大 块 状
硬质岩（$\sigma_c > 30$MPa）	1500~2000	2000~3000	>4000
软质岩（$\sigma_c = 5$~30MPa）	800~1200	1000~1500	1500~3000
极软岩（$\sigma_c < 5$MPa）	400~800	600~1000	800~1200(1000)

注：括号内数据为公路规范（JTJ024—85）所列。

10.3.2.5　采用岩体现场载荷试验确定承载力

对于浅基础，岩体现场载荷试验多采用直径为 30cm 的圆形刚性承压板，当岩体埋深较

大时，可采用钢筋混凝土桩，但桩周需采取措施以消除桩身与土之间的摩擦力。在试验过程中，载荷分级施加，同时量测沉降量 s，载荷应增加到不少于设计要求的 2 倍。根据由试验结果绘制的载荷与沉降关系曲线（p-s）确定比例极限和极限载荷。p-s 曲线上起始直线的终点对应的载荷为比例极限，符合终止加载条件的前一级载荷为极限载荷。

承载力的取值为两种情况：对于微风化和强风化岩体，承载力取极限载荷除以安全系数（安全系数一般取 3.0）；对于中等风化岩体，需要根据岩体裂隙发育情况确定，并与比例极限载荷比较，取二者中的小值。

岩体现场载荷试验的试验点不应少于 3 个，取它们各自承载力的最小值作为岩体地基承载力标准值。由于岩体地基的破坏机理与土质地基不同，故除强风化岩体外，岩体地基承载力不需要进行基础深度和宽度的修正，标准值即可作为设计值。

10.3.2.6 嵌岩桩的承载力

嵌岩桩指桩端嵌入基岩一定深度的桩，它将桩体嵌入到基岩中，使桩与基岩成为连接成一个整体的受力结构，从而极大地提高了桩的承载力。

（1）采用静载荷试验确定嵌岩桩极限承载力　嵌岩桩静载荷试验的试桩数不得少于 3 根，当试桩的极限载荷实测值的极差不超过平均值的 30% 时，可取其平均值作为单桩极限承载力标准值，建筑物为一级建筑物，或为柱下单桩基础，且试桩数为 3 根时，应取最小值为单桩极限承载力，当极差超过平均值的 30% 时，应查明误差过大的原因，并应增加试桩数量。

（2）理论计算确定嵌岩桩极限承载力　进行初步设计时，嵌岩桩单桩竖向极限承载力标准值按下式计算：

$$R_k = R_{sk} + R_{rk} + R_{pk} \tag{10-19}$$

式中，R_k 为嵌岩桩单桩竖向极限承载力标准值；R_{sk} 为桩侧土总摩擦阻力标准值；R_{rk} 为总嵌固力标准值；R_{pk} 为总端阻力标准值。

1）嵌岩桩的桩侧土总摩擦阻力标准值 R_{sk} 的确定　嵌岩桩的桩侧土总摩擦阻力标准值可按下式计算：

$$R_{sk} = \sum_{i=1}^{n} \varphi_{si} q_{ski} U_i L_i \tag{10-20}$$

式中，φ_{si} 为第 i 层土的桩侧摩擦阻力折减系数，对黏性土取 0.6，对无黏性土取 0.5；q_{ski} 为第 i 层土的桩侧极限摩擦阻力标准值，由试验确定；U_i 为第 i 层土中的桩身周长；L_i 为第 i 层土层中的桩长。

但是，当桩穿越土层厚度小于 10m 时，一般不计算桩侧土摩擦阻力。当穿越的土层较厚时，对于淤泥及淤泥质土、固结的黏性土、松散的无黏性土、回填土、膨胀土、震动可液化的土层，以及某些稳定性较差的土层，如边坡地区、断层破碎带、岩溶发育区、矿床采空区、冲刷地带等地区，均不宜计算嵌岩桩的桩侧摩擦阻力。

2）嵌岩桩嵌入基岩部分的总嵌固力标准值 R_{rk} 的确定　嵌岩桩嵌入基岩部分的总嵌固力标准值按下式计算：

$$R_{rk} = \zeta_r f_{rk} U_r h_r \tag{10-21}$$

式中，ζ_r 为嵌固力分布修正系数，按表 10-3 取用；f_{rk} 为岩石饱和单轴抗压强度标准值；U_r 为嵌岩部分桩的周长；h_r 为桩的嵌岩深度，当嵌岩深度超过 5 倍桩径时，取 $h_r = 5d$（d 为桩径）。

3）嵌岩桩的桩端阻力标准值 R_{pk} 的确定　嵌岩桩的桩端阻力标准值按下式计算：

表 10-3　嵌固力分布修正系数 ζ_r

$N=h_r/d$	0	1	2	3	4	≥5
ζ_r	0.000	0.055	0.070	0.065	0.062	0.053

$$R_{pk}=\zeta_p f_{rk}A_p \tag{10-22}$$

式中，ζ_p 为端阻力分布修正系数，可按表 10-4 取用；A_p 为桩端截面面积。

表 10-4　端阻力分布修正系数 ζ_p

$N=h_r/d$	0	1	2	3	4	≥5
ζ_p	0.50	0.40	0.30	0.20	0.10	0.00

10.3.3　地基岩体基础沉降的确定

地基岩体的基础沉降主要是由于岩体在上部载荷作用下变形而引起的。对于一般的中小型工程来说，由于载荷相对较小，所引起的沉降量也较小。但对于重型和巨型建筑物来说，则可能产生较大的变形，尤其是当地基较软弱或破碎时，产生的变形量会更大，沉降量也会较大。另外，现在越来越多的高层建筑和重型建筑多采用桩基等深基础，把上部载荷传递到下伏基岩上，由岩体来承担。在进行这类深基础设计时，需要考虑由于岩体变形而引起的桩基等的沉陷量。

10.3.3.1　浅基础的沉降

计算基础的沉降可用弹性理论求解，一般采用布辛涅斯克（Boussinesq）解法。当半无限体表面上作用一垂直集中力 p 时，根据布辛涅斯克解，在半无限体表面处（$z=0$）的沉降为：

$$W=\frac{p(1-\mu^2)}{\pi E_m r} \tag{10-23}$$

式中，W 为沉降量，m；E_m 为地基岩体的变形模量，MPa；μ 为泊松比；r 为沉降量计算点至集中载荷 p 处的距离，m。

如果半无限体表面作用载荷为 $p(\xi,\eta)$（图 10-9），则可按积分法求出表面上任一点 $M(x,y)$ 处的沉降量 $W(x,y)$ 为：

$$W(x,y)=\frac{1-\mu^2}{\pi E_m}\iint\limits_F \frac{p(\xi,\eta)}{\sqrt{(\xi-x)^2+(\eta-y)^2}}\mathrm{d}\xi\mathrm{d}\eta \tag{10-24}$$

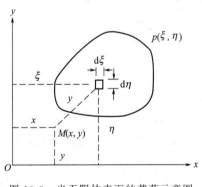

图 10-9　半无限体表面的载荷示意图

式中，F 代表载荷 p 的作用范围；其他符号同前。

下面分别介绍用弹性理论求解圆形、矩形及条形基础的沉降。

（1）圆形基础的沉降

1）圆形柔性基础的沉降

当圆形基础为柔性时（图 10-10），如果其上作用有均布载荷 p 和在基础接触面上没有任何摩擦力时，则基底反力 p_v 也将均匀分布并等于 p。这时，通过 M 点作一割线 MN，再作一无限接近的另一割线 MN_1，则微单元体（图 10-10 中阴影所示）的面积 $\mathrm{d}F=r\mathrm{d}r\mathrm{d}\phi$，于是，微单元体上作用的总载荷 $\mathrm{d}p$ 为：

$$\mathrm{d}p=p\mathrm{d}F=pr\mathrm{d}r\mathrm{d}\phi \tag{10-25}$$

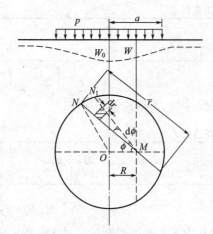

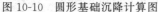

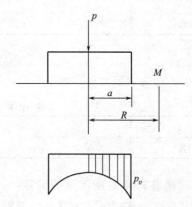

图 10-10　圆形基础沉降计算图　　　　图 10-11　圆形刚性基础及基底压力分布图

按式(10-23)可得微单元体的载荷 $\mathrm{d}p$ 引起 M 点的沉降 $\mathrm{d}W$ 为：

$$\mathrm{d}W = \frac{\mathrm{d}p(1-\mu^2)}{\pi E_m r} = \frac{(1-\mu^2)}{\pi E_m} p\,\mathrm{d}r\mathrm{d}\phi \tag{10-26}$$

而整个基础上作用的载荷引起 M 点的总沉降量 W 为：

$$W = \frac{(1-\mu^2)}{\pi E_m} p \int \mathrm{d}r \int \mathrm{d}\phi = 4p \frac{(1-\mu^2)}{\pi E_m} \int_0^{\frac{\pi}{2}} \sqrt{a^2 - R^2 \sin\phi}\,\mathrm{d}\phi \tag{10-27}$$

式中，R 为 M 点到圆形基础中心的距离，m；a 为基础半径，m。由上式可知，圆形柔性基础中心（$R=0$）处的沉降量 W_0 为：

$$W_0 = \frac{2(1-\mu^2)}{E_m} pa \tag{10-28}$$

圆形柔性基础边缘（$R=a$）处的沉降量 W_a 为：

$$W_a = \frac{4(1-\mu^2)}{\pi E_m} pa \tag{10-29}$$

于是，$\dfrac{W_0}{W_a} = \dfrac{\pi}{2} = 1.57$。可见，对于圆形柔性基础，当承受均布载荷时，其中心沉降量为其边缘沉降量的 1.57 倍。

2）圆形刚性基础的沉降

对于圆形刚性基础，当作用有集中载荷 p 时，基底各点的沉降将是一个常量，但基底接触压力 p_v 不是常量（图 10-11），它可用下式确定：

$$\frac{1-\mu^2}{\pi E_m} \iint p_v \mathrm{d}r\mathrm{d}\phi = 常数 \tag{10-30}$$

$$p_v = \frac{p}{2\pi a \sqrt{a^2 - R^2}} \tag{10-31}$$

式中，a 为基础半径，m；R 为计算点到基础中心的距离，m。

由上式可以看出，当 $R \to 0$ 时，$p_v = p/(2\pi a^2)$；当 $R \to a$ 时，$p_v \to \infty$。这表明在基础边缘，接触压力无限大，实际上不可能是这样的。出现这种情况的原因是假设基础是完全刚性体，实际上基础结构并非完全刚性，并且基础边缘在应力集中到一定程度时会产生塑性屈服，使应力重新调整。因此，是不会在边缘处形成无限大的接触压力的。

在集中载荷作用下，圆形刚性基础的沉降量 W_0 可按下式计算：

$$W_0 = \frac{p(1-\mu)^2}{2aE_m} \tag{10-32}$$

受载面以外各点的垂直位移 W_R 可用下式计算：

$$W_R = \frac{p(1-\mu)^2}{\pi a E_m} \arcsin\left(\frac{a}{R}\right) \tag{10-33}$$

（2）矩形基础的沉降　矩形刚性基础承受中心载荷或均布载荷 p 时，基础底面上各点沉降量相同，但基底压力不同；矩形柔性基础承受均布载荷 p 时，基础底面各点沉降量不同，但基底压力相同。当基础底面宽度为 b，长度为 a 时，无论刚性基础还是柔性基础，其基底的沉降量都可按下式计算：

$$W = \frac{bp\omega(1-\mu)^2}{E_m} \tag{10-34}$$

式中，ω 为沉降系数，对于不同性质的基础及不同位置，其取值并不相同。

表 10-5 列出不同类型、不同形状的基础不同位置的沉降系数，以供对比使用。

表 10-5　各种基础的沉降系数 ω 值表

基础形状	沉降系数 ω				
	a/b	柔性基础中点	柔性基础角点	柔性基础平均值	刚性基础平均值
圆形基础	—	1.00	0.64	0.58	0.79
方形基础	1.0	1.12	0.56	0.95	0.88
矩形基础	1.5	1.36	0.68	1.15	1.08
	2.0	1.53	0.74	1.30	1.22
	3.0	1.78	0.89	1.53	1.44
	4.0	1.96	0.98	1.70	1.61
	5.0	2.10	1.05	1.83	1.72
	6.0	2.23	1.12	1.96	—
	7.0	2.33	1.17	2.04	—
	8.0	2.42	1.21	2.12	—
	9.0	2.49	1.25	2.19	—
	10.0	2.53	1.27	2.25	2.12
条形基础	30.0	3.23	1.62	2.88	—
	50.0	3.54	1.77	3.22	—
	100.0	4.00	2.00	3.70	—

10.3.3.2　嵌岩桩的沉降

嵌岩桩基沉降量由下列三部分组成：①在桩端压力作用下，桩端的沉降量 W_b；②桩顶压力作用下，桩本身的缩短量 W_p；③考虑沿桩侧由侧壁黏聚力传递载荷而对沉降量的修正值 ΔW（图 10-12），这样，沉降量 W 可表示为：

$$W = W_b + W_p - \Delta W \tag{10-35}$$

（1）W_b 的确定　如图 10-13 所示，有一桩通过覆盖土层深入到下伏基岩中，假定桩深入岩体深度为 l，桩直径为 $2a$，桩顶作用有载荷 p_t，桩下端载荷为 p_e，基岩的变形模量为 E_m，泊松比为 μ，则桩下端沉降量 W_b 为：

$$W_b = \frac{\pi p_e(1-\mu)a}{2nE_m} \tag{10-36}$$

式中，n 为埋深系数，其大小取决于桩嵌入岩体的深度 l，具体取值见表 10-6。

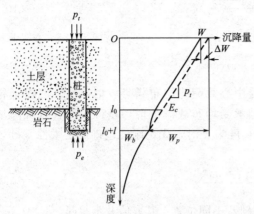

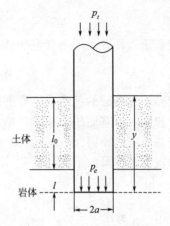

图 10-12　岩石桩基沉降量分析图（据 Goodman, 1980）　　图 10-13　桩端沉降计算图

表 10-6　埋深系数（n 值）表

n ＼ l/a ＼ μ	0	2	4	6	8	14
0	1	1.4	2.1	2.2	2.3	2.4
0.3	1	1.6	1.8	1.8	1.9	2.0
0.5	1	1.6	1.6	1.6	1.7	1.8

（2）W_p 的确定　W_p 可按下式确定：

$$W_p = \frac{p_t(l_0+l)}{E_c} \tag{10-37}$$

式中，l_0+l 为桩的总长度，m，其中 l 是桩嵌入基岩的长度，m；E_c 为桩身变形模量，MPa。

（3）ΔW 的确定　ΔW 可按下式确定：

$$\Delta W = \frac{1}{E_c}\int_{l_0}^{l_0+l}(p_t-\sigma_y)\mathrm{d}y \tag{10-38}$$

式中，σ_y 为地表以下深度 y 处桩身承受的压力，MPa，它可由下式计算：

$$\sigma_y = p_t\exp\left\{-\frac{2\mu_c f y}{\left[1-\mu_c+\frac{(1+\mu)E_c}{E_m}\right]a}\right\} \tag{10-39}$$

式中，μ_c，μ 分别为混凝土桩和岩体的泊松比；E_c，E_m 分别为桩和岩体的变形模量，MPa；a 为桩半径，m；f 为桩与岩体间摩擦系数。

从式（10-39）可以看出：当 $y=0$ 时，$\sigma_y=p_t$，σ_y 即为桩顶压力；当 $y=l_0+l$ 时，σ_y 即为桩端压力 p_e。

10.4　坝基岩体抗滑稳定性分析

重力坝、支墩坝等挡水建筑物的坝基除承受竖向载荷外，还承受着库水形成的水平推力，具有倾倒和滑动两种失稳机制。倾倒问题基本上可以在坝的尺寸和形态设计中加以解决。而滑动问题则主要受坝基岩土体特性所制约，应在充分进行地质研究的基础上，进行抗滑稳定分析。抗滑稳定性问题是大坝安全的关键所在，在大坝设计中必须要保证抗滑稳定性有足够的安全储备，若发现安全储备不足，则应采取坝基处理或其他结构措施加以解决。

10.4.1　坝基承受的载荷

坝基承受的载荷大部分是由坝体直接传递来的，主要有坝体及其上永久设备的自重、库水的静水压力、泥沙压力、浪压力、扬压力等。此外，在地震区还有地震作用，在严寒地区还有冻融压力等。

由于坝基多呈长条形，其稳定性可按平面问题来考虑。因此，坝基受力分析通常是沿坝轴线方向取 1m 宽坝基（单宽坝基）为单位进行计算。

10.4.1.1　坝体及其上永久设备重力（W）

坝体的重力可以根据筑坝材料的密度及坝体横剖面的几何形态计算。坝上永久设备，如闸门等的自重在稳定性分析中应进行考虑。

10.4.1.2　静水压力

由于坝体上、下游坝面一般为非竖直面，因此静水压力可以分解为水平静水压力和竖直静水压力（图 10-14）。水平静水压力即坝上、下游水体对坝体水平压力的合力，其方向一般由上游指向下游，其大小为：

$$H_h = H_1 - H_2 = \frac{1}{2}\rho_w g \left(h_1^2 - h_2^2\right) \tag{10-40}$$

式中，H_h 为单宽坝体所受水平静水压力；H_1，H_2 为分别为单宽坝体上、下游所受水平静水压力；h_1，h_2 为分别为从坝底计算的上、下游库水水深；ρ_w 为水的密度。

竖直静水压力则为坝体上、下游坝面以上水体（图 10-14 中的阴影部分）的重力之和，即

$$H_v = \frac{1}{2}\rho_w g \left(h_1^2 \cot\alpha + h_2^2 \cot\beta\right) \tag{10-41}$$

式中，H_v 为单宽坝体所受竖直静水压力；α，β 为分别为坝体上、下游坡面的倾角。

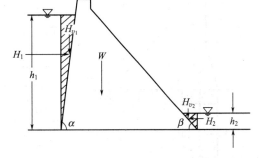

图 10-14　坝体静水压力分布示意图

10.4.1.3　泥沙压力（F）

水库蓄水后，水流所挟带的泥沙逐渐淤积在坝前，对坝上游面产生泥沙压力。当坝体上游坡面接近竖直面时，作用于单宽坝体的泥沙压力的方向近于水平，并从上游指向坝体，其大小可按朗肯土压力理论来计算，即

$$F = \frac{1}{2}\rho_0 g h_s^2 \tan^2\left(45° - \frac{\phi}{2}\right) \tag{10-42}$$

式中，ρ_0 为泥沙平均密度；h_s 为坝前淤积泥沙厚度，可根据设计年限（一般计算年限采用 50～100 年）、年均泥沙淤积量及库容曲线求得；ϕ 为泥沙的内摩擦角，对于淤积时间较长的粗颗粒泥沙，可取 18°～20°，黏土质淤积物可取 12°～14°，极细的淤泥、黏土和胶质颗粒可取 0°，当泥沙淤积速度很快，来不及固结时，宜取 0°。

10.4.1.4　浪压力（p）

水库水面在风吹下产生波浪，并对坝面产生浪压力。浪压力的确定比较困难，当坝体迎水面坡度大于 1∶1 而水深 H_w 满足 $h_f < H_w < L_w/2$ 时，水深 H'_w 处浪压力的剩余强度 p' 为：

$$p' = \frac{h_w}{ch\left(\dfrac{\pi H'_w}{L_w}\right)} \tag{10-43}$$

式中，h_w 为波浪高度，即波峰至波谷的高度；L_w 为波浪长度，即相邻两波峰间的距离；h_f 为波浪破碎的临界水深。

当水深 $H_w > L_w/2$ 时，在 $L_w/2$ 深度以下可不考虑浪压力的影响，因而，作用于单宽坝体上的浪压力为：

$$p = \frac{1}{2}\rho_w g\left[(H_w + h_w + h_0)(H_w + p') - H_w^2\right] \tag{10-44}$$

式中，$h_0 = \pi h_w^2/L_w$。

波浪的强度与一定方向的风速 v、风的作用时间 t 和风在水面的吹程 D 有关。按照安得烈雅诺夫的研究，波浪高度 h_w 和波浪长度 L_w 可以根据风的吹程 D 和风速 v 来确定：

$$h_w = 0.0208 v^{\frac{5}{4}} D^{\frac{1}{3}} \tag{10-45}$$

$$L_w = 0.304 v D^{0.5} \tag{10-46}$$

风速 v 应根据当地气象部门实测资料确定，吹程 D 是波浪推进方向的水面宽度，即沿风向从坝址到水库对岸的最远距离，可根据风向和水库形状确定。

10.4.1.5 扬压力

库水经坝基向下游渗流时，便会产生扬压力，用 V 表示。扬压力由浮托力和渗透压力（或称空隙水压力）两部分组成，都是上抬的作用力，会抵消一部分法向应力，因而不利于坝基稳定。相当数量的毁坝事件都是由扬压力的剧增引起的，例如，1895 年法国 Bouzey 坝的失事和 1923 年意大利 Gleno 坝的失事，都是因扬压力过高引起的。

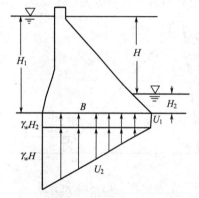

图 10-15　坝底扬压力分布图

如图 10-15 所示，在没有灌浆和排水设施的情况下，坝底扬压力可按下式确定：

$$U = U_1 + U_2 = \gamma_w B h_2 + \frac{1}{2}\gamma_w B h = \frac{1}{2}\gamma_w B(h_1 + h_2) \tag{10-47}$$

式中，U 为单宽坝底所受扬压力；U_1 为浮托力；U_2 为渗透压力；γ_w 为水的容重；B 为坝底宽度；h_1，h_2 为分别为坝上下游水的深度；h 为坝上下游的水头差。

式（10-47）称为莱维（Levy）法则。由于扬压力仅作用在坝底和坝基接触面与坝基岩土体内的连通空隙中，因而实际作用于坝底的扬压力应小于按莱维法则确定的数值，因此，可以按下式来校正扬压力：

$$U = \frac{1}{2}\gamma_w B(\lambda_0 h_1 + h_2) \tag{10-48}$$

式中，λ_0 为校正系数，取小于 1.0 的值。根据莱利阿夫斯基（Leliarsky，1958）的试验，扬压力实际作用的面积平均占整个接触面积的 91% 左右，但为安全起见，目前大多数设计中仍然采用莱维法则，即取 $\lambda_0 = 1.0$ 进行设计。

10.4.2 坝基的破坏模式和边界条件

根据坝基失稳时滑动面的位置可以把坝基滑动破坏分为三种类型：平面滑动、浅层滑动和深层滑动（见图 10-16）。这三种滑动类型发生与否在很大程度上取决于坝基岩土体的工

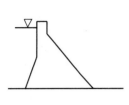

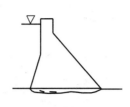
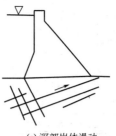

(a) 沿混凝土和岩石结合面滑动　　(b) 沿基岩表层滑动　　　(c) 深部岩体滑动

图 10-16　坝基滑动失稳类型

程地质条件和性质。

10.4.2.1　平面滑动

平面滑动主要是指坝体沿着坝基混凝土与基岩接触面发生的滑动 [图 10-16(a)]，也称接触面滑动。由于接触面剪切强度的大小除与基岩力学性质有关外，还与接触面的起伏差和粗糙度、清基干净与否、混凝土标号以及浇注混凝土的施工质量等因素有关，在混凝土质量不好或是浇注工艺不良而造成接触面脱层的情况下，接触面更是坝基抗滑稳定的薄弱环节。国外 50～100 年的老坝安全检查中发现约 20% 大坝基础混凝土与基岩接触面有脱层现象，有的脱层高达大坝基础面积的 30%。在这种情况下，增加帷幕灌浆和固结灌浆是必要的。美国有些 50～60m 高的大坝，发现坝基存在类似抗滑稳定问题时，采取了预应力锚索自坝顶到坝基进行加固，效果较好。

因此，对于一个具体的挡水建筑物来说，是否发生平面滑动，不单纯取决于坝基岩土体质量的好坏，而往往受设计和施工方面的因素影响很大。正是由于这种原因，当坝基岩体坚硬完整，其剪切强度远大于接触面强度时，最可能发生平面滑动。

10.4.2.2　浅层滑动

浅层滑动主要是指坝基岩体破碎、软弱、强度过低，因而坝基滑移面大部或全部位于坝基下岩体中，但距坝基混凝土与岩体接触面很近，基本上也是平面滑动性质 [图 10-16(b)]。

10.4.2.3　深层滑动

深层滑动主要是指坝体连同一部分岩体，沿着坝基岩体内的软弱夹层、断层或其他结构面产生滑动，可以发生于坝基下较深部位 [图 10-16(c)]。

在大坝工程中不易预见和分析，却容易出现重大问题的往往是深层滑动问题，所以在工程地质勘测、研究中应予以极大的重视。深层滑动的必要条件是由软弱结构面或其组合构成坝基的可能（或称潜在）滑动面。而在大坝各种载荷组合的条件下，沿该可能滑动面滑动力大于考虑安全储备的抗滑力，则是发生可能滑动的充分条件，或是安全系数不能达到标准。在这种情况下，要修改断面设计、采取坝基结构面的加固、加强防渗排水等措施，以确保坝基的抗滑安全。

该类型滑动破坏主要受坝基岩体中发育的结构面网络所控制，而且只在具备滑动几何边界条件的情况下才有可能发生。根据结构面的组合特征，特别是可能滑动面的数目及其组合特征，按可能发生滑动的几何边界条件可大致将岩体内滑动划分为五种类型（图 10-17）。

（1）沿水平软弱面滑动　当坝基为产状水平或近水平的岩层而大坝基础砌置深度又不大，坝趾部被动压力很小，岩体中又发育有走向与坝轴线垂直或近于垂直的高倾角破裂构造面时，往往会发生沿层面或软弱夹层的滑动 [图 10-17(a)]。例如，西班牙梅奎尼扎坝（Mequinenza）就坐落在埃布罗（Ebro）河近水平的沉积岩层上，该坝为重力坝，坝高

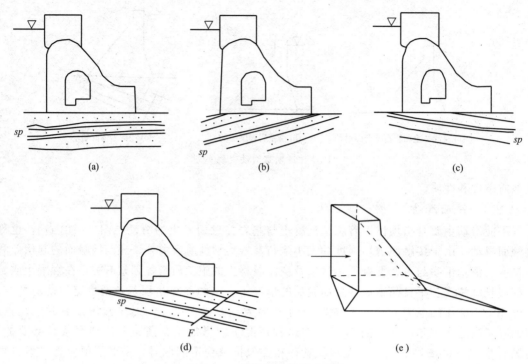

图 10-17　深层滑动类型示意图

77.4m，坝长 451m，坝基为渐新统灰岩夹褐煤夹层。工程于 1958 年开始施工，在施工过程中人们对坝基岩体的稳定性产生了怀疑，担心大坝会沿褐煤及泥灰岩夹层发生滑动，经原位直剪试验测得褐煤层的摩擦系数为 0.6～0.7，内聚力为 50～70kPa。根据上述参数以及假定的扬压力等进行稳定性计算，其结果证实有些坝段的坝基稳定性系数不够，为保证大坝安全不得不进行加固。再如我国的葛洲坝水利枢纽以及朱庄水库等水利水电工程坝基岩体内也存在缓倾角泥化夹层问题。为了防止大坝沿坝基内近水平的泥化夹层滑动，在工程的勘测、设计以及施工中，均围绕着这一问题展开了大量的研究工作，并都因地制宜地采取了有效的加固措施。

　　（2）沿倾向上游软弱结构面滑动　可能发生这种滑动的几何边界条件必须是坝基中存在着向上游缓倾的软弱结构面，同时还存在着走向垂直或近于垂直坝轴线方向的高角度破裂面 [图 10-17(b)]。在工程实践中，可能发生这种滑动的边界条件常常遇到，特别是在岩层倾向上游的情况下更容易遇到。例如，上犹江电站坝基便具备这种滑动类型的边界条件（图 10-18）。

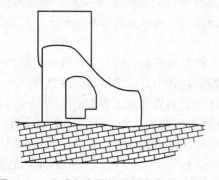

图 10-18　上犹江电站坝基板岩中的泥化夹层

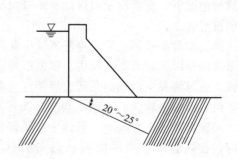

图 10-19　乌江渡电站坝基地质情况示意图

（3）沿倾向下游软弱结构面滑动　可能发生这种滑动的几何边界条件是坝基岩体中存在着倾向下游的缓倾角软弱结构面和走向垂直或近于垂直坝轴线方向的高角度破裂面，并在下游存在着切穿可能滑动面的自由面［图 10-17（c）］。一般来说，当这种几何边界条件完全具备时，坝基岩体发生滑动的可能性最大。

（4）沿倾向上、下游两个软弱结构面滑动　当坝基岩体中发育有分别倾向上游和下游的两个软弱结构面以及走向垂直或近于垂直坝轴线的高角度切割面时，坝基存在着这种滑动的可能性［图 10-17（d）］。图 10-19 所示的乌江渡电站坝基就具备这种几何边界条件。一般来说，当软弱结构面的性质及其他条件相同时，这种滑动较沿倾向上游软弱结构面滑动容易，但较沿倾向下游软弱结构面滑动要难一些。

（5）沿交线垂直坝轴线的两个软弱结构面滑动　可能发生这种滑动的几何边界条件是坝基岩体中发育有交线垂直或近于垂直坝轴线的两个软弱结构面，且坝趾附近倾向下游的坝基岩体自由面有一定的倾斜度，能切穿可能滑动面的交线［图 10-17（e）］。

由于坝基岩体中所受的推力或滑出的剪应力接近水平方向，所以在坝基岩体中产状平缓、倾角小于 20°的软弱结构面是最需要注意的。当它们在坝趾下游露出河底时，大都应作为可能滑动面来对待。而在倾向上游时，要考虑是否存在出露条件，或是下游地形低洼有深槽，或是在工程开挖及工程运行后可能出现深槽，造成滑动面出露于下游等，并进行分析和预测。

有时，在多条或多层软弱结构面条件下坝基可能出现多组滑动面，具有不同深度，应分别进行分析，以确定坝基的最小抗滑安全系数。这时，坝基处理要保证所有可能滑动的情况皆有足够的安全储备。

上述三种坝基滑动的条件，在坝基工程设计中都应注意研究，分别给予计算。这些滑动条件是独立的，有可能同时存在，且安全系数低于设计标准，在设计及工程处理中应防止任何一种滑动的危险性，而不是仅防止最危险的滑动，才能保证大坝的安全。

由于大坝坝基分块受若干边界的约束，坝基下有时不能形成全面贯通的滑动面，因此不具备上述整体滑动条件，但仍有可能出现某些坝块的局部失稳（图 10-20）。这种局部不稳定性进一步发展有可能导致坝基不均一变形、应力调整、裂缝扩展等，危及到大坝的安全。对于局部不稳定性应注意防止失稳性变形，必须进行坝基应力变形的分析。

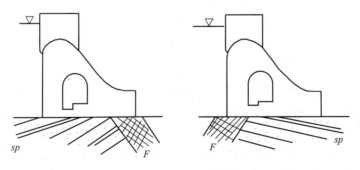

图 10-20　坝基局部失稳

10.4.3　坝基抗滑稳定性计算

坝基岩体抗滑稳定性计算需在充分研究坝基工程地质条件的基础上并获得必要的计算参数之后才能进行，其结果正确与否取决于滑体几何边界条件确定的正确性、受力条件分析是否准确全面、各种计算参数的安全系数选取是否合理、是否考虑可能滑面上的强度和应力分布的不均一性、长期载荷的卸载作用以及其他未来可能发生变化的因素的影响等。一般来说，在这一系列影响因素中，如何正确确定抗剪强度参数和安全系数对正确评价坝基岩体的稳定性具有决定意义。

10.4.3.1 坝基岩土体抗剪强度参数

在坝基抗滑稳定分析中，坝基岩土体抗剪强度是关键的参数。一般来说，抗剪强度对于大中型水电工程要通过野外试验测定，并经过地质、试验和设计方面综合研讨，确定设计计算使用的参数。其中经过地质选取有代表性岩体的试验成果是其最基本的数据。

（1）坝基混凝土和基岩接触面的抗剪强度 坝基混凝土和基岩接触面的抗剪断强度及抗剪强度一般是在设计建基面岩面上浇砌混凝土块，并施加水平和铅直载荷进行试验，根据数组法向及剪切载荷值确定抗剪断强度。在第一次剪断后可将试件复原，再次试验，求得该剪断面的抗剪强度。

坝基混凝土和基岩接触面的抗剪断强度的影响因素主要是混凝土质量、岩石质量以及混凝土和岩石的胶结质量。虽然，大量试验结果并未给出它与岩石强度之间的明显关系，但是总的来说，岩石越坚硬，则接触面强度也越高一些。表 10-7 所示为丹江口坝基的一组试验结果，其坝基片岩与混凝土接触面的抗剪强度与节理密度有关。

表 10-7 丹江口坝基试验结果

序号	岩石	地质条件	节理密度/条·m^{-1}	f'	c'/MPa
1	Ⅰ类岩基	岩石完整	2～4	0.89	0.41
2	Ⅱ类岩基	节理发育	5～10	0.80	0.65
3	Ⅲ类岩基	岩石破碎	>20	0.66	0.21

表 10-8 分别列出了坝基岩体与混凝土之间的抗剪断强度值。

表 10-8 结构面、软弱面和断层的抗剪断强度 （《水利水电工程地质勘察规范》）

类型	f	c/MPa	类型	f	c/MPa
胶结的结构面	0.80～0.60	0.250～0.100	岩屑夹泥型	0.45～0.35	0.100～0.050
无填充的结构面	0.70～0.45	0.150～0.050	泥夹岩屑型	0.35～0.25	0.050～0.020
岩块岩屑型	0.55～0.45	0.250～0.100	泥	0.25～0.18	0.005～0.002

注：1. 表中参数限于硬质岩中胶结或无填充的结构面。

2. 软质岩中的结构面应进行折减。

3. 胶结或无填充的结构面抗剪断强度，应根据结构面的粗糙度程度选取大值或小值。

（2）坝基岩石抗剪强度 在坝基岩体整体或其部分由风化、破碎、软弱岩石构成，其强度接近或低于混凝土强度时（<30～40MPa），或其节理发育，虽岩石强度较高（<60MPa），皆需考虑岩石强度在抗滑稳定性中的作用。试验方法和上述混凝土与岩石接触面抗剪试验相同。在试验中应能发现其破坏面大部分在岩石中产生，其抗剪强度参数也明显偏低。表 10-9 列出了坝基岩体力学参数。

（3）坝基软弱结构面的抗剪强度 影响结构面的力学特性的主要因素有：①结构面的填充情况；②填充物的组成、结构及状态；③结构面的光滑度和平整度；④结构面两侧的岩石力学性质。

根据上述不同特征，对结构面可以分为以下 4 类，其变形机制和强度特性有所区别：①破裂结构面，包括片理、劈理及坚硬岩体的层面等，属于硬性结构面；②破碎结构面，包括断层、风化破碎带、层间错动带、剪切带等，具角砾、碎屑物填充，在变形过程中可进一步破碎和滚动；③层状结构面，包括原生成层的层面、软弱夹层及软弱岩层与硬层的接触界面，如泥岩、黏土岩、泥灰岩等，有一定的胶结；④泥化结构面，包括上述各类结构面中有塑性夹泥者，如断层泥、次生夹泥层、泥化夹层等，抗剪强度很低。表 10-10 列出了结构面、软弱面和断层的抗剪断强度。

10.4.3.2　平面滑动条件下的抗滑稳定性计算

在一般情况下，重力坝坝体与坝基岩体的接触面是一个薄弱环节，因此必须沿该接触面核算坝身的抗滑稳定性。《混凝土重力坝设计规范》推荐采用以下两种计算方式：

(1) 抗剪强度（摩擦）公式

$$\eta = \frac{f(\sum V - U)}{\sum H} \tag{10-49}$$

式中，η 为稳定性系数；f 为坝体混凝土与坝基岩体接触面的摩擦系数；$\sum V$，$\sum H$ 分别为作用于坝体上的总竖向作用力和水平推力；U 为扬压力。

上式没有考虑混凝土与坝基岩体接触面的内聚力 c，可以认为该式计算的是接触面上的抗剪断强度消失后，只依靠剪断后的摩擦维持稳定时的稳定性系数，因此它计算的是滑移的稳定性系数的下限值，在设计时只要求具有稍大于 1 的安全系数即可，对于基本载荷组合，不小于 $1.05 \sim 1.10$，对于特殊组合校核，如考虑地震、千年水位等，则 K 规定不小于 $1.00 \sim 1.05$。

(2) 抗剪断强度公式

$$\eta = \frac{f'(\sum V - U) + c'A}{\sum H} \tag{10-50}$$

式中，f' 为接触面的抗剪断摩擦系数；c' 为接触面的抗剪断内聚力；A 为坝基截面积。

抗剪断强度公式计算的是混凝土与坝基从胶结状态下破坏的稳定性系数，抗剪断强度参数应由抗剪试验确定。安全系数规定为对于正常载荷不小于 3.0，而对于特殊载荷不小于 2.5。

有时为增大坝基抗滑稳定性系数，将坝体和岩体接触面设计成向上游倾斜的平面（图 10-21）。这时，作用在接触面上的正压力 N 为：

$$N = \sum H \sin\alpha + \sum V \cos\alpha - U \tag{10-51}$$

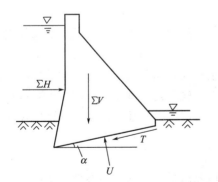

图 10-21　坝底面倾斜的情况及受力分析

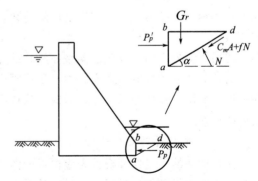

图 10-22　岩体抗力计算示意图

抗滑力 F_s 则为：

$$F_s = fN + cA = f(\sum H \sin\alpha + \sum V \cos\alpha - U) + cA \tag{10-52}$$

而作用在接触面上的剪切力，即滑动力 F_r 为：

$$F_r = \sum H\cos\alpha - \sum V\sin\alpha \tag{10-53}$$

所以，接触面的抗滑稳定性系数为：

$$\eta = \frac{f(\sum H\sin\alpha + \sum V\cos\alpha - U) + cA}{\sum H\cos\alpha - \sum V\sin\alpha} \tag{10-54}$$

式中，α 为接触面与水平面夹角。

如果坝底面水平且嵌入坝基岩体较深，则在计算抗滑稳定性系数时应考虑下游岩体的抗力（或称被动压力）。如图 10-22 所示，根据被动楔体 abd 的受力分析，在 bd 方向上：

$$p_p'\cos\alpha - G_r\sin\alpha - N\tan\phi_m - c_m A = 0 \tag{10-55}$$

在 bd 面的法线方向上：

$$p_p'\sin\alpha + G_r\cos\alpha - N = 0 \tag{10-56}$$

由式(10-55) 和式(10-56) 可得岩体的抗力 p_p 为：

$$p_p = p_p' = \frac{c_m A}{\cos\alpha(1 - \tan\phi_m\tan\alpha)} + G_r\tan(\phi_m + \alpha) \tag{10-57}$$

式中，p_p 为岩体抗力；p_p' 为 p_p 的反作用力；G_r 为被动楔体 abd 的重量；α 为滑动面 bd 与水平面的夹角；A 为 bd 的面积；ϕ_m 为 bd 的内摩擦角，c_m 为 bd 的黏聚力。

这样，接触面的抗滑稳定性系数应为：

$$\eta = \frac{f(\sum V - U) + cA + p_p}{\sum H} \tag{10-58}$$

但是，由于岩体抗力要达到最大值（即计算值），抗力体必须要产生一定量的位移，因此，坝基可能滑动面的抗滑力和抗力体的抗力难以同步发挥到最大值。一般抗滑力出现在前，经一段位移才能使抗力达到最大。也就是说要使岩体抗力充分发挥，坝体需沿滑动面产生较大的位移，这在一般的坝工设计中是不允许的。因此，在坝工设计中通常只是部分利用或不利用岩体抗力，其利用程度主要取决于坝体水平位移的允许范围。这样，接触面的抗滑稳定性系数可修正如下：

$$\eta = \frac{f(\sum V - U) + cA + \xi p_p}{\sum H} \tag{10-59}$$

式中，ξ 为抗力折减系数，在 $0 \sim 1.0$ 之间取值。

10.4.3.3 浅层滑动条件下的抗滑稳定性计算

在野外及室内试验中常常发现在岩石岩性软弱（单轴强度小于 30MPa）、风化破碎等情况下，接触面的破坏表现为在岩石内的剪切或剪断。一般仅在个别坝段或坝段局部出现这种破坏条件。

浅层滑动分析的计算方法同平面滑动的计算完全相同，但是内涵完全不同。它采用的是岩体的抗剪强度和抗剪断强度，而不是混凝土与岩石接触面的强度。岩体的抗剪强度和抗剪断强度一般比接触面的强度低。因此，这种滑动方式可能会真正控制着大坝的稳定性和大坝断面的设计。

10.4.3.4 深层滑动条件下的抗滑稳定性计算

深层滑动的稳定性分析首先应根据岩体软弱结构面的组合关系，充分研究可能发生滑动的各种几何边界条件，对每一种可能的滑动都确定出稳定性系数，然后根据最小的稳定性系数与所规定的安全系数相比较进行评价。

若存在滑动面，尤其是以软弱结构面为主的滑动面时，这种结构体遂成为可能滑动体，进行分析时，根据情况考虑其他各边界条件的参数。坝基下深层滑动面一般由倾角在 20°左右或更小，走向与坝轴线呈锐角相交或接近平行的软弱夹层所构成。前文已介绍，按可能滑动面的产状及构成，深层滑动可分为平行坝基、倾向下游、倾向上游及双倾滑动面等 5 种情况（图 10-17），下面就分别论述各种类型的深层滑动的抗滑稳定性计算问题。

（1）沿水平软弱结构面滑动的稳定性计算　大坝可能沿水平软弱结构面发生滑动的情况多发生在水平或近水平产状的坝基中，由于岩层单层厚度多小于 2.0m，因此，可能沿之发生滑动的层面距坝底较近，在抗滑力中不应再计入岩体抗力。如果滑动面埋深较大，则应考虑抗力的影响。一般可按下式确定稳定性系数：

$$\eta = \frac{f_j(\sum V - U_1) + c_j A + \xi p_p}{\sum H + U_2} \tag{10-60}$$

式中，$\sum V$，$\sum H$ 为分别为坝基可能滑动面上总法向压力和切向推力；U_1 为可能滑动面上作用的扬压力；U_2 为可能滑动面上游铅直边界上作用的水压力；f_j，c_j 为分别为可能滑动面的摩擦系数和黏聚力；A 为可能滑动面的面积；ξ 为抗力折减系数；p_p 为坝基所承受的岩体抗力。

（2）沿倾向上游软弱结构面滑动的稳定性计算　当坝基具备这种滑动的几何边界条件时，可按下式计算其抗滑稳定性系数（图 10-23）：

$$\eta = \frac{f_j[(\sum V + G_r)\cos\alpha + (\sum H + U_2)\sin\alpha - U_1] + c_j A}{(\sum H + U_2)\cos\alpha - (\sum V + G_r)\sin\alpha} \tag{10-61}$$

式中，G_r 为可能滑动岩体的重量；α 为可能沿之滑动的结构面倾角；其他符号意义同上。

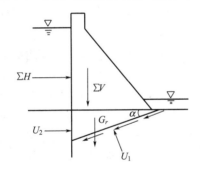

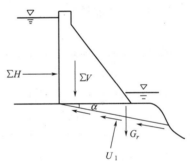

图 10-23　倾向上游结构面滑动计算图　　图 10-24　倾向下游结构面滑动计算图

（3）沿倾向下游软弱结构面滑动的稳定性计算　当坝基岩体中具备这种滑动的几何边界条件时，对大坝的抗滑稳定最为不利。此时，坝体与坝基承受的作用力如图 10-24 所示，其抗滑稳定性系数为：

$$\eta = \frac{f_j[(\sum V + G_r)\cos\alpha - \sum H\sin\alpha - U_1] + c_j A}{\sum H\cos\alpha + (\sum V + G_r)\sin\alpha} \tag{10-62}$$

比较式(10-61) 和式(10-62) 可以看出：当其他条件相同时，沿倾向上游软弱结构面滑动的稳定性系数将显著大于沿倾向下游软弱结构面滑动的稳定性系数。

（4）沿两个相交软弱结构面滑动的稳定性计算　沿两个相交软弱结构面滑动可分为两种情况：一种是分别沿着倾向上、下游的两个软弱结构面的滑动，如图 10-17(d)；另一种是沿交线垂直坝轴线方向的两个软弱结构面的滑动，如图 10-17(e)。前者抗滑稳定性系数可采用推力传递法等方法来计算，后者的抗滑稳定性系数为：

$$\eta = \frac{f_{j1}[(\sum V + G_r)(\sin\theta_1 + \cos\theta_1\cot\theta) - U_1] + c_{j1}A_1}{\sum H + U_3} +$$
$$\frac{f_{j2}[(\sum V + G_r)(\sin\theta_2 + \cos\theta_2\cot\theta) - U_2] + c_{j2}A_2}{\sum H + U_3} \tag{10-63}$$

式中，θ_1，θ_2 分别为两滑动面与通过交线的竖直面的夹角；θ 为两滑动面的夹角；G_r 为滑动岩体的自重；U_1，U_2 分别为作用于两滑动面上的扬压力；U_3 为作用于滑体上游边界面上的扬压力；f_{j1}，f_{j2}，c_{j1}，c_{j2} 分别为两滑动面的摩擦系数和黏聚力；A_1，A_2 分别为两滑动面的面积。

上述计算公式中均未计入地震作用，如果工程所在地区为地震区，则应把地震作用计入上述各公式中。

10.5 坝肩岩体抗滑稳定性分析

坝肩岩体在重力作用下的滑动对各种类型的坝体都会产生危害，尤其是对支墩坝、拱坝、连拱坝等对侧向变形反应敏感的轻型坝，更容易造成危害。因此，不论修建什么类型的坝，都应重视坝肩岩体稳定性的研究。但对于拱坝来说，不仅要研究坝肩岩体在重力作用下的稳定性，更要研究在拱坝传来的水平推力作用下的稳定性。

10.5.1 影响拱坝坝肩抗滑稳定性的因素

拱坝通常修建在比较狭窄的峡谷中，坝体在平面上为弧形，两端嵌入坝肩岩体借助拱的作用把大部分水平推力传递给坝肩岩体，因此，坝肩承受的载荷一般较大。加之，拱坝对坝肩岩体不均匀变形和过量变形比较敏感，于是通常要求坝肩岩体具有完整、均质、坚固等良好性能。

岩体滑动的几何边界条件主要由岩体中方向不利的软弱结构面和岩体自由面组成。对于拱坝坝肩岩体来说，产状水平或近水平的软弱结构面，走向与河谷方向夹角小于 45° 而倾向河谷的软弱结构面往往都是不利的 ［图 10-25(a)，（b)］。岩体自由面决定着最小主应力方向，因此它的方位对岩体的稳定性影响很大。岩体自由面的方向和位置由地形条件决定，如果坝肩上下游谷坡坡角较大且向河谷突出，往往容易造成坝肩上游临空面较大、下游缺乏支撑的不利条件 ［图 10-25(c)，（d)］；反之，谷坡平直、结构面不发育或陡立且走向与河谷方向夹角较大时，通常对坝肩岩体的稳定有利。

但是，即使在河谷平直的河段，如果岩体中发育有产状近水平、走向与河谷方向夹角较

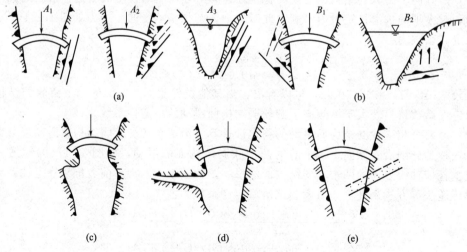

图 10-25 对拱坝坝肩岩体稳定不利的地形、地质条件示意图

小的软弱结构面或破碎带时，也可以构成如图 10-25(e) 或图 10-26 所示的滑动边界条件。

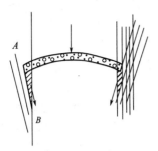

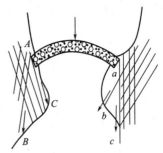

图 10-26 拱坝坝肩岩体不利
的结构组合示意图

图 10-27 拱坝坝肩岩体形成的
不同的可能滑动体示意图

如果谷坡地形条件不利，岩体中又发育有产状近水平、走向与河谷方向夹角较小的软弱结构面时，则对坝肩岩体稳定最为不利，如图 10-27 所示。在这种情况下不仅可以构成多种可能的滑动岩体，而且可以出现由近水平软弱结构面、岩体自由面和走向与河谷方向平行的软弱结构面（图 10-27 中左岸的 ac）或总体走向斜向下游山体的软弱结构面（图 10-27 中右岸的 AB）一起构成的失稳岩体。

综上可以看出：地形条件和岩体结构（主要为软弱结构面的展布特征）在构成坝肩岩体滑动的几何边界条件中起着举足轻重的作用。因此，在分析坝肩岩体稳定性时，必须依据详尽的工程地质资料，紧紧抓住软弱结构面与地形条件的组合关系进行认真的分析和研究，力求避免漏掉比较危险的可能滑动岩体。

10.5.2 拱坝坝肩抗滑稳定性的计算

对拱坝坝肩岩体进行抗滑稳定分析常用的方法有平面稳定分析（刚性截面法、有限元法等）和空间稳定分析（刚性块体法、分段法、有限元法等）。平面稳定分析是分高程切取单位高度（$\Delta Z = 1\text{m}$）的坝体及基岩按平面核算坝肩岩体是否稳定。该方法历史悠久，并曾作为抗滑稳定分析的设计情况，即各层拱圈的基岩稳定了，就认为整个基岩稳定了。平面稳定分析往往偏于安全，计算也较为简便，因此在中小型拱坝的技施设计阶段和大型拱坝的初步设计阶段被广泛地采用。

空间稳定分析也称为整体稳定分析，近来已成为核算坝肩基岩稳定分析的主要方法。当坝肩基岩为断层、节理裂隙、层面等结构面所围成的岩体并有可能滑移时，就必须进行空间稳定分析。由这些结构面围成的可能滑移体可能是从坝顶部到坝底部，甚至低于底部的基岩，也可能是从坝顶部到坝中间附近的基岩，所有这些都有必要进行空间抗滑稳定分析。当高倾角侧向结构面及缓倾角底部结构面（皆可称为切割面），即前者的倾角不是 90° 及后者的倾角不为零时，一般来说不属于平面抗滑稳定问题，应属于空间抗滑稳定分析问题。进行各高程坝肩基岩平面稳定分析并且算出的稳定性系数都已满足规范规定的要求时，则可不必进行空间抗滑稳定分析。但是，当某些高程的基岩的稳定性系数接近规定的最小值或者略低于最小值时，应当进行空间稳定分析。如满足要求，就认为整个基岩稳定了。当坝肩基础处理难以达到预期效果，或者需要核算拱坝的超载能力时，也需要进行空间稳定分析。

目前，有限元法也多用于拱坝坝肩稳定性分析，它可按均质体和非均质体考虑，也可按节理单元考虑（包括夹层及软弱带），二维与三维有限元都有被应用。

上述几种方法在许多大型工程中都有应用，下面重点介绍刚性块体法。

10.5.2.1 坝肩岩体中存在垂直和水平软弱面的情况

如图 10-28 所示，坝肩附近有两条与水平面正交的垂直软弱面 $abcd$ [记为面（3）] 与

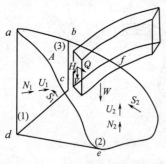

图 10-28 坝肩岩体中存在垂直
和水平软弱面的情况

aed [记为面（1）]。当坝肩在推力作用下产生滑动时，坝肩岩体将沿面（3）拉断而沿面（1）滑动。坝肩岩体除被面（3）与面（1）切割，又被水平软弱结构面 $defc$ [记为面（2）] 切割，当坝肩岩体失稳时，滑动块体将沿面（1）和面（2）下滑。若面（1）和面（2）的抗滑力分别为 S_1 和 S_2，法向作用力分别为 N_1 和 N_2，扬压力分别为 U_1 和 U_2。坝肩作用于岩基上的力分解为三个正交分力：H 为垂直于面（1）的水平分力；V 和 Q 分别为垂直与平行于面（2）的分力。滑动块体的重量为 W。不考虑面（3）的拉力，可得坝肩岩块的抗滑力 F_s 与下滑力 F_r 分别为：

$$F_s = (H - U_1) f_{j1} + c_{j1} A_1 + (W + V - U_2) f_{j2} + c_{j2} A_2 \tag{10-64}$$

$$F_r = Q \tag{10-65}$$

式中，f_{j1}，f_{j2}，c_{j1}，c_{j2} 分别为软弱结构面（1）和面（2）的摩擦系数和内聚力；A_1，A_2 分别为软弱结构面（1）和面（2）的面积。

由此可得坝肩岩体的抗滑稳定性系数 η：

$$\eta = \frac{(H - U_1) f_{j1} + c_{j1} A_1 + (W + V - U_2) f_{j2} + c_{j2} A_2}{Q} \tag{10-66}$$

10.5.2.2 坝肩岩体中存在倾斜软弱面的情况

如果图 10-28 中的岩基滑面（1），面（2）都是倾斜的，倾角分别为 α_1 和 α_2，但面（1）和面（2）的交线 de 仍保持与水平力 Q 平行，如图 10-29（a）所示。为表达方便，在图 10-29（a）所示的滑块块体中，通过块体重心取一个与 de 线正交的铅直截面 ADF，并将作用于块体的所有外力均表示在该截面中 [图 10-29（b）]。此时滑动块体的受力情况与图 10-28 相类似，不过，滑面（1），面（2）上的法向力计算略有不同。计算时，先将水平力 H 以及

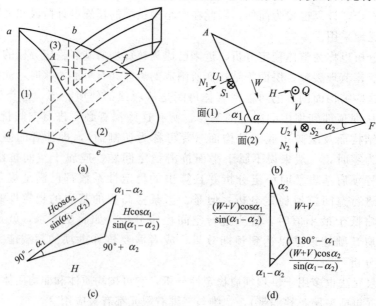

图 10-29 坝肩岩体中存在倾斜软弱面的情况

垂直力（$W+V$）分别沿面（1）和面（2）的法线方向进行分解，参考图 10-29(c)（图中符号"$\odot$""$\otimes$"分别表示载荷垂直于纸面指向或背离读者）。

水平力 H 的分解：

$$面（1）的法向分力 = -\frac{H\cos\alpha_2}{\sin(\alpha_1-\alpha_2)} \tag{10-67}$$

$$面（2）的法向分力 = \frac{H\cos\alpha_1}{\sin(\alpha_1-\alpha_2)} \tag{10-68}$$

垂直力（$W+V$）的分解：

$$面（1）的法向分力 = \frac{(W+V)\sin\alpha_2}{\sin(\alpha_1-\alpha_2)} \tag{10-69}$$

$$面（2）的法向分力 = -\frac{(W+V)\sin\alpha_1}{\sin(\alpha_1-\alpha_2)} \tag{10-70}$$

各分力的正负是以分力方向与相应滑面的法线方向相同者为正，相反者为负，沿各个滑面的法线（n_1 与 n_2）方向可建立如下平衡方程：

$\sum F_{n1}=0$：

$$N_1+U_1-\frac{H\cos\alpha_2}{\sin(\alpha_1-\alpha_2)}+\frac{(W+V)\sin\alpha_2}{\sin(\alpha_1-\alpha_2)}=0 \tag{10-71}$$

$\sum F_{n2}=0$：

$$N_2+U_2+\frac{H\cos\alpha_1}{\sin(\alpha_1-\alpha_2)}-\frac{(W+V)\sin\alpha_1}{\sin(\alpha_1-\alpha_2)}=0 \tag{10-72}$$

于是可分别求得滑面（1），面（2）上的法向反力：

$$N_1=\frac{H\cos\alpha_2-(W+V)\sin\alpha_2}{\sin(\alpha_1-\alpha_2)}-U_1 \tag{10-73}$$

$$N_2=\frac{(W+V)\sin\alpha_1-H\cos\alpha_1}{\sin(\alpha_1-\alpha_2)}-U_2 \tag{10-74}$$

由此可得坝肩岩体的抗滑稳定性系数 η：

$$\eta=\frac{N_1 f_{j1}+c_{j1}A_1+N_2 f_{j2}+c_{j2}A_2}{Q} \tag{10-75}$$

思考题与习题

1. 一般什么情况下需要考虑地基岩体的承载力？计算地基岩体承载力有哪些方法？

2. 嵌岩桩基沉降量包括哪几部分，分别如何确定？

3. 控制坝体岩基破坏的因素是什么？重力坝失稳有哪些形式？

4. 拱坝坝肩对地质条件有何要求？分析拱坝坝肩稳定性有何工程意义？

5. 如图 10-30 所示为混凝土重力坝坝体断面，坝基内存在着一组倾向上游的缓倾角软弱结构面 BC 和直立破裂面 AC，试计算坝基的稳定性系数（岩体容重 $\rho=2.17g/cm^3$；BC 抗剪强度指标 $\phi_j=23°$，$C_j=0.4M$；混凝土容重 $\rho=2.4g/cm^3$；坝体断面面积 $S=2100m^2$）。

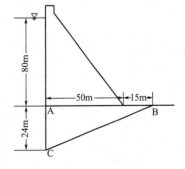

图 10-30　题 5 图

参考文献

[1] 张咸恭，王思敬，张倬元主编．中国工程地质学 [M]．北京：科学出版社，2000．

[2] 王思敬，黄鼎成主编．中国工程地质世纪成就 [M]．北京：地质出版社，2004．

[3] 王思敬，杨志法，傅冰骏．中国岩石力学与工程世纪成就 [M]．南京：河海大学出版社，2004．

[4] 谷德振．岩体工程地质力学基础 [M]．北京：科学出版社，1979．

[5] 刘佑荣，唐辉明．岩体力学 [M]．武汉：中国地质大学出版社，1999．

[6] 徐光黎，潘别桐，唐辉明，杜时贵．岩体结构模型与应用 [M]．武汉：中国地质大学出版社，1992．

[7] 蔡美峰主编．岩石力学与工程 [M]．北京：科学出版社，2004．

[8] 《工程地质手册》编写委员会．工程地质手册 [M]．第三版．北京：中国建筑工业出版社，1993．

[9] 陈宗基．地下巷道长期稳定性的力学问题 [J]．岩石力学与工程学报，1982，1 (1)：1~20．

[10] 《岩土工程手册》编写委员会．岩土工程手册 [M]．北京：中国建筑工业出版社，1995．

[11] 李智毅，唐辉明主编．岩土工程勘察 [M]．武汉：中国地质大学出版社，2000．

[12] 孙广忠．岩体结构力学 [M]．北京：科学出版社，1988．

[13] 工程岩体试验方法标准 GB/T50266—99 [M]．北京：中国计划出版社，1999．

[14] 周维垣，孙钧．高等岩石力学 [M]．北京：水利电力出版社，1990．

[15] 谷德振，王思敬．论岩体工程地质学的基本问题 [J]．全国首届工程地质学术会议论文选集．北京：科学出版社，1983：182~189．

[16] 贾洪彪，唐辉明，刘佑荣．岩体结构面三维网络模拟理论与工程应用 [M]．北京：科学出版社，2008．

[17] 刘佑荣，裂隙化岩体力学参数的确定方法 [J]．岩土力学研究与工程实践．郑州：黄河水利出版社，1999：122~128．

[18] 徐芝纶．弹性力学 [M]．北京：人民教育出版社，1980．

[19] 杨桂通．弹塑性力学 [M]．北京：人民教育出版社，1980．

[20] 郑雨天．岩石力学的弹塑粘性理论基础 [M]．北京：煤炭工业出版社，1988．

[21] 郑颖人，龚晓南．岩土塑性力学基础 [M]．北京：中国建筑工业出版社，1989．

[22] Brady. B. H. G.，Brown. E. F．地下采矿岩石力学 [M]．北京：煤炭工业出版社，1990．

[23] 雷晓南．岩土工程数值计算 [M]．北京：中国铁道出版社，1999．

[24] 孙钧．岩土材料流变及其工程应用 [M]．北京：中国建筑工业出版社，1999．

[25] 范广勤．岩土工程流变力学 [M]．北京：煤炭工业出版社，1993．

[26] 于学馥等．现代工程岩土力学基础 [M]．北京：科学出版社，1995．

[27] 倪恒，刘佑荣，龙治国．正交设计在滑坡敏感性分析中的应用 [J]．岩石力学与工程学报，2002，21 (7)：989~992．

[28] 刘佑荣，贾洪彪，唐辉明，周丽珍．湖北巴东长江公路大桥斜坡稳定性研究 [J]．岩土力学，2005，25 (11)：1828~1831．

[29] 宋建波，张倬元，于远忠，刘汉超，黄润秋．岩体经验强度准则及其在地质工程中的应用 [M]．北京：地质出版社，2002．

[30] 中华人民共和国电力工业部，中华人民共和国水利部．水利电力工程岩石试验规程 (DLJ204—81，SLJ2—81) [M]．北京：水利出版社，1982．

[31] Gu Dezhen and Wang Sijing. Fundamentals of Geomechanics for Rock Engineering in China, Rock Mechanics, 1982, Suppl. 12, 75~87.

[32] 王思敬．岩体工程地质力学的基础和方法．岩体工程地质力学问题．北京：科学出版社，1976：1~45．

[33] Gu Dezhen and Wang Sijing. On the Engineering Geomechanics of Pock Mass Structure, Bulletin of the International Association of Engineering Geology, 1980, No. 23, 109~111.

[34] Wang Sijing, Sun Yuke, Xu Bing and Li Yurui, Spatial and Time Quantitative Prediction on Mass Movement of Rock Slope, Developments in Geoscience, Science Press, Beijing, China, 1984, 667~677.

[35] 谷德振，王思敬．中国工程地质力学的基本研究 [J]．工程地质力学研究．北京：地质出版社，1985：4~28．

[36] 张有天．岩石水力学与工程 [M]．北京：中国水利水电出版社，2005．

[37] 孙广忠.论岩体力学介质.地质科学,1980,(1):178~185.

[38] 孙广忠.关于岩体特性和岩体力学问题 [J].水文地质工程地质,1980,(2):6~7.

[39] 孙广忠.论岩体力学模型.地质科学,1984,(4):423~428.

[40] 孙广忠.论岩体结构力学原理 [J].工程地质力学研究.北京:地质出版社,1985:29~47.

[41] 中华人民共和国国家标准.工程岩体分级标准 GB50218—94 [M].北京:中国计划出版社,1995.

[42] 唐辉明,晏同珍.岩体断裂力学理论与工程应用 [M].武汉:中国地质大学出版社,1992.

[43] 谭以安.岩爆形成机理研究 [J].水文地质工程地质,1989,(1):34~38.

[44] 唐辉明,陈建平,刘佑荣.公路工程地质信息化设计的理论与应用 [M].武汉:中国地质大学出版社,2002.

[45] 杜时贵.岩体结构面的工程性质 [M].北京:地震出版社,1999.

[46] Liu Yourong, Wang Chusheng & Tong Honggang. Study on Evaluation System of SPEED Highway Tunnel Surrounding Rock Quality. 国际岩石力学会议论文集,2001.

[47] 中华人民共和国国家标准.岩土工程勘察规范 GB50021—2001 [M].北京:中国建筑工业出版社,2001.

[48] 唐辉明主编.工程地质学基础 [M].北京:化学工业出版社,2008.

[49] 重庆建筑工程学院,同济大学.岩体力学 [M].北京:中国建筑工业出版社,1981.

[50] 傅冰骏.中国水利水电建设岩石力学与工程实践 [J].面向 21 世纪的岩石力学与工程——中国岩石力学与工程学会第四次学术大会论文集.北京:中国科学技术出版社,1996:41~52.

[51] 葛修润,周百海,刘明贵等.岩石峰值后区特性和数值模拟方法探讨 [J].葛修润主编,计算机方法在岩石力学中的应用,第一卷.武汉:武汉测绘科技大学出版社,1994:502~507.

[52] 张倬元等编著.工程地质分析原理 [M].北京:地质出版社,1994.

[53] 刘佑荣,伍法权、孙成伟.黄石市板岩山危岩稳定性分析及其治理方案 [J].地下空间,Vol. 19. No. 5Cct. 1999.

[54] 刘佑荣,唐辉明等.京珠高速公路大悟段(K32—K34)高边坡岩体结构及力学参数研究 [J].山的呼唤—工程地质学可持续发展.北京:地震出版社.1999.

[55] 张忠苗主编.工程地质学 [M].北京:中国建筑工业出版社.2007.

[56] 郭志著.实用岩体力学 [M].北京:地震出版社,1996.

[57] 何满朝,江玉生,许华禄,软岩工程力学的基本问题 [J].面向 21 世纪的岩石力学与工程,中国岩石力学与工程学会第四次学术大会论文集.北京:中国科学技术出版社,1996:87~96.

[58] 湖南水利水电勘测设计院.边坡工程地质 [M].北京:水利电力出版社,1983.

[59] 胡卸文,黄润秋.Q 系统在岩体质量分类中的应用及评价 [J].陈德基主编,工程地质及岩土工程新技术新方法论文集.武汉:中国地质大学出版社,1994:129~135.

[60] 华安增.矿山岩石力学基础 [M].北京:煤炭工业出版社,1980.

[61] 李铁汉,潘别桐.岩体力学 [M].北京:地质出版社,1980.

[62] 李先炜.岩块力学性质 [M].北京:煤炭工业出版社,1983.

[63] 李先炜.岩块力学性质 [M].北京:煤炭工业出版社,1990.

[64] 李通林,谭学术,刘传伟.矿山岩石力学 [M].重庆:重庆大学出版社,1990.

[65] 李民庆.岩体力学的力学基础 [M].长沙:湖南科学技术出版社,1979.

[66] 刘佑荣,伍法权,滕伟福.黄石板岩山危岩体力学性质实验研究 [J].长江科学院院报,Vol,13(增刊),1996:6~9.

[67] 梅剑云,傅冰骏,康文法.中国岩石力学的发展现状 [J].岩石力学与工程学报,Vol,2,No.1,1983:22~32.

[68] 潘别桐.工程岩体强度估算方法 [J].地球科学,Vol,10 (1),1985:55~64.

[69] 孙钧.岩石力学的若干进展 [J].面向 21 世纪的岩石力学与工程,中国岩石力学与工程学会第四次学术大会论文集.北京:中国科学技术出版社,1996:1~22.

[70] 孙玉科.21 世纪中国大型工程与工程地质问题 [J].中国地质学报,Vol,3,No.4,1995:1~11.

[71] 孙广忠著.地质工程理论与实践 [M].北京:地质出版社,1996.

[72] 谭学术,鲜学福,郑道坊等编著.复合岩体力学理论及其应用 [M].北京:煤炭工业出版社,1994.

[73] 唐大雄,刘佑荣等编.工程岩土学 [M].北京:地质出版社,1998.

[74] 陶振宇,潘别桐.岩石力学原理与方法 [M].武汉:中国地质大学出版社,1990.

[75] 陶振宇,朱焕春,高延法等著.岩石力学的地质与物理基础 [M].武汉:中国地质大学出版社,

1996：80～135.

[76] 陶振宇. 对岩体初始应力的初步认识 [J]. 水文地质及工程地质. 1982(2).

[77] 王思敬，朱维申，陈祖煜等. 第八届国际岩石力学大会学术论文简介 [J]. 面向 21 世纪的岩石力学与工程，中国岩石力学与工程学会第四次学术大会论文集. 北京：中国科学技术出版社，1996：23～40.

[78] 肖树芳，杨淑碧. 岩体力学 [M]. 北京：地质出版社，1986.

[79] 谢和平著. 分形—岩石力学导论 [M]. 北京：科学出版社，1996.

[80] 薛禹群，朱学愚. 地下水动力学 [M]. 北京：地质出版社，1979，4～34.

[81] 中国岩石力学与工程学会. 岩石力学与工程动态. 1989(22)：31～36.

[82] 张清. 对于岩石力学与工程战略发展的几点看法 [J]. 岩石力学与工程动态. 1995(29)：50～52.

[83] 中华人民共和国冶金工业部建筑研究总院等. 锚杆喷射混凝土质户技术规范（GBJ86—85）[M]. 北京：中国计划出版社，1990.

[84] 中华人民共和国电力工业部、水利部. 水利水电工程岩石试验规范（DLJ204—81）（试行）[M]. 北京：水利出版社，1982.

[85] 中华人民共和国水利水电规划设计总院. 水利水电工程地质手册 [M]. 北京：水利电力出版社，1985.

[86] 中华人民共和国地质矿产部. 岩石物理力学性质试验规范 [M]. 北京：地质出版社，1986.

[87] 比尼卫斯基 Z. T. 著. 吴立新，王建峰等译. 工程岩体分类 [M]. 北京：中国矿业大学出版社，1993.

[88] 法默 I. W. 著. 王浩译. 岩石的工程性质 [M]. 北京：中国矿业大学出版社，1987.

[89] 国际岩石力学学会实验室和现场实验标准化委员会. 郑雨天等译. 岩石力学试验建议方法（上集）[M]. 北京：煤炭工业出版社，1982.

[90] 霍克 E.，布朗 E. T. 著. 连志升，田良灿等译. 岩石地下工程 [M]. 北京：冶金工业出版社，1986.

[91] Hoek E.，Bray. J. W. 卢世宗等译. 岩石边坡工程 [M]. 北京：冶金工业出版社，1983.

[92] 卡斯特纳 H，隧道与坑道静力学 [M]. 上海：上海科技出版社，1980.

[93] 铃木光著，杨其中等译. 岩体力学与测定 [M]. 北京：煤炭工业出版社，1980.

[94] 缪勒 L. 主编. 李世平等译. 岩石力学 [M]. 北京：煤炭工业出版社，1981.

[95] 切尔内绍夫 C. H. 著. 田开铭译. 水在裂隙网络中的运动 [M]. 北京：地质出版社，1987.

[96] 萨文 . N.. 孔边应力集中 [M]. 北京：中国工业出版社，1958.

[97] 塔罗勃 J.，林天键等译. 岩石力学 [M]. 中国工业出版社，1965.

[98] 谢盖尔耶夫 E. M. 主编. 孔德坊等译. 工程岩土学 [M]. 北京：地质出版社，1990.

[99] Bardy B. H. G.，Brown. E. F.. Rock Mechanics for underground Mining. Geerge Allenand Vnwin，1985.

[100] Bhasin R.，Barton. N. and Loset. F.. Engineering geological investingations and application of rock mass classification approach in the construction of Novway's underground olympic stadium Eng. Geol. 35（1993），93～101，1993.

[101] Goodman. R.. Introdution to Rock Mechanics. John Wiley and Sons，1980.

[102] Yan Tongzhen and Tan Huiming. Global Environmental Changes and Engineering Geology，Wuhan：China University of Geosciences Press，1993.

[103] 山口梅太郎，西松裕一. 岩石力学入门 [M]. 东京大学出版社，1977.